普通高等教育“十一五”国家级规划教材 / “双一流”建设精品出版工程
“十三五”国家重点出版物出版规划项目 航天先进技术研究与应用系列

# 现代控制理论基础

FUNDAMENTALS OF MODERN CONTROL THEORY

（第3版）

王新生 曲延滨 编著
张晋格 主审

U0223000

哈爾濱工業大學出版社
HARBIN INSTITUTE OF TECHNOLOGY PRESS

## 内 容 简 介

本书系统地介绍了现代控制理论的基本理论和基本方法。全书共分8章，内容包括绪论、控制系统的状态空间描述、线性控制系统的运动分析、线性控制系统的能控性和能观测性、控制系统的李雅普诺夫稳定性分析、状态反馈和状态观测器、最优控制及MATLAB在现代控制理论中的应用。本书精选了控制系统建模与控制实例，并附有各章习题答案。

本书可作为高等学校自动化、电气工程及其自动化等专业的本科生教材，也可作为非控制类学科的研究生教材，还可供控制领域的工程技术人员自学与参考。

**图书在版编目(CIP)数据**

现代控制理论基础/王新生，曲延滨编著．—3版．—哈尔滨：哈尔滨工业大学出版社，2020.11(2022.1重印)

ISBN 978-7-5603-9062-8

Ⅰ.现… Ⅱ.①王… ②曲… Ⅲ.现代控制理论-高等学校-教材 Ⅳ.O231

中国版本图书馆CIP数据核字(2020)第171091号

责任编辑 王桂芝 黄菊英
出版发行 哈尔滨工业大学出版社
社　　址 哈尔滨市南岗区复华四道街10号 邮编150006
传　　真 0451-86414749
网　　址 http://hitpress.hit.edu.cn
印　　刷 黑龙江艺德印刷有限责任公司
开　　本 787mm×1092mm 1/16 印张14.5 字数350千字
版　　次 2005年8月第1版 2020年11月第3版
　　　　 2022年1月第2次印刷
书　　号 ISBN 978-7-5603-9062-8
定　　价 38.00元

(如因印装质量问题影响阅读，我社负责调换)

# 第3版前言

本书曾作为哈尔滨工业大学“十五”重点教材于2005年出版了第1版,2009年作为普通高等教育“十一五”国家级规划教材出版了第2版。根据当前的教学改革趋势,本书进行了进一步的完善和修订。

作为控制工程基础理论系列教材,本书突出了以下特点:

(1)先进性。将计算机辅助工具MATLAB融入系列教材中,用于系统的分析、计算、设计与仿真。顺应现代科技的发展潮流,给控制理论教材注入新的活力。

(2)适用性。控制理论要求学生具有较强的数理概念,根据这一特点,教材努力将数学的严谨性与物理的直观性相结合,理论与实践相结合,加大例题与习题的选择力度,注重工程应用背景,兼顾机、电类各专业的应用特点。

(3)系统性与渐进性。遵循控制理论的发展规律,教材各分册之间循序渐进,有机连接,充分体现控制理论发展的系统性和渐进过程。

本书已列入哈尔滨工业大学“双一流”建设精品出版工程。本书主要介绍基于状态空间表达式的控制系统分析与综合的基本概念和方法,需要线性代数、矩阵分析等较强的数学基础,内容较为抽象。与经典控制理论相比,现代控制理论更适合于描述多输入多输出系统和非线性系统,应用范围广。当前,随着计算机等技术的快速发展,控制系统的应用范围已经从航空航天领域扩展到诸多工业和民用领域。因此,现代控制理论也得到了越来越多的应用。本书在撰写过程中,更加注重理论联系实际,反映经典控制理论与现代控制理论的内在联系。第6章中的倒立摆控制系统设计实例,说明了系统从数学建模、能控性能观性分析到状态反馈控制器及状态观测器的设计过程,较为完整地阐述了应用现代控制理论进行控制系统设计的基本方法。同时,本书结合实际背景设计了例题和习题,以启发学生对理论知识的深入思考,并给出了第2~6章的习题答案,以便于学生练习参考。

本书由哈尔滨工业大学(威海)王新生副教授和曲延滨教授共同撰写,其中第1~4章由曲延滨撰写,第5~8章、附录由王新生撰写。

限于作者水平,书中难免存在疏漏和不妥之处,恳请广大读者反馈、联系,并批评指正。

作　者

**2020年5月**

# 目　　录

**第 1 章　绪论** …… (1)
1.1　控制理论发展史 …… (1)
1.2　现代控制理论的基本内容 …… (2)
**第 2 章　控制系统的状态空间描述** …… (3)
2.1　控制系统的状态空间表达式 …… (3)
2.2　由微分方程求状态空间表达式 …… (10)
2.3　系统的传递函数矩阵 …… (17)
2.4　状态方程的线性变换 …… (20)
2.5　离散系统的数学描述 …… (31)
小结 …… (34)
典型例题分析 …… (35)
习题 …… (39)
**第 3 章　线性控制系统的运动分析** …… (41)
3.1　线性定常齐次状态方程的解 …… (41)
3.2　状态转移矩阵 …… (43)
3.3　线性定常非齐次状态方程的解 …… (54)
3.4　线性时变系统状态方程的解 …… (56)
3.5　线性离散系统状态方程的解 …… (59)
3.6　线性连续时间系统的离散化 …… (63)
小结 …… (65)
典型例题分析 …… (66)
习题 …… (69)
**第 4 章　线性控制系统的能控性和能观测性** …… (73)
4.1　线性连续系统的能控性 …… (73)
4.2　线性连续系统的能观测性 …… (79)
4.3　对偶原理 …… (83)
4.4　线性系统的能控标准形与能观测标准形 …… (85)
4.5　线性定常离散系统的能控性与能观测性 …… (91)
4.6　线性系统的结构分解 …… (94)
4.7　能控性、能观测性与传递函数矩阵的关系 …… (101)
小结 …… (102)

典型例题分析 …… (104)
习题 …… (107)
**第 5 章　控制系统的李雅普诺夫稳定性分析** …… (111)
5.1　李雅普诺夫意义下的稳定性 …… (111)
5.2　李雅普诺夫稳定性理论 …… (113)
5.3　线性系统的李雅普诺夫稳定性分析 …… (120)
5.4　非线性系统的李雅普诺夫稳定性分析 …… (124)
小结 …… (130)
典型例题分析 …… (131)
习题 …… (132)
**第 6 章　状态反馈和状态观测器** …… (135)
6.1　状态反馈和输出反馈 …… (135)
6.2　极点配置问题 …… (138)
6.3　状态观测器 …… (143)
6.4　带状态观测器的状态反馈系统 …… (148)
6.5　倒立摆控制系统设计 …… (152)
小结 …… (157)
典型例题分析 …… (157)
习题 …… (159)
**第 7 章　最优控制** …… (161)
7.1　用变分法求解最优控制问题 …… (161)
7.2　极小值原理及应用 …… (175)
7.3　二次型性能指标的线性最优控制 …… (187)
7.4　动态规划法 …… (191)
小结 …… (201)
习题 …… (202)
**第 8 章　MATLAB 在现代控制理论中的应用** …… (204)
8.1　几种数学模型及其转换 …… (204)
8.2　状态方程的解 …… (207)
8.3　控制系统的能控性和能观测性分析 …… (211)
8.4　李雅普诺夫稳定性分析 …… (215)
8.5　极点配置控制器的设计 …… (216)
8.6　线性二次型的最优调节器设计 …… (218)
**附录　部分习题参考答案** …… (219)
**参考文献** …… (226)

# 第1章　绪　　论

## 1.1　控制理论发展史

控制理论包括经典控制理论和现代控制理论两大部分。经典控制理论一般是指以单变量系统为主，用频率法和根轨迹法研究控制系统动态特性的理论。现代控制理论是在经典控制理论基础上逐步发展起来的。它是以时域法，特别是状态空间法为主，研究系统状态的运动规律，并以所要求的各种指标最优为目标来改变这种运动规律。

理论来源于实践，又反过来指导实践。控制理论的发展过程也符合这一规律。在控制理论未形成之前，人类就已经发明了具有自动功能的装置，如公元前14 ~ 公元前11世纪在中国、埃及和巴比伦出现的自动计时漏壶。1765年瓦特(J. Watt)发明了蒸汽机离心调速器，开始了自动控制技术在工业中的应用。但是调速器在使用过程中，某些条件下蒸汽机的速度会自发地产生剧烈的振荡，从而引发了一些学者对此现象的分析和研究。英国学者麦克斯韦(J. C. Maxwell)于1868年发表了《论调速器》一文，对它的稳定性进行了分析，指出控制系统的品质可用微分方程来描述，系统的稳定性可用特征方程根的位置和形式加以分析。1875年英国的劳斯(E. J. Routh)和1895年德国的赫尔维茨(A. Hurwitz)先后提出了根据代数方程系数判别系统稳定性的准则。1892年俄国学者李雅普诺夫(A. M. Ляпунов)出版了专著《论运动稳定性的一般问题》，提出了用李雅普诺夫函数(一种能量函数)的正定性及其导数的负定性来判别系统稳定性的准则，从而建立了动力学系统的一般稳定性理论。

1940年以前，自动控制系统的设计主要考虑系统的稳定性和稳态精度，对于系统的暂态性能很少考虑。

第二次世界大战期间，不少国家重视研制具有快速、准确跟踪性能的伺服系统，从而促进了对伺服系统结构及其暂态和稳态性能的研究。一些科学家借鉴和吸取了通信理论的一些成果，特别是伯莱克(H. S. Black)关于负反馈放大器的理论和乃奎斯特(H. Nyquist)的频率响应理论，并加以发展，形成了控制理论中的一种基本方法——频率法。

1948年，依万斯(W. R. Evans)提出了根轨迹法。这是研究控制系统的另一种简便有效的方法。在某些情况下，根轨迹法更加简便、直观，是对频率法的重要补充。至此，形成了建立在频率法和根轨迹法基础上的经典控制理论。

20世纪50年代，自动控制技术的应用已经相当广泛，并取得了显著效果，这就激起了一种希望，即把控制理论推广到更多的领域和更复杂的系统中去。如核反应堆的控制、航空航天的控制等。经典控制理论就相对显出它的局限性，难以用来解决复杂的控制问题。

贝尔曼(R. Bellman)等人提出了状态空间法，这种反映系统内部全部状态变量信息的内部描述法已发展成为现代控制理论的基本数学描述方法。同一时期，前苏联的庞德李亚金(Л. С. Понтрягин)等人提出了极大值原理，它已经成为研究最优控制的主要方法之一。1960年，美国学者卡尔曼(R. E. Kalman)提出了关于控制系统能控性和能观测性理论，把对现代控制理论的研究引向深入。系统能控性和能观测性是现代控制论的两个重要的基本概念,其有关理论是最优控制和最优估计的基础。此后,卡尔曼等人又创建了一种滤波理论,并且得到了成功的应用。1970 年英国的罗森布诺克(H. H. Rosenbrock) 等人把经典控制理论中的频率特性法加以推广,用来解决线性多变量系统中的问题,被称为现代频域法。

以上的这些理论和方法为现代控制理论奠定了基础。

## 1.2 现代控制理论的基本内容

现代控制理论是对系统的状态进行分析和综合的理论,主要包括以下几个方面。

1. 线性系统理论

线性系统理论是现代控制理论的基础,也是现代控制理论中理论最完善、技术较成熟、应用最广泛的部分。它主要研究线性系统在输入作用下状态运动过程的规律和改变这些规律的可能性与措施;建立和揭示系统的结构性质、动态行为和性能之间的关系。线性系统理论主要包括系统的状态空间描述,能控性、能观性和稳定性分析,状态反馈、状态观测器及补偿器的理论和设计方法等内容。

2. 建模和系统辨识

建立动态系统在状态空间的模型,使其能正确反映系统输入、输出之间的基本关系,是对系统进行分析和控制的出发点。如果模型的结构已经确定,只需确定其参数,就是参数估计问题。若模型的结构和参数需同时确定,就是系统辨识问题。

3. 最优滤波理论

最优滤波理论亦称最佳估计理论。当系统受到环境噪声或负载干扰时,其不确定性可以用概率和统计的方法进行描述和处理。也就是在系统数学模型已经建立的基础上,利用被噪声等污染的系统输入输出的量测数据,通过统计方法获得有用信号的最优估计。

4. 最优控制

最优控制是在给定限制条件和性能指标下,寻找使系统性能在一定意义下为最优的控制规律。所谓限制条件,即约束条件,指的是物理上对系统所施加的一些约束;所谓性能指标,则是为评价系统在全工作过程中的优劣所规定的标准;所寻求的控制规律,就是综合出来的最佳控制器。

5. 自适应控制

自适应控制,即随时辨识系统的数学模型并按照当前的模型去修改最优控制律。当被控对象的内部结构和参数以及外部的环境特性和扰动存在不确定时,系统自身能在线量测和处理有关信息,在线相应地修改控制器的结构和参数,以保持系统所要求的最佳性能。

# 第2章　控制系统的状态空间描述

在经典控制理论中,用系统输入量和输出量之间的关系(微分方程或传递函数)来描述系统的运动状态,这种方法只反映了系统外部的输出量和输入量之间的关系,而系统内部的各个中间变量都消去了。因此,被称为输入、输出描述方法,或称外部描述法。

在现代控制理论中,通常采用状态空间表达式做系统的数学模型,用时域分析法分析和研究系统的动态特性。状态空间表达式是由状态方程和输出方程组成的,状态方程是一个一阶微分方程组,它主要描述系统输入与系统内部状态的变化关系,即描述系统的内部行为,揭示控制系统的内在规律;输出方程是一个代数方程,它主要描述系统状态与输出的关系,即描述系统的外部行为,说明控制系统的外部输出规律。因此,状态空间表达式反映了控制系统动态行为的全部信息,它是对系统的一种完全描述。

## 2.1　控制系统的状态空间表达式

### 2.1.1　状态、状态变量和状态空间

1. 状态

控制系统的状态,是指能够完全描述系统时域行为的一个最小变量组。最小变量组是指这组变量中各个变量是相互独立的;完全描述是指这个最小变量组还必须具备以下条件:若给定了这个最小变量组在初始时刻 $t=t_0$ 时的值(即初始状态),又已知 $t \geqslant t_0$ 时系统输入的时间函数,则系统在 $t \geqslant t_0$ 任何瞬时的行为(即系统在 $t$ 时刻的状态),就完全而且唯一地被确定了。

系统在时间 $t(t \geqslant t_0)$ 的状态,是由系统在 $t_0$ 时刻的初始状态和 $t \geqslant t_0$ 时的输入唯一确定的,它与 $t_0$ 前的状态和 $t_0$ 前的输入是无关的。

状态变量是构成系统状态的变量,是指能完全描述系统行为的最小变量组中的每一个变量。例如,若为完全描述某控制系统,其最小变量组必须由 $n$ 个变量组成,这 $n$ 个变量为 $x_1(t),x_2(t),\cdots,x_n(t)$,则这个系统就具有 $n$ 个状态变量。

系统状态变量不同于系统输出变量,因为输出变量必须是能够观测的物理量,而状态变量不一定是在物理上可观测的。

2. 状态向量

设系统的状态变量为 $x_1(t),x_2(t),\cdots,x_n(t)$,以这 $n$ 个状态变量为分量,构成一个 $n$ 维向量,则称这个向量为系统的状态向量,记为

$$\boldsymbol{x}(t)=\begin{bmatrix} x_1(t) \\ x_2(t) \\ \vdots \\ x_n(t) \end{bmatrix}=[x_1(t) \quad x_2(t) \quad \cdots \quad x_n(t)]^{\mathrm{T}}$$

3. 状态空间

以控制系统的 $n$ 个状态变量 $x_1(t), x_2(t), \cdots, x_n(t)$ 为坐标轴构成的 $n$ 维空间称为状态空间。

状态空间中的每一个点,对应于系统的某一个特定状态。如果给定了 $t_0$ 时刻系统的初始状态,则状态向量的初始位置就确定了,在 $t \geqslant t_0$ 各瞬时,系统状态不断地改变,则状态向量的端点不断地产生位移,其所移动的路径,就称为系统的状态轨迹。

## 2.1.2　系统的状态空间表达式

状态空间表达式是对被控系统建立的一种数学模型,它是应用现代控制理论对系统进行分析和综合的依据。用图 2.1 所示的方框图来表示一个多输入 - 多输出系统,方框以外的部分为系统环境,环境对系统的作用为系统输入,系统对环境的作用为系统输出,分别用 $u_1, u_2, \cdots, u_r$ 和 $y_1, y_2, \cdots, y_m$ 来表示,它们被称为系统的外部变量。用以刻画系统在每个时刻所处状况的状态变量是系统的内部变量,用 $x_1, x_2, \cdots, x_n$ 表示,这些变量随着时间的变化体现了系统的行为。描述系统输入、输出和状态变量之间关系的方程组,称为系统的状态空间表达式。

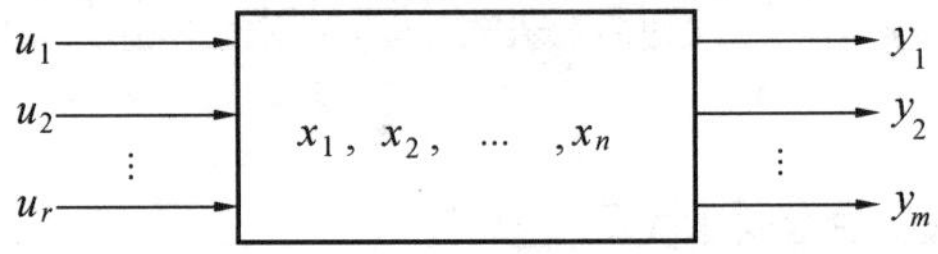


图 2.1　系统的方框图表示

设系统的 $r$ 个输入变量为 $u_1(t), u_2(t), \cdots, u_r(t)$;$m$ 个输出变量为 $y_1(t), y_2(t), \cdots, y_m(t)$;系统的状态变量为 $x_1(t), x_2(t), \cdots, x_n(t)$。把系统的状态变量与输入变量之间的关系用一组一阶微分方程来描述,称之为系统的状态方程,即

$$\left.\begin{aligned}
\frac{\mathrm{d}x_1(t)}{\mathrm{d}t} &= \dot{x}_1(t) = f_1[x_1(t), x_2(t), \cdots, x_n(t); u_1(t), u_2(t), \cdots, u_r(t); t] \\
\frac{\mathrm{d}x_2(t)}{\mathrm{d}t} &= \dot{x}_2(t) = f_2[x_1(t), x_2(t), \cdots, x_n(t); u_1(t), u_2(t), \cdots, u_r(t); t] \\
&\vdots \\
\frac{\mathrm{d}x_n(t)}{\mathrm{d}t} &= \dot{x}_n(t) = f_n[x_1(t), x_2(t), \cdots, x_n(t); u_1(t), u_2(t), \cdots, u_r(t); t]
\end{aligned}\right\}$$

用向量矩阵表示,得到一个一阶向量矩阵微分方程

$$\dot{\boldsymbol{x}}(t) = \boldsymbol{f}[\boldsymbol{x}(t), \boldsymbol{u}(t), t] \tag{2.1}$$

式中,$\boldsymbol{x}(t)$ 为 $n$ 维状态向量;$\boldsymbol{u}(t)$ 为 $r$ 维输入向量(控制向量);$\boldsymbol{f}[\cdot]$ 为 $n$ 维向量函数,即

$$\boldsymbol{f}[\cdot] = [f_1(\cdot), f_2(\cdot), \cdots, f_n(\cdot)]^{\mathrm{T}}$$

系统输出变量与状态变量、输入变量之间的数学表达式称为系统的输出方程,即

$$\left.\begin{aligned}
y_1(t) &= g_1[x_1(t), x_2(t), \cdots, x_n(t); u_1(t), u_2(t), \cdots, u_r(t); t] \\
y_2(t) &= g_2[x_1(t), x_2(t), \cdots, x_n(t); u_1(t), u_2(t), \cdots, u_r(t); t] \\
&\vdots \\
y_m(t) &= g_m[x_1(t), x_2(t), \cdots, x_n(t); u_1(t), u_2(t), \cdots, u_r(t); t]
\end{aligned}\right\}$$

用向量矩阵方程表示为

$$\boldsymbol{y}(t)=\boldsymbol{g}[\boldsymbol{x}(t),\boldsymbol{u}(t),t] \tag{2.2}$$

式中，$\boldsymbol{y}(t)$ 为 $m$ 维输出向量；$\boldsymbol{g}[\cdot]$ 为 $m$ 维向量函数，即

$$\boldsymbol{g}[\cdot]=[g_1(\cdot),g_2(\cdot),\cdots,g_m(\cdot)]^{\mathrm{T}}$$

描述系统输入变量、状态变量和输出变量之间关系的状态方程和输出方程，构成了对系统动态行为的完整描述，称为系统的状态空间表达式。

**例 2.1**　对于图 2.2 所示的 RLC 串联网络，试列写以 $u(t)$ 为输入、$u_C(t)$ 为输出的状态空间表达式。

**解**　$i_L(t)$ 和 $u_C(t)$ 为网络中的独立变量，若它们的初始值 $i_L(t_0)$、$u_C(t_0)$ 及外加电压 $u(t)$ 为已知，则网络的运动状态完全可以用 $i_L(t)$ 和 $u_C(t)$ 来描述，故 $i_L(t)$ 和 $u_C(t)$ 可以作为给定网络的一组状态变量。也可以根据网络中独立的储能元件，即电容 $C$ 和电感 $L$ 来确定状态变量，有两个独立的储能元件，则有两个状态变量，选取电感电流 $i_L(t)$ 和电容电压 $u_C(t)$ 作为状态变量。根据电路理论可知，回路中的 $i_L(t)$ 和 $u_C(t)$ 的变化规律满足方程

$$L\frac{\mathrm{d}i_L(t)}{\mathrm{d}t}+Ri_L(t)+u_C(t)=u(t)$$

$$C\frac{\mathrm{d}u_C(t)}{\mathrm{d}t}=i_L(t)$$

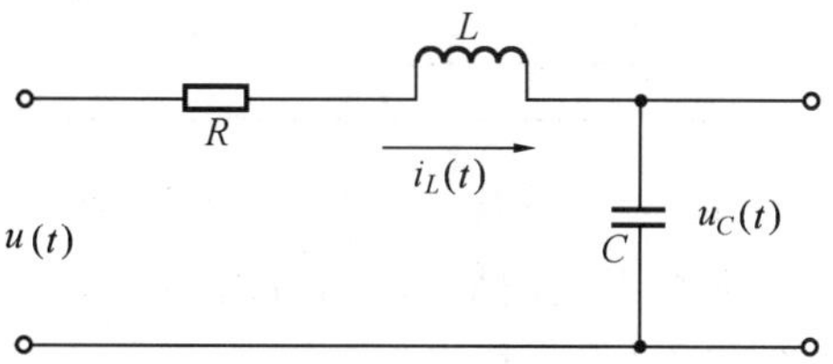


图 2.2　RLC 串联网络

令 $x_1(t)=i_L(t)$，$x_2(t)=u_C(t)$，写成一阶矩阵微分方程形式，则状态方程为

$$\begin{bmatrix}\dot{x}_1(t)\\ \dot{x}_2(t)\end{bmatrix}=\begin{bmatrix}-\dfrac{R}{L} & -\dfrac{1}{L}\\ \dfrac{1}{C} & 0\end{bmatrix}\begin{bmatrix}x_1(t)\\ x_2(t)\end{bmatrix}+\begin{bmatrix}\dfrac{1}{L}\\ 0\end{bmatrix}u(t) \tag{2.3}$$

系统的输出方程为

$$y(t)=u_C(t)=[0\quad 1]\begin{bmatrix}x_1(t)\\ x_2(t)\end{bmatrix} \tag{2.4}$$

将式(2.3)和式(2.4)写成矩阵方程的形式，即

$$\begin{aligned}\dot{\boldsymbol{x}}(t)&=\boldsymbol{A}\boldsymbol{x}(t)+\boldsymbol{B}u(t)\\ \boldsymbol{y}(t)&=\boldsymbol{C}\boldsymbol{x}(t)\end{aligned} \tag{2.5}$$

其中

$$\boldsymbol{x}(t)=\begin{bmatrix}x_1(t)\\ x_2(t)\end{bmatrix}\qquad \boldsymbol{A}=\begin{bmatrix}-\dfrac{R}{L} & -\dfrac{1}{L}\\ \dfrac{1}{C} & 0\end{bmatrix}\qquad \boldsymbol{B}=\begin{bmatrix}\dfrac{1}{L}\\ 0\end{bmatrix}\qquad \boldsymbol{C}=[0\quad 1]$$

式(2.5)为 RLC 串联网络的状态空间表达式。

应该指出,状态变量的选择不是唯一的,对于本题,还可以选择

$$x_1(t)=i_L(t)\qquad x_2(t)=q_C(t)$$

则对应的状态方程和输出方程可写为

$$\begin{bmatrix}\dot{x}_1(t)\\ \dot{x}_2(t)\end{bmatrix}=\begin{bmatrix}-\dfrac{R}{L} & -\dfrac{1}{LC}\\ 1 & 0\end{bmatrix}\begin{bmatrix}x_1(t)\\ x_2(t)\end{bmatrix}+\begin{bmatrix}\dfrac{1}{L}\\ 0\end{bmatrix}u(t)$$

$$y(t)=u_C(t)=\frac{1}{C}q_C(t)=\begin{bmatrix}0 & \dfrac{1}{C}\end{bmatrix}\begin{bmatrix}x_1(t)\\ x_2(t)\end{bmatrix}$$

由此可以看出,系统状态变量的选取不是唯一的,同一个系统可以选择不同的状态变量,但一组状态变量是另外一组状态变量的线性组合,而且状态变量的个数是唯一的,等于系统的阶数,即系统中独立储能元件的个数。

**例 2.2**　图 2.3 所示为某机械运动系统的物理模型,它是一个弹簧 - 质量 - 阻尼器系统。试建立输入为外力 $u(t)$、输出为位移 $y(t)$ 的状态空间表达式。

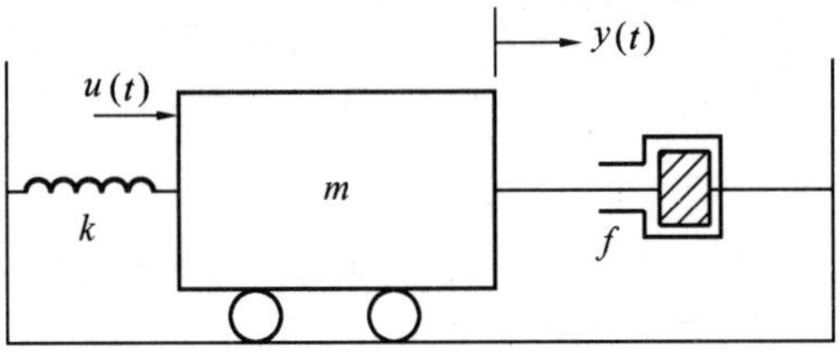


图 2.3　弹簧 - 质量 - 阻尼器系统

**解**　令 $k$ 为弹簧的弹性系数,$f$ 为阻尼器的阻尼系数。首先选择系统的状态变量。根据牛顿定律可写出系统的动态方程为

$$m\frac{\mathrm{d}^2y(t)}{\mathrm{d}t^2}=u(t)-f\frac{\mathrm{d}y(t)}{\mathrm{d}t}-ky(t)$$

将上式改写为

$$m\frac{\mathrm{d}^2y(t)}{\mathrm{d}t^2}+f\frac{\mathrm{d}y(t)}{\mathrm{d}t}+ky(t)=u \tag{2.6}$$

若已知质量为 $m$ 的物体在 $t_0$ 时刻的初始位移 $y(t_0)$ 和初始速度 $\dot{y}(t_0)$,又已知系统的输入函数,则方程(2.6)有唯一解,即在 $t\geqslant t_0$ 的任意瞬间,质量为 $m$ 的物体的位移可以被确定下来。因此,可以选 $y(t)$ 和 $\dot{y}(t)$ 作为系统的状态变量。

令 $x_1(t)=y(t)$,$x_2(t)=\dot{y}(t)=\dot{x}_1(t)$,并将式(2.6)改写为一阶微分方程组,有

$$\left.\begin{aligned}\dot{x}_1(t)&=x_2(t)\\ \dot{x}_2(t)&=-\frac{k}{m}x_1(t)-\frac{f}{m}x_2(t)+\frac{1}{m}u(t)\end{aligned}\right\} \tag{2.7}$$

写成一阶矩阵微分方程的形式,即

$$\begin{bmatrix}\dot{x}_1(t)\\ \dot{x}_2(t)\end{bmatrix}=\begin{bmatrix}0 & 1\\ -\dfrac{k}{m} & -\dfrac{f}{m}\end{bmatrix}\begin{bmatrix}x_1(t)\\ x_2(t)\end{bmatrix}+\begin{bmatrix}0\\ \dfrac{1}{m}\end{bmatrix}u(t) \tag{2.8}$$

式(2.8)即为用来描述系统运动的状态方程。

系统输出方程可表示为

$$\boldsymbol{y}(t)=[1\quad 0]\begin{bmatrix}x_1(t)\\x_2(t)\end{bmatrix} \tag{2.9}$$

将式(2.8)和式(2.9)写成矩阵方程的形式,即

$$\left.\begin{aligned}\dot{\boldsymbol{x}}(t)&=\boldsymbol{A}\boldsymbol{x}(t)+\boldsymbol{B}u(t)\\\boldsymbol{y}(t)&=\boldsymbol{C}\boldsymbol{x}(t)\end{aligned}\right\} \tag{2.10}$$

式中

$$\boldsymbol{x}(t)=\begin{bmatrix}x_1(t)\\x_2(t)\end{bmatrix}\qquad \boldsymbol{A}=\begin{bmatrix}0 & 1\\-\dfrac{k}{m} & -\dfrac{f}{m}\end{bmatrix}\qquad \boldsymbol{B}=\begin{bmatrix}0\\\dfrac{1}{m}\end{bmatrix}\qquad \boldsymbol{C}=[1\quad 0]$$

式(2.10)即为弹簧 - 质量 - 阻尼器系统的状态空间表达式。

多输入 - 多输出的线性定常系统如图 2.4 所示,设系统具有 $n$ 个状态变量,$r$ 个输入变量,$m$ 个输出变量,并且系统输入对输出有直接影响,则系统的状态方程和输出方程为

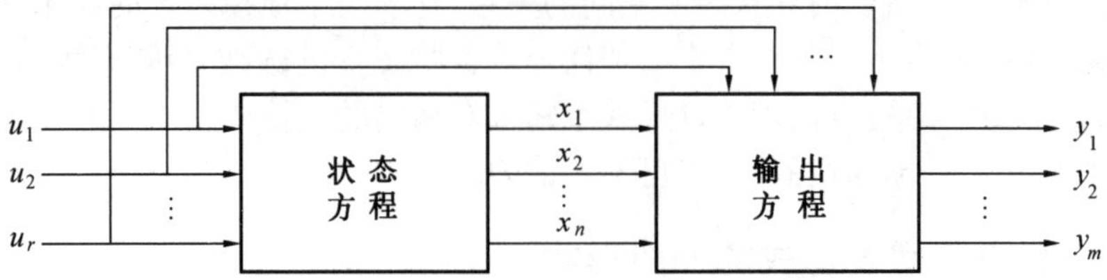


图 2.4　多输入 - 多输出线性定常系统

$$\left.\begin{aligned}\dot{\boldsymbol{x}}(t)&=\boldsymbol{A}\boldsymbol{x}(t)+\boldsymbol{B}\boldsymbol{u}(t)\\\boldsymbol{y}(t)&=\boldsymbol{C}\boldsymbol{x}(t)+\boldsymbol{D}\boldsymbol{u}(t)\end{aligned}\right\} \tag{2.11}$$

式中

$$\boldsymbol{x}=\begin{bmatrix}x_1\\x_2\\\vdots\\x_n\end{bmatrix}\qquad n\times 1 \text{ 维状态向量}$$

$$\boldsymbol{u}=\begin{bmatrix}u_1\\u_2\\\vdots\\u_r\end{bmatrix}\qquad r\times 1 \text{ 维输入向量}$$

$$\boldsymbol{y}=\begin{bmatrix}y_1\\y_2\\\vdots\\y_m\end{bmatrix}\qquad m\times 1 \text{ 维输出向量}$$

$$\boldsymbol{A}=\begin{bmatrix}a_{11} & a_{12} & \cdots & a_{1n}\\a_{21} & a_{22} & \cdots & a_{2n}\\\vdots & \vdots & & \vdots\\a_{n1} & a_{n2} & \cdots & a_{nn}\end{bmatrix}\qquad n\times n \text{ 维系统矩阵} \tag{2.12}$$

$$\boldsymbol{B}=\begin{bmatrix} b_{11} & b_{12} & \cdots & b_{1r} \\ b_{21} & b_{22} & \cdots & b_{2r} \\ \vdots & \vdots & & \vdots \\ b_{n1} & b_{n2} & \cdots & b_{nr} \end{bmatrix} \quad n\times r \text{ 维输入矩阵} \tag{2.13}$$

$$\boldsymbol{C}=\begin{bmatrix} c_{11} & c_{12} & \cdots & c_{1n} \\ c_{21} & c_{22} & \cdots & c_{2n} \\ \vdots & \vdots & & \vdots \\ c_{m1} & c_{m2} & \cdots & c_{mn} \end{bmatrix} \quad m\times n \text{ 维输出矩阵} \tag{2.14}$$

$$\boldsymbol{D}=\begin{bmatrix} d_{11} & d_{12} & \cdots & d_{1r} \\ d_{21} & d_{22} & \cdots & d_{2r} \\ \vdots & \vdots & & \vdots \\ d_{m1} & d_{m2} & \cdots & d_{mr} \end{bmatrix} \quad m\times r \text{ 维直接矩阵} \tag{2.15}$$

系统矩阵$\boldsymbol{A}$表示了系统内部状态变量间的关系,它取决于被控系统的作用原理、结构和各项参数;输入矩阵$\boldsymbol{B}$表示了各输入变量如何影响各状态变量;输出矩阵$\boldsymbol{C}$表示了状态变量与输出变量间的作用关系;直接矩阵$\boldsymbol{D}$反映了输入对输出的直接作用。一般情况下,系统输入与输出的直接作用是不存在的,所以可不考虑$\boldsymbol{D}$。

### 2.1.3　状态空间表达式的一般形式

对于具有$r$个输入、$m$个输出、$n$个状态变量的系统,不管是线性的、非线性的、时变的还是定常的,其状态空间表达式的一般形式为

$$\left.\begin{aligned} \dot{\boldsymbol{x}}(t)&=\boldsymbol{f}[\boldsymbol{x}(t),\boldsymbol{u}(t),t] \\ \boldsymbol{y}(t)&=\boldsymbol{g}[\boldsymbol{x}(t),\boldsymbol{u}(t),t] \end{aligned}\right\} \tag{2.16}$$

式中,$\boldsymbol{x}(t)$为$n\times 1$维状态向量;$\boldsymbol{u}(t)$为$r\times 1$维输入向量;$\boldsymbol{y}(t)$为$m\times 1$维输出向量;$\boldsymbol{f}$为$n\times 1$维向量函数;$\boldsymbol{g}$为$m\times 1$维向量函数。

按线性、非线性、时变和定常可以划分为以下几类系统。

1. 非线性时变系统

对于非线性时变系统,向量函数$\boldsymbol{f}$和$\boldsymbol{g}$的各元是状态变量和输入变量的非线性时变函数,表示系统参数随时间变化,状态方程和输出方程是非线性时变函数,状态空间表达式只能用式(2.16)表示。

2. 非线性定常系统

非线性定常系统中,向量函数$\boldsymbol{f}$和$\boldsymbol{g}$不依赖于时间变量$t$,因此,状态空间表达式可写为

$$\left.\begin{aligned} \dot{\boldsymbol{x}}(t)&=\boldsymbol{f}[\boldsymbol{x}(t),\boldsymbol{u}(t)] \\ \boldsymbol{y}(t)&=\boldsymbol{g}[\boldsymbol{x}(t),\boldsymbol{u}(t)] \end{aligned}\right\} \tag{2.17}$$

3. 线性时变系统

线性时变系统中,向量函数$\boldsymbol{f}$和$\boldsymbol{g}$的各元为状态变量和输入变量的线性函数,系统参数随时间变化,线性时变系统的状态空间表达式为

$$\left.\begin{aligned} \dot{\boldsymbol{x}}(t)&=\boldsymbol{A}(t)\boldsymbol{x}(t)+\boldsymbol{B}(t)\boldsymbol{u}(t) \\ \boldsymbol{y}(t)&=\boldsymbol{C}(t)\boldsymbol{x}(t)+\boldsymbol{D}(t)\boldsymbol{u}(t) \end{aligned}\right\} \tag{2.18}$$

式中，$A(t)$ 为 $n \times n$ 维系统矩阵；$B(t)$ 为 $n \times r$ 维输入矩阵；$C(t)$ 为 $m \times n$ 维输出矩阵；$D(t)$ 为 $m \times r$ 维直接矩阵。

4. 线性定常系统

对于线性定常系统，状态空间表达式中各元素均是常数，与时间无关，系数矩阵为常数矩阵，状态空间表达式为式(2.11)。

对于单输入－单输出线性定常系统，$u$ 和 $y$ 是一维的，即为标量，其状态空间表达式可表示为

$$\left.\begin{aligned}\dot{\boldsymbol{x}}(t) &= \boldsymbol{A}\boldsymbol{x}(t) + \boldsymbol{B}u(t)\\ y(t) &= \boldsymbol{C}\boldsymbol{x}(t) + \boldsymbol{D}u(t)\end{aligned}\right\} \tag{2.19}$$

### 2.1.4　线性系统状态空间表达式的结构图和信号流图

对于线性系统，系统的状态方程和输出方程可以用结构图的方式表达出来，它形象地说明了系统输入、输出和系统状态之间的信息传递关系。

状态空间表达式的结构图就是用积分器、加法器和放大器来表示系统中变量间的关系，与系统的模拟电路实现相对应，所以也叫模拟结构图。

例 2.1 中状态空间表达式(2.5) 对应的模拟结构图如图 2.5 所示。

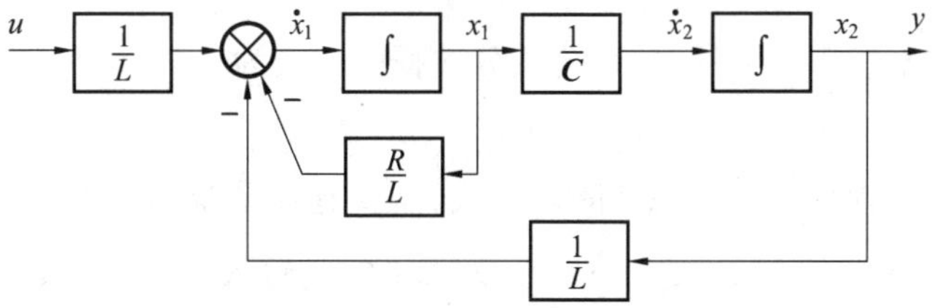


图 2.5　例 2.1 模拟结构图

图中每个积分器的输出对应一个状态变量，然后按照状态方程和输出方程所表示的数学关系画出放大器和加法器，再用箭头把它们连接起来就构成了系统的模拟结构图。显然，当系统的状态变量的选取改变时，系统的状态空间表达式改变了，对应的模拟结构图也改变了。也就是说，同一系统可以有多种模拟结构图形式，但它们所对应的输入输出特性不变。

图 2.6 所示为 $n$ 阶线性定常系统的结构图，图中双箭头表示通道中传递的是向量信号。图 2.7 所示为系统的信号流图，其绘制规则与单变量系统完全相同，只是此时的变量是向量，两变量间传输的是矩阵。

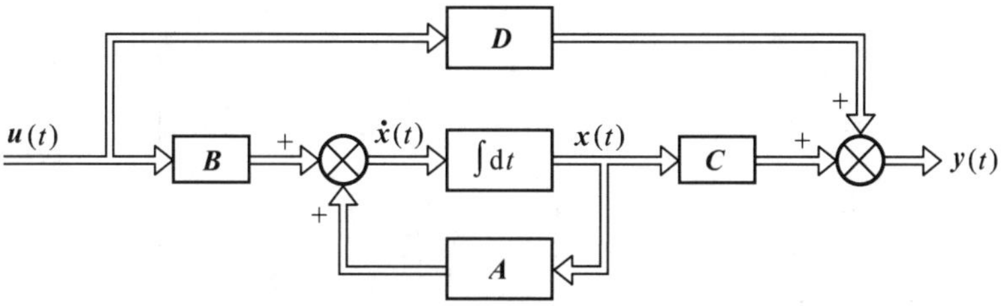


图 2.6　线性定常系统结构图

结构图和信号流图是用来描述系统输入变量、状态变量和输出变量之间函数关系的，既

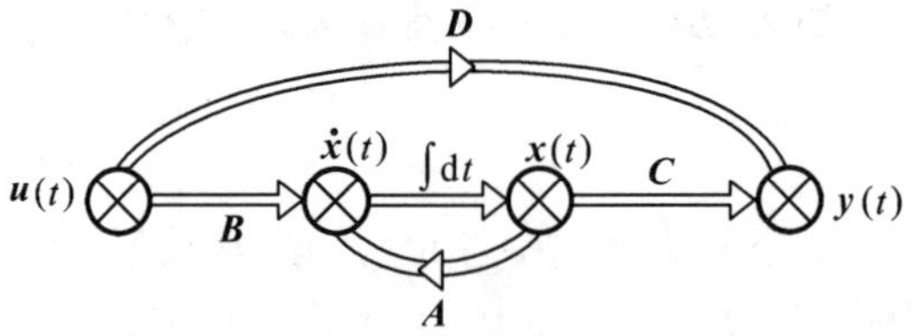


图 2.7　线性定常系统信号流图

表示了输入变量与系统内部状态变量的因果关系，又反映了内部状态变量对输出变量的影响。

## 2.2　由微分方程求状态空间表达式

在经典控制理论中，系统的输入输出关系采用微分方程或传递函数来描述。经典控制理论中采用输入变量和输出变量间的高阶微分方程来描述系统，而现代控制理论中是采用输入变量、状态变量和输出变量间的一阶微分方程组来描述系统，需要选取合适的状态变量，将高阶微分方程转换为状态空间表达式，并应保持原系统输入输出关系不变。

### 2.2.1　微分方程中不含输入函数导数项

当输入函数中不包含导数项时，系统微分方程的形式为

$$y^{(n)} + a_1 y^{(n-1)} + \cdots + a_{n-1}\dot{y} + a_n y = bu \tag{2.20}$$

要将上式 $n$ 阶微分方程变换为状态空间表达式，需要选择系统的 $n$ 个状态变量。根据微分方程理论，若已知 $y(0)$，$\dot{y}(0)$，$\cdots$，$y^{(n-1)}(0)$ 及 $t \geqslant 0$ 时的输入 $u(t)$，则微分方程有唯一解，即系统在 $t \geqslant 0$ 的任何瞬时的状态都被唯一地确定了。因此，可选取 $y$，$\dot{y}$，$\cdots$，$y^{(n-1)}$ 作为系统的一组状态变量。令

$$\left.\begin{aligned} x_1 &= y \\ x_2 &= \dot{y} \\ &\vdots \\ x_{n-1} &= y^{(n-2)} \\ x_n &= y^{(n-1)} \end{aligned}\right\} \tag{2.21}$$

则式(2.20) 可变换为

$$\left.\begin{aligned} \dot{x}_1 &= x_2 \\ \dot{x}_2 &= x_3 \\ &\vdots \\ \dot{x}_{n-1} &= x_n \\ \dot{x}_n &= -a_n x_1 - a_{n-1}x_2 - \cdots - a_2 x_{n-1} - a_1 x_n + bu \end{aligned}\right\}$$

写成向量矩阵形式，即

$$\dot{\boldsymbol{x}} = \boldsymbol{A}\boldsymbol{x} + \boldsymbol{B}u \tag{2.22}$$

其中

$$\dot{\boldsymbol{x}}=\begin{bmatrix}\dot{x}_1\\ \dot{x}_2\\ \vdots\\ \dot{x}_{n-1}\\ \dot{x}_n\end{bmatrix}\qquad \boldsymbol{A}=\begin{bmatrix}0 & 1 & 0 & \cdots & 0\\ 0 & 0 & 1 & \cdots & 0\\ \vdots & \vdots & \vdots & & \vdots\\ 0 & 0 & 0 & \cdots & 1\\ -a_n & -a_{n-1} & -a_{n-2} & \cdots & -a_1\end{bmatrix}\qquad \boldsymbol{B}=\begin{bmatrix}0\\ 0\\ \vdots\\ 0\\ b\end{bmatrix}$$

输出方程为

$$y=x_1=[1\quad 0\quad \cdots\quad 0]\begin{bmatrix}x_1\\ x_2\\ \vdots\\ x_n\end{bmatrix}=\boldsymbol{Cx}$$

其中

$$\boldsymbol{C}=[1\quad 0\quad \cdots\quad 0]$$

系统的状态空间表达式为

$$\left.\begin{aligned}\dot{\boldsymbol{x}}&=\boldsymbol{Ax}+\boldsymbol{B}u\\ \boldsymbol{y}&=\boldsymbol{Cx}\end{aligned}\right\}\tag{2.23}$$

系统的结构图如图 2.8 所示。

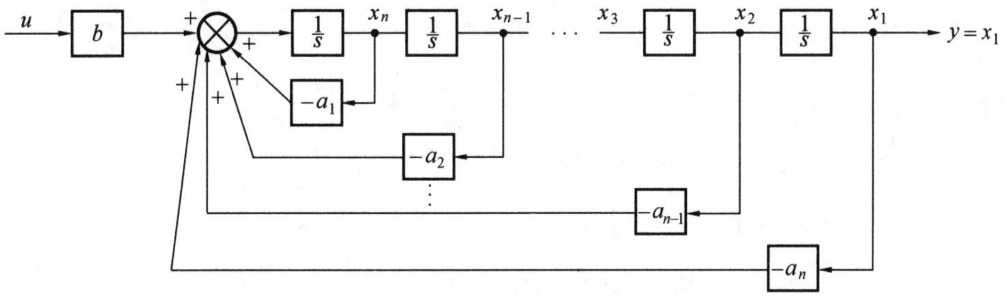


图 2.8　系统结构图

**例 2.3**　设系统微分方程为

$$\dddot{y}+6\ddot{y}+11\dot{y}+6y=6u$$

求系统的状态空间表达式。

**解**　选取状态变量为

$$\left.\begin{aligned}x_1&=y\\ x_2&=\dot{y}=\dot{x}_1\\ x_3&=\ddot{y}=\dot{x}_2\end{aligned}\right\}$$

由微分方程可得

$$\left.\begin{aligned}\dot{x}_1&=x_2\\ \dot{x}_2&=x_3\\ \dot{x}_3&=-6x_1-11x_2-6x_3+6u\\ y&=x_1\end{aligned}\right\}$$

则状态空间表达式为

$$\begin{bmatrix}\dot{x}_1\\ \dot{x}_2\\ \dot{x}_3\end{bmatrix}=\begin{bmatrix}0 & 1 & 0\\ 0 & 0 & 1\\ -6 & -11 & -6\end{bmatrix}\begin{bmatrix}x_1\\ x_2\\ x_3\end{bmatrix}+\begin{bmatrix}0\\ 0\\ 6\end{bmatrix}u$$

$$y=\begin{bmatrix}1 & 0 & 0\end{bmatrix}\begin{bmatrix}x_1\\ x_2\\ x_3\end{bmatrix}$$

### 2.2.2 输入函数中包含导数项时的变换

当输入函数包含导数项时,系统微分方程的形式为

$$y^{(n)}+a_1y^{(n-1)}+\cdots+a_{n-1}\dot{y}+a_ny=b_0u^{(n)}+b_1u^{(n-1)}+\cdots+b_{n-1}\dot{u}+b_nu \tag{2.24}$$

在这种情况下,不能选用$y,\dot{y},\cdots,y^{(n-1)}$作为系统的状态变量,此时方程中包含有输入信号 $u$ 的导数项,它可能导致系统在状态空间中的运动出现无穷大的跳变,方程解的存在性和唯一性被破坏。通常,可利用输出 $y$ 和输入 $u$ 以及它们的各阶导数组成状态变量,其原则是使状态方程中不包含 $u$ 的各阶导数。基于这种思路选择状态变量的方法较多,下面仅介绍两种。

1. 方法一

选取一组状态变量

$$\left.\begin{aligned}x_1&=y-\beta_0u\\ x_2&=\dot{y}-\beta_0\dot{u}-\beta_1u\\ x_3&=\ddot{y}-\beta_0\ddot{u}-\beta_1\dot{u}-\beta_2u\\ &\vdots\\ x_n&=y^{(n-1)}-\beta_0u^{(n-1)}-\beta_1u^{(n-2)}-\cdots-\beta_{n-1}u\end{aligned}\right\} \tag{2.25}$$

其中,$\beta_0,\beta_1,\cdots,\beta_{n-1}$ 为 $n$ 个待定系数。

对式(2.25)求导,可得

$$\left.\begin{aligned}\dot{x}_1&=\dot{y}-\beta_0\dot{u}=x_2+\beta_1u\\ \dot{x}_2&=\ddot{y}-\beta_0\ddot{u}-\beta_1\dot{u}=x_3+\beta_2u\\ &\vdots\\ \dot{x}_n&=y^{(n)}-\beta_0u^{(n)}-\beta_1u^{(n-1)}-\cdots-\beta_{n-1}\dot{u}\end{aligned}\right\} \tag{2.26}$$

由微分方程求得 $y^{(n)}$,并表示成状态变量的线性组合,即

$$\begin{aligned}y^{(n)}=&-a_1y^{(n-1)}-a_2y^{(n-2)}-\cdots-a_{n-1}\dot{y}-a_ny+\\ &b_0u^{(n)}+b_1u^{(n-1)}+\cdots+b_{n-1}\dot{u}+b_nu\end{aligned} \tag{2.27}$$

由式(2.26)求得 $y$ 的各阶导数与状态变量之间的关系,并代入式(2.27),整理后可得

$$
\begin{aligned}
y^{(n)} = & -a_1x_n - a_2x_{n-1} - \cdots - a_{n-1}x_2 - a_nx_1 - \\
& a_1(\beta_0u^{(n-1)} + \beta_1u^{(n-2)} + \cdots + \beta_{n-1}u) - \\
& a_2(\beta_0u^{(n-2)} + \beta_1u^{(n-3)} + \cdots + \beta_{n-2}u) - \cdots - \\
& a_{n-1}(\beta_0\dot{u} + \beta_1u) - \\
& a_n\beta_0u + b_0u^{(n)} + b_1u^{(n-1)} + \cdots + b_{n-1}\dot{u} + b_nu
\end{aligned}
$$

将上式代入式(2.26)中最后一行,可得

$$
\begin{aligned}
\dot{x}_n = & -a_nx_1 - a_{n-1}x_2 - \cdots - a_2x_{n-1} - a_1x_n + (b_0 - \beta_0)u^{(n)} + \\
& (b_1 - \beta_1 - a_1\beta_0)u^{(n-1)} + (b_2 - \beta_2 - a_1\beta_1 - a_2\beta_0)u^{(n-2)} + \cdots + \\
& (b_{n-1} - \beta_{n-1} - a_1\beta_{n-2} - a_2\beta_{n-3} - \cdots - a_{n-1}\beta_0)\dot{u} + \\
& (b_n - a_1\beta_{n-1} - a_2\beta_{n-2} - \cdots - a_n\beta_0)u
\end{aligned} \tag{2.28}
$$

若合理选择

$$
\left.\begin{aligned}
& \beta_0 = b_0 \\
& \beta_1 = b_1 - a_1\beta_0 \\
& \beta_2 = b_2 - a_1\beta_1 - a_2\beta_0 \\
& \quad \vdots \\
& \beta_{n-1} = b_{n-1} - a_1\beta_{n-2} - a_2\beta_{n-3} - \cdots - a_{n-1}\beta_0
\end{aligned}\right\} \tag{2.29}
$$

可使式(2.28)中不包含 $u$ 的各阶导数。为简便起见,令式(2.28)中 $u$ 的系数为 $\beta_n$,即

$$\beta_n = b_n - a_1\beta_{n-1} - a_2\beta_{n-2} - \cdots - a_n\beta_0$$

则得到系统的状态方程为

$$
\left.\begin{aligned}
& \dot{x}_1 = x_2 + \beta_1u \\
& \dot{x}_2 = x_3 + \beta_2u \\
& \quad \vdots \\
& \dot{x}_{n-1} = x_n + \beta_{n-1}u \\
& \dot{x}_n = -a_nx_1 - a_{n-1}x_2 - \cdots - a_2x_{n-1} - a_1x_n + \beta_nu
\end{aligned}\right\} \tag{2.30}
$$

写成矩阵形式为

$$
\begin{bmatrix} \dot{x}_1 \\ \dot{x}_2 \\ \vdots \\ \dot{x}_{n-1} \\ \dot{x}_n \end{bmatrix} = \begin{bmatrix} 0 & 1 & 0 & \cdots & 0 & 0 \\ 0 & 0 & 1 & \cdots & 0 & 0 \\ \vdots & \vdots & \vdots & & \vdots & \vdots \\ 0 & 0 & 0 & \cdots & 0 & 1 \\ -a_n & -a_{n-1} & -a_{n-2} & \cdots & -a_2 & -a_1 \end{bmatrix} \begin{bmatrix} x_1 \\ x_2 \\ \vdots \\ x_{n-1} \\ x_n \end{bmatrix} + \begin{bmatrix} \beta_1 \\ \beta_2 \\ \vdots \\ \beta_{n-1} \\ \beta_n \end{bmatrix} u \tag{2.31}
$$

系统输出方程为

$$y = x_1 + \beta_0u$$

写成矩阵形式为

$$y = \begin{bmatrix} 1 & 0 & \cdots & 0 & 0 \end{bmatrix} \begin{bmatrix} x_1 \\ x_2 \\ \vdots \\ x_{n-1} \\ x_n \end{bmatrix} + \beta_0 u \tag{2.32}$$

为便于记忆，系数 $\beta_0, \beta_1, \cdots, \beta_{n-1}, \beta_n$ 可写成如下矩阵形式，即

$$\begin{bmatrix} b_0 \\ b_1 \\ \vdots \\ b_{n-1} \\ b_n \end{bmatrix} = \begin{bmatrix} 1 & 0 & 0 & \cdots & 0 & 0 \\ a_1 & 1 & 0 & \cdots & 0 & 0 \\ \vdots & \vdots & \vdots & & \vdots & \vdots \\ a_{n-1} & a_{n-2} & a_{n-3} & \cdots & 1 & 0 \\ a_n & a_{n-1} & a_{n-2} & \cdots & a_1 & 1 \end{bmatrix} \begin{bmatrix} \beta_0 \\ \beta_1 \\ \vdots \\ \beta_{n-1} \\ \beta_n \end{bmatrix} \tag{2.33}$$

**例 2.4**　已知系统的微分方程为

$$\dddot{y} + 6\ddot{y} + 11\dot{y} + 6y = \dddot{u} + 8\ddot{u} + 17\dot{u} + 8u$$

试列出状态空间表达式。

**解**　由微分方程中各项的系数得

$$a_1 = 6 \quad a_2 = 11 \quad a_3 = 6$$
$$b_0 = 1 \quad b_1 = 8 \quad b_2 = 17 \quad b_3 = 8$$

由式(2.29)可求得系数

$$\left.\begin{aligned} \beta_0 &= b_0 = 1 \\ \beta_1 &= b_1 - a_1\beta_0 = 2 \\ \beta_2 &= b_2 - a_1\beta_1 - a_2\beta_0 = -6 \\ \beta_3 &= b_3 - a_1\beta_2 - a_2\beta_1 - a_3\beta_0 = 16 \end{aligned}\right\}$$

根据式(2.31)和式(2.32)，可得状态空间表达式为

$$\begin{bmatrix} \dot{x}_1 \\ \dot{x}_2 \\ \dot{x}_3 \end{bmatrix} = \begin{bmatrix} 0 & 1 & 0 \\ 0 & 0 & 1 \\ -6 & -11 & -6 \end{bmatrix} \begin{bmatrix} x_1 \\ x_2 \\ x_3 \end{bmatrix} + \begin{bmatrix} 2 \\ -6 \\ 16 \end{bmatrix} u$$

$$y = \begin{bmatrix} 1 & 0 & 0 \end{bmatrix} \begin{bmatrix} x_1 \\ x_2 \\ x_3 \end{bmatrix} + u$$

系统的模拟结构图如图 2.9 所示。

2. 方法二

设系统微分方程为

$$y^{(n)} + a_1 y^{(n-1)} + \cdots + a_{n-1}\dot{y} + a_n y = b_0 u^{(n)} + b_1 u^{(n-1)} + \cdots + b_{n-1}\dot{u} + b_n u$$

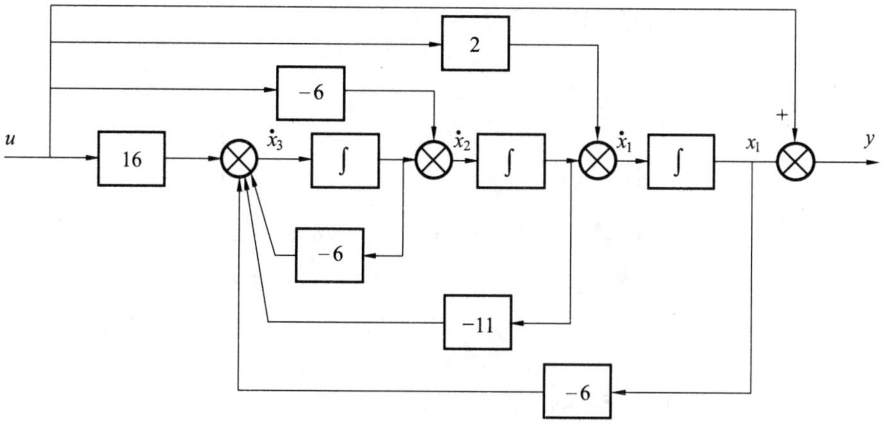


图 2.9　例 2.4 系统模拟结构图

现在引入中间变量 $z$,令

$$u = z^{(n)} + a_1 z^{(n-1)} + \cdots + a_{n-1}\dot{z} + a_n z \tag{2.34}$$

将式(2.34)代入微分方程中,可得

$$\begin{aligned}
&y^{(n)} + a_1 y^{(n-1)} + \cdots + a_{n-1}\dot{y} + a_n y = \\
&b_0 z^{(2n)} + a_1 b_0 z^{(2n-1)} + \cdots + a_n b_0 z^{(n)} + \\
&b_1 z^{(2n-1)} + a_1 b_1 z^{(2n-2)} + \cdots + a_n b_1 z^{(n-1)} + \cdots + \\
&b_n z^{(n)} + a_1 b_n z^{(n-1)} + \cdots + a_n b_n z = \\
&(b_0 z^{(n)} + b_1 z^{(n-1)} + \cdots + b_n z)^{(n)} + \\
&a_1 (b_0 z^{(n)} + b_1 z^{(n-1)} + \cdots + b_n z)^{(n-1)} + \cdots + \\
&a_n (b_0 z^{(n)} + b_1 z^{(n-1)} + \cdots + b_n z)
\end{aligned}$$

比较上式左右两边,可导出

$$y = b_0 z^{(n)} + b_1 z^{(n-1)} + \cdots + b_n z \tag{2.35}$$

令系统状态变量为

$$\left.\begin{aligned}
x_1 &= z \\
x_2 &= \dot{z} \\
&\vdots \\
x_{n-1} &= z^{(n-2)} \\
x_n &= z^{(n-1)}
\end{aligned}\right\} \tag{2.36}$$

则有

$$\begin{aligned}
\dot{x}_n = z^{(n)} = &- a_n z - a_{n-1}\dot{z} - \cdots - a_1 z^{(n-1)} + u = \\
&- a_n x_1 - a_{n-1} x_2 - \cdots - a_1 x_n + u
\end{aligned}$$

于是,系统的状态方程和输出方程为

$$\left.\begin{aligned}\dot{x}_1 &= x_2 \\ \dot{x}_2 &= x_3 \\ &\vdots \\ \dot{x}_{n-1} &= x_n \\ \dot{x}_n &= -a_n x_1 - a_{n-1}x_2 - \cdots - a_1 x_n + u\end{aligned}\right\} \tag{2.37}$$

$$\begin{aligned}y &= b_0(-a_n x_1 - a_{n-1}x_2 - \cdots - a_1 x_n + u) + \\ &\quad b_1 x_n + b_2 x_{n-1} + \cdots + b_n x_1 = \\ &\quad (b_n - a_n b_0)x_1 + (b_{n-1} - a_{n-1}b_0)x_2 + \cdots + \\ &\quad (b_1 - a_1 b_0)x_n + b_0 u\end{aligned} \tag{2.38}$$

将式(2.37)和式(2.38)写成矩阵方程的形式,有

$$\begin{bmatrix}\dot{x}_1 \\ \dot{x}_2 \\ \vdots \\ \dot{x}_n\end{bmatrix} = \begin{bmatrix}0 & 1 & 0 & \cdots & 0 \\ 0 & 0 & 1 & \cdots & 0 \\ \vdots & \vdots & \vdots & & \vdots \\ 0 & 0 & 0 & \cdots & 1 \\ -a_n & -a_{n-1} & -a_{n-2} & \cdots & -a_1\end{bmatrix}\begin{bmatrix}x_1 \\ x_2 \\ \vdots \\ x_n\end{bmatrix} + \begin{bmatrix}0 \\ 0 \\ \vdots \\ 0 \\ 1\end{bmatrix}u \tag{2.39}$$

$$y = [b_n - a_n b_0 \quad b_{n-1} - a_{n-1}b_0 \quad \cdots \quad b_1 - a_1 b_0]\begin{bmatrix}x_1 \\ x_2 \\ \vdots \\ x_n\end{bmatrix} + \boldsymbol{b}_0 u \tag{2.40}$$

若 $b_0 = 0$,即输入函数的阶次低于 $n$ 时,有

$$y = [b_n \quad b_{n-1} \quad \cdots \quad b_1]\begin{bmatrix}x_1 \\ x_2 \\ \vdots \\ x_n\end{bmatrix} \tag{2.41}$$

**例 2.5** 设系统微分方程为

$$\dddot{y} + 4\ddot{y} + 2\dot{y} + y = \ddot{u} + \dot{u} + 3u$$

试写出其状态空间表达式。

**解** 由式(2.39)和式(2.41)可得

$$\begin{bmatrix}\dot{x}_1 \\ \dot{x}_2 \\ \dot{x}_3\end{bmatrix} = \begin{bmatrix}0 & 1 & 0 \\ 0 & 0 & 1 \\ -1 & -2 & -4\end{bmatrix}\begin{bmatrix}x_1 \\ x_2 \\ x_3\end{bmatrix} + \begin{bmatrix}0 \\ 0 \\ 1\end{bmatrix}u$$

$$y = [3 \quad 1 \quad 1]\begin{bmatrix}x_1 \\ x_2 \\ x_3\end{bmatrix}$$

系统的模拟结构图如图 2.10 所示。

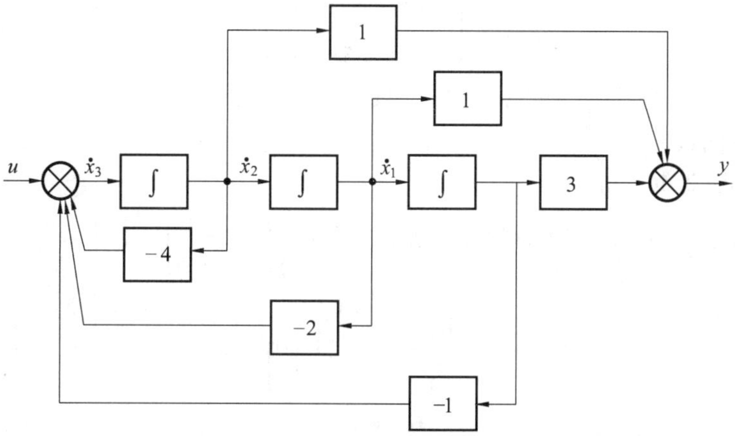


图 2.10　例 2.5 系统模拟结构图

## 2.3　系统的传递函数矩阵

单输入 - 单输出线性定常系统输入量和输出量之间的关系是由微分方程给出的，且当初始条件为零时，对输入量和输出量及其导数进行拉普拉斯变换，即可求出系统输出量和输入量之间的传递函数。对于多输入 - 多输出线性定常系统，如果给出系统的状态空间表达式，也可以求出表达输入矢量和输出矢量之间的传递函数矩阵。

### 2.3.1　传递函数

若单输入 - 单输出线性定常系统状态空间表达式为

$$\dot{\boldsymbol{x}} = \boldsymbol{A}\boldsymbol{x} + \boldsymbol{b}u \tag{2.42}$$

$$y = \boldsymbol{C}\boldsymbol{x} + \boldsymbol{d}u \tag{2.43}$$

式中，$\boldsymbol{x}$ 为 $n$ 维状态向量；$u$ 为标量输入；$y$ 为标量输出。

对式(2.42)进行拉普拉斯变换，得

$$s\boldsymbol{x}(s) - \boldsymbol{x}(0) = \boldsymbol{A}\boldsymbol{x}(s) + \boldsymbol{b}u(s)$$

设初始状态为零，即 $\boldsymbol{x}(0) = \boldsymbol{0}$，如果 $[s\boldsymbol{I} - \boldsymbol{A}]^{-1}$ 存在，则

$$[s\boldsymbol{I} - \boldsymbol{A}]\boldsymbol{x}(s) = \boldsymbol{b}u(s)$$

$$\boldsymbol{x}(s) = [s\boldsymbol{I} - \boldsymbol{A}]^{-1}\boldsymbol{b}u(s) \tag{2.44}$$

对式(2.43)求拉普拉斯变换，得

$$\begin{aligned} y(s) &= \boldsymbol{C}\boldsymbol{x}(s) + du(s) = \\ &\boldsymbol{C}[s\boldsymbol{I} - \boldsymbol{A}]^{-1}\boldsymbol{b}u(s) + du(s) = \\ &\boldsymbol{G}(s)u(s) \end{aligned} \tag{2.45}$$

其中，$\boldsymbol{G}(s)$ 为系统输出量对输入量的传递函数。

$$\boldsymbol{G}(s) = \boldsymbol{C}[s\boldsymbol{I} - \boldsymbol{A}]^{-1}\boldsymbol{b} + d = \boldsymbol{C}\frac{\mathrm{adj}[s\boldsymbol{I} - \boldsymbol{A}]}{\det[s\boldsymbol{I} - \boldsymbol{A}]}\boldsymbol{b} + d \tag{2.46}$$

其中，$\mathrm{adj}[s\boldsymbol{I} - \boldsymbol{A}]$ 是矩阵 $[s\boldsymbol{I} - \boldsymbol{A}]$ 的伴随矩阵；$\det[s\boldsymbol{I} - \boldsymbol{A}]$ 是矩阵 $[s\boldsymbol{I} - \boldsymbol{A}]$ 的行列式。

**例 2.6**　系统状态空间表达式为

$$\dot{x} = \begin{bmatrix} 0 & 1 \\ -6 & -5 \end{bmatrix} x + \begin{bmatrix} 0 \\ 1 \end{bmatrix} u$$

$$y = [1 \quad 1] x$$

求系统的传递函数。

**解**　由式(2.46)得

$$G(s) = C[sI - A]^{-1} b = [1 \quad 1] \begin{bmatrix} s & -1 \\ 6 & s+5 \end{bmatrix}^{-1} \begin{bmatrix} 0 \\ 1 \end{bmatrix} =$$

$$[1 \quad 1] \frac{\mathrm{adj}\begin{bmatrix} s & -1 \\ 6 & s+5 \end{bmatrix}}{\det\begin{bmatrix} s & -1 \\ 6 & s+5 \end{bmatrix}} \begin{bmatrix} 0 \\ 1 \end{bmatrix} = [1 \quad 1] \frac{\begin{bmatrix} s+5 & 1 \\ -6 & s \end{bmatrix}}{s^2 + 5s + 6} \begin{bmatrix} 0 \\ 1 \end{bmatrix} =$$

$$\frac{s+1}{s^2 + 5s + 6}$$

### 2.3.2　传递函数矩阵

多输入－多输出线性定常系统的状态空间表达式为

$$\dot{x} = Ax + Bu \tag{2.47}$$

$$y = Cx + Du \tag{2.48}$$

其中，$x$ 为 $n \times 1$ 维状态向量；$u$ 为 $r \times 1$ 维输入向量；$y$ 为 $m \times 1$ 维输出向量。

对式(2.47)进行拉普拉斯变换，得

$$s x(s) - x(0) = A x(s) + B u(s)$$

$$[sI - A] x(s) = B u(s) + x(0)$$

设 $x(0) = 0$，若 $[sI - A]^{-1}$ 存在，则

$$x(s) = [sI - A]^{-1} B u(s)$$

对式(2.48)进行拉普拉斯变换，得

$$y(s) = C x(s) + D u(s) = C[sI - A]^{-1} B u(s) + D u(s)$$

则

$$G(s) = C[sI - A]^{-1} B + D = C \frac{\mathrm{adj}[sI - A]}{\det[sI - A]} B + D \tag{2.49}$$

其中，$G(s)$ 为系统输出向量对输入向量的传递函数矩阵，简称传递函数矩阵，是一个 $m \times r$ 维矩阵。其结构为

$$G(s) = \begin{bmatrix} g_{11}(s) & g_{12}(s) & \cdots & g_{1r}(s) \\ g_{21}(s) & g_{22}(s) & \cdots & g_{2r}(s) \\ \vdots & \vdots & & \vdots \\ g_{m1}(s) & g_{m2}(s) & \cdots & g_{mr}(s) \end{bmatrix} \tag{2.50}$$

其中，$g_{ij}(s)$ 表示第 $i$ 个输出量 $y_i(s)$ 对第 $j$ 个输入量 $u_j(s)$ 的传递函数($i = 1, 2, \cdots, m; j = 1, 2, \cdots, r$)。

**例 2.7**　线性定常系统状态空间表达式为

$$\dot{\boldsymbol{x}}=\begin{bmatrix}0&1&0\\0&-4&3\\-1&-1&-2\end{bmatrix}\boldsymbol{x}+\begin{bmatrix}0&0\\1&0\\0&1\end{bmatrix}\boldsymbol{u}$$

$$\boldsymbol{y}=\begin{bmatrix}1&0&0\\0&0&1\end{bmatrix}\boldsymbol{x}$$

求系统的传递函数矩阵。

**解**　由式(2.49)得

$\boldsymbol{G}(s)=\boldsymbol{C}[s\boldsymbol{I}-\boldsymbol{A}]^{-1}\boldsymbol{B}=$

$$\begin{bmatrix}1&0&0\\0&0&1\end{bmatrix}\begin{bmatrix}s&-1&0\\0&s+4&-3\\1&1&s+2\end{bmatrix}^{-1}\begin{bmatrix}0&0\\1&0\\0&1\end{bmatrix}=$$

$$\begin{bmatrix}1&0&0\\0&0&1\end{bmatrix}\frac{\begin{bmatrix}s^2+6s+11&s+2&3\\-3&s(s+2)&3s\\-(s+4)&-(s+1)&s(s+4)\end{bmatrix}\begin{bmatrix}0&0\\1&0\\0&1\end{bmatrix}}{s^3+6s^2+11s+3}=$$

$$\begin{bmatrix}\dfrac{s+2}{s^3+6s^2+11s+3}&\dfrac{3}{s^3+6s^2+11s+3}\\\dfrac{-(s+1)}{s^3+6s^2+11s+3}&\dfrac{s(s+4)}{s^3+6s^2+11s+3}\end{bmatrix}$$

如果 $\boldsymbol{G}(s)$ 不是对角矩阵,则多输入-多输出系统中的输入量和输出量之间就存在相互作用的耦合关系。这种耦合关系,对控制来说是不方便的。如果消除第 $i$ 个输出量和非第 $i$ 个输入量之间的耦合关系,实现 $y_1(s)$ 只受 $u_1(s)$ 的作用,$y_2(s)$ 只受 $u_2(s)$ 的作用等,这种方法称为解耦。显然,解耦系统的传递函数矩阵必为对角矩阵。

### 2.3.3　闭环系统传递函数矩阵

多输入-多输出的闭环系统结构图如图 2.11 所示。设其前向通道的传递函数矩阵为 $\boldsymbol{G}(s)$,反馈通道的传递函数矩阵为 $\boldsymbol{H}(s)$,系统输入向量为 $\boldsymbol{U}(s)$,输出向量为 $\boldsymbol{Y}(s)$,误差向量为 $\boldsymbol{E}(s)$。

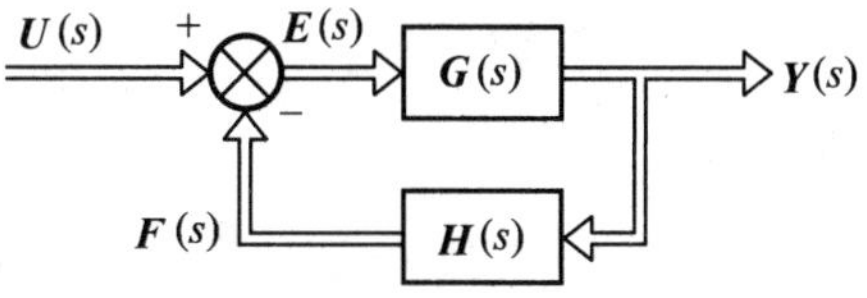


图 2.11　多输入-多输出闭环系统

下面推导闭环系统传递函数矩阵 $\boldsymbol{G}(s)$。

由图 2.11 可以得出

$$\boldsymbol{Y}(s)=\boldsymbol{G}(s)[\boldsymbol{U}(s)-\boldsymbol{F}(s)]=$$

$$\boldsymbol{G}(s)[\boldsymbol{U}(s)-\boldsymbol{H}(s)\boldsymbol{Y}(s)]$$

则

$$[\boldsymbol{I}+\boldsymbol{G}(s)\boldsymbol{H}(s)]\boldsymbol{Y}(s)=\boldsymbol{G}(s)\boldsymbol{U}(s)$$

$$\boldsymbol{Y}(s)=[\boldsymbol{I}+\boldsymbol{G}(s)\boldsymbol{H}(s)]^{-1}\boldsymbol{G}(s)\boldsymbol{U}(s)$$

于是,闭环系统传递函数矩阵为

$$\boldsymbol{G}_H(s)=[\boldsymbol{I}+\boldsymbol{G}(s)\boldsymbol{H}(s)]^{-1}\boldsymbol{G}(s) \tag{2.51}$$

按照图 2.11,还可作如下推导

$$\begin{aligned}\boldsymbol{U}(s)=\boldsymbol{F}(s)+\boldsymbol{E}(s)=&\\ &\boldsymbol{H}(s)\boldsymbol{G}(s)\boldsymbol{E}(s)+\boldsymbol{E}(s)=\\ &[\boldsymbol{I}+\boldsymbol{H}(s)\boldsymbol{G}(s)]\boldsymbol{E}(s)=\\ &[\boldsymbol{I}+\boldsymbol{H}(s)\boldsymbol{G}(s)]\boldsymbol{G}^{-1}(s)\boldsymbol{Y}(s)\end{aligned}$$

则

$$\boldsymbol{Y}(s)=\boldsymbol{G}(s)[\boldsymbol{I}+\boldsymbol{H}(s)\boldsymbol{G}(s)]^{-1}\boldsymbol{U}(s) \tag{2.52}$$

由于矩阵相乘通常是不可交换的,所以不可将矩阵相乘的顺序任意颠倒。

## 2.4　状态方程的线性变换

在建立系统的状态空间表达式时,状态变量的选取不是唯一的,选取不同的状态变量而得到的状态空间表达式亦不同。由于是对同一系统的状态空间进行描述,它们之间必然存在某种关系,这个关系就是线性变换关系。在控制系统的分析和设计中,经常需要对状态方程进行各种线性变换,将状态方程化为各种不同类型的标准形。

### 2.4.1　系统状态的线性变换

对于一个 $n$ 维的控制系统,应该选择 $n$ 个状态变量去描述它。但是,这 $n$ 个状态变量的选择却不是唯一的。对状态变量的不同选取,其实是状态变量的一种线性变换,或称坐标变换。

选择 $x_1,x_2,\cdots,x_n$ 和 $\tilde{x}_1,\tilde{x}_2,\cdots,\tilde{x}_n$ 为描述同一个 $n$ 阶系统的两组不同的状态变量,则两组状态变量之间存在着非奇异线性变换关系,即

$$\boldsymbol{x}=\boldsymbol{P}\tilde{\boldsymbol{x}} \tag{2.53}$$

或

$$\tilde{\boldsymbol{x}}=\boldsymbol{P}^{-1}\boldsymbol{x} \tag{2.54}$$

其中,$\boldsymbol{P}$ 是 $n\times n$ 维非奇异变换矩阵,即

$$\boldsymbol{P}=\begin{bmatrix}P_{11} & P_{12} & \cdots & P_{1n}\\ P_{21} & P_{22} & \cdots & P_{2n}\\ \vdots & \vdots & & \vdots\\ P_{n1} & P_{n2} & \cdots & P_{nn}\end{bmatrix} \tag{2.55}$$

于是可得

$$\left.\begin{aligned}x_1 &= P_{11}\tilde{x}_1 + P_{12}\tilde{x}_2 + \cdots + P_{1n}\tilde{x}_n \\ x_2 &= P_{21}\tilde{x}_1 + P_{22}\tilde{x}_2 + \cdots + P_{2n}\tilde{x}_n \\ &\vdots \\ x_n &= P_{n1}\tilde{x}_1 + P_{n2}\tilde{x}_2 + \cdots + P_{nn}\tilde{x}_n\end{aligned}\right\} \tag{2.56}$$

式(2.56)表明，$x_1, x_2, \cdots, x_n$ 均可表示为 $\tilde{x}_1, \tilde{x}_2, \cdots, \tilde{x}_n$ 的线性组合，即 $x_1, x_2, \cdots, x_n$ 与 $\tilde{x}_1, \tilde{x}_2, \cdots, \tilde{x}_n$ 之间存在唯一的对应关系，也就是说，若 $\boldsymbol{x}$ 是系统的状态变量，则 $\tilde{\boldsymbol{x}}$ 也必可作为系统的状态变量，$\boldsymbol{x}$ 和 $\tilde{\boldsymbol{x}}$ 均能完全描述同一系统的行为。

状态向量 $\boldsymbol{x}$ 和 $\tilde{\boldsymbol{x}}$ 的变换，称为状态的线性变换或等价变换，其实质是状态空间的基底变换，也就是坐标的变换。

状态线性变换后，其状态空间表达式也发生变换。设线性定常系统的状态空间表达式为

$$\left.\begin{aligned}\dot{\boldsymbol{x}} &= \boldsymbol{A}\boldsymbol{x} + \boldsymbol{B}\boldsymbol{u} \\ \boldsymbol{y} &= \boldsymbol{C}\boldsymbol{x} + \boldsymbol{D}\boldsymbol{u}\end{aligned}\right\} \tag{2.57}$$

令

$$\boldsymbol{x} = \boldsymbol{P}\tilde{\boldsymbol{x}} \quad 或 \quad \tilde{\boldsymbol{x}} = \boldsymbol{P}^{-1}\boldsymbol{x} \tag{2.58}$$

其中，$\boldsymbol{P}$ 是 $n \times n$ 维非奇异线性变换矩阵。

将式(2.58)代入式(2.57)，得

$$\left.\begin{aligned}\dot{\tilde{\boldsymbol{x}}} &= \boldsymbol{P}^{-1}\boldsymbol{A}\boldsymbol{P}\tilde{\boldsymbol{x}} + \boldsymbol{P}^{-1}\boldsymbol{B}\boldsymbol{u} \\ \boldsymbol{y} &= \boldsymbol{C}\boldsymbol{P}\tilde{\boldsymbol{x}} + \boldsymbol{D}\boldsymbol{u}\end{aligned}\right\} \tag{2.59}$$

将式(2.59)表示为

$$\left.\begin{aligned}\dot{\tilde{\boldsymbol{x}}} &= \tilde{\boldsymbol{A}}\tilde{\boldsymbol{x}} + \tilde{\boldsymbol{B}}\boldsymbol{u} \\ \boldsymbol{y} &= \tilde{\boldsymbol{C}}\tilde{\boldsymbol{x}} + \tilde{\boldsymbol{D}}\boldsymbol{u}\end{aligned}\right\} \tag{2.60}$$

其中

$$\left.\begin{aligned}\tilde{\boldsymbol{A}} &= \boldsymbol{P}^{-1}\boldsymbol{A}\boldsymbol{P} \\ \tilde{\boldsymbol{B}} &= \boldsymbol{P}^{-1}\boldsymbol{B} \\ \tilde{\boldsymbol{C}} &= \boldsymbol{C}\boldsymbol{P} \\ \tilde{\boldsymbol{D}} &= \boldsymbol{D}\end{aligned}\right\} \tag{2.61}$$

式(2.60)是以 $\tilde{\boldsymbol{x}}$ 为状态变量的状态空间表达式，它与式(2.57)描述同一线性系统，具有相同的维数，称它们为状态空间表达式的线性变换(等价变换)。

**例 2.8**　设系统的状态空间表达式为

$$\begin{bmatrix}\dot{x}_1 \\ \dot{x}_2\end{bmatrix} = \begin{bmatrix}0 & -2 \\ 1 & -3\end{bmatrix}\begin{bmatrix}x_1 \\ x_2\end{bmatrix} + \begin{bmatrix}2 \\ 0\end{bmatrix}u$$

$$y = [0 \quad 3]\begin{bmatrix} x_1 \\ x_2 \end{bmatrix}$$

若取线性变换矩阵

$$\boldsymbol{P} = \begin{bmatrix} 6 & 2 \\ 2 & 0 \end{bmatrix}$$

则有

$$\boldsymbol{P}^{-1} = \frac{1}{2}\begin{bmatrix} 0 & 1 \\ 1 & -3 \end{bmatrix}$$

设新的状态变量为$\tilde{\boldsymbol{x}} = \boldsymbol{P}^{-1}\boldsymbol{x}$,则有

$$\begin{bmatrix} \tilde{x}_1 \\ \tilde{x}_2 \end{bmatrix} = \boldsymbol{P}^{-1}\begin{bmatrix} x_1 \\ x_2 \end{bmatrix} = \begin{bmatrix} \frac{1}{2}x_2 \\ \frac{1}{2}x_1 - \frac{3}{2}x_2 \end{bmatrix}$$

在新的状态变量下,系统的状态空间表达式为

$$\dot{\tilde{\boldsymbol{x}}} = \boldsymbol{P}^{-1}\boldsymbol{A}\boldsymbol{P}\tilde{\boldsymbol{x}} + \boldsymbol{P}^{-1}\boldsymbol{B}u =$$

$$\frac{1}{2}\begin{bmatrix} 0 & 1 \\ 1 & -3 \end{bmatrix}\begin{bmatrix} 0 & -2 \\ 1 & -3 \end{bmatrix}\begin{bmatrix} 6 & 2 \\ 2 & 0 \end{bmatrix}\tilde{\boldsymbol{x}} + \frac{1}{2}\begin{bmatrix} 0 & 1 \\ 1 & -3 \end{bmatrix}\begin{bmatrix} 2 \\ 0 \end{bmatrix}u =$$

$$\begin{bmatrix} 0 & 1 \\ -2 & -3 \end{bmatrix}\tilde{\boldsymbol{x}} + \begin{bmatrix} 0 \\ 1 \end{bmatrix}u$$

$$y = \boldsymbol{C}\boldsymbol{P}\tilde{\boldsymbol{x}} = [0 \quad 3]\begin{bmatrix} 6 & 2 \\ 2 & 0 \end{bmatrix}\tilde{\boldsymbol{x}} = [6 \quad 0]\tilde{\boldsymbol{x}}$$

### 2.4.2 系统特征值的不变性

1. 系统的特征值

对于线性定常系统

$$\left.\begin{aligned} \dot{\boldsymbol{x}} &= \boldsymbol{A}\boldsymbol{x} + \boldsymbol{B}u \\ y &= \boldsymbol{C}\boldsymbol{x} \end{aligned}\right\}$$

则有

$$|\lambda\boldsymbol{I} - \boldsymbol{A}| = \det(\lambda\boldsymbol{I} - \boldsymbol{A}) = \lambda^n + a_1\lambda^{n-1} + \cdots + a_{n-1}\lambda + a_n \tag{2.62}$$

此式称为系统的特征多项式,令其等于零,即得到系统的特征方程

$$|\lambda\boldsymbol{I} - \boldsymbol{A}| = \lambda^n + a_1\lambda^{n-1} + \cdots + a_{n-1}\lambda + a_n = 0$$

其中,$\boldsymbol{A}$ 为 $n \times n$ 维系统矩阵。特征方程的根 $\lambda_i(i = 1,2,\cdots,n)$ 称为系统的特征值。

2. 特征向量

设 $\lambda_i$ 是系统的一个特征值,若存在一个 $n$ 维非零向量 $\boldsymbol{P}_i$,满足

$$\boldsymbol{A}\boldsymbol{P}_i = \lambda_i\boldsymbol{P}_i \tag{2.63}$$

或

$$(\lambda_i\boldsymbol{I} - \boldsymbol{A})\boldsymbol{P}_i = 0$$

则称 $\boldsymbol{P}_i$ 为系统相应于特征值 $\lambda_i$ 的特征向量。

**例 2.9**　系统矩阵为

$$A=\begin{bmatrix}0 & 1\\ -2 & -3\end{bmatrix}$$

试求其特征值和特征向量。

**解**　系统的特征方程为

$$|\lambda I-A|=\begin{vmatrix}\lambda & -1\\ 2 & \lambda+3\end{vmatrix}=\lambda^2+3\lambda+2=0$$

系统的特征值 $\lambda_1=-1,\lambda_2=-2$，相应于 $\lambda_1$、$\lambda_2$ 的特征向量为 $P_1$ 和 $P_2$。设

$$P_1=\begin{bmatrix}P_{11}\\ P_{21}\end{bmatrix}\qquad P_2=\begin{bmatrix}P_{12}\\ P_{22}\end{bmatrix}$$

由

$$(\lambda_i I-A)P_i=0$$

可得到

$$\begin{bmatrix}-1 & -1\\ 2 & 2\end{bmatrix}\begin{bmatrix}P_{11}\\ P_{21}\end{bmatrix}=0$$

$$\begin{bmatrix}-2 & -1\\ 2 & 1\end{bmatrix}\begin{bmatrix}P_{12}\\ P_{22}\end{bmatrix}=0$$

则有

$$P_{11}=-P_{21}\qquad 2P_{12}=-P_{22}$$

取 $P_{11}=1,P_{12}=1$，可得

$$P_{21}=-1\qquad P_{22}=-2$$

相应于 $\lambda_1=-1$ 的特征向量为

$$P_1=\begin{bmatrix}P_{11}\\ P_{21}\end{bmatrix}=\begin{bmatrix}1\\ -1\end{bmatrix}$$

相应于 $\lambda_2=-2$ 的特征向量为

$$P_2=\begin{bmatrix}P_{12}\\ P_{22}\end{bmatrix}=\begin{bmatrix}1\\ -2\end{bmatrix}$$

3. 系统特征值的不变性

设线性定常系统的状态方程为

$$\dot{x}=Ax+Bu$$

则其特征方程为

$$|\lambda I-A|=0$$

系统状态经 $x=P\tilde{x}$ 线性变换后，其状态方程为

$$\dot{\tilde{x}}=P^{-1}AP\tilde{x}+P^{-1}Bu$$

其特征多项式为

$$|\lambda I-P^{-1}AP|=|\lambda P^{-1}P-P^{-1}AP|=$$
$$|P^{-1}(\lambda I-A)P|=|P^{-1}||\lambda I-A||P|=$$

$$|\lambda \boldsymbol{I}-\boldsymbol{A}| \tag{2.64}$$

式(2.64)表明,系统经线性变换后,其特征值不变。

### 2.4.3　化状态方程为对角线标准形

已知线性定常系统的状态方程为

$$\dot{\boldsymbol{x}}=\boldsymbol{A}\boldsymbol{x}+\boldsymbol{B}\boldsymbol{u}$$

若 $\boldsymbol{A}$ 的特征值 $\lambda_1,\lambda_2,\cdots,\lambda_n$ 互异,则必存在非奇异变换矩阵 $\boldsymbol{P}$,使其进行

$$\boldsymbol{x}=\boldsymbol{P}\widetilde{\boldsymbol{x}} \quad 或 \quad \widetilde{\boldsymbol{x}}=\boldsymbol{P}^{-1}\boldsymbol{x}$$

的变换,变换后的状态方程

$$\dot{\widetilde{\boldsymbol{x}}}=\widetilde{\boldsymbol{A}}\widetilde{\boldsymbol{x}}+\widetilde{\boldsymbol{B}}\boldsymbol{u}$$

为对角线标准形,即

$$\widetilde{\boldsymbol{A}}=\begin{bmatrix}\lambda_1 & & & \boldsymbol{0}\\ & \lambda_2 & & \\ & & \ddots & \\ \boldsymbol{0} & & & \lambda_n\end{bmatrix}$$

$\widetilde{A}$ 中对角线上各元素为系统特征值,并且变换矩阵

$$\boldsymbol{P}=\begin{bmatrix}P_{11} & P_{12} & \cdots & P_{1n}\\ P_{21} & P_{22} & \cdots & P_{2n}\\ \vdots & \vdots & & \vdots\\ P_{n1} & P_{n2} & \cdots & P_{nn}\end{bmatrix}=[\boldsymbol{P}_1 \quad \boldsymbol{P}_2 \quad \cdots \quad \boldsymbol{P}_n]$$

其中,$\boldsymbol{P}_1,\boldsymbol{P}_2,\cdots,\boldsymbol{P}_n$ 分别是 $\boldsymbol{A}$ 的对应于 $\lambda_1,\lambda_2,\cdots,\lambda_n$ 的特征向量。

对上述结论做如下证明。

对原状态方程进行 $\widetilde{\boldsymbol{x}}=\boldsymbol{P}^{-1}\boldsymbol{x}$ 变换后,可得

$$\dot{\widetilde{\boldsymbol{x}}}=\boldsymbol{P}^{-1}\boldsymbol{A}\boldsymbol{P}\widetilde{\boldsymbol{x}}+\boldsymbol{P}^{-1}\boldsymbol{B}\boldsymbol{u}=\widetilde{\boldsymbol{A}}\widetilde{\boldsymbol{x}}+\widetilde{\boldsymbol{B}}\boldsymbol{u}$$

若 $\boldsymbol{P}_i$ 为对应于 $\lambda_i$ 的特征向量,则必满足

$$(\lambda_i\boldsymbol{I}-\boldsymbol{A})\boldsymbol{P}_i=0$$

于是

$$\boldsymbol{A}\boldsymbol{P}_i=\lambda_i\boldsymbol{P}_i \qquad i=1,2,\cdots,n$$

因此,有下式成立,即

$$\boldsymbol{A}[\boldsymbol{P}_1 \quad \boldsymbol{P}_2 \quad \cdots \quad \boldsymbol{P}_n]=[\lambda_1\boldsymbol{P}_1 \quad \lambda_2\boldsymbol{P}_2 \quad \cdots \quad \lambda_n\boldsymbol{P}_n]$$

$$\boldsymbol{A}\boldsymbol{P}=[\boldsymbol{P}_1 \quad \boldsymbol{P}_2 \quad \cdots \quad \boldsymbol{P}_n]\begin{bmatrix}\lambda_1 & & & \boldsymbol{0}\\ & \lambda_2 & & \\ & & \ddots & \\ \boldsymbol{0} & & & \lambda_n\end{bmatrix}=\boldsymbol{P}\begin{bmatrix}\lambda_1 & & & \boldsymbol{0}\\ & \lambda_2 & & \\ & & \ddots & \\ \boldsymbol{0} & & & \lambda_n\end{bmatrix}$$

对上式左乘 $\boldsymbol{P}^{-1}$,可得

$$\widetilde{A} = P^{-1}AP = \begin{bmatrix} \lambda_1 & & & \mathbf{0} \\ & \lambda_2 & & \\ & & \ddots & \\ \mathbf{0} & & & \lambda_n \end{bmatrix}$$

证毕。

可以看出,$A$ 化为对角线标准形后,其状态方程中的 $\dot{x}_i$ 只与其本身的状态变量 $x_i$ 有关,而与其他状态变量的耦合关系已被解除,这对于多输入 - 多输出系统的控制是十分重要的。

**例 2.10**　试将状态空间表达式

$$\dot{x} = \begin{bmatrix} 0 & 1 \\ -2 & -3 \end{bmatrix} x + \begin{bmatrix} 1 \\ 1 \end{bmatrix} u$$

$$y = \begin{bmatrix} 1 & 0 \end{bmatrix} x$$

化为对角线标准形。

**解**　系统的特征值由下式

$$|\lambda I - A| = \begin{vmatrix} \lambda & -1 \\ 2 & \lambda + 3 \end{vmatrix} = (\lambda + 1)(\lambda + 2) = 0$$

求得

$$\lambda_1 = -1 \qquad \lambda_2 = -2$$

由于特征值互异,可以将矩阵 $A$ 化为对角线矩阵。设线性变换矩阵 $P = [P_1 \quad P_2]$,$P_1$、$P_2$ 是两个特征值对应的特征向量,例 2.9 中已求出,所以变换矩阵

$$P = [P_1 \quad P_2] = \begin{bmatrix} 1 & 1 \\ -1 & -2 \end{bmatrix}$$

其逆矩阵为

$$P^{-1} = \begin{bmatrix} 2 & 1 \\ -1 & -1 \end{bmatrix}$$

则

$$\widetilde{A} = P^{-1}AP = \begin{bmatrix} -1 & 0 \\ 0 & -2 \end{bmatrix}$$

$$\widetilde{B} = P^{-1}B = \begin{bmatrix} 3 \\ -2 \end{bmatrix}$$

$$\widetilde{C} = CP = [1 \quad 1]$$

变换后的状态空间表达式为

$$\dot{\widetilde{x}} = \begin{bmatrix} -1 & 0 \\ 0 & -2 \end{bmatrix} \widetilde{x} + \begin{bmatrix} 3 \\ -2 \end{bmatrix} u$$

$$y = [1 \quad 1] \widetilde{x}$$

如果系统矩阵 $A$ 具有形式

$$
\boldsymbol{A}=\begin{bmatrix} 0 & 1 & 0 & \cdots & 0 \\ 0 & 0 & 1 & \cdots & 0 \\ \vdots & \vdots & \vdots & & \vdots \\ 0 & 0 & 0 & \cdots & 1 \\ -a_n & -a_{n-1} & -a_{n-2} & \cdots & -a_1 \end{bmatrix} \tag{2.65}
$$

并且其特征值 $\lambda_1,\lambda_2,\cdots,\lambda_n$ 互异，则化 $\boldsymbol{A}$ 为对角线标准形的变换矩阵 $\boldsymbol{P}$ 为范德蒙特(Vandermonde)矩阵，即

$$
\boldsymbol{P}=\begin{bmatrix} 1 & 1 & \cdots & 1 \\ \lambda_1 & \lambda_2 & \cdots & \lambda_n \\ \lambda_1^2 & \lambda_2^2 & \cdots & \lambda_n^2 \\ \vdots & \vdots & & \vdots \\ \lambda_1^{n-1} & \lambda_2^{n-1} & \cdots & \lambda_n^{n-1} \end{bmatrix} \tag{2.66}
$$

**例 2.11** 系统状态空间表达式为

$$
\begin{bmatrix} \dot{x}_1 \\ \dot{x}_2 \\ \dot{x}_3 \end{bmatrix}=\begin{bmatrix} 0 & 1 & 0 \\ 0 & 0 & 1 \\ -6 & -11 & -6 \end{bmatrix}\begin{bmatrix} x_1 \\ x_2 \\ x_3 \end{bmatrix}+\begin{bmatrix} 0 \\ 0 \\ 1 \end{bmatrix}u
$$

$$
y=\begin{bmatrix} 1 & 0 & 0 \end{bmatrix}\begin{bmatrix} x_1 \\ x_2 \\ x_3 \end{bmatrix}
$$

试将其变换为对角线标准形。

**解** 系统的特征方程为

$$
|\lambda \boldsymbol{I}-\boldsymbol{A}|=\begin{vmatrix} \lambda & -1 & 0 \\ 0 & \lambda & -1 \\ 6 & 11 & \lambda+6 \end{vmatrix}=(\lambda+1)(\lambda+2)(\lambda+3)=0
$$

特征值为

$$
\lambda_1=-1 \qquad \lambda_2=-2 \qquad \lambda_3=-3
$$

特征值互异，因此可将 $\boldsymbol{A}$ 化为对角线标准形，其变换矩阵 $\boldsymbol{P}$ 为范德蒙特矩阵，即

$$
\boldsymbol{P}=\begin{bmatrix} 1 & 1 & 1 \\ \lambda_1 & \lambda_2 & \lambda_3 \\ \lambda_1^2 & \lambda_2^2 & \lambda_3^2 \end{bmatrix}=\begin{bmatrix} 1 & 1 & 1 \\ -1 & -2 & -3 \\ 1 & 4 & 9 \end{bmatrix}
$$

$$
\boldsymbol{P}^{-1}=\begin{bmatrix} 3 & \frac{5}{2} & \frac{1}{2} \\ -3 & -4 & -1 \\ 1 & \frac{3}{2} & \frac{1}{2} \end{bmatrix}
$$

则

$$\widetilde{A}=P^{-1}AP=\begin{bmatrix}3 & \frac{5}{2} & \frac{1}{2}\\ -3 & -4 & -1\\ 1 & \frac{3}{2} & \frac{1}{2}\end{bmatrix}\begin{bmatrix}0 & 1 & 0\\ 0 & 0 & 1\\ -6 & -11 & -6\end{bmatrix}\begin{bmatrix}1 & 1 & 1\\ -1 & -2 & -3\\ 1 & 4 & 9\end{bmatrix}=$$

$$\begin{bmatrix}-1 & 0 & 0\\ 0 & -2 & 0\\ 0 & 0 & -3\end{bmatrix}$$

$$\widetilde{B}=P^{-1}B=\begin{bmatrix}3 & \frac{5}{2} & \frac{1}{2}\\ -3 & -4 & -1\\ 1 & \frac{3}{2} & \frac{1}{2}\end{bmatrix}\begin{bmatrix}0\\ 0\\ 1\end{bmatrix}=\begin{bmatrix}\frac{1}{2}\\ -1\\ \frac{1}{2}\end{bmatrix}$$

$$\widetilde{C}=CP=[1\quad 0\quad 0]\begin{bmatrix}1 & 1 & 1\\ -1 & -2 & -3\\ 1 & 4 & 9\end{bmatrix}=[1\quad 1\quad 1]$$

线性变换后的状态空间表达式为

$$\begin{bmatrix}\dot{\widetilde{x}}_1\\ \dot{\widetilde{x}}_2\\ \dot{\widetilde{x}}_3\end{bmatrix}=\begin{bmatrix}-1 & 0 & 0\\ 0 & -2 & 0\\ 0 & 0 & -3\end{bmatrix}\begin{bmatrix}\widetilde{x}_1\\ \widetilde{x}_2\\ \widetilde{x}_3\end{bmatrix}+\begin{bmatrix}\frac{1}{2}\\ -1\\ \frac{1}{2}\end{bmatrix}u$$

$$y=[1\quad 1\quad 1]\begin{bmatrix}\widetilde{x}_1\\ \widetilde{x}_2\\ \widetilde{x}_3\end{bmatrix}$$

### 2.4.4　化状态方程为约当标准形

若矩阵 $A$ 的 $n$ 个特征值中有重特征值时，可分为两种情况进行讨论：一种情况是 $A$ 虽有重特征值，但仍有 $n$ 个独立的特征向量，即每个重特征值所对应的独立特征向量数恰好等于重特征值的重数，这时就同没有重特征值的情况一样，仍可将矩阵 $A$ 化为对角阵；另一种情况是 $A$ 有重特征值，但独立特征向量的个数小于 $n$，这时不能化为对角阵，只能化为约当阵。约当标准形 $J$ 是主对角线上为约当块的准对角线形矩阵，即

$$P^{-1}AP=J=\begin{bmatrix}J_1 & & & \mathbf{0}\\ & J_2 & & \\ & & \ddots & \\ \mathbf{0} & & & J_l\end{bmatrix} \tag{2.67}$$

其中，$J_i$ 是主对角线上的元素，均为 $m$ 重特征值 $\lambda_i$，主对角线上方的次对角线上的元素均为

1,而其余为零的 $m\times m$ 阶矩阵,称为 $m$ 阶约当块,即

$$J_i=\begin{bmatrix}\lambda_i & 1 & 0 & \cdots & 0\\ 0 & \lambda_i & 1 & \cdots & 0\\ \vdots & \vdots & \vdots & & \vdots\\ 0 & 0 & 0 & \cdots & 1\\ 0 & 0 & 0 & \cdots & \lambda_i\end{bmatrix}_{m\times m} \tag{2.68}$$

设 $n\times n$ 阶系统矩阵 $\boldsymbol{A}$ 的 $n$ 个特征值中 $\lambda_i$ 为 $m$ 重根,而其余 $\lambda_{m+1},\lambda_{m+2},\cdots,\lambda_n$ 均为单根,并且 $\boldsymbol{A}$ 的相应于 $m$ 重特征值 $\lambda_i$ 的独立特征向量只有一个,则经线性变换,得

$$\boldsymbol{J}=\boldsymbol{P}^{-1}\boldsymbol{A}\boldsymbol{P}=\begin{bmatrix}\begin{bmatrix}\lambda_1 & 1 & & \boldsymbol{0}\\ & \ddots & \ddots & \\ & & \ddots & 1\\ \boldsymbol{0} & & & \lambda_1\end{bmatrix}_{m\times m} & & & \boldsymbol{0}\\ & \lambda_{m+1} & & \\ & & \ddots & \\ \boldsymbol{0} & & & \lambda_n\end{bmatrix}=\begin{bmatrix}\boldsymbol{J}_1 & & & \boldsymbol{0}\\ & \boldsymbol{J}_2 & & \\ & & \ddots & \\ \boldsymbol{0} & & & \boldsymbol{J}_{n-m+1}\end{bmatrix} \tag{2.69}$$

式(2.69)为矩阵 $\boldsymbol{A}$ 的约当标准形,它由 $n-m+1$ 个约当块组成。下面确定将矩阵 $\boldsymbol{A}$ 化为约当标准形的变换矩阵 $\boldsymbol{P}$。由式(2.67)可得

$$\boldsymbol{AP}=\boldsymbol{PJ}$$

即

$$\boldsymbol{A}[\boldsymbol{P}_1\quad \boldsymbol{P}_2\quad \cdots\quad \boldsymbol{P}_n]=[\boldsymbol{P}_1\quad \boldsymbol{P}_2\quad \cdots\quad \boldsymbol{P}_n]\boldsymbol{J}$$

$$[\boldsymbol{AP}_1\quad \boldsymbol{AP}_2\quad \cdots\quad \boldsymbol{AP}_n]=[\boldsymbol{P}_1\quad \boldsymbol{P}_2\quad \cdots\quad \boldsymbol{P}_n]\begin{bmatrix}\begin{matrix}\lambda_1 & 1 & & \boldsymbol{0}\\ & \lambda_1 & 1 & \\ & & \ddots & 1\\ \boldsymbol{0} & & & \lambda_1\end{matrix} & & \boldsymbol{0}\\ & \lambda_{m+1} & \\ \boldsymbol{0} & & \ddots\ \lambda_n\end{bmatrix}=$$

$$[\lambda_1\boldsymbol{P}_1\quad \boldsymbol{P}_1+\lambda_1\boldsymbol{P}_2\quad \cdots\quad \boldsymbol{P}_{m-1}+\lambda_1\boldsymbol{P}_m\quad \lambda_{m+1}\boldsymbol{P}_{m+1}\quad \cdots\quad \lambda_n\boldsymbol{P}_n]$$

由两矩阵相应的向量相等,可得

$$\left.\begin{aligned}\boldsymbol{AP}_1&=\lambda_1\boldsymbol{P}_1\\ \boldsymbol{AP}_2&=\boldsymbol{P}_1+\lambda_1\boldsymbol{P}_2\\ &\vdots\\ \boldsymbol{AP}_m&=\boldsymbol{P}_{m-1}+\lambda_1\boldsymbol{P}_m\\ \boldsymbol{AP}_{m+1}&=\lambda_{m+1}\boldsymbol{P}_{m+1}\\ &\vdots\\ \boldsymbol{AP}_n&=\lambda_n\boldsymbol{P}_n\end{aligned}\right\} \tag{2.70}$$

整理得

$$\left.\begin{aligned}&(\lambda_1 \boldsymbol{I}-\boldsymbol{A})\boldsymbol{P}_1=0\\&(\lambda_1 \boldsymbol{I}-\boldsymbol{A})\boldsymbol{P}_2=-\boldsymbol{P}_1\\&\qquad\vdots\\&(\lambda_1 \boldsymbol{I}-\boldsymbol{A})\boldsymbol{P}_m=-\boldsymbol{P}_{m-1}\\&(\lambda_{m+1} \boldsymbol{I}-\boldsymbol{A})\boldsymbol{P}_{m+1}=0\\&\qquad\vdots\\&(\lambda_n \boldsymbol{I}-\boldsymbol{A})\boldsymbol{P}_n=0\end{aligned}\right\}\tag{2.71}$$

由式(2.71)可以看出,$\boldsymbol{P}_1,\boldsymbol{P}_{m+1},\cdots,\boldsymbol{P}_n$ 为独立的特征向量,而 $\boldsymbol{P}_2,\cdots,\boldsymbol{P}_m$ 是由重特征值 $\lambda_1$ 构成的非独立的特征向量,也称广义特征向量。

**例 2.12**　系统状态方程为

$$\begin{bmatrix}\dot{x}_1\\\dot{x}_2\\\dot{x}_3\end{bmatrix}=\begin{bmatrix}0&1&0\\0&0&1\\2&-5&4\end{bmatrix}\begin{bmatrix}x_1\\x_2\\x_3\end{bmatrix}+\begin{bmatrix}0\\1\\0\end{bmatrix}u$$

试将其化为标准形。

**解**　$\det[\lambda\boldsymbol{I}-\boldsymbol{A}]=|\lambda\boldsymbol{I}-\boldsymbol{A}|=\begin{vmatrix}\lambda&-1&0\\0&\lambda&-1\\-2&5&\lambda-4\end{vmatrix}=(\lambda-1)^2(\lambda-2)=0$

$$\lambda_1=\lambda_2=1\qquad\lambda_3=2$$

按式(2.71)求变换矩阵 $\boldsymbol{P}$,有

$$(\lambda_1\boldsymbol{I}-\boldsymbol{A})\boldsymbol{P}_1=0$$

$$\begin{bmatrix}1&-1&0\\0&1&-1\\-2&5&-3\end{bmatrix}\begin{bmatrix}P_{11}\\P_{21}\\P_{31}\end{bmatrix}=0$$

取 $P_{11}=1$,可得 $P_{21}=1$ 和 $P_{31}=1$,即 $\boldsymbol{P}_1=\begin{bmatrix}1\\1\\1\end{bmatrix}$。而由

$$(\lambda_2\boldsymbol{I}-\boldsymbol{A})\boldsymbol{P}_2=-\boldsymbol{P}_1$$

$$\begin{bmatrix}1&-1&0\\0&1&-1\\-2&5&-3\end{bmatrix}\begin{bmatrix}P_{12}\\P_{22}\\P_{32}\end{bmatrix}=\begin{bmatrix}-1\\-1\\-1\end{bmatrix}$$

取 $P_{12}=0$,得到 $P_{22}=1$ 和 $P_{32}=2$,即 $\boldsymbol{P}_2=\begin{bmatrix}0\\1\\2\end{bmatrix}$,而由

$$(\lambda_3\boldsymbol{I}-\boldsymbol{A})\boldsymbol{P}_3=0$$

$$\begin{bmatrix}2&-1&0\\0&2&-1\\-2&5&-2\end{bmatrix}\begin{bmatrix}P_{13}\\P_{23}\\P_{33}\end{bmatrix}=0$$

取 $P_{13}=1$，可得 $P_{23}=2$ 和 $P_{33}=4$，即 $\boldsymbol{P}_3=\begin{bmatrix}1\\2\\4\end{bmatrix}$，则变换矩阵

$$\boldsymbol{P}=[\boldsymbol{P}_1\quad \boldsymbol{P}_2\quad \boldsymbol{P}_3]=\begin{bmatrix}1&0&1\\1&1&2\\1&2&4\end{bmatrix}$$

$$\boldsymbol{P}^{-1}=\begin{bmatrix}0&2&-1\\-2&3&-1\\1&-2&1\end{bmatrix}$$

经线性变换

$$\boldsymbol{x}=\boldsymbol{P}\tilde{\boldsymbol{x}}$$

$$\boldsymbol{J}=\boldsymbol{P}^{-1}\boldsymbol{A}\boldsymbol{P}=\begin{bmatrix}0&2&-1\\-2&3&-1\\1&-2&1\end{bmatrix}\begin{bmatrix}0&1&0\\0&0&1\\2&-5&4\end{bmatrix}\begin{bmatrix}1&0&1\\1&1&2\\1&2&4\end{bmatrix}=\begin{bmatrix}1&1&0\\0&1&0\\0&0&2\end{bmatrix}$$

$$\boldsymbol{P}^{-1}\boldsymbol{B}=\begin{bmatrix}0&2&-1\\-2&3&-1\\1&-2&1\end{bmatrix}\begin{bmatrix}0\\1\\0\end{bmatrix}=\begin{bmatrix}2\\3\\-2\end{bmatrix}$$

变换后系统的状态方程为

$$\begin{bmatrix}\dot{\tilde{x}}_1\\\dot{\tilde{x}}_2\\\dot{\tilde{x}}_3\end{bmatrix}=\begin{bmatrix}1&1&0\\0&1&0\\0&0&2\end{bmatrix}\begin{bmatrix}\tilde{x}_1\\\tilde{x}_2\\\tilde{x}_3\end{bmatrix}+\begin{bmatrix}2\\3\\-2\end{bmatrix}u$$

如果 $n\times n$ 阶的系统矩阵 $\boldsymbol{A}$ 为友矩阵，即

$$\boldsymbol{A}=\begin{bmatrix}0&1&0&\cdots&0\\0&0&1&\cdots&0\\\vdots&\vdots&\vdots&&\vdots\\0&0&0&\cdots&1\\-a_n&-a_{n-1}&-a_{n-2}&\cdots&-a_1\end{bmatrix}$$

它的 $n$ 个特征值中有 $m$ 个重特征值 $\lambda_i$，且其对应的独立特征向量只有一个，其余 $n-m$ 个特征值为单根 $\lambda_{m+1},\lambda_{m+2},\cdots,\lambda_n$，则将 $\boldsymbol{A}$ 化为约当标准形矩阵 $\boldsymbol{J}$ 的变换矩阵 $\boldsymbol{P}$

$$\boldsymbol{P}=[\boldsymbol{P}_1\quad \boldsymbol{P}_2\quad \boldsymbol{P}_3\quad\cdots\quad \boldsymbol{P}_m\quad \boldsymbol{P}_{m+1}\quad\cdots\quad \boldsymbol{P}_n]=$$

$$\left[\boldsymbol{P}_1\;\vdots\;\frac{\mathrm{d}\boldsymbol{P}_1}{\mathrm{d}\lambda_1}\;\vdots\;\frac{1}{2!}\cdot\frac{\mathrm{d}^2\boldsymbol{P}_1}{\mathrm{d}\lambda_1^2}\;\vdots\;\cdots\;\vdots\;\frac{1}{(m-1)!}\cdot\frac{\mathrm{d}^{m-1}\boldsymbol{P}_1}{\mathrm{d}\lambda_1^{m-1}}\;\vdots\;\boldsymbol{P}_{m+1}\;\vdots\;\cdots\;\vdots\;\boldsymbol{P}_n\right]\tag{2.72}$$

**例 2.13**　已知系统矩阵 $\boldsymbol{A}$ 为

$$\boldsymbol{A}=\begin{bmatrix}0&1&0\\0&0&1\\-1&-3&-3\end{bmatrix}$$

其特征值为

$$|\lambda \boldsymbol{I}-\boldsymbol{A}|=\begin{vmatrix}\lambda & -1 & 0\\ 0 & \lambda & -1\\ 1 & 3 & \lambda+3\end{vmatrix}=(\lambda+1)^3$$

其三重特征值为 $\lambda_1=\lambda_2=\lambda_3=-1$，且 $\boldsymbol{A}$ 为友矩阵。化其为约当标准形的变换矩阵 $\boldsymbol{P}$

$$\boldsymbol{P}=[\boldsymbol{P}_1\quad \boldsymbol{P}_2\quad \boldsymbol{P}_3]=\left[\boldsymbol{P}_1\quad \frac{\mathrm{d}\boldsymbol{P}_1}{\mathrm{d}\lambda_1}\quad \frac{1}{2!}\cdot\frac{\mathrm{d}^2\boldsymbol{P}_1}{\mathrm{d}\lambda_1^2}\right]$$

其中，$\boldsymbol{P}_1$ 是 $\boldsymbol{A}$ 相应于重特征值 $\lambda_1=-1$ 的独立特征向量，由 $(\lambda_1\boldsymbol{I}-\boldsymbol{A})\boldsymbol{P}_1=0$ 可得

$$\boldsymbol{P}_1=\begin{bmatrix}1\\ \lambda_1\\ \lambda_1^2\end{bmatrix}=\begin{bmatrix}1\\ -1\\ 1\end{bmatrix}$$

$$\boldsymbol{P}_2=\frac{\mathrm{d}\boldsymbol{P}_1}{\mathrm{d}\lambda_1}=\begin{bmatrix}0\\ 1\\ 2\lambda_1\end{bmatrix}=\begin{bmatrix}0\\ 1\\ -2\end{bmatrix}$$

$$\boldsymbol{P}_3=\frac{1}{2!}\cdot\frac{\mathrm{d}^2\boldsymbol{P}_1}{\mathrm{d}\lambda_1^2}=\frac{1}{2!}\begin{bmatrix}0\\ 0\\ 2\end{bmatrix}=\begin{bmatrix}0\\ 0\\ 1\end{bmatrix}$$

则线性变换矩阵

$$\boldsymbol{P}=[\boldsymbol{P}_1\quad \boldsymbol{P}_2\quad \boldsymbol{P}_3]=\begin{bmatrix}1 & 0 & 0\\ -1 & 1 & 0\\ 1 & -2 & 1\end{bmatrix}$$

$$\boldsymbol{P}^{-1}=\begin{bmatrix}1 & 0 & 0\\ 1 & 1 & 0\\ 1 & 2 & 1\end{bmatrix}$$

## 2.5　离散系统的数学描述

前面所讨论的系统，输入和输出都是时间的连续函数，称之为连续系统。离散系统是将信号按时间分割，在离散的时间，用采样控制信号去控制系统。离散系统的数学描述在时间变量上是不连续的，但是分析连续系统的数学描述中的一些方法，在离散系统里也是适用的。

线性离散系统的状态空间表达式，在形式上与连续系统完全类似。线性离散系统的状态空间表达式为

$$\left.\begin{aligned}\boldsymbol{x}(k+1)&=\boldsymbol{G}(k)\boldsymbol{x}(k)+\boldsymbol{H}(k)\boldsymbol{u}(k)\\ \boldsymbol{y}(k)&=\boldsymbol{C}(k)\boldsymbol{x}(k)+\boldsymbol{D}(k)\boldsymbol{u}(k)\end{aligned}\right\}\tag{2.73}$$

式中，$\boldsymbol{x}(k)$ 为 $n$ 维状态向量；$\boldsymbol{u}(k)$ 为 $r$ 维输入向量；$\boldsymbol{y}(k)$ 为 $m$ 维输出向量；$\boldsymbol{G}(k)$ 为 $n\times n$ 系统矩阵；$\boldsymbol{H}(k)$ 为 $n\times r$ 输入矩阵；$\boldsymbol{C}(k)$ 为 $m\times n$ 输出矩阵；$\boldsymbol{D}(k)$ 为 $m\times r$ 直接矩阵。

以上各向量和矩阵均是由 $t=kT$ 时刻所确定的，$k=0,1,2,\cdots$，$T$ 为采样周期。

如果 $\boldsymbol{G}(k)$、$\boldsymbol{H}(k)$、$\boldsymbol{C}(k)$、$\boldsymbol{D}(k)$ 均为常数矩阵，式(2.73) 就变为线性定常离散系统，其

状态空间表达式为

$$\left.\begin{aligned}\boldsymbol{x}(k+1)&=\boldsymbol{Gx}(k)+\boldsymbol{Hu}(k)\\ \boldsymbol{y}(k)&=\boldsymbol{Cx}(k)+\boldsymbol{Du}(k)\end{aligned}\right\}\tag{2.74}$$

### 2.5.1　差分方程化为状态空间表达式

差分方程化为状态空间表达式,类似于连续系统将微分方程化为状态空间表达式。

1. 差分方程中不含有输入量的差分项

设系统的差分方程为

$$y(k+n)+a_1y(k+n-1)+\cdots+a_{n-1}y(k+1)+a_ny(k)=bu(k)\tag{2.75}$$

选取状态变量

$$\left.\begin{aligned}x_1(k)&=y(k)\\ x_2(k)&=y(k+1)\\ &\vdots\\ x_n(k)&=y(k+n-1)\end{aligned}\right\}\tag{2.76}$$

则高阶差分方程可化为一阶差分方程组

$$\left.\begin{aligned}x_1(k+1)&=x_2(k)\\ x_2(k+1)&=x_3(k)\\ &\vdots\\ x_{n-1}(k+1)&=x_n(k)\\ x_n(k+1)&=-a_nx_1(k)-a_{n-1}x_2(k)-\cdots-a_1x_n(k)+bu(k)\end{aligned}\right\}\tag{2.77}$$

写成矩阵形式,得

$$\begin{bmatrix}x_1(k+1)\\ x_2(k+1)\\ \vdots\\ x_{n-1}(k+1)\\ x_n(k+1)\end{bmatrix}=\begin{bmatrix}0&1&0&\cdots&0\\ 0&0&1&\cdots&0\\ \vdots&\vdots&\vdots&&\vdots\\ 0&0&0&\cdots&1\\ -a_n&-a_{n-1}&-a_{n-2}&\cdots&-a_1\end{bmatrix}\begin{bmatrix}x_1(k)\\ x_2(k)\\ \vdots\\ x_{n-1}(k)\\ x_n(k)\end{bmatrix}+\begin{bmatrix}0\\ 0\\ \vdots\\ 0\\ b\end{bmatrix}u(k)\tag{2.78}$$

$$y(k)=\begin{bmatrix}1&0&0&\cdots&0\end{bmatrix}\begin{bmatrix}x_1(k)\\ x_2(k)\\ \vdots\\ x_n(k)\end{bmatrix}$$

2. 差分方程中含有输入量的差分项

为了简便,研究三阶线性定常差分方程

$$\begin{aligned}&y(k+3)+a_2y(k+2)+a_1y(k+1)+a_0y(k)=\\ &b_3u(k+3)+b_2u(k+2)+b_1u(k+1)+b_0u(k)\end{aligned}\tag{2.79}$$

类似于连续系统选取状态变量的方法,即

$$\left.\begin{aligned}x_1(k)&=y(k)-\beta_0u(k)\\ x_2(k)&=y(k+1)-\beta_0u(k+1)-\beta_1u(k)=x_1(k+1)-\beta_1u(k)\\ x_3(k)&=y(k+2)-\beta_0u(k+2)-\beta_1u(k+1)-\beta_2u(k)=x_2(k+1)-\beta_2u(k)\end{aligned}\right\}\tag{2.80}$$

其中,待定系数 $\beta_i$ 可按下列方程求得

$$\left.\begin{aligned}\beta_0 &= b_3\\ \beta_1 &= b_2 - a_2\beta_0\\ \beta_2 &= b_1 - a_1\beta_0 - a_2\beta_1\\ \beta_3 &= b_0 - a_0\beta_0 - a_1\beta_1 - a_2\beta_2\end{aligned}\right\} \tag{2.81}$$

系统的状态方程为

$$\begin{bmatrix} x_1(k+1)\\ x_2(k+1)\\ x_3(k+1)\end{bmatrix} = \begin{bmatrix} 0 & 1 & 0\\ 0 & 0 & 1\\ -a_0 & -a_1 & -a_2\end{bmatrix}\begin{bmatrix} x_1(k)\\ x_2(k)\\ x_3(k)\end{bmatrix} + \begin{bmatrix}\beta_1\\ \beta_2\\ \beta_3\end{bmatrix}u(k) \tag{2.82}$$

输出方程为

$$y(k) = [1\quad 0\quad 0]\begin{bmatrix} x_1(k)\\ x_2(k)\\ x_3(k)\end{bmatrix} + \beta_0 u(k) \tag{2.83}$$

**例 2.14**　已知线性定常离散系统差分方程为

$$y(k+3) + 4y(k+2) + 3y(k+1) + y(k) =$$
$$u(k+3) + 2u(k+2) + u(k+1) + 3u(k)$$

试求其状态空间表达式。

**解**

$$\left.\begin{aligned}\beta_0 &= b_3 = 1\\ \beta_1 &= b_2 - a_2\beta_0 = 2 - 4\times 1 = -2\\ \beta_2 &= b_1 - a_1\beta_0 - a_2\beta_1 = 6\\ \beta_3 &= b_0 - a_0\beta_0 - a_1\beta_1 - a_2\beta_2 = -16\end{aligned}\right\}$$

故

$$\begin{bmatrix} x_1(k+1)\\ x_2(k+1)\\ x_3(k+1)\end{bmatrix} = \begin{bmatrix} 0 & 1 & 0\\ 0 & 0 & 1\\ -1 & -3 & -4\end{bmatrix}\begin{bmatrix} x_1(k)\\ x_2(k)\\ x_3(k)\end{bmatrix} + \begin{bmatrix}-2\\ 6\\ -16\end{bmatrix}u(k)$$

$$y(k) = [1\quad 0\quad 0]\begin{bmatrix} x_1(k)\\ x_2(k)\\ x_3(k)\end{bmatrix} + u(k)$$

对应离散系统状态空间表达式的结构图如图 2.12 所示。

### 2.5.2　脉冲传递函数

设离散系统的状态空间表达式为

$$\left.\begin{aligned}\boldsymbol{x}(k+1) &= \boldsymbol{G}\boldsymbol{x}(k) + \boldsymbol{H}\boldsymbol{u}(k)\\ \boldsymbol{y}(k) &= \boldsymbol{C}\boldsymbol{x}(k) + \boldsymbol{D}\boldsymbol{u}(k)\end{aligned}\right\} \tag{2.84}$$

对式(2.84) 取 $Z$ 变换,可得

$$\left.\begin{aligned}z\boldsymbol{x}(z) - z\boldsymbol{x}(0) &= \boldsymbol{G}\boldsymbol{x}(z) + \boldsymbol{H}\boldsymbol{u}(z)\\ \boldsymbol{y}(z) &= \boldsymbol{C}\boldsymbol{x}(z) + \boldsymbol{D}\boldsymbol{u}(z)\end{aligned}\right\} \tag{2.85}$$

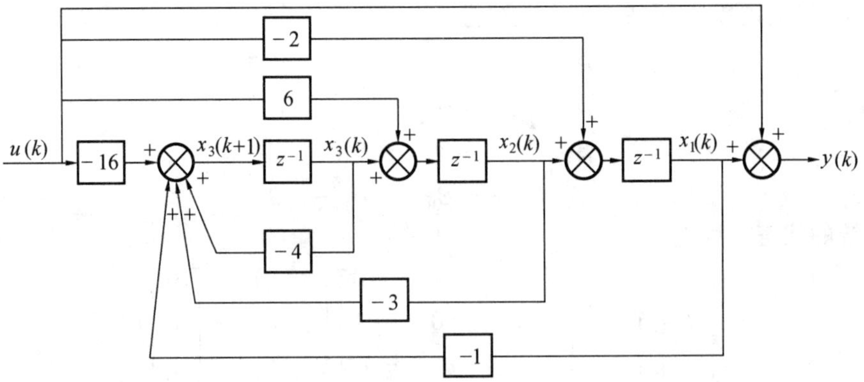


图 2.12　离散系统结构图

根据脉冲传递函数的定义，令 $\boldsymbol{x}(0)=0$，则有

$$\boldsymbol{x}(z)=(z\boldsymbol{I}-\boldsymbol{G})^{-1}\boldsymbol{H}\boldsymbol{u}(z)$$

$$\boldsymbol{y}(z)=[\boldsymbol{C}(z\boldsymbol{I}-\boldsymbol{G})^{-1}\boldsymbol{H}+\boldsymbol{D}]\boldsymbol{u}(z)$$

系统的脉冲传递函数 $\boldsymbol{G}(z)$ 为

$$\boldsymbol{G}(z)=\frac{\boldsymbol{y}(z)}{\boldsymbol{u}(z)}=\boldsymbol{C}(z\boldsymbol{I}-\boldsymbol{G})^{-1}\boldsymbol{H}+\boldsymbol{D} \tag{2.86}$$

**例 2.15**　已知线性定常离散系统方程为

$$\boldsymbol{x}(k+1)=\begin{bmatrix}0 & -1\\ -0.4 & 0.3\end{bmatrix}\boldsymbol{x}(k)+\begin{bmatrix}0\\1\end{bmatrix}u(k)$$

$$\boldsymbol{y}(k)=\begin{bmatrix}1 & 1\\0 & 1\end{bmatrix}\boldsymbol{x}(k)$$

求其脉冲传递函数。

**解**　由式(2.86)可得

$$\boldsymbol{G}(z)=\boldsymbol{C}[z\boldsymbol{I}-\boldsymbol{G}]^{-1}\boldsymbol{H}=$$

$$\begin{bmatrix}1 & 1\\0 & 1\end{bmatrix}\begin{bmatrix}z & 1\\0.4 & z-0.3\end{bmatrix}^{-1}\begin{bmatrix}0\\1\end{bmatrix}=$$

$$\begin{bmatrix}1 & 1\\0 & 1\end{bmatrix}\begin{bmatrix}\dfrac{z-0.3}{(z-0.8)(z+0.5)} & \dfrac{-1}{(z-0.8)(z+0.5)}\\ \dfrac{-0.4}{(z-0.8)(z+0.5)} & \dfrac{z}{(z-0.8)(z+0.5)}\end{bmatrix}\begin{bmatrix}0\\1\end{bmatrix}=$$

$$\begin{bmatrix}\dfrac{z-1}{(z-0.8)(z+0.5)}\\ \dfrac{z}{(z-0.8)(z+0.5)}\end{bmatrix}$$

## 小　　结

本章分析和论述了状态空间表达式的内涵、形式、建立方法、特性和变换。给出的概念和方法对学习以后各章是必需的。

状态空间表达式属于由系统结构导出的一类内部描述，可完全地表征系统的动态行为和结构特征。状态空间表达式是由状态方程和输出方程组成的，对于连续时间系统和离散时间系统，组成状态空间表达式的状态方程和输出方程具有不同的类型。

连续时间线性定常系统和离散时间线性定常系统的状态空间表达式分别具有以下形式

$$\dot{\boldsymbol{x}}(t)=\boldsymbol{A}\boldsymbol{x}(t)+\boldsymbol{B}\boldsymbol{u}(t)\qquad t\geqslant 0$$
$$\boldsymbol{y}(t)=\boldsymbol{C}\boldsymbol{x}(t)+\boldsymbol{D}\boldsymbol{u}(t)$$

和

$$\boldsymbol{x}(k+1)=\boldsymbol{G}\boldsymbol{x}(k)+\boldsymbol{H}\boldsymbol{u}(k)\qquad k=0,1,2,\cdots$$
$$\boldsymbol{y}(k)=\boldsymbol{C}\boldsymbol{x}(k)+\boldsymbol{D}\boldsymbol{u}(k)$$

建立状态空间表达式有两种不同的方法：一种方法是基于系统结构的机理分析方法，正确选择状态变量和合理运用相应的物理定律；另一种方法是以输入输出描述为出发点，构造状态空间表达式的系数矩阵。

可以由状态空间表达式求出系统的传递函数矩阵，即

$$\boldsymbol{G}(s)=\boldsymbol{C}[s\boldsymbol{I}-\boldsymbol{A}]^{-1}\boldsymbol{B}+\boldsymbol{D}=\boldsymbol{C}\frac{\mathrm{adj}[s\boldsymbol{I}-\boldsymbol{A}]}{\det[s\boldsymbol{I}-\boldsymbol{A}]}\boldsymbol{B}+\boldsymbol{D}$$

状态空间表达式的基本特性是由特征值和特征向量所表征的。特征值和特征向量对于系统的动态特性（如运动规律和稳定性以及系统的能控性和能观测性），都有着直接的影响和内在的联系。

对于同一系统，可以选取不同的状态变量，相应的状态空间表达式也不相同，不同的状态变量间相当于状态空间表达式的坐标变换，其实质是非奇异线性变换。非奇异线性变换是对线性系统进行分析和综合的基本手段。通过线性变换可将状态空间表达式变换为标准形，而且线性变换不改变系统的特征多项式、特征值、传递函数矩阵、极点等。

若 $\boldsymbol{A}$ 的特征值互异，则由特征向量构成非奇异变换矩阵 $\boldsymbol{P}$ 进行 $\boldsymbol{x}=\boldsymbol{P}\widetilde{\boldsymbol{x}}$ 变换，变换后的状态方程

$$\dot{\widetilde{\boldsymbol{x}}}=\widetilde{\boldsymbol{A}}\widetilde{\boldsymbol{x}}+\widetilde{\boldsymbol{B}}\boldsymbol{u}$$

为对角线标准形，即

$$\widetilde{\boldsymbol{A}}=\begin{bmatrix}\lambda_1 & & & 0\\ & \lambda_2 & & \\ & & \ddots & \\ 0 & & & \lambda_n\end{bmatrix}$$

由离散系统状态空间表达式可以求出系统的脉冲传递函数矩阵，即

$$\boldsymbol{G}(z)=\boldsymbol{C}(z\boldsymbol{I}-\boldsymbol{G})^{-1}\boldsymbol{H}+\boldsymbol{D}$$

## 典型例题分析

**例 1**　单轴卫星姿态控制示意图如例图 1 所示，其中，$\theta$ 为星体轴与惯性轴的夹角，$T_{\mathrm{c}}$ 为推进器的控制力矩，$T_{\mathrm{d}}$ 为扰动力矩，写出系统的状态空间表达式。

**解**　设卫星的转动惯量为 $J$，则可列出卫星的运动方程为

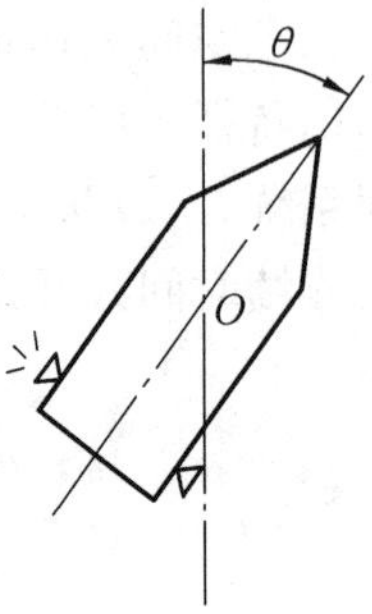

例图 1　卫星姿态控制示意图

$$J\ddot{\theta}(t) = T_c + T_d$$

取状态变量 $x_1(t) = \theta(t)$，$x_2(t) = \dot{\theta}(t)$，则

$$\dot{x}_1(t) = x_2(t)$$

$$\dot{x}_2(t) = \frac{T_c}{J} + \frac{T_d}{J} = u(t) + n(t)$$

系统的状态空间表达式为

$$\begin{bmatrix} \dot{x}_1(t) \\ \dot{x}_2(t) \end{bmatrix} = \begin{bmatrix} 0 & 1 \\ 0 & 0 \end{bmatrix} \begin{bmatrix} x_1(t) \\ x_2(t) \end{bmatrix} + \begin{bmatrix} 0 \\ 1 \end{bmatrix} u(t) + \begin{bmatrix} 0 \\ 1 \end{bmatrix} n(t)$$

$$y(t) = \begin{bmatrix} 1 & 0 \end{bmatrix} \begin{bmatrix} x_1(t) \\ x_2(t) \end{bmatrix}$$

**例 2**　写出以下微分方程描述系统的状态空间表达式

$$\left.\begin{aligned} \ddot{y}_1 + 3\dot{y}_1 + 2\dot{y}_2 &= u_1 \\ \ddot{y}_2 + \dot{y}_1 - 3y_2 &= u_2 \end{aligned}\right\}$$

**解**　设 $x_1 = y_1$，$x_2 = \dot{y}_1$，$x_3 = y_2$，$x_4 = \dot{y}_2$，则

$$\left.\begin{aligned} \dot{x}_1 &= x_2 \\ \dot{x}_2 &= -3x_2 - 2x_4 + u_1 \\ \dot{x}_3 &= x_4 \\ \dot{x}_4 &= -x_2 + 3x_3 + u_2 \end{aligned}\right\}$$

写成矩阵的形式为

$$\begin{bmatrix} \dot{x}_1 \\ \dot{x}_2 \\ \dot{x}_3 \\ \dot{x}_4 \end{bmatrix} = \begin{bmatrix} 0 & 1 & 0 & 0 \\ 0 & -3 & 0 & -2 \\ 0 & 0 & 0 & 1 \\ 0 & -1 & 3 & 0 \end{bmatrix} \begin{bmatrix} x_1 \\ x_2 \\ x_3 \\ x_4 \end{bmatrix} + \begin{bmatrix} 0 & 0 \\ 1 & 0 \\ 0 & 0 \\ 0 & 1 \end{bmatrix} \begin{bmatrix} u_1 \\ u_2 \end{bmatrix}$$

**例 3**　将下列状态方程化为约当标准形。

$$\dot{\boldsymbol{x}} = \begin{bmatrix} 0 & 1 & 0 \\ 0 & 0 & 1 \\ 2 & 3 & 0 \end{bmatrix} \boldsymbol{x} + \begin{bmatrix} 0 \\ 0 \\ 1 \end{bmatrix} u$$

**解**　① 系统的特征方程为

$$|\lambda \boldsymbol{I} - \boldsymbol{A}| = \lambda^3 - 3\lambda - 2 = (\lambda + 1)^2(\lambda - 2) = 0$$

特征值为

$$\lambda_1 = \lambda_2 = -1, \lambda_3 = 2$$

② 设变换矩阵 $\boldsymbol{P} = [\boldsymbol{P}_1 \quad \boldsymbol{P}_2 \quad \boldsymbol{P}_3]$，由

$$(\lambda_1 \boldsymbol{I} - \boldsymbol{A})\boldsymbol{P}_1 = \begin{bmatrix} -1 & -1 & 0 \\ 0 & -1 & -1 \\ -2 & -3 & -1 \end{bmatrix} \begin{bmatrix} p_{11} \\ p_{21} \\ p_{31} \end{bmatrix} = 0$$

经检验,其系数矩阵的秩为 2,故 $\lambda_1$ 只对应一个独立的特征向量。由上式解得

$$\boldsymbol{P}_1 = \begin{bmatrix} 1 \\ -1 \\ 1 \end{bmatrix}$$

③ $\lambda_1$ 对应的广义特征向量满足

$$(\lambda_1 \boldsymbol{I} - \boldsymbol{A})\boldsymbol{P}_2 = -\boldsymbol{P}_1$$

即

$$\begin{bmatrix} -1 & -1 & 0 \\ 0 & -1 & -1 \\ -2 & -3 & -1 \end{bmatrix} \begin{bmatrix} p_{12} \\ p_{22} \\ p_{32} \end{bmatrix} = \begin{bmatrix} -1 \\ 1 \\ -1 \end{bmatrix}$$

解得

$$\boldsymbol{P}_2 = \begin{bmatrix} 1 \\ 0 \\ -1 \end{bmatrix}$$

④ $\lambda_3$ 对应的特征向量满足

$$(\lambda_3 \boldsymbol{I} - \boldsymbol{A})\boldsymbol{P}_3 = \begin{bmatrix} 2 & -1 & 0 \\ 0 & 2 & -1 \\ -2 & -3 & 2 \end{bmatrix} \begin{bmatrix} p_{13} \\ p_{23} \\ p_{33} \end{bmatrix} = 0$$

得

$$\boldsymbol{P}_3 = \begin{bmatrix} 1 \\ 2 \\ 4 \end{bmatrix}$$

所以

$$\boldsymbol{P} = \begin{bmatrix} 1 & 1 & 1 \\ -1 & 0 & 2 \\ 1 & -1 & 4 \end{bmatrix} \qquad \boldsymbol{P}^{-1} = \frac{1}{9}\begin{bmatrix} 2 & 5 & 2 \\ 6 & 3 & -3 \\ 1 & 2 & 1 \end{bmatrix}$$

⑤ 经线性变换

$$\boldsymbol{x} = \boldsymbol{P}\tilde{\boldsymbol{x}}$$

$$\tilde{\boldsymbol{A}} = \boldsymbol{P}^{-1}\boldsymbol{A}\boldsymbol{P} = \begin{bmatrix} -1 & 1 & 0 \\ 0 & -1 & 0 \\ 0 & 0 & 2 \end{bmatrix} \qquad \tilde{\boldsymbol{B}} = \boldsymbol{P}^{-1}\boldsymbol{B} = \begin{bmatrix} \frac{2}{9} \\ -\frac{1}{3} \\ \frac{1}{9} \end{bmatrix}$$

**例 4**　求以下传递函数表示的系统的状态方程。

$$G(S) = \frac{Y(s)}{U(s)} = \frac{10(s+4)}{s(s+1)(s+2)}$$

**解**　(1) 方法一。将 $G(s)$ 展开成部分分式形式

$$G(s) = \frac{20}{s} - \frac{30}{s+1} + \frac{10}{s+2}$$

即有

$$Y(s) = \frac{20}{s}U(s) - \frac{30}{s+1}U(s) + \frac{10}{s+2}U(s) =$$

$$20X_1(s) - 30X_2(s) + 10X_3(s)$$

其中 $$X_1(s) = \frac{1}{s}U(s),X_2(s) = \frac{1}{s+1}U(s),X_3(s) = \frac{1}{s+2}U(s)$$

对应的时域表达式为

$$\begin{cases}\dot{x}_1 = u \\ \dot{x}_2 = -x_2 + u \\ \dot{x}_3 = -2x_3 + u \\ y = 20x_1 - 30x_2 + 10x_3\end{cases}$$

写成矩阵的形式为

$$\dot{\boldsymbol{x}} = \begin{bmatrix}0 & 0 & 0 \\ 0 & -1 & 0 \\ 0 & 0 & -2\end{bmatrix}\boldsymbol{x} + \begin{bmatrix}1 \\ 1 \\ 1\end{bmatrix}u$$

$$y = [20 \quad -30 \quad 10]\boldsymbol{x}$$

此即为系统的对角线标准形的实现。

（2）方法二。将传递函数看成环节串联的形式

$$G(s) = \frac{1}{s+1}\cdot\left(\frac{2}{s+2}+1\right)\cdot\frac{1}{s}\cdot 10$$

即分解为例图 2 的形式。

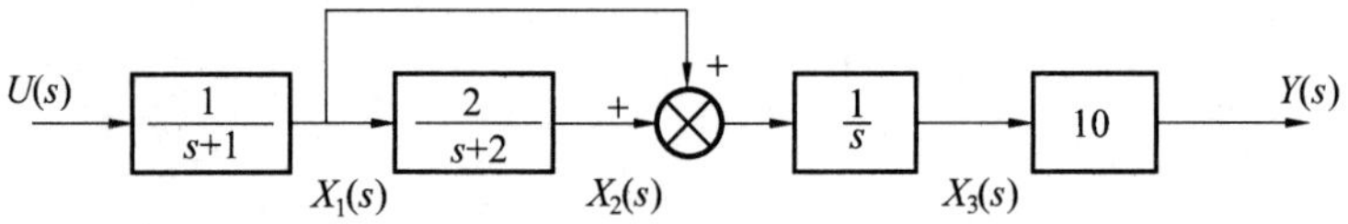


例图 2　例 4 图

由图可得

$$\left.\begin{aligned}X_1(s) &= \frac{1}{s+1}U(s) \\ X_2(s) &= \frac{2}{s+2}X_1(s) \\ X_3(s) &= \frac{1}{s}[X_1(s) + X_2(s)] \\ Y(s) &= 10X_3(s)\end{aligned}\right\}$$

写出对应的时域表达式为

$$\left.\begin{aligned}\dot{x}_1 &= -x_1 + u \\ \dot{x}_2 &= -2x_2 + 2x_1 \\ \dot{x}_3 &= x_1 + x_2 \\ y &= 10x_3\end{aligned}\right\}$$

则状态空间表达式为

$$\dot{\boldsymbol{x}}=\begin{bmatrix}-1 & 0 & 0\\ 2 & -2 & 0\\ 1 & 1 & 0\end{bmatrix}\boldsymbol{x}+\begin{bmatrix}1\\0\\0\end{bmatrix}u$$

$$y=[0\quad 0\quad 10]\boldsymbol{x}$$

## 习　题

2.1　已知矩阵 $\boldsymbol{A}$ 和 $\boldsymbol{B}$,试求 $\boldsymbol{AB}$ 和 $\boldsymbol{BA}$。

(1) $\boldsymbol{A}=\begin{bmatrix}4 & 3 & 1\\ 1 & -2 & 3\\ 5 & 7 & 0\end{bmatrix}\qquad \boldsymbol{B}=\begin{bmatrix}7\\2\\1\end{bmatrix}$

(2) $\boldsymbol{A}=\begin{bmatrix}1 & 3 & 4\\ 0 & 3 & 1\\ 0 & 2 & 1\end{bmatrix}\qquad \boldsymbol{B}=\begin{bmatrix}2 & 2 & 1\\ -1 & -1 & 0\\ 3 & 0 & 2\end{bmatrix}$

2.2　设向量组 $\boldsymbol{a}_1=(2,-1,3)$,$\boldsymbol{a}_2=(1,2,-1)$,$\boldsymbol{a}_3=(-3,4,-7)$。

(1) 试分析向量 $\boldsymbol{a}_1,\boldsymbol{a}_2,\boldsymbol{a}_3$ 的相关性。

(2) 求矩阵 $\boldsymbol{A}=[\boldsymbol{a}_1,\boldsymbol{a}_2,\boldsymbol{a}_3]$ 的秩。

2.3　求题 2.3 图所示网络的状态空间表达式,选取 $u_C$ 和 $i_L$ 为状态变量。

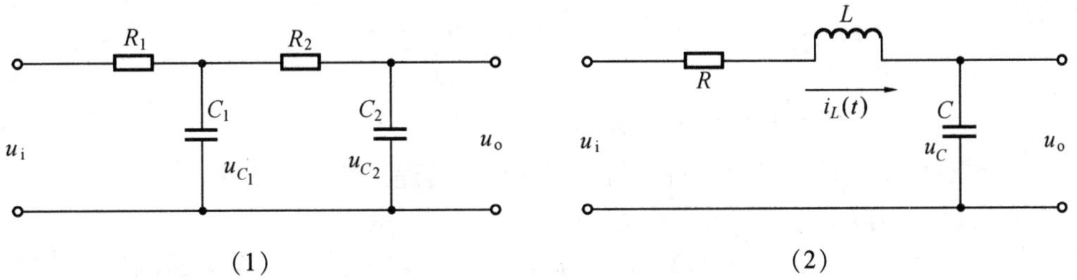


题 2.3 图

2.4　已知系统微分方程,试将其变换为状态空间表达式。

(1) $\dddot{y}+2\ddot{y}+4\dot{y}+6y=2u$

(2) $\dddot{y}+2\ddot{y}+3y=\dot{u}+2u$

(3) $\dddot{y}+5\ddot{y}+4\dot{y}+7y=\ddot{u}+3\dot{u}+2u$

(4) $y^{(4)}+3\ddot{y}+2y=-3\dot{u}+u$

2.5　试将下列状态方程化为对角线标准形。

(1) $\begin{bmatrix}\dot{x}_1\\ \dot{x}_2\end{bmatrix}=\begin{bmatrix}0 & 1\\ -5 & -6\end{bmatrix}\begin{bmatrix}x_1\\ x_2\end{bmatrix}+\begin{bmatrix}0\\1\end{bmatrix}u$

(2) $\begin{bmatrix}\dot{x}_1\\ \dot{x}_2\\ \dot{x}_3\end{bmatrix}=\begin{bmatrix}0 & 1 & 0\\ 3 & 0 & 2\\ -12 & -7 & -6\end{bmatrix}\begin{bmatrix}x_1\\ x_2\\ x_3\end{bmatrix}+\begin{bmatrix}2 & 3\\ 1 & 5\\ 7 & 1\end{bmatrix}\begin{bmatrix}u_1\\ u_2\end{bmatrix}$

2.6　试将下列状态方程化为约当标准形。

(1) $$\begin{bmatrix}\dot{x}_1\\ \dot{x}_2\\ \dot{x}_3\end{bmatrix}=\begin{bmatrix}0 & 1 & 0\\ 0 & 0 & 1\\ 2 & -5 & 4\end{bmatrix}\begin{bmatrix}x_1\\ x_2\\ x_3\end{bmatrix}$$

(2) $$\begin{bmatrix}\dot{x}_1\\ \dot{x}_2\\ \dot{x}_3\end{bmatrix}=\begin{bmatrix}4 & 1 & -2\\ 1 & 0 & 2\\ 1 & -1 & 3\end{bmatrix}\begin{bmatrix}x_1\\ x_2\\ x_3\end{bmatrix}+\begin{bmatrix}3 & 1\\ 2 & 7\\ 5 & 3\end{bmatrix}\begin{bmatrix}u_1\\ u_2\end{bmatrix}$$

2.7　已知系统状态空间表达式

$$\begin{bmatrix}\dot{x}_1\\ \dot{x}_2\\ \dot{x}_3\end{bmatrix}=\begin{bmatrix}3 & 0 & 0\\ 1 & 5 & 2\\ 0 & 2 & 1\end{bmatrix}\begin{bmatrix}x_1\\ x_2\\ x_3\end{bmatrix}+\begin{bmatrix}1 & 0\\ 2 & 0\\ 0 & 5\end{bmatrix}\begin{bmatrix}u_1\\ u_2\end{bmatrix}$$

$$\begin{bmatrix}y_1\\ y_2\end{bmatrix}=\begin{bmatrix}2 & 0 & 1\\ 6 & 2 & 0\end{bmatrix}\begin{bmatrix}x_1\\ x_2\end{bmatrix}$$

用 $\widetilde{\boldsymbol{x}}=\boldsymbol{P}\boldsymbol{x}$ 进行线性变换,其变换矩阵

$$\boldsymbol{P}=\begin{bmatrix}1 & 0 & 0\\ 0 & 2 & 0\\ 0 & 0 & 3\end{bmatrix}$$

(1) 试写出状态变换后的状态方程和输出方程。

(2) 试证明变换前后系统的特征值的不变性和传递函数的不变性。

2.8　已知离散系统的差分方程为

$$y(k+3)+3y(k+2)+5y(k+1)+y(k)=u(k+1)+2u(k)$$

试求系统的状态空间表达式,并画出系统结构图。

2.9　已知离散系统状态空间表达式

$$\begin{bmatrix}x_1(k+1)\\ x_2(k+1)\end{bmatrix}=\begin{bmatrix}0 & 1\\ 1 & 3\end{bmatrix}\begin{bmatrix}x_1(k)\\ x_2(k)\end{bmatrix}+\begin{bmatrix}0\\ 1\end{bmatrix}u(k)$$

$$y(k)=\begin{bmatrix}1 & 1\end{bmatrix}\begin{bmatrix}x_1(k)\\ x_2(k)\end{bmatrix}$$

试求系统的脉冲传递函数。

# 第3章　线性控制系统的运动分析

对所研究的物理系统建立了控制系统状态空间表达式后，需要进一步分析系统的运动过程，也就是在已知系统的输入信号和初始状态下求状态空间表达式的解。通过求状态空间表达式的解 $\boldsymbol{x}(t)$、$\boldsymbol{y}(t)$ 来分析系统的运动，获得描述系统所需的全部信息。

## 3.1　线性定常齐次状态方程的解

设线性定常系统的齐次状态方程为

$$\dot{\boldsymbol{x}} = \boldsymbol{A}\boldsymbol{x} \tag{3.1}$$

式中，$\boldsymbol{x}$ 为 $n$ 维状态向量；$\boldsymbol{A}$ 为 $n \times n$ 系统矩阵。

设初始时刻为 $t = t_0$，初始状态为 $\boldsymbol{x}(t_0)$。系统齐次状态方程(3.1) 在初始状态 $\boldsymbol{x}(t_0)$ 激励下的解 $\boldsymbol{x}(t)$（其中 $t \geqslant t_0$），称为系统的自由解或零输入解。

仿照标量微分方程求解的方法求方程(3.1) 的解。

设齐次状态方程(3.1) 的解 $\boldsymbol{x}(t)$ 为 $t$ 的向量幂级数形式，即

$$\boldsymbol{x}(t) = \boldsymbol{b}_0 + \boldsymbol{b}_1 t + \boldsymbol{b}_2 t^2 + \cdots + \boldsymbol{b}_k t^k + \cdots \tag{3.2}$$

其中，$\boldsymbol{b}_i(i = 0,1,2,\cdots)$ 为 $n$ 维向量。

将式(3.2) 代入式(3.1)，得

$$\begin{aligned} &\boldsymbol{b}_1 + 2\boldsymbol{b}_2 t + \cdots + k\boldsymbol{b}_k t^{k-1} + \cdots = \\ &\boldsymbol{A}(\boldsymbol{b}_0 + \boldsymbol{b}_1 t + \boldsymbol{b}_2 t^2 + \cdots + \boldsymbol{b}_k t^k + \cdots) \end{aligned} \tag{3.3}$$

由于式(3.2) 是式(3.1) 的解，所以式(3.3) 对所有时间 $t$ 均成立，故式(3.3) 等号两边 $t$ 的同次幂系数应相等，即

$$\left.\begin{aligned} \boldsymbol{b}_1 &= \boldsymbol{A}\boldsymbol{b}_0 \\ \boldsymbol{b}_2 &= \frac{1}{2}\boldsymbol{A}\boldsymbol{b}_1 = \frac{1}{2}\boldsymbol{A}^2\boldsymbol{b}_0 \\ &\vdots \\ \boldsymbol{b}_k &= \frac{1}{k}\boldsymbol{A}\boldsymbol{b}_{k-1} = \frac{1}{k!}\boldsymbol{A}^k\boldsymbol{b}_0 \end{aligned}\right\} \tag{3.4}$$

当 $t = 0$ 时，由式(3.2) 可得

$$\boldsymbol{b}_0 = \boldsymbol{x}(0) \tag{3.5}$$

式中，$\boldsymbol{x}(0)$ 为状态向量 $\boldsymbol{x}(t)$ 的初始值，即定常系统的初始状态。

将式(3.4) 和式(3.5) 代入式(3.2)，得到齐次状态方程的解

$$\begin{aligned} \boldsymbol{x}(t) &= \boldsymbol{b}_0 + \boldsymbol{A}\boldsymbol{b}_0 t + \frac{1}{2!}\boldsymbol{A}^2\boldsymbol{b}_0 t^2 + \cdots + \frac{1}{k!}\boldsymbol{A}^k\boldsymbol{b}_0 t^k + \cdots = \\ &(\boldsymbol{I} + \boldsymbol{A}t + \frac{1}{2!}\boldsymbol{A}^2 t^2 + \cdots + \frac{1}{k!}\boldsymbol{A}^k t^k + \cdots)\boldsymbol{x}(0) \end{aligned} \tag{3.6}$$

仿照标量指数函数 $e^{at}$ 展开成幂级数形式，即

$$e^{at}=1+at+\frac{1}{2!}a^2t^2+\cdots+\frac{1}{k!}a^kt^k+\cdots \tag{3.7}$$

将式(3.6)括号内 $n\times n$ 矩阵的无穷项级数和称为矩阵指数函数，记为 $e^{At}$，即

$$e^{At}=\boldsymbol{I}+\boldsymbol{A}t+\frac{1}{2!}\boldsymbol{A}^2t^2+\cdots+\frac{1}{k!}\boldsymbol{A}^kt^k+\cdots \tag{3.8}$$

则齐次状态方程的解可表示为

$$\boldsymbol{x}(t)=e^{\boldsymbol{A}t}\boldsymbol{x}(0) \tag{3.9}$$

若初始时刻 $t_0\neq 0$，对应的初始状态为 $\boldsymbol{x}(t_0)$，则齐次状态方程的解为

$$\boldsymbol{x}(t)=e^{\boldsymbol{A}(t-t_0)}\boldsymbol{x}(t_0) \tag{3.10}$$

式(3.10)的正确性证明如下。

$$\dot{\boldsymbol{x}}(t)=\frac{d}{dt}\boldsymbol{x}(t)=\boldsymbol{A}e^{\boldsymbol{A}(t-t_0)}\boldsymbol{x}(t_0)=\boldsymbol{A}x(t)$$

$$\boldsymbol{x}(t)\mid_{t=t_0}=e^{\boldsymbol{A}(t_0-t_0)}\boldsymbol{x}(t_0)=\boldsymbol{x}(t_0)$$

即式(3.10)满足方程(3.1)及初始条件 $\boldsymbol{x}(t_0)$。故 $\boldsymbol{x}(t)=e^{\boldsymbol{A}(t-t_0)}\boldsymbol{x}(t_0)$ 是 $\dot{\boldsymbol{x}}=\boldsymbol{A}\boldsymbol{x}$ 满足 $\boldsymbol{x}(t)\mid_{t=t_0}=\boldsymbol{x}(t_0)$ 的解。

由式(3.10)可以看出，线性定常系统在状态空间中任意时刻 $t$ 的状态 $\boldsymbol{x}(t)$ 是通过矩阵指数函数 $e^{\boldsymbol{A}(t-t_0)}$ 由初始状态 $\boldsymbol{x}(t_0)$ 在 $t$ 时间内的转移。因此，将矩阵指数函数 $e^{\boldsymbol{A}(t-t_0)}$ 或 $e^{\boldsymbol{A}t}$ 称为系统的状态转移矩阵，记为 $\boldsymbol{\Phi}(t-t_0)$，即

$$\boldsymbol{\Phi}(t-t_0)=e^{\boldsymbol{A}(t-t_0)} \tag{3.11}$$

$$\boldsymbol{\Phi}(t)=e^{\boldsymbol{A}t} \tag{3.12}$$

齐次状态方程的解可表示为

$$\boldsymbol{x}(t)=\boldsymbol{\Phi}(t-t_0)\boldsymbol{x}(t_0) \tag{3.13}$$

或

$$\boldsymbol{x}(t)=\boldsymbol{\Phi}(t)\boldsymbol{x}(0) \tag{3.14}$$

上式表明，齐次状态方程的解，在初始状态确定下由状态转移矩阵唯一确定，即状态转移矩阵 $\boldsymbol{\Phi}(t)$ 包含了系统自由运动的全部信息，完全表征了系统的动态特性。

**例 3.1**　线性定常系统齐次状态方程为

$$\begin{bmatrix}\dot{x}_1\\ \dot{x}_2\end{bmatrix}=\begin{bmatrix}0 & 1\\ -2 & -3\end{bmatrix}\begin{bmatrix}x_1\\ x_2\end{bmatrix}$$

$$\boldsymbol{x}(0)=\begin{bmatrix}1\\ 0\end{bmatrix}$$

求齐次状态方程的解。

**解**　将 $\boldsymbol{A}$ 阵代入式(3.8)，即

$$e^{\boldsymbol{A}(t)}=\boldsymbol{I}+\boldsymbol{A}t+\frac{1}{2!}\boldsymbol{A}^2t^2+\frac{1}{3!}\boldsymbol{A}^3t^3+\cdots=$$

$$\begin{bmatrix}1 & 0\\ 0 & 1\end{bmatrix}+\begin{bmatrix}0 & 1\\ -2 & -3\end{bmatrix}t+\frac{1}{2!}\begin{bmatrix}0 & 1\\ -2 & -3\end{bmatrix}^2t^2+\frac{1}{3!}\begin{bmatrix}0 & 1\\ -2 & -3\end{bmatrix}^3t^3+\cdots=$$

$$\begin{bmatrix} 1-t^2+t^3+\cdots & t-\frac{3}{2}t^2+\frac{7}{6}t^3+\cdots \\ -2t+3t^2-\frac{7}{3}t^3+\cdots & 1-3t+\frac{7}{2}t^2-\frac{5}{2}t^3+\cdots \end{bmatrix}$$

$$\boldsymbol{x}(t)=\mathrm{e}^{\boldsymbol{A}(t)}\boldsymbol{x}(0)=$$

$$\begin{bmatrix} 1-t^2+t^3+\cdots & t-\frac{3}{2}t^2+\frac{7}{6}t^3+\cdots \\ -2t+3t^2-\frac{7}{3}t^3+\cdots & 1-3t+\frac{7}{2}t^2-\frac{5}{2}t^3+\cdots \end{bmatrix}\begin{bmatrix}1\\0\end{bmatrix}=$$

$$\begin{bmatrix} 1-t^2+t^3+\cdots \\ -2t+3t^2-\frac{7}{3}t^3+\cdots \end{bmatrix}$$

## 3.2　状态转移矩阵

线性定常系统齐次状态方程的解为

$$\boldsymbol{x}(t)=\mathrm{e}^{\boldsymbol{A}(t-t_0)}\boldsymbol{x}(t_0)$$

或

$$\boldsymbol{x}(t)=\mathrm{e}^{\boldsymbol{A}t}\boldsymbol{x}(0)$$

由解的表达式可知,它反映了从初始时刻的状态变量 $\boldsymbol{x}(t_0)$ 到任意 $t>0$ 或 $t>t_0$ 的状态变量 $\boldsymbol{x}(t)$ 之间的一种向量变换关系,变换矩阵就是状态转移矩阵 $\mathrm{e}^{\boldsymbol{A}t}$。状态转移矩阵不是一个常数矩阵,它的元一般是时间 $t$ 的函数,即是一个 $n\times n$ 的时变函数矩阵。

### 3.2.1　状态转移矩阵的定义

对于线性定常系统,当初始时刻 $t_0=0$ 时,满足以下矩阵微分方程和初始条件

$$\left.\begin{aligned}\dot{\boldsymbol{\Phi}}(t)&=\boldsymbol{A}\boldsymbol{\Phi}(t)\\ \boldsymbol{\Phi}(0)&=\boldsymbol{I}\end{aligned}\right\}\tag{3.15}$$

的解 $\boldsymbol{\Phi}(t)$,即定义为系统的状态转移矩阵。这是因为齐次状态方程的解为

$$\boldsymbol{x}(t)=\boldsymbol{\Phi}(t)\boldsymbol{x}(0)$$

则

$$\dot{\boldsymbol{x}}(t)=\dot{\boldsymbol{\Phi}}(t)\boldsymbol{x}(0)$$

而

$$\dot{\boldsymbol{x}}(t)=\boldsymbol{A}\boldsymbol{x}(t)=\boldsymbol{A}\boldsymbol{\Phi}(t)\boldsymbol{x}(0)$$

并且

$$\boldsymbol{x}(0)=\boldsymbol{\Phi}(0)\boldsymbol{x}(0)=\mathrm{e}^{\boldsymbol{A}\cdot 0}\boldsymbol{x}(0)=\boldsymbol{I}\boldsymbol{x}(0)$$

所以,状态转移矩阵 $\boldsymbol{\Phi}(t)$ 是初始条件 $\boldsymbol{\Phi}(0)=\boldsymbol{I}$ 时,矩阵微分方程

$$\dot{\boldsymbol{\Phi}}(t)=\boldsymbol{A}\boldsymbol{\Phi}(t)$$

的解。

当 $\boldsymbol{A}$ 是 $n\times n$ 阵时, $\boldsymbol{\Phi}(t)$ 也必为 $n\times n$ 阵。

### 3.2.2　状态转移矩阵的性质

对于线性定常系统,有以下对应关系

$$\boldsymbol{\Phi}(t-t_0)=\mathrm{e}^{\boldsymbol{A}(t-t_0)}$$

并具有如下基本性质。

(1) $\boldsymbol{\Phi}(0)=\mathrm{e}^{\boldsymbol{A}\cdot 0}=\boldsymbol{I}$;

(2) $\boldsymbol{\Phi}(t-t_0)$ 是非奇异矩阵,必有逆阵存在,且其逆阵为 $\boldsymbol{\Phi}(t_0-t)$。

**证**　因为

$$\boldsymbol{\Phi}(t-t_0)\boldsymbol{\Phi}(t_0-t)=\mathrm{e}^{\boldsymbol{A}(t-t_0)}\mathrm{e}^{\boldsymbol{A}(t_0-t)}=\boldsymbol{I}$$

而

$$\boldsymbol{\Phi}(t_0-t)\boldsymbol{\Phi}(t-t_0)=\mathrm{e}^{\boldsymbol{A}(t_0-t)}\mathrm{e}^{\boldsymbol{A}(t-t_0)}=\boldsymbol{I}$$

故

$$\boldsymbol{\Phi}^{-1}(t-t_0)=\boldsymbol{\Phi}(t_0-t)$$

(3) $\boldsymbol{\Phi}(t_1+t_2)=\boldsymbol{\Phi}(t_1)\boldsymbol{\Phi}(t_2)=\boldsymbol{\Phi}(t_2)\boldsymbol{\Phi}(t_1)$。

**证**　因为

$$\boldsymbol{\Phi}(t_1+t_2)=\mathrm{e}^{\boldsymbol{A}(t_1+t_2)}=\mathrm{e}^{\boldsymbol{A}t_1}\mathrm{e}^{\boldsymbol{A}t_2}=\boldsymbol{\Phi}(t_1)\boldsymbol{\Phi}(t_2)$$

而

$$\boldsymbol{\Phi}(t_1+t_2)=\boldsymbol{\Phi}(t_2+t_1)=\mathrm{e}^{\boldsymbol{A}t_2}\mathrm{e}^{\boldsymbol{A}t_1}=\boldsymbol{\Phi}(t_2)\boldsymbol{\Phi}(t_1)$$

故

$$\boldsymbol{\Phi}(t_1+t_2)=\boldsymbol{\Phi}(t_1)\boldsymbol{\Phi}(t_2)=\boldsymbol{\Phi}(t_2)\boldsymbol{\Phi}(t_1)$$

(4) $[\boldsymbol{\Phi}(t)]^n=\boldsymbol{\Phi}(nt)$ ($n$ 为正整数)。

**证**　$\boldsymbol{\Phi}(nt)=\boldsymbol{\Phi}(t+t+\cdots+t)=\mathrm{e}^{\boldsymbol{A}(t+t+\cdots+t)}=$

$$\mathrm{e}^{\boldsymbol{A}t}\cdot\mathrm{e}^{\boldsymbol{A}t}\cdots\mathrm{e}^{\boldsymbol{A}t}=\mathrm{e}^{n\boldsymbol{A}t}=[\boldsymbol{\Phi}(t)]^n$$

(5) $\boldsymbol{\Phi}(t_2-t_1)\boldsymbol{\Phi}(t_1-t_0)=\boldsymbol{\Phi}(t_2-t_0)$。

**证**　$\boldsymbol{\Phi}(t_2-t_1)\boldsymbol{\Phi}(t_1-t_0)=\mathrm{e}^{\boldsymbol{A}(t_2-t_1)}\mathrm{e}^{\boldsymbol{A}(t_1-t_0)}=\mathrm{e}^{\boldsymbol{A}(t_2-t_1+t_1-t_0)}=$

$$\mathrm{e}^{\boldsymbol{A}(t_2-t_0)}=\boldsymbol{\Phi}(t_2-t_0)$$

(6) $\dot{\boldsymbol{\Phi}}(t)=\boldsymbol{A}\boldsymbol{\Phi}(t)=\boldsymbol{\Phi}(t)\boldsymbol{A}$。

**证**　因为

$$\mathrm{e}^{\boldsymbol{A}t}=\boldsymbol{I}+\boldsymbol{A}t+\frac{1}{2!}\boldsymbol{A}^2t^2+\frac{1}{3!}\boldsymbol{A}^3t^3+\cdots$$

是无穷级数,它对有限的 $t$ 是绝对收敛的。因此,它的一阶导数为

$$\dot{\boldsymbol{\Phi}}(t)=\frac{\mathrm{d}}{\mathrm{d}t}\mathrm{e}^{\boldsymbol{A}t}=\boldsymbol{A}+\boldsymbol{A}^2t+\frac{1}{2!}\boldsymbol{A}^3t^2+\cdots=$$

$$\boldsymbol{A}(\boldsymbol{I}+\boldsymbol{A}t+\frac{1}{2!}\boldsymbol{A}^2t^2+\cdots)=\boldsymbol{A}\mathrm{e}^{\boldsymbol{A}t}=\boldsymbol{A}\boldsymbol{\Phi}(t)$$

$$\dot{\boldsymbol{\Phi}}(t)=(\boldsymbol{I}+\boldsymbol{A}t+\frac{1}{2!}\boldsymbol{A}^2t^2+\cdots)\boldsymbol{A}=\mathrm{e}^{\boldsymbol{A}t}\boldsymbol{A}=\boldsymbol{\Phi}(t)\boldsymbol{A}$$

故

$$\dot{\boldsymbol{\Phi}}(t)=\boldsymbol{A}\boldsymbol{\Phi}(t)=\boldsymbol{\Phi}(t)\boldsymbol{A}$$

(7) 对于 $n\times n$ 方阵 $\boldsymbol{A}$ 和 $\boldsymbol{B}$,只有 $\boldsymbol{A}$ 与 $\boldsymbol{B}$ 可交换,即 $\boldsymbol{AB}=\boldsymbol{BA}$ 时,才有以下关系成立:

$$\mathrm{e}^{(\boldsymbol{A}+\boldsymbol{B})t}=\mathrm{e}^{\boldsymbol{A}t}\mathrm{e}^{\boldsymbol{B}t}$$

若 $\boldsymbol{AB}\neq\boldsymbol{BA}$,则

$$\mathrm{e}^{(\boldsymbol{A}+\boldsymbol{B})t}\neq\mathrm{e}^{\boldsymbol{A}t}\mathrm{e}^{\boldsymbol{B}t}$$

**证**　左 $=\mathrm{e}^{(\boldsymbol{A}+\boldsymbol{B})t}=$

$$\boldsymbol{I}+(\boldsymbol{A}+\boldsymbol{B})t+\frac{1}{2!}(\boldsymbol{A}+\boldsymbol{B})^2t^2+\frac{1}{3!}(\boldsymbol{A}+\boldsymbol{B})^3t^3+\cdots=$$

$$\boldsymbol{I}+(\boldsymbol{A}+\boldsymbol{B})t+\frac{1}{2!}(\boldsymbol{A}^2+\boldsymbol{AB}+\boldsymbol{BA}+\boldsymbol{B}^2)t^2+$$

$$\frac{1}{3!}(\boldsymbol{A}^3+\boldsymbol{A}^2\boldsymbol{B}+\boldsymbol{ABA}+\boldsymbol{AB}^2+\boldsymbol{BA}^2+\boldsymbol{BAB}+\boldsymbol{B}^2\boldsymbol{A}+\boldsymbol{B}^3)t^3+\cdots=$$

$$\boldsymbol{I}+(\boldsymbol{A}+\boldsymbol{B})t+\frac{1}{2!}(\boldsymbol{A}^2+2\boldsymbol{AB}+\boldsymbol{B}^2)t^2+$$

$$\frac{1}{3!}(\boldsymbol{A}^3+3\boldsymbol{A}^2\boldsymbol{B}+3\boldsymbol{AB}^2+\boldsymbol{B}^3)t^3+\cdots$$

右 $=\mathrm{e}^{\boldsymbol{A}t}\mathrm{e}^{\boldsymbol{B}t}=$

$$\left[\boldsymbol{I}+\boldsymbol{A}t+\frac{1}{2!}\boldsymbol{A}^2t^2+\frac{1}{3!}\boldsymbol{A}^3t^3+\cdots\right]\left[\boldsymbol{I}+\boldsymbol{B}t+\frac{1}{2!}\boldsymbol{B}^2t^2+\frac{1}{3!}\boldsymbol{B}^3t^3+\cdots\right]=$$

$$\boldsymbol{I}+(\boldsymbol{A}+\boldsymbol{B})t+\frac{1}{2!}(\boldsymbol{A}^2+2\boldsymbol{AB}+\boldsymbol{B}^2)t^2+$$

$$\frac{1}{3!}(\boldsymbol{A}^3+3\boldsymbol{A}^2\boldsymbol{B}+3\boldsymbol{AB}^2+\boldsymbol{B}^3)t^3+\cdots$$

比较左右两式即得证。

### 3.2.3　几个特殊的状态转移矩阵

(1) 若 $\boldsymbol{A}$ 为对角线矩阵,即

$$\boldsymbol{A}=\begin{bmatrix}\lambda_1 & & & \boldsymbol{0}\\ & \lambda_2 & & \\ & & \ddots & \\ \boldsymbol{0} & & & \lambda_n\end{bmatrix}$$

则

$$\boldsymbol{\Phi}(t)=\mathrm{e}^{\boldsymbol{A}t}=\begin{bmatrix}\mathrm{e}^{\lambda_1t} & & & \boldsymbol{0}\\ & \mathrm{e}^{\lambda_2t} & & \\ & & \ddots & \\ \boldsymbol{0} & & & \mathrm{e}^{\lambda_nt}\end{bmatrix}\tag{3.16}$$

(2) 若 $\boldsymbol{A}$ 为一个 $m\times m$ 的约当块,即

$$A = \begin{bmatrix} \lambda_1 & 1 & & & \mathbf{0} \\ & \lambda_1 & 1 & & \\ & & \ddots & \ddots & \\ & & & \lambda_1 & 1 \\ \mathbf{0} & & & & \lambda_1 \end{bmatrix}_{m\times m}$$

则有

$$e^{At} = e^{\lambda_1 t}\begin{bmatrix} 1 & t & \frac{1}{2!}t^2 & \cdots & \frac{1}{(m-1)!}t^{m-1} \\ 0 & 1 & t & \cdots & \frac{1}{(m-2)!}t^{m-2} \\ \vdots & \vdots & \vdots & & \vdots \\ 0 & 0 & 0 & \cdots & 1 \end{bmatrix} \tag{3.17}$$

(3) 若 $A$ 为一约当矩阵,即

$$A = J = \begin{bmatrix} A_1 & & & \mathbf{0} \\ & A_2 & & \\ & & \ddots & \\ \mathbf{0} & & & A_j \end{bmatrix}$$

其中,$A_1, A_2, \cdots, A_j$ 为约当块,则

$$e^{At} = \begin{bmatrix} e^{A_1 t} & & & \mathbf{0} \\ & e^{A_2 t} & & \\ & & \ddots & \\ \mathbf{0} & & & e^{A_j t} \end{bmatrix} \tag{3.18}$$

其中,$e^{A_1 t}, e^{A_2 t}, \cdots, e^{A_j t}$ 如式(3.17)。

(4) 若矩阵 $A$ 通过非奇异变换矩阵 $P$ 化为对角线矩阵,即

$$P^{-1}AP = \bar{A}$$

则

$$e^{At} = Pe^{\bar{A}t}P^{-1} \tag{3.19}$$

(5) 若 $A = \begin{bmatrix} \delta & \omega \\ -\omega & \delta \end{bmatrix}$,则

$$e^{At} = \begin{bmatrix} \cos\omega t & \sin\omega t \\ -\sin\omega t & \cos\omega t \end{bmatrix} e^{\delta t} \tag{3.20}$$

以上证明略。

### 3.2.4 状态转移矩阵的计算

1. 直接计算法

根据矩阵指数函数的定义直接计算

$$\Phi(t) = e^{At} = I + At + \frac{1}{2!}A^2t^2 + \frac{1}{3!}A^3t^3 + \cdots = \sum_{k=0}^{\infty} \frac{1}{k!}A^k t^k \tag{3.21}$$

在计算中,必须考虑其收敛性的要求。可以证明,对所有常数矩阵$\boldsymbol{A}$和有限的$t$值来说,这个无穷级数都是收敛的。

这种方法具有步骤简便、编程简单的优点,适用于计算机求解。其缺点是计算结果是一个无穷级数,难以获得解析解,不适合手工计算。

**例 3.2**　已知系统状态方程为

$$\dot{\boldsymbol{x}} = \begin{bmatrix} 0 & 1 \\ -2 & -3 \end{bmatrix} \boldsymbol{x}$$

试求其状态转移矩阵。

**解**　按式(3.21)计算

$$\begin{aligned}
\boldsymbol{\Phi}(t) = \mathrm{e}^{\boldsymbol{A}t} &= \boldsymbol{I} + \boldsymbol{A}t + \frac{1}{2!}\boldsymbol{A}^2 t^2 + \cdots = \\
&\begin{bmatrix} 1 & 0 \\ 0 & 1 \end{bmatrix} + \begin{bmatrix} 0 & 1 \\ -2 & -3 \end{bmatrix} t + \begin{bmatrix} 0 & 1 \\ -2 & -3 \end{bmatrix}^2 \frac{t^2}{2!} + \cdots = \\
&\begin{bmatrix} (1 + 0 \cdot t - 2 \cdot \frac{t^2}{2!} + \cdots) & (0 + t - 3 \cdot \frac{t^2}{2!} + \cdots) \\ (0 - 2t + 6 \cdot \frac{t^2}{2!}) + \cdots & (1 - 3t + 7 \cdot \frac{t^2}{2!} + \cdots) \end{bmatrix} = \\
&\begin{bmatrix} 2(1 - t + \frac{t^2}{2!} - \cdots) - (1 - 2t + 4 \cdot \frac{t^2}{2!} - \cdots) & (1 - t + \frac{t^2}{2!} - \cdots) - (1 - 2t + 4 \cdot \frac{t^2}{2!} - \cdots) \\ -2(1 - t + \frac{t^2}{2!} - \cdots -) + 2(1 - 2t + 4 \cdot \frac{t^2}{2!} - \cdots) & -(1 - t + \frac{t^2}{2!} - \cdots) + 2(1 - 2t + 4 \cdot \frac{t^2}{2!}) \end{bmatrix} = \\
&\begin{bmatrix} 2\mathrm{e}^{-t} - \mathrm{e}^{-2t} & \mathrm{e}^{-t} - \mathrm{e}^{-2t} \\ -2\mathrm{e}^{-t} + 2\mathrm{e}^{-2t} & -\mathrm{e}^{-t} + 2\mathrm{e}^{-2t} \end{bmatrix}
\end{aligned}$$

2. 拉氏反变换法

对线性定常齐次状态方程式(3.1)两边取拉普拉斯变换,得

$$s\boldsymbol{X}(s) - \boldsymbol{x}(0) = \boldsymbol{A}\boldsymbol{X}(s)$$

$$(s\boldsymbol{I} - \boldsymbol{A})\boldsymbol{X}(s) = \boldsymbol{x}(0)$$

等式两边左乘$(s\boldsymbol{I} - \boldsymbol{A})^{-1}$,有

$$\boldsymbol{X}(s) = (s\boldsymbol{I} - \boldsymbol{A})^{-1}\boldsymbol{x}(0)$$

取拉普拉斯反变换,可得齐次状态方程的解为

$$\boldsymbol{x}(t) = \mathscr{L}^{-1}[(s\boldsymbol{I} - \boldsymbol{A})^{-1}]\boldsymbol{x}(0) \tag{3.22}$$

与$\boldsymbol{x}(t) = \mathrm{e}^{\boldsymbol{A}t}\boldsymbol{x}(0)$比较,且根据常微分方程组解的唯一性,有

$$\boldsymbol{\Phi}(t) = \mathrm{e}^{\boldsymbol{A}t} = \mathscr{L}^{-1}[(s\boldsymbol{I} - \boldsymbol{A})^{-1}] \tag{3.23}$$

**例 3.3**　已知系统状态方程为

$$\dot{\boldsymbol{x}} = \begin{bmatrix} 0 & 1 \\ -2 & -3 \end{bmatrix} \boldsymbol{x}$$

试用拉氏反变换法求其状态转移矩阵。

**解** $(s\boldsymbol{I}-\boldsymbol{A})=s\begin{bmatrix}1&0\\0&1\end{bmatrix}-\begin{bmatrix}0&1\\-2&-3\end{bmatrix}=\begin{bmatrix}s&-1\\2&s+3\end{bmatrix}$

$$(s\boldsymbol{I}-\boldsymbol{A})^{-1}=\begin{bmatrix}\dfrac{s+3}{(s+1)(s+2)}&\dfrac{1}{(s+1)(s+2)}\\\dfrac{-2}{(s+1)(s+2)}&\dfrac{s}{(s+1)(s+2)}\end{bmatrix}=$$

$$\begin{bmatrix}\dfrac{2}{s+1}-\dfrac{1}{s+2}&\dfrac{1}{s+1}-\dfrac{1}{s+2}\\\dfrac{-2}{s+1}+\dfrac{2}{s+2}&\dfrac{-1}{s+1}+\dfrac{2}{s+2}\end{bmatrix}$$

由拉氏反变换得到

$$\boldsymbol{\Phi}(t)=\mathrm{e}^{\boldsymbol{A}t}=\mathscr{L}^{-1}[(s\boldsymbol{I}-\boldsymbol{A})^{-1}]=\begin{bmatrix}2\mathrm{e}^{-t}-\mathrm{e}^{-2t}&\mathrm{e}^{-t}-\mathrm{e}^{-2t}\\-2\mathrm{e}^{-t}+2\mathrm{e}^{-2t}&-\mathrm{e}^{-t}+2\mathrm{e}^{-2t}\end{bmatrix}$$

3. 对角线标准形与约当标准形法

(1) 矩阵$\boldsymbol{A}$的特征值互异。设矩阵$\boldsymbol{A}$的$n$个特征值$\lambda_1,\lambda_2,\cdots,\lambda_n$互异时,其状态转移矩阵可按下式求得,即

$$\boldsymbol{\Phi}(t)=\mathrm{e}^{\boldsymbol{A}t}=\boldsymbol{P}\begin{bmatrix}\mathrm{e}^{\lambda_1 t}&&&\boldsymbol{0}\\&\mathrm{e}^{\lambda_2 t}&&\\&&\ddots&\\\boldsymbol{0}&&&\mathrm{e}^{\lambda_n t}\end{bmatrix}\boldsymbol{P}^{-1}\tag{3.24}$$

其中,$\boldsymbol{P}$是化$\boldsymbol{A}$为对角线标准形的线性变换矩阵。

**证** 当$\boldsymbol{A}$的$n$个特征值互异时,一定存在一个变换矩阵$\boldsymbol{P}$,可将$\boldsymbol{A}$化为如下对角线标准形

$$\boldsymbol{P}^{-1}\boldsymbol{A}\boldsymbol{P}=\begin{bmatrix}\lambda_1&&&\boldsymbol{0}\\&\lambda_2&&\\&&\ddots&\\\boldsymbol{0}&&&\lambda_n\end{bmatrix}$$

上式对角线上各元就是矩阵$\boldsymbol{A}$的特征值。又已知

$$\mathrm{e}^{\boldsymbol{A}t}=\boldsymbol{I}+\boldsymbol{A}t+\frac{1}{2!}\boldsymbol{A}^2t^2+\cdots$$

用$\boldsymbol{P}^{-1}$左乘上式两端,用$\boldsymbol{P}$右乘上式两端,可得

$$\boldsymbol{P}^{-1}\mathrm{e}^{\boldsymbol{A}t}\boldsymbol{P}=\boldsymbol{P}^{-1}\boldsymbol{I}\boldsymbol{P}+\boldsymbol{P}^{-1}\boldsymbol{A}\boldsymbol{P}t+\frac{1}{2!}\boldsymbol{P}^{-1}\boldsymbol{A}^2\boldsymbol{P}t^2+\cdots$$

由于

$$\boldsymbol{P}^{-1}\boldsymbol{A}^2\boldsymbol{P}=\boldsymbol{P}^{-1}\boldsymbol{A}\boldsymbol{P}\cdot\boldsymbol{P}^{-1}\boldsymbol{A}\boldsymbol{P}=\begin{bmatrix}\lambda_1^2&&&\boldsymbol{0}\\&\lambda_2^2&&\\&&\ddots&\\\boldsymbol{0}&&&\lambda_n^2\end{bmatrix}$$

同理

$$\boldsymbol{P}^{-1}\boldsymbol{A}^k\boldsymbol{P}=(\boldsymbol{P}^{-1}\boldsymbol{A}\boldsymbol{P})\cdots(\boldsymbol{P}^{-1}\boldsymbol{A}\boldsymbol{P})=\begin{bmatrix}\lambda_1^k & & & \boldsymbol{0}\\ & \lambda_2^k & & \\ & & \ddots & \\ \boldsymbol{0} & & & \lambda_n^k\end{bmatrix}$$

于是

$$\boldsymbol{P}^{-1}\mathrm{e}^{\boldsymbol{A}t}\boldsymbol{P}=\boldsymbol{P}^{-1}\boldsymbol{I}\boldsymbol{P}+\boldsymbol{P}^{-1}\boldsymbol{A}\boldsymbol{P}t+\frac{1}{2!}\boldsymbol{P}^{-1}\boldsymbol{A}^2\boldsymbol{P}t^2+\cdots=$$

$$\begin{bmatrix}1 & & & \boldsymbol{0}\\ & 1 & & \\ & & \ddots & \\ \boldsymbol{0} & & & 1\end{bmatrix}+\begin{bmatrix}\lambda_1 t & & & \boldsymbol{0}\\ & \lambda_2 t & & \\ & & \ddots & \\ \boldsymbol{0} & & & \lambda_n t\end{bmatrix}+\begin{bmatrix}\frac{1}{2!}\lambda_1^2t^2 & & & \boldsymbol{0}\\ & \frac{1}{2!}\lambda_2^2t^2 & & \\ & & \ddots & \\ \boldsymbol{0} & & & \frac{1}{2!}\lambda_n^2t^2\end{bmatrix}+\cdots=$$

$$\begin{bmatrix}1+\lambda_1t+\frac{1}{2!}\lambda_1^2t^2+\cdots & & & \boldsymbol{0}\\ & 1+\lambda_2t+\frac{1}{2!}\lambda_2^2t^2+\cdots & & \\ & & \ddots & \\ \boldsymbol{0} & & & 1+\lambda_nt+\frac{1}{2!}\lambda_n^2t^2+\cdots\end{bmatrix}=$$

$$\begin{bmatrix}\mathrm{e}^{\lambda_1 t} & & & \boldsymbol{0}\\ & \mathrm{e}^{\lambda_2 t} & & \\ & & \ddots & \\ \boldsymbol{0} & & & \mathrm{e}^{\lambda_n t}\end{bmatrix}$$

则

$$\boldsymbol{\Phi}(t)=\mathrm{e}^{\boldsymbol{A}t}=\boldsymbol{P}\begin{bmatrix}\mathrm{e}^{\lambda_1 t} & & & \boldsymbol{0}\\ & \mathrm{e}^{\lambda_2 t} & & \\ & & \ddots & \\ \boldsymbol{0} & & & \mathrm{e}^{\lambda_n t}\end{bmatrix}\boldsymbol{P}^{-1}$$

**例 3.4**　已知系数矩阵

$$\boldsymbol{A}=\begin{bmatrix}0 & 1 & -1\\ -6 & -11 & 6\\ -6 & -11 & 5\end{bmatrix}$$

试用对角线标准形法求其状态转移矩阵。

**解**　矩阵 $\boldsymbol{A}$ 的特征值为

$$\lambda_1=-1\qquad \lambda_2=-2\qquad \lambda_3=-3$$

设变换矩阵 $\boldsymbol{P}=[\boldsymbol{P}_1\quad \boldsymbol{P}_2\quad \boldsymbol{P}_3]$。按 $(\lambda_1\boldsymbol{I}-\boldsymbol{A})\boldsymbol{P}_1=0$ 求 $\boldsymbol{P}_1$，有

$$\begin{bmatrix}\lambda_1 & -1 & 1\\ 6 & \lambda_1+11 & -6\\ 6 & 11 & \lambda_1-5\end{bmatrix}\begin{bmatrix}P_{11}\\ P_{21}\\ P_{31}\end{bmatrix}=\begin{bmatrix}-1 & -1 & 1\\ 6 & 10 & -6\\ 6 & 11 & -6\end{bmatrix}\begin{bmatrix}P_{11}\\ P_{21}\\ P_{31}\end{bmatrix}=0$$

于是

$$-P_{11}-P_{21}+P_{31}=0$$
$$6P_{11}+10P_{21}-6P_{31}=0$$
$$6P_{11}+11P_{21}-6P_{31}=0$$

得

$$P_{21}=0\qquad P_{11}=P_{31}$$

取 $P_{11}=P_{31}=1$，则

$$\boldsymbol{P}_1=\begin{bmatrix}1\\0\\1\end{bmatrix}$$

同理，可求得

$$\boldsymbol{P}_2=\begin{bmatrix}1\\2\\4\end{bmatrix}\qquad \boldsymbol{P}_3=\begin{bmatrix}1\\6\\9\end{bmatrix}$$

则

$$\boldsymbol{P}=\begin{bmatrix}1 & 1 & 1\\ 0 & 2 & 6\\ 1 & 4 & 9\end{bmatrix}\qquad \boldsymbol{P}^{-1}=\frac{\operatorname{adj}[\boldsymbol{P}]}{|\boldsymbol{P}|}=\begin{bmatrix}3 & \frac{5}{2} & -2\\ -3 & -4 & 3\\ 1 & \frac{3}{2} & -1\end{bmatrix}$$

$$\boldsymbol{\Phi}(t)=\mathrm{e}^{\boldsymbol{A}t}=\boldsymbol{P}\begin{bmatrix}\mathrm{e}^{\lambda_1 t} & & & \boldsymbol{0}\\ & \mathrm{e}^{\lambda_2 t} & & \\ & & \ddots & \\ \boldsymbol{0} & & & \mathrm{e}^{\lambda_n t}\end{bmatrix}\boldsymbol{P}^{-1}=$$

$$\begin{bmatrix}3\mathrm{e}^{-t}-3\mathrm{e}^{-2t}+\mathrm{e}^{-3t} & \frac{5}{2}\mathrm{e}^{-t}-4\mathrm{e}^{-2t}+\frac{3}{2}\mathrm{e}^{-3t} & -2\mathrm{e}^{-t}+3\mathrm{e}^{-2t}-\mathrm{e}^{-3t}\\ -6\mathrm{e}^{-2t}+6\mathrm{e}^{-3t} & -8\mathrm{e}^{-2t}+9\mathrm{e}^{-3t} & 6\mathrm{e}^{-2t}-6\mathrm{e}^{-3t}\\ 3\mathrm{e}^{-t}-12\mathrm{e}^{-2t}+9\mathrm{e}^{-3t} & \frac{5}{2}\mathrm{e}^{-t}-16\mathrm{e}^{-2t}+\frac{27}{2}\mathrm{e}^{-3t} & -2\mathrm{e}^{-t}+12\mathrm{e}^{-2t}-9\mathrm{e}^{-3t}\end{bmatrix}$$

（2）矩阵 $\boldsymbol{A}$ 有重特征值。当矩阵 $\boldsymbol{A}$ 有重特征值时，一定存在一个变换矩阵 $\boldsymbol{Q}$，可将 $\boldsymbol{A}$ 化为约当标准形。

若 $\boldsymbol{A}$ 具有 $n$ 重特征值，可求得其状态转移矩阵为

$$\boldsymbol{\Phi}(t)=\mathrm{e}^{\boldsymbol{A}t}=\boldsymbol{Q}\begin{bmatrix} \mathrm{e}^{\lambda_1 t} & t\mathrm{e}^{\lambda_1 t} & \cdots & \frac{1}{(n-1)!}t^{n-1}\mathrm{e}^{\lambda_1 t} \\ & \ddots & \ddots & \vdots \\ & & \ddots \quad \ddots & \vdots \\ & & & t\mathrm{e}^{\lambda_1 t} \\ \boldsymbol{0} & & & \mathrm{e}^{\lambda_1 t} \end{bmatrix}\boldsymbol{Q}^{-1} \tag{3.25}$$

若 $\boldsymbol{A}$ 具有 $m_1$ 重特征值 $\lambda_1$，$m_2$ 重特征值 $\lambda_2$，互异单特征值 $\lambda_{m_1+m_2+1},\cdots,\lambda_n$，则状态转移矩阵 $\boldsymbol{\Phi}(t)$ 为

$\boldsymbol{\Phi}(t)=\mathrm{e}^{\boldsymbol{A}t}=$

$$\boldsymbol{Q}\left[\begin{array}{cccc:cccc:c} \mathrm{e}^{\lambda_1 t} & t\mathrm{e}^{\lambda_1 t} & \frac{1}{2!}t^2\mathrm{e}^{\lambda_1 t}\cdots & \frac{t^{(m_1-1)}}{(m_1-1)!}\mathrm{e}^{\lambda_1 t} & & & & & \\ 0 & \mathrm{e}^{\lambda_1 t} & t\mathrm{e}^{\lambda_1 t}\cdots & \frac{t^{(m_1-2)}}{(m_1-2)!}\mathrm{e}^{\lambda_1 t} & & & \boldsymbol{0} & & \\ \vdots & \vdots & \vdots & \vdots & & & & & \\ 0 & 0 & 0\cdots & \mathrm{e}^{\lambda_1 t} & & & & & \\ \hdashline & & & & \mathrm{e}^{\lambda_2 t} & t\mathrm{e}^{\lambda_2 t}\cdots & \frac{t^{(m_2-1)}}{(m_2-1)!}\mathrm{e}^{\lambda_2 t} & & \\ & & & & 0 & \mathrm{e}^{\lambda_2 t}\cdots & \frac{t^{(m_2-2)}}{(m_2-2)!}\mathrm{e}^{\lambda_2 t} & & \\ & & & & \vdots & \vdots & \vdots & & \\ & \boldsymbol{0} & & & 0 & 0\cdots & \mathrm{e}^{\lambda_2 t} & & \\ \hdashline & & & & & & & & \mathrm{e}^{\lambda_{m_1+m_2+1}t} \\ & & & & & & & & \ddots \quad \mathrm{e}^{\lambda_n t} \end{array}\right]\boldsymbol{Q}^{-1} \tag{3.26}$$

4. 化矩阵指数函数 $\mathrm{e}^{\boldsymbol{A}t}$ 为 $\boldsymbol{A}$ 的有限项法

（1）凯莱 - 哈密顿定理。设矩阵 $\boldsymbol{A}$ 为 $n\times n$ 阵，其特征多项式为

$$f(\lambda)=|\lambda\boldsymbol{I}-\boldsymbol{A}|=\lambda^n+a_1\lambda^{n-1}+\cdots+a_{n-1}\lambda+a_n$$

则矩阵 $\boldsymbol{A}$ 必满足其本身的零化特征多项式，即

$$f(\boldsymbol{A})=\boldsymbol{A}^n+a_1\boldsymbol{A}^{n-1}+\cdots+a_{n-1}\boldsymbol{A}+a_n\boldsymbol{I}=0 \tag{3.27}$$

证明略。

（2）化 $\mathrm{e}^{\boldsymbol{A}t}$ 为 $\boldsymbol{A}$ 的有限项。根据凯莱 - 哈密顿定理，式(3.27)有

$$\boldsymbol{A}^n=-a_1\boldsymbol{A}^{n-1}-a_2\boldsymbol{A}^{n-2}-\cdots-a_{n-1}\boldsymbol{A}-a_n\boldsymbol{I} \tag{3.28}$$

式(3.28)表明，$\boldsymbol{A}^n$ 可表示成 $\boldsymbol{A}^{n-1},\boldsymbol{A}^{n-2},\cdots,\boldsymbol{A},\boldsymbol{I}$ 的线性组合。

$$\begin{aligned}\boldsymbol{A}^{n+1}=\boldsymbol{A}\boldsymbol{A}^n=\boldsymbol{A}(-a_1\boldsymbol{A}^{n-1}-a_2\boldsymbol{A}^{n-2}-\cdots-a_{n-1}\boldsymbol{A}-a_n\boldsymbol{I})=\\ -a_1\boldsymbol{A}^n-a_2\boldsymbol{A}^{n-1}-\cdots-a_{n-1}\boldsymbol{A}^2-a_n\boldsymbol{A}=\\ -a_1(-a_1\boldsymbol{A}^{n-1}-a_2\boldsymbol{A}^{n-2}-\cdots-a_{n-1}\boldsymbol{A}-a_n\boldsymbol{I})-\\ a_2\boldsymbol{A}^{n-1}-\cdots-a_{n-1}\boldsymbol{A}^2-a_n\boldsymbol{A}=\\ (a_1^2-a_2)\boldsymbol{A}^{n-1}+(a_1a_2-a_3)\boldsymbol{A}^{n-2}+\cdots+(a_1a_{n-1}-a_n)\boldsymbol{A}+a_1a_n\boldsymbol{I}\end{aligned}$$

上式表明，$\boldsymbol{A}^{n+1}$ 也可由 $\boldsymbol{A}^{n-1},\boldsymbol{A}^{n-2},\cdots,\boldsymbol{A},\boldsymbol{I}$ 的线性组合来表示。依此类推，$\boldsymbol{A}^{n+2},\boldsymbol{A}^{n+3},\cdots$ 均可

由 $\boldsymbol{A}^{n-1},\boldsymbol{A}^{n-2},\cdots,\boldsymbol{A},\boldsymbol{I}$ 的线性组合表示。

已知 $\boldsymbol{A}$ 是 $n\times n$ 方阵，则 $\mathrm{e}^{\boldsymbol{A}t}$ 可由一个无穷项的幂级数表示，即

$$\boldsymbol{\Phi}(t)=\mathrm{e}^{\boldsymbol{A}t}=\boldsymbol{I}+\boldsymbol{A}t+\frac{1}{2!}\boldsymbol{A}^2t^2+\cdots=\sum_{k=0}^{\infty}\frac{1}{k!}\boldsymbol{A}^kt^k$$

为无穷项之和，而 $\boldsymbol{A}^n,\boldsymbol{A}^{n+1},\cdots$ 均可用 $\boldsymbol{A}^{n-1},\boldsymbol{A}^{n-2},\cdots,\boldsymbol{A},\boldsymbol{I}$ 的线性组合表示，则矩阵指数函数 $\mathrm{e}^{\boldsymbol{A}t}$ 可表示为

$$\boldsymbol{\Phi}(t)=\mathrm{e}^{\boldsymbol{A}t}=\alpha_0(t)\boldsymbol{I}+\alpha_1(t)\boldsymbol{A}+\alpha_2(t)\boldsymbol{A}^2+\cdots+\alpha_{n-1}(t)\boldsymbol{A}^{n-1} \tag{3.29}$$

其中，$\alpha_0(t),\alpha_1(t),\cdots,\alpha_{n-1}(t)$ 均是时间的标量函数。

(3) $\alpha_i(t)$ 的计算。

① 当 $\boldsymbol{A}$ 的特征值互异时，由于 $\boldsymbol{A}$ 和特征值 $\lambda_1,\lambda_2,\cdots,\lambda_n$ 都是特征方程 $|\lambda\boldsymbol{I}-\boldsymbol{A}|=0$ 的根，$\mathrm{e}^{\boldsymbol{A}t}$ 可表示为 $n$ 个 $\boldsymbol{A}$ 的有限项，则用同样方法可以证明，$\mathrm{e}^{\lambda_i t}$ 也可表示为 $n$ 个 $\lambda_i$ 的有限项，于是，有

$$\begin{aligned}
\mathrm{e}^{\lambda_1 t}&=\alpha_0(t)+\alpha_1(t)\lambda_1+\cdots+\alpha_{n-1}(t)\lambda_1^{n-1}\\
\mathrm{e}^{\lambda_2 t}&=\alpha_0(t)+\alpha_1(t)\lambda_2+\cdots+\alpha_{n-1}(t)\lambda_2^{n-1}\\
&\vdots\\
\mathrm{e}^{\lambda_n t}&=\alpha_0(t)+\alpha_1(t)\lambda_n+\cdots+\alpha_{n-1}(t)\lambda_n^{n-1}
\end{aligned}$$

解此方程组，即可求得系数 $\alpha_i(t)$ 为

$$\begin{bmatrix}\alpha_0(t)\\ \alpha_1(t)\\ \vdots\\ \alpha_{n-1}(t)\end{bmatrix}=\begin{bmatrix}1 & \lambda_1 & \lambda_1^2 & \cdots & \lambda_1^{n-1}\\ 1 & \lambda_2 & \lambda_2^2 & \cdots & \lambda_2^{n-1}\\ \vdots & \vdots & \vdots & & \vdots\\ 1 & \lambda_n & \lambda_n^2 & \cdots & \lambda_n^{n-1}\end{bmatrix}^{-1}\begin{bmatrix}\mathrm{e}^{\lambda_1 t}\\ \mathrm{e}^{\lambda_2 t}\\ \vdots\\ \mathrm{e}^{\lambda_n t}\end{bmatrix} \tag{3.30}$$

② 当 $\boldsymbol{A}$ 有 $n$ 重特征值 $\lambda_1$ 时，$\lambda_1$ 必然满足

$$\mathrm{e}^{\lambda_1 t}=\alpha_0(t)+\alpha_1(t)\lambda_1+\cdots+\alpha_{n-1}(t)\lambda_1^{n-1}$$

将上式依次对 $\lambda_1$ 求导，直至 $(n-1)$ 次，结果为

$$\begin{aligned}
t\mathrm{e}^{\lambda_1 t}&=\alpha_1(t)+2\alpha_2(t)\lambda_1+\cdots+(n-1)\alpha_{n-1}(t)\lambda_1^{n-2}\\
t^2\mathrm{e}^{\lambda_1 t}&=2\alpha_2(t)+6\alpha_3(t)\lambda_1+\cdots+(n-1)(n-2)\alpha_{n-1}(t)\lambda_1^{n-3}\\
&\vdots\\
t^{n-1}\mathrm{e}^{\lambda_1 t}&=(n-1)(n-2)\cdots\alpha_{n-1}(t)
\end{aligned}$$

将以上求得的 $n$ 个方程整理成如下形式

$$\begin{aligned}
&0\alpha_0(t)+0\alpha_1(t)+\cdots+\alpha_{n-1}(t)=\frac{1}{(n-1)!}t^{n-1}\mathrm{e}^{\lambda_1 t}\\
&0\alpha_0(t)+0\alpha_1(t)+\cdots+(n-1)\lambda_1\alpha_{n-1}(t)=\frac{1}{(n-2)!}t^{n-2}\mathrm{e}^{\lambda_1 t}\\
&\qquad\vdots\\
&0\alpha_0(t)+0\alpha_1(t)+\alpha_2(t)+\cdots+\frac{(n-1)(n-2)}{2!}\lambda_1^{n-3}\alpha_{n-1}(t)=\frac{t^2}{2!}\mathrm{e}^{\lambda_1 t}\\
&0\alpha_0(t)+\alpha_1(t)+\cdots+\frac{(n-1)}{1!}\lambda_1^{n-2}\alpha_{n-1}(t)=\frac{t}{1!}\mathrm{e}^{\lambda_1 t}\\
&\alpha_0(t)+\lambda_1\alpha_1(t)+\cdots+\lambda_1^{n-1}\alpha_{n-1}(t)=\mathrm{e}^{\lambda_1 t}
\end{aligned}$$

解此方程组,可得出 $\alpha_i(t)$ 的计算式为

$$\begin{bmatrix}\alpha_0(t)\\ \alpha_1(t)\\ \vdots\\ \alpha_{n-3}(t)\\ \alpha_{n-2}(t)\\ \alpha_{n-1}(t)\end{bmatrix}=\begin{bmatrix}0 & 0 & 0 & \cdots & 0 & 1\\ 0 & 0 & 0 & \cdots & 1 & (n-1)\lambda_1\\ \vdots & \vdots & \vdots & & \vdots & \\ 0 & 0 & 1 & \cdots & \cdots & \dfrac{(n-1)(n-2)}{2!}\lambda_1^{n-3}\\ 0 & 1 & 2\lambda_1 & \cdots & \cdots & (n-1)\lambda_1^{n-2}\\ 1 & \lambda_1 & \lambda_1^2 & \cdots & \lambda_1^{n-2} & \lambda_1^{n-1}\end{bmatrix}^{-1}\begin{bmatrix}\dfrac{1}{(n-1)!}t^{n-1}e^{\lambda_1 t}\\ \dfrac{1}{(n-2)!}t^{n-2}e^{\lambda_1 t}\\ \vdots\\ \dfrac{1}{2!}t^2e^{\lambda_1 t}\\ te^{\lambda_1 t}\\ e^{\lambda_1 t}\end{bmatrix} \tag{3.31}$$

③$\boldsymbol{A}$ 有重特征值时,设 $\boldsymbol{A}$ 的特征值中 $\lambda_1$ 为 $m$ 重,$\lambda_{m+1},\lambda_{m+2},\cdots,\lambda_n$ 为单特征值。$\alpha_i(t)$ 的计算式为

$$\begin{bmatrix}\alpha_0(t)\\ \alpha_1(t)\\ \vdots\\ \alpha_m(t)\\ \alpha_{m+1}(t)\\ \vdots\\ \alpha_{n-1}(t)\end{bmatrix}=\begin{bmatrix}0 & 0 & 0 & \cdots & 0 & 1\\ 0 & 0 & 0 & \cdots & 1 & (n-1)\lambda_1\\ \vdots & \vdots & \vdots & & \vdots & \vdots\\ 1 & \lambda_1 & \lambda_1^2 & \cdots & \lambda_1^{n-2} & \lambda_1^{n-1}\\ 1 & \lambda_{m+1} & \lambda_{m+1}^2 & \cdots & \lambda_{m+1}^{n-2} & \lambda_{m+1}^{n-1}\\ \vdots & \vdots & \vdots & & \vdots & \vdots\\ 1 & \lambda_n & \lambda_n^2 & \cdots & \lambda_n^{n-2} & \lambda_n^{n-1}\end{bmatrix}^{-1}\begin{bmatrix}\dfrac{1}{(m-1)!}t^{m-1}e^{\lambda_1 t}\\ \dfrac{1}{(m-2)!}t^{m-2}e^{\lambda_1 t}\\ \vdots\\ e^{\lambda_1 t}\\ e^{\lambda_{m+1} t}\\ \vdots\\ e^{\lambda_n t}\end{bmatrix} \tag{3.32}$$

**例 3.5**　已知系统矩阵

$$\boldsymbol{A}=\begin{bmatrix}0 & 1 & 0\\ 0 & 0 & 1\\ -6 & -11 & -6\end{bmatrix}$$

试用化 $e^{\boldsymbol{A}t}$ 为有限项法求 $e^{\boldsymbol{A}t}$。

**解**　矩阵 $\boldsymbol{A}$ 的特征多项式为

$$|\lambda\boldsymbol{I}-\boldsymbol{A}|=\lambda^3+6\lambda^2+11\lambda+6=(\lambda+1)(\lambda+2)(\lambda+3)=0$$

其特征值为

$$\lambda_1=-1,\lambda_2=-2,\lambda_3=-3$$

根据式(3.30)可得

$$\alpha_0(t)=3e^{-t}-3e^{-2t}+e^{-3t}$$

$$\alpha_1(t)=\frac{5}{2}e^{-t}-4e^{-2t}+\frac{3}{2}e^{-3t}$$

$$\alpha_2(t)=\frac{1}{2}e^{-t}-e^{-2t}+\frac{1}{2}e^{-3t}$$

则系统状态转移矩阵为

$$e^{\boldsymbol{A}t}=\alpha_0(t)\boldsymbol{I}+\alpha_1(t)\boldsymbol{A}+\alpha_2(t)\boldsymbol{A}^2=$$

$$\begin{bmatrix} 3e^{-t}-3e^{-2t}+e^{-3t} & \frac{5}{2}e^{-t}-4e^{-2t}+\frac{3}{2}e^{-3t} & \frac{1}{2}e^{-t}-e^{-2t}+\frac{1}{2}e^{-3t} \\ -3e^{-t}+6e^{-2t}-3e^{-3t} & -\frac{5}{2}e^{-t}+8e^{-2t}-2e^{-3t} & -\frac{1}{2}e^{-t}+2e^{-2t}-\frac{3}{2}e^{-3t} \\ 3e^{-t}-12e^{-2t}+9e^{-3t} & \frac{5}{2}e^{-t}-16e^{-2t}+\frac{27}{2}e^{-3t} & 7e^{-t}-29e^{-2t}+17e^{-3t} \end{bmatrix}$$

**例 3.6**　已知矩阵

$$\boldsymbol{A}=\begin{bmatrix} 4 & 1 & -2 \\ 1 & 0 & 2 \\ 1 & -1 & 3 \end{bmatrix}$$

试用化 $e^{\boldsymbol{A}t}$ 为 $\boldsymbol{A}$ 的有限项法求 $e^{\boldsymbol{A}t}$。

**解**　矩阵 $\boldsymbol{A}$ 的特征方程为

$$|\lambda \boldsymbol{I}-\boldsymbol{A}|=\begin{vmatrix} \lambda-4 & -1 & 2 \\ -1 & \lambda & -2 \\ -1 & 1 & \lambda-3 \end{vmatrix}=(\lambda-3)^2(\lambda-1)=0$$

其二重特征值 $\lambda_1=3$,单特征值 $\lambda_3=1$,则由式(3.32)可得

$$\begin{bmatrix} \alpha_0(t) \\ \alpha_1(t) \\ \alpha_2(t) \end{bmatrix}=\begin{bmatrix} 1 & \lambda_1 & \lambda_1^2 \\ 0 & 1 & 2\lambda_1 \\ 1 & \lambda_3 & \lambda_3^2 \end{bmatrix}^{-1}\begin{bmatrix} e^{\lambda_1 t} \\ te^{\lambda_1 t} \\ e^{\lambda_3 t} \end{bmatrix}=$$

$$\begin{bmatrix} 1 & 3 & 9 \\ 0 & 1 & 6 \\ 1 & 1 & 1 \end{bmatrix}^{-1}\begin{bmatrix} e^{3t} \\ te^{3t} \\ e^{t} \end{bmatrix}=\begin{bmatrix} -\frac{5}{4}e^{3t}+\frac{3}{2}te^{3t}+\frac{9}{4}e^{t} \\ \frac{3}{2}e^{3t}-2te^{3t}-\frac{3}{2}e^{t} \\ -\frac{1}{4}e^{3t}+\frac{1}{2}te^{3t}+\frac{1}{4}e^{t} \end{bmatrix}$$

则系统状态转移矩阵为

$$e^{\boldsymbol{A}t}=\alpha_0(t)\boldsymbol{I}+\alpha_1(t)\boldsymbol{A}+\alpha_2(t)\boldsymbol{A}^2=$$

$$\alpha_0(t)\begin{bmatrix} 1 & 0 & 0 \\ 0 & 1 & 0 \\ 0 & 0 & 1 \end{bmatrix}+\alpha_1(t)\begin{bmatrix} 4 & 1 & -2 \\ 1 & 0 & 2 \\ 1 & -1 & 3 \end{bmatrix}+\alpha_2(t)\begin{bmatrix} 15 & 6 & -12 \\ 6 & -1 & 4 \\ 6 & -2 & 5 \end{bmatrix}=$$

$$\begin{bmatrix} e^{3t}+te^{3t} & te^{3t} & -2te^{3t} \\ te^{3t} & -e^{3t}+te^{3t}+2e^{t} & 2e^{3t}-2te^{3t}-2e^{t} \\ te^{3t} & -e^{3t}+te^{3t}+e^{t} & 2e^{3t}-2te^{3t}-e^{t} \end{bmatrix}$$

## 3.3　线性定常非齐次状态方程的解

对于线性定常系统,在控制输入信号作用下,其状态方程为

$$\dot{\boldsymbol{x}}(t)=\boldsymbol{A}\boldsymbol{x}(t)+\boldsymbol{B}\boldsymbol{u}(t) \tag{3.33}$$

式(3.33)称为非齐次状态方程,系统的运动为强迫运动。下面用两种方法对其求解。

### 3.3.1　直接求解法

将式(3.33)移项,可得

$$\dot{\boldsymbol{x}}(t)-\boldsymbol{A}\boldsymbol{x}(t)=\boldsymbol{B}\boldsymbol{u}(t)$$

上式两边分别左乘 $\mathrm{e}^{-\boldsymbol{A}t}$,有

$$\mathrm{e}^{-\boldsymbol{A}t}[\dot{\boldsymbol{x}}(t)-\boldsymbol{A}\boldsymbol{x}(t)]=\mathrm{e}^{-\boldsymbol{A}t}\boldsymbol{B}\boldsymbol{u}(t)$$

将上式改写为

$$\frac{\mathrm{d}}{\mathrm{d}t}[\mathrm{e}^{-\boldsymbol{A}t}\boldsymbol{x}(t)]=\mathrm{e}^{-\boldsymbol{A}t}\boldsymbol{B}\boldsymbol{u}(t)$$

设初始时刻为 $t_0$,初始状态为 $\boldsymbol{x}(t_0)$,在 $[t_0,t]$ 区间内对上式积分

$$\int_{t_0}^{t}\frac{\mathrm{d}}{\mathrm{d}t}[\mathrm{e}^{-\boldsymbol{A}\tau}\boldsymbol{x}(\tau)]\mathrm{d}\tau=\int_{t_0}^{t}\mathrm{e}^{-\boldsymbol{A}\tau}\boldsymbol{B}\boldsymbol{u}(\tau)\mathrm{d}\tau$$

$$\mathrm{e}^{-\boldsymbol{A}t}\boldsymbol{x}(t)=\mathrm{e}^{-\boldsymbol{A}t_0}\boldsymbol{x}(t_0)+\int_{t_0}^{t}\mathrm{e}^{-\boldsymbol{A}\tau}\boldsymbol{B}\boldsymbol{u}(\tau)\mathrm{d}\tau$$

则

$$\boldsymbol{x}(t)=\mathrm{e}^{\boldsymbol{A}(t-t_0)}\boldsymbol{x}(t_0)+\int_{t_0}^{t}\mathrm{e}^{\boldsymbol{A}(t-\tau)}\boldsymbol{B}\boldsymbol{u}(\tau)\mathrm{d}\tau \tag{3.34}$$

式(3.34)便是非齐次状态方程的解。当 $t_0=0$ 时,有

$$\boldsymbol{x}(t)=\mathrm{e}^{\boldsymbol{A}t}\boldsymbol{x}(0)+\int_{0}^{t}\mathrm{e}^{\boldsymbol{A}(t-\tau)}\boldsymbol{B}\boldsymbol{u}(\tau)\mathrm{d}\tau \tag{3.35}$$

若用状态转移矩阵表示,式(3.34)和式(3.35)可写为

$$\boldsymbol{x}(t)=\boldsymbol{\Phi}(t-t_0)\boldsymbol{x}(t_0)+\int_{t_0}^{t}\boldsymbol{\Phi}(t-\tau)\boldsymbol{B}\boldsymbol{u}(\tau)\mathrm{d}\tau \tag{3.36}$$

$$\boldsymbol{x}(t)=\boldsymbol{\Phi}(t)\boldsymbol{x}(0)+\int_{0}^{t}\boldsymbol{\Phi}(t-\tau)\boldsymbol{B}\boldsymbol{u}(\tau)\mathrm{d}\tau \tag{3.37}$$

### 3.3.2　拉普拉斯变换法求解

对式(3.33)两边取拉氏变换,有

$$s\boldsymbol{X}(s)-\boldsymbol{x}(0)=\boldsymbol{A}\boldsymbol{X}(s)+\boldsymbol{B}\boldsymbol{U}(s)$$

即
$$(s\boldsymbol{I}-\boldsymbol{A})\boldsymbol{X}(s)=\boldsymbol{x}(0)+\boldsymbol{B}\boldsymbol{U}(s)$$

用 $(s\boldsymbol{I}-\boldsymbol{A})^{-1}$ 左乘上式两边,可得解的拉氏变换为

$$\boldsymbol{X}(s)=(s\boldsymbol{I}-\boldsymbol{A})^{-1}\boldsymbol{x}(0)+(s\boldsymbol{I}-\boldsymbol{A})^{-1}\boldsymbol{B}\boldsymbol{U}(s)$$

对上式取拉氏反变换,并利用卷积分,则有

$$\begin{aligned}\boldsymbol{x}(t)&=\mathscr{L}^{-1}[(s\boldsymbol{I}-\boldsymbol{A})^{-1}]\boldsymbol{x}(0)+\mathscr{L}^{-1}[(s\boldsymbol{I}-\boldsymbol{A})^{-1}\boldsymbol{B}\boldsymbol{U}(s)]=\\&\mathrm{e}^{\boldsymbol{A}t}\boldsymbol{x}(0)+\int_{0}^{t}\mathrm{e}^{\boldsymbol{A}(t-\tau)}\boldsymbol{B}\boldsymbol{u}(\tau)\mathrm{d}\tau=\\&\boldsymbol{\Phi}(t)\boldsymbol{x}(0)+\int_{0}^{t}\boldsymbol{\Phi}(t-\tau)\boldsymbol{B}\boldsymbol{u}(\tau)\mathrm{d}\tau\end{aligned} \tag{3.38}$$

以上两种方法求解结果完全相同。

从解的表达式可以看出,非齐次状态方程的解是由两部分组成的:第一部分是系统自由运动引起的,是系统初始状态的转移;第二部分是系统强迫运动引起的,与输入激励的大小

和性质有关。可以看出,系统在任意时刻 $t$ 的状态,取决于 $t_0$ 时的初始状态和 $t \geqslant t_0$ 时的输入。适当选择控制输入 $\boldsymbol{u}(t)$,可使系统状态在状态空间中获得所需要的最佳轨线。

**例 3.7**　线性定常系统的状态方程为

$$\dot{\boldsymbol{x}} = \begin{bmatrix} 0 & 1 \\ -2 & -3 \end{bmatrix} \boldsymbol{x} + \begin{bmatrix} 0 \\ 1 \end{bmatrix} u$$

$$\boldsymbol{x}(0) = \begin{bmatrix} 1 \\ 0 \end{bmatrix} \qquad u(t) = 1(t)$$

求系统状态方程的解。

**解**　系统状态转移矩阵 $\boldsymbol{\Phi}(t) = \mathrm{e}^{\boldsymbol{A}t}$ 已在例 3.3 中求得

$$\boldsymbol{\Phi}(t) = \mathrm{e}^{\boldsymbol{A}t} = \begin{bmatrix} 2\mathrm{e}^{-t} - \mathrm{e}^{-2t} & \mathrm{e}^{-t} - \mathrm{e}^{-2t} \\ -2\mathrm{e}^{-t} + 2\mathrm{e}^{-2t} & -\mathrm{e}^{-t} + 2\mathrm{e}^{-2t} \end{bmatrix}$$

由式(3.37)可得

$$\boldsymbol{x}(t) = \boldsymbol{\Phi}(t)\boldsymbol{x}(0) + \int_0^t \boldsymbol{\Phi}(t-\tau)\boldsymbol{B}u(\tau)\mathrm{d}\tau =$$

$$\begin{bmatrix} 2\mathrm{e}^{-t} - \mathrm{e}^{-2t} & \mathrm{e}^{-t} - \mathrm{e}^{-2t} \\ -2\mathrm{e}^{-t} + 2\mathrm{e}^{-2t} & -\mathrm{e}^{-t} + 2\mathrm{e}^{-2t} \end{bmatrix} \begin{bmatrix} 1 \\ 0 \end{bmatrix} +$$

$$\int_0^t \begin{bmatrix} 2\mathrm{e}^{-(t-\tau)} - \mathrm{e}^{-2(t-\tau)} & \mathrm{e}^{-(t-\tau)} - \mathrm{e}^{-2(t-\tau)} \\ -2\mathrm{e}^{-(t-\tau)} + 2\mathrm{e}^{-2(t-\tau)} & -\mathrm{e}^{-(t-\tau)} + 2\mathrm{e}^{-2(t-\tau)} \end{bmatrix} \begin{bmatrix} 0 \\ 1 \end{bmatrix} 1(\tau)\mathrm{d}\tau =$$

$$\begin{bmatrix} 2\mathrm{e}^{-t} - \mathrm{e}^{-2t} \\ -2\mathrm{e}^{-t} + 2\mathrm{e}^{-2t} \end{bmatrix} + \int_0^t \begin{bmatrix} \mathrm{e}^{-(t-\tau)} - \mathrm{e}^{-2(t-\tau)} \\ -\mathrm{e}^{-(t-\tau)} + 2\mathrm{e}^{-2(t-\tau)} \end{bmatrix} \mathrm{d}\tau =$$

$$\begin{bmatrix} 2\mathrm{e}^{-t} - \mathrm{e}^{-2t} \\ -2\mathrm{e}^{-t} + 2\mathrm{e}^{-2t} \end{bmatrix} + \begin{bmatrix} \frac{1}{2} - \mathrm{e}^{-t} + \frac{1}{2}\mathrm{e}^{-2t} \\ \mathrm{e}^{-t} - \mathrm{e}^{-2t} \end{bmatrix} =$$

$$\begin{bmatrix} \frac{1}{2} + \mathrm{e}^{-t} - \frac{1}{2}\mathrm{e}^{-2t} \\ -\mathrm{e}^{-t} + \mathrm{e}^{-2t} \end{bmatrix}$$

## 3.4　线性时变系统状态方程的解

线性时变系统的状态空间表达式为

$$\begin{aligned} \dot{\boldsymbol{x}}(t) &= \boldsymbol{A}(t)\boldsymbol{x}(t) + \boldsymbol{B}(t)\boldsymbol{u}(t) \\ \boldsymbol{y}(t) &= \boldsymbol{C}(t)\boldsymbol{x}(t) + \boldsymbol{D}(t)\boldsymbol{u}(t) \end{aligned} \tag{3.39}$$

式中,$\boldsymbol{x}(t)$ 为 $n$ 维状态向量;$\boldsymbol{u}(t)$ 为 $r$ 维输入向量;$\boldsymbol{y}(t)$ 为 $m$ 维输出向量;$\boldsymbol{A}(t)$ 为 $n \times n$ 系统矩阵;$\boldsymbol{B}(t)$ 为 $n \times r$ 输入矩阵;$\boldsymbol{C}(t)$ 为 $m \times n$ 输出矩阵;$\boldsymbol{D}(t)$ 为 $m \times r$ 直接传输矩阵。

如果 $\boldsymbol{A}(t)$、$\boldsymbol{B}(t)$ 和 $\boldsymbol{C}(t)$ 的所有元在时间区间$[t_0, \infty)$上均是连续函数,则对于任意的初始状态 $\boldsymbol{x}(t_0)$ 和输入向量 $\boldsymbol{u}(t)$,系统状态方程的解存在并且唯一。

### 3.4.1　线性时变齐次状态方程的解

当系统没有外加输入作用时,线性时变系统的状态方程为齐次状态方程,表示为

$$\dot{\boldsymbol{x}}(t)=\boldsymbol{A}(t)\boldsymbol{x}(t)$$

设初始时刻为 $t_0$，初始状态为 $\boldsymbol{x}(t_0)$，在 $[t_0,t]$ 的时间间隔内，$\boldsymbol{A}(t)$ 的各元是 $t$ 的分段连续函数。

线性时变系统齐次状态方程的解为

$$\boldsymbol{x}(t)=\boldsymbol{\Phi}(t,t_0)\boldsymbol{x}(t_0) \tag{3.40}$$

其中，$\boldsymbol{\Phi}(t,t_0)$ 为时变系统的状态转移矩阵，矩阵微分方程

$$\dot{\boldsymbol{\Phi}}(t,t_0)=\boldsymbol{A}(t)\boldsymbol{\Phi}(t,t_0)$$

$$\boldsymbol{\Phi}(t_0,t_0)=\boldsymbol{I}$$

的解。

**证**　对式(3.40)求导，可得

$$\dot{\boldsymbol{x}}(t)=\dot{\boldsymbol{\Phi}}(t,t_0)\boldsymbol{x}(t_0)=\boldsymbol{A}(t)\boldsymbol{\Phi}(t,t_0)\boldsymbol{x}(t_0)=\boldsymbol{A}(t)\boldsymbol{x}(t)$$

并且

$$\boldsymbol{x}(t_0)=\boldsymbol{\Phi}(t_0,t_0)\boldsymbol{x}(t_0)=\boldsymbol{I}\boldsymbol{x}(t_0)$$

由于式(3.40)满足齐次状态方程及其初始条件，故它是齐次状态方程的解。

时变系统齐次状态方程的解表示了系统自由运动的特性，它也是初始状态 $\boldsymbol{x}(t_0)$ 的转移，其转移特性完全由状态转移矩阵 $\boldsymbol{\Phi}(t,t_0)$ 决定。

### 3.4.2　线性时变系统的状态转移矩阵的计算和性质

状态转移矩阵 $\boldsymbol{\Phi}(t,t_0)$ 是一个 $n\times n$ 的时变函数阵，它不仅是所观察时刻 $t$ 的函数，也是初始时刻 $t_0$ 的函数，即

$$\boldsymbol{\Phi}(t,t_0)=\begin{bmatrix}\phi_{11}(t,t_0) & \phi_{12}(t,t_0) & \cdots & \phi_{1n}(t,t_0)\\ \phi_{21}(t,t_0) & \phi_{22}(t,t_0) & \cdots & \phi_{2n}(t,t_0)\\ \vdots & \vdots & & \vdots\\ \phi_{n1}(t,t_0) & \phi_{n2}(t,t_0) & \cdots & \phi_{nn}(t,t_0)\end{bmatrix}$$

因此它的计算较线性定常系统的状态转移矩阵 $\boldsymbol{\Phi}(t-t_0)$ 要困难得多，是一个无穷项之和，即

$$\begin{aligned}\boldsymbol{\Phi}(t,t_0)=\boldsymbol{I}&+\int_{t_0}^{t}\boldsymbol{A}(\tau)\mathrm{d}\tau+\int_{t_0}^{t}\boldsymbol{A}(\tau_1)\int_{t_0}^{\tau_1}\boldsymbol{A}(\tau_2)\mathrm{d}\tau_2\mathrm{d}\tau_1+\\&\int_{t_0}^{t}\boldsymbol{A}(\tau_1)\int_{t_0}^{\tau_1}\boldsymbol{A}(\tau_2)\int_{t_0}^{\tau_2}\boldsymbol{A}(\tau_3)\mathrm{d}\tau_3\mathrm{d}\tau_2\mathrm{d}\tau_1+\cdots\end{aligned} \tag{3.41}$$

在一般情况下，式(3.41)是不能写成封闭形式的，可按一定的精度要求，用数值计算的方法近似地求解。

线性时变系统状态转移矩阵的基本性质：

(1) $\boldsymbol{\Phi}(t_0,t_0)=\boldsymbol{I}$。

(2) $\boldsymbol{\Phi}^{-1}(t,t_0)=\boldsymbol{\Phi}(t_0,t)$。

(3) $\boldsymbol{\Phi}(t_2,t_1)\boldsymbol{\Phi}(t_1,t_0)=\boldsymbol{\Phi}(t_2,t_0)$。

(4) $\dfrac{\partial}{\partial\tau}\boldsymbol{\Phi}(t,\tau)=-\boldsymbol{\Phi}(t,\tau)\boldsymbol{A}(\tau)$。

**例 3.8** 线性时变系统齐次状态方程为

$$\dot{\boldsymbol{x}}(t)=\boldsymbol{A}(t)\boldsymbol{x}(t)=\begin{bmatrix}0&1\\0&t\end{bmatrix}\boldsymbol{x}(t)$$

计算系统状态转移矩阵 $\boldsymbol{\Phi}(t,0)$。

**解** 由式(3.41)得

$$\boldsymbol{\Phi}(t,0)=\boldsymbol{I}+\int_0^t\boldsymbol{A}(\tau)\mathrm{d}\tau+\int_0^t\boldsymbol{A}(\tau_1)\int_0^{\tau_1}\boldsymbol{A}(\tau_2)\mathrm{d}\tau_2\mathrm{d}\tau_1+$$

$$\int_0^t\boldsymbol{A}(\tau_1)\int_0^{\tau_1}\boldsymbol{A}(\tau_2)\int_0^{\tau_2}\boldsymbol{A}(\tau_3)\mathrm{d}\tau_3\mathrm{d}\tau_2\mathrm{d}\tau_1+\cdots=$$

$$\begin{bmatrix}1&0\\0&1\end{bmatrix}+\int_0^t\begin{bmatrix}0&1\\0&\tau\end{bmatrix}\mathrm{d}\tau+\int_0^t\begin{bmatrix}0&1\\0&\tau_1\end{bmatrix}\int_0^{\tau_1}\begin{bmatrix}0&1\\0&\tau_2\end{bmatrix}\mathrm{d}\tau_2\mathrm{d}\tau_1+$$

$$\int_0^t\begin{bmatrix}0&1\\0&\tau_1\end{bmatrix}\int_0^{\tau_1}\begin{bmatrix}0&1\\0&\tau_2\end{bmatrix}\int_0^{\tau_2}\begin{bmatrix}0&1\\0&\tau_3\end{bmatrix}\mathrm{d}\tau_3\mathrm{d}\tau_2\mathrm{d}\tau_1+\cdots=$$

$$\begin{bmatrix}1&0\\0&1\end{bmatrix}+\begin{bmatrix}0&t\\0&\frac{1}{2}t^2\end{bmatrix}+\begin{bmatrix}0&\frac{t^3}{6}\\0&\frac{t^4}{8}\end{bmatrix}+\begin{bmatrix}0&\frac{t^5}{40}\\0&\frac{t^6}{48}\end{bmatrix}+\cdots=$$

$$\begin{bmatrix}1&t+\frac{1}{6}t^3+\frac{1}{40}t^5+\cdots\\0&1+\frac{1}{2}t^2+\frac{1}{8}t^4+\frac{1}{48}t^6+\cdots\end{bmatrix}$$

### 3.4.3 线性时变系统非齐次状态方程的解

在具有外加输入作用时,线性时变系统的非齐次状态方程为

$$\dot{\boldsymbol{x}}(t)=\boldsymbol{A}(t)\boldsymbol{x}(t)+\boldsymbol{B}(t)\boldsymbol{u}(t)\tag{3.42}$$

设系统初始时刻 $t=t_0$,初始状态 $\boldsymbol{x}(t_0)$ 为已知,方程(3.42)的解为

$$\boldsymbol{x}(t)=\boldsymbol{\Phi}(t,t_0)\boldsymbol{x}(t_0)+\int_{t_0}^t\boldsymbol{\Phi}(t,\tau)\boldsymbol{B}(\tau)\boldsymbol{u}(\tau)\mathrm{d}\tau\tag{3.43}$$

其中,$\boldsymbol{\Phi}(t,t_0)$ 为系统状态转移矩阵。

**证** 将式(3.43)两边对 $t$ 求导,并考虑状态转移矩阵 $\boldsymbol{\Phi}(t,t_0)$ 的性质及如下积分公式

$$\frac{\partial}{\partial t}\int_{t_0}^t f(t,\tau)\mathrm{d}\tau=f(t,\tau)\mid_{\tau=t}+\int_{t_0}^t\frac{\partial}{\partial t}f(t,\tau)\mathrm{d}\tau$$

可得

$$\frac{\mathrm{d}}{\mathrm{d}t}\boldsymbol{x}(t)=\frac{\mathrm{d}}{\mathrm{d}t}\boldsymbol{\Phi}(t,t_0)\boldsymbol{x}(t_0)+\frac{\partial}{\partial t}\int_{t_0}^t\boldsymbol{\Phi}(t,\tau)\boldsymbol{B}(\tau)\boldsymbol{u}(\tau)\mathrm{d}\tau=$$

$$\boldsymbol{A}(t)\boldsymbol{\Phi}(t,t_0)\boldsymbol{x}(t_0)+[\boldsymbol{\Phi}(t,\tau)\boldsymbol{B}(\tau)\boldsymbol{u}(\tau)]\mid_{\tau=t}+$$

$$\int_{t_0}^t\frac{\partial}{\partial t}[\boldsymbol{\Phi}(t,\tau)\boldsymbol{B}(\tau)\boldsymbol{u}(\tau)\mathrm{d}\tau]=$$

$$\boldsymbol{A}(t)\boldsymbol{\Phi}(t,t_0)\boldsymbol{x}(t_0)+\boldsymbol{\Phi}(t,t)\boldsymbol{B}(t)\boldsymbol{u}(t)+$$

$$\int_{t_0}^t\boldsymbol{A}(t)\boldsymbol{\Phi}(t,\tau)\boldsymbol{B}(\tau)\boldsymbol{u}(\tau)\mathrm{d}\tau=$$

$$\begin{aligned}&\boldsymbol{A}(t)\boldsymbol{\Phi}(t,t_0)\boldsymbol{x}(t_0)+\boldsymbol{B}(t)\boldsymbol{u}(t)+\\&\boldsymbol{A}(t)\int_{t_0}^{t}\boldsymbol{\Phi}(t,\tau)\boldsymbol{B}(\tau)\boldsymbol{u}(\tau)\mathrm{d}\tau=\\&\boldsymbol{A}(t)\left[\boldsymbol{\Phi}(t,t_0)\boldsymbol{x}(t_0)+\int_{t_0}^{t}\boldsymbol{\Phi}(t,\tau)\boldsymbol{B}(\tau)\boldsymbol{u}(\tau)\mathrm{d}\tau\right]+\\&\boldsymbol{B}(t)\boldsymbol{u}(t)=\boldsymbol{A}(t)\boldsymbol{x}(t)+\boldsymbol{B}(t)\boldsymbol{u}(t)\end{aligned}$$

上式表明,式(3.43)满足系统的非齐次状态方程(3.42)。

当 $t=t_0$ 时,有

$$\boldsymbol{x}(t_0)=\boldsymbol{\Phi}(t_0,t_0)\boldsymbol{x}(t_0)+\int_{t_0}^{t_0}\boldsymbol{\Phi}(t_0,\tau)\boldsymbol{B}(\tau)\boldsymbol{u}(\tau)\mathrm{d}\tau=\boldsymbol{I}\boldsymbol{x}(t_0)+0=\boldsymbol{x}(t_0)$$

式(3.43)也满足系统初始状态,所以它是线性时变系统非齐次状态方程(3.42)的解。

由式(3.43)可知,线性时变系统非齐次状态方程的解由两项组成,第一项称为状态方程零输入响应,第二项称为状态方程零状态响应。

将系统状态方程的解代入系统输出方程,可得线性时变系统输出响应

$$\boldsymbol{y}(t)=\boldsymbol{C}(t)\boldsymbol{\Phi}(t,t_0)\boldsymbol{x}(t_0)+\boldsymbol{C}(t)\int_{t_0}^{t}\boldsymbol{\Phi}(t,\tau)\boldsymbol{B}(\tau)\boldsymbol{u}(\tau)\mathrm{d}\tau+\boldsymbol{D}(t)\boldsymbol{u}(t)\tag{3.44}$$

可见,系统输出 $\boldsymbol{y}(t)$ 分为零输入响应、零状态响应和直接传输三部分。

## 3.5　线性离散系统状态方程的解

### 3.5.1　线性定常离散系统状态方程的解

线性定常离散系统的状态空间表达式为

$$\begin{aligned}\boldsymbol{x}(k+1)&=\boldsymbol{G}\boldsymbol{x}(k)+\boldsymbol{H}\boldsymbol{u}(k)\\\boldsymbol{y}(k)&=\boldsymbol{C}\boldsymbol{x}(k)+\boldsymbol{D}\boldsymbol{u}(k)\end{aligned}\tag{3.45}$$

通常可以采用迭代法和 $Z$ 变换法求解线性离散系统的状态方程的解。

1. 迭代法求解

迭代法是一种递推的数值解法。当给定初始状态及输入函数时,将其代入方程(3.45),即已知 $k=0$ 时的 $\boldsymbol{x}(0)$ 和 $\boldsymbol{u}(0)$,代入状态方程求 $\boldsymbol{x}(1)$,再根据 $\boldsymbol{x}(1)$ 和给定的 $\boldsymbol{u}(1)$,求 $\boldsymbol{x}(2)$,逐步迭代,即可求出所需的 $\boldsymbol{x}(k)$。这种方法适合于计算机求解。

采用迭代法可求出系统状态方程的解。

$$\begin{aligned}&k=0 &&\boldsymbol{x}(1)=\boldsymbol{G}\boldsymbol{x}(0)+\boldsymbol{H}\boldsymbol{u}(0)\\&k=1 &&\boldsymbol{x}(2)=\boldsymbol{G}\boldsymbol{x}(1)+\boldsymbol{H}\boldsymbol{u}(1)=\boldsymbol{G}^2\boldsymbol{x}(0)+\boldsymbol{G}\boldsymbol{H}\boldsymbol{u}(0)+\boldsymbol{H}\boldsymbol{u}(1)\\&\quad\vdots &&\quad\vdots\\&k=k-1 &&\boldsymbol{x}(k)=\boldsymbol{G}^k\boldsymbol{x}(0)+\sum_{j=0}^{k-1}\boldsymbol{G}^{k-j-1}\boldsymbol{H}\boldsymbol{u}(j)\end{aligned}\tag{3.46}$$

式(3.46)即为离散时间系统状态方程的解,将其代入离散时间系统的输出方程(3.45)中,可得离散时间系统的输出响应

$$\boldsymbol{y}(k)=\boldsymbol{C}\boldsymbol{x}(k)+\boldsymbol{D}\boldsymbol{u}(k)=$$
$$\boldsymbol{C}\boldsymbol{G}^k\boldsymbol{x}(0)+\boldsymbol{C}\sum_{j=0}^{k-1}\boldsymbol{G}^{k-j-1}\boldsymbol{H}\boldsymbol{u}(j)+\boldsymbol{D}\boldsymbol{u}(k)\quad k=0,1,2,\cdots \tag{3.47}$$

可见,$\boldsymbol{y}(k)$ 包含三项,第一项为离散系统的零输入响应,第二、三项为离散系统的零状态响应。

2. $Z$ 变换法求解

已知线性定常离散系统的状态方程为

$$\boldsymbol{x}(k+1)=\boldsymbol{G}\boldsymbol{x}(k)+\boldsymbol{H}\boldsymbol{u}(k)$$

对上式两边进行 $Z$ 变换,可得

$$z\boldsymbol{X}(z)-z\boldsymbol{x}(0)=\boldsymbol{G}\boldsymbol{X}(z)+\boldsymbol{H}\boldsymbol{U}(z)$$

于是

$$(z\boldsymbol{I}-\boldsymbol{G})\boldsymbol{X}(z)=z\boldsymbol{x}(0)+\boldsymbol{H}\boldsymbol{U}(z)$$

用$(z\boldsymbol{I}-\boldsymbol{G})^{-1}$ 左乘上式两边,有

$$\boldsymbol{X}(z)=(z\boldsymbol{I}-\boldsymbol{G})^{-1}z\boldsymbol{x}(0)+(z\boldsymbol{I}-\boldsymbol{G})^{-1}\boldsymbol{H}\boldsymbol{U}(z)$$

对上式进行 $Z$ 反变换,便可求得状态方程的解为

$$\boldsymbol{x}(k)=Z^{-1}[(z\boldsymbol{I}-\boldsymbol{G})^{-1}z\boldsymbol{x}(0)]+Z^{-1}[(z\boldsymbol{I}-\boldsymbol{G})^{-1}\boldsymbol{H}\boldsymbol{U}(z)] \tag{3.48}$$

比较式(3.46)和式(3.48),可得

$$\boldsymbol{G}^k=Z^{-1}[(z\boldsymbol{I}-\boldsymbol{G})^{-1}z]$$
$$\sum_{j=0}^{k-1}\boldsymbol{G}^{k-j-1}\boldsymbol{H}\boldsymbol{u}(j)=Z^{-1}[(z\boldsymbol{I}-\boldsymbol{G})^{-1}\boldsymbol{H}\boldsymbol{U}(z)]$$

将离散系统状态方程的解代入离散系统输出方程,可得离散系统的输出响应为

$$\boldsymbol{y}(k)=\boldsymbol{C}\boldsymbol{x}(k)+\boldsymbol{D}\boldsymbol{u}(k)=$$
$$\boldsymbol{C}Z^{-1}[(z\boldsymbol{I}-\boldsymbol{G})^{-1}z]\boldsymbol{x}(0)+\boldsymbol{C}Z^{-1}[(z\boldsymbol{I}-\boldsymbol{G})^{-1}\boldsymbol{H}\boldsymbol{U}(z)]+\boldsymbol{D}\boldsymbol{U}(k) \tag{3.49}$$

### 3.5.2 离散系统的状态转移矩阵

对照线性连续系统状态方程解中状态转移矩阵的概念,定义

$$\boldsymbol{\Phi}(k)=\boldsymbol{G}^k \tag{3.50}$$

为线性定常离散系统的状态转移矩阵。$\boldsymbol{\Phi}(k)$ 是满足如下矩阵差分方程和初始条件

$$\begin{aligned}\boldsymbol{\Phi}(k+1)&=\boldsymbol{G}\boldsymbol{\Phi}(k)\\ \boldsymbol{\Phi}(0)&=\boldsymbol{I}\end{aligned} \tag{3.51}$$

的唯一解,是 $n\times n$ 方阵,且具有如下性质:

(1)$\boldsymbol{\Phi}(k-k_2)=\boldsymbol{\Phi}(k-k_1)\boldsymbol{\Phi}(k_1-k_2)$,$k_2<k_1<k$。

(2)$\boldsymbol{\Phi}^{-1}(k)=\boldsymbol{\Phi}(-k)$。

利用状态转移矩阵 $\boldsymbol{\Phi}(k)$,线性离散时间系统状态方程的解可表示为

$$\boldsymbol{x}(k)=\boldsymbol{\Phi}(k)\boldsymbol{x}(0)+\sum_{j=0}^{k-1}\boldsymbol{\Phi}(k-j-1)\boldsymbol{H}\boldsymbol{u}(j) \tag{3.52}$$

若初始时刻 $k=h$,系统的初始状态为 $\boldsymbol{x}(h)$,则离散时间系统状态方程的解可表示为

$$\boldsymbol{x}(k+h)=\boldsymbol{\Phi}(k)\boldsymbol{x}(h)+\sum_{j=h}^{k-1}\boldsymbol{\Phi}(k-j-1)\boldsymbol{H}\boldsymbol{u}(j) \tag{3.53}$$

离散时间系统的输出响应为

$$y(k)=C\Phi(k)x(0)+C\sum_{j=0}^{k-1}\Phi(k-j-1)Hu(j)+Du(k)\quad k=0,1,2,\cdots \tag{3.54}$$

**例 3.9**　求线性定常离散系统

$$\begin{bmatrix}x_1(k+1)\\x_2(k+1)\end{bmatrix}=\begin{bmatrix}0&1\\-0.16&-1\end{bmatrix}\begin{bmatrix}x_1(k)\\x_2(k)\end{bmatrix}+\begin{bmatrix}1\\1\end{bmatrix}u(k)$$

$$x(0)=\begin{bmatrix}1\\-1\end{bmatrix}\qquad u(k)=1\qquad k=0,1,2,\cdots$$

的解。

**解**　1. 用迭代法求解

$$x(1)=\begin{bmatrix}0&1\\-0.16&-1\end{bmatrix}\begin{bmatrix}1\\-1\end{bmatrix}+\begin{bmatrix}1\\1\end{bmatrix}=\begin{bmatrix}0\\1.84\end{bmatrix}$$

$$x(2)=\begin{bmatrix}0&1\\-0.16&-1\end{bmatrix}\begin{bmatrix}0\\1.84\end{bmatrix}+\begin{bmatrix}1\\1\end{bmatrix}=\begin{bmatrix}2.84\\-0.84\end{bmatrix}$$

$$x(3)=\begin{bmatrix}0&1\\-0.16&-1\end{bmatrix}\begin{bmatrix}2.84\\-0.84\end{bmatrix}+\begin{bmatrix}1\\1\end{bmatrix}=\begin{bmatrix}0.16\\1.386\end{bmatrix}$$

可继续迭代下去,直到所需要的时刻为止。

2. 用 $Z$ 变换法求解

$$\Phi(k)=Z^{-1}[(zI-G)^{-1}z]$$

$$|zI-G|=\begin{vmatrix}z&-1\\0.16&z+1\end{vmatrix}=(z+0.2)(z+0.8)$$

$$(zI-G)^{-1}=\frac{1}{(z+0.2)(z+0.8)}\begin{bmatrix}z+1&1\\-0.16&z\end{bmatrix}=$$

$$\begin{bmatrix}\dfrac{\frac{4}{3}}{z+0.2}-\dfrac{\frac{1}{3}}{z+0.8}&\dfrac{\frac{5}{3}}{z+0.2}-\dfrac{\frac{5}{3}}{z+0.8}\\[2ex]\dfrac{-\frac{0.8}{3}}{z+0.2}+\dfrac{\frac{0.8}{3}}{z+0.8}&\dfrac{-\frac{1}{3}}{z+0.2}+\dfrac{\frac{4}{3}}{z+0.8}\end{bmatrix}$$

由于

$$Z^{-1}\left[\frac{z}{z+a}\right]=(-a)^k$$

则

$$\Phi(k)=Z^{-1}[(zI-G)^{-1}z]=$$

$$\begin{bmatrix}\frac{4}{3}(-0.2)^k-\frac{1}{3}(-0.8)^k&\frac{5}{3}(-0.2)^k-\frac{5}{3}(-0.8)^k\\-\frac{0.8}{3}(-0.2)^k+\frac{0.8}{3}(-0.8)^k&-\frac{1}{3}(-0.2)^k+\frac{4}{3}(-0.8)^k\end{bmatrix}$$

又

$$u(k)=1,U(z)=\frac{z}{z-1}$$

于是

$$z\boldsymbol{x}(0)+\boldsymbol{H}U(z)=\begin{bmatrix} z \\ -z \end{bmatrix}+\begin{bmatrix} \dfrac{z}{z-1} \\ \dfrac{z}{z-1} \end{bmatrix}=\begin{bmatrix} \dfrac{z^2}{z-1} \\ \dfrac{-z^2+2z}{z-1} \end{bmatrix}$$

$$\boldsymbol{X}(z)=(z\boldsymbol{I}-\boldsymbol{G})^{-1}[z\boldsymbol{x}(0)+\boldsymbol{H}U(z)]=$$

$$\begin{bmatrix} \dfrac{(z^2+2)z}{(z+0.2)(z+0.8)(z-1)} \\ \dfrac{(-z^2+1.84z)z}{(z+0.2)(z+0.8)(z-1)} \end{bmatrix}=\begin{bmatrix} \dfrac{-\frac{17}{6}z}{z+0.2}+\dfrac{\frac{22}{9}z}{z+0.8}+\dfrac{\frac{25}{18}z}{z-1} \\ \dfrac{\frac{3.4}{6}z}{z+0.2}+\dfrac{-\frac{17.6}{9}z}{z+0.8}+\dfrac{\frac{7}{18}z}{z-1} \end{bmatrix}$$

$$\boldsymbol{x}(k)=Z^{-1}[\boldsymbol{X}(z)]=\begin{bmatrix} -\dfrac{17}{6}(-0.2)^k+\dfrac{22}{9}(-0.8)^k+\dfrac{25}{18} \\ \dfrac{3.4}{6}(-0.2)^k-\dfrac{17.6}{9}(-0.8)^k+\dfrac{7}{18} \end{bmatrix}$$

令 $k=0,1,2,3$,代入上式,可得

$$\begin{bmatrix} x_1(k) \\ x_2(k) \end{bmatrix}=\begin{bmatrix} 1 \\ -1 \end{bmatrix},\begin{bmatrix} 0 \\ 1.84 \end{bmatrix},\begin{bmatrix} 2.84 \\ -0.84 \end{bmatrix},\begin{bmatrix} 0.16 \\ 1.386 \end{bmatrix}$$

上式表明,迭代法是一个数值解,$Z$ 变换法是一个解析解,而且两种方法计算结果完全一致。

### 3.5.3 线性时变离散系统状态方程的解

已知线性时变离散系统状态方程为

$$\begin{aligned} \boldsymbol{x}(k+1)&=\boldsymbol{G}(k)\boldsymbol{x}(k)+\boldsymbol{H}(k)\boldsymbol{u}(k) \\ \boldsymbol{y}(k)&=\boldsymbol{C}(k)\boldsymbol{x}(k)+\boldsymbol{D}(k)\boldsymbol{u}(k) \end{aligned} \tag{3.55}$$

设初始时刻 $t_0=hT$,初始状态 $\boldsymbol{x}(h)$ 为已知,并且 $\boldsymbol{G}(k)$ 为非奇异矩阵,则方程(3.55)的解为

$$\boldsymbol{x}(k)=\boldsymbol{\Phi}(k,h)\boldsymbol{x}(h)+\sum_{i=h}^{k-1}\boldsymbol{\Phi}(k,i+1)\boldsymbol{H}(i)\boldsymbol{u}(i) \tag{3.56}$$

(证明略)

其中,$\boldsymbol{\Phi}(k,h)$ 为状态转移矩阵,它满足如下矩阵差分方程及初始条件

$$\begin{aligned} \boldsymbol{\Phi}(k+1,h)&=\boldsymbol{G}(k)\boldsymbol{\Phi}(k,h) \\ \boldsymbol{\Phi}(h,h)&=\boldsymbol{I} \end{aligned} \tag{3.57}$$

由式(3.56)可知,线性时变离散系统的状态方程的解包括两项,第一项是由初始状态激励的,相当于状态方程的零输入响应;第二项对应的初始状态为零,是由输入向量激励的,称为强迫运动或受控运动。

将式(3.56)代入输出方程,得到系统的输出为

$$\begin{aligned} \boldsymbol{y}(k)=&\boldsymbol{C}(k)\boldsymbol{\Phi}(k,h)\boldsymbol{x}(h)+ \\ &\boldsymbol{C}(k)\sum_{i=h}^{k-1}\boldsymbol{\Phi}(k,i+1)\boldsymbol{H}(i)\boldsymbol{u}(i)+\boldsymbol{D}(k)\boldsymbol{u}(k) \end{aligned} \tag{3.58}$$

可见,系统的响应也是由零输入响应、零状态响应和直接传输部分三项组成的。

## 3.6　线性连续时间系统的离散化

用数字计算机求解连续系统方程或对连续的被控对象进行计算机控制时，由于数字计算机运算和处理均用数字量，这样就必须将连续系统方程离散化。连续时间系统中，系统各处的信号都是时间 $t$ 的连续函数；而在离散系统中，系统的一处或多处则是断续式的脉冲序列信号。线性连续时间系统的状态方程为一阶向量矩阵微分方程，将连续时间系统的状态方程化为离散系统状态方程，即将矩阵微分方程化成矩阵差分方程，这就是连续系统的离散化。

在推导离散化系统方程时，假定：

(1) 离散化按等采样周期 $T$ 采样处理，采样时刻为 $kT,k=0,1,2,\cdots$；采样脉冲为理想采样脉冲。

(2) 输入向量 $\boldsymbol{u}(t)$ 只在采样时刻发生变化，在相邻两采样时刻之间的数值通过零阶保持器保持不变，即

$$\boldsymbol{u}(t)=\boldsymbol{u}(kT)=\text{常数}\qquad kT\leqslant t\leqslant(k+1)T$$

(3) 采样周期的选择满足香农(Shannon) 采样定理。

### 3.6.1　线性定常连续系统状态方程的离散化

线性定常连续系统状态方程的离散化，就是将矩阵微分方程

$$\dot{\boldsymbol{x}}(t)=\boldsymbol{A}\boldsymbol{x}(t)+\boldsymbol{B}\boldsymbol{u}(t)$$

化为以下的矩阵差分方程

$$\boldsymbol{x}[(k+1)T]=\boldsymbol{G}\boldsymbol{x}(kT)+\boldsymbol{H}\boldsymbol{u}(kT)$$

线性定常连续系统的状态方程的解为

$$\boldsymbol{x}(t)=\mathrm{e}^{\boldsymbol{A}(t-t_0)}\boldsymbol{x}(t_0)+\int_{t_0}^{t}\mathrm{e}^{\boldsymbol{A}(t-\tau)}\boldsymbol{B}\boldsymbol{u}(\tau)\mathrm{d}\tau$$

当考虑在两相邻采样时刻 $t=kT$ 和 $t=(k+1)T$ 之间状态方程的解时，其输入向量 $\boldsymbol{u}(t)=\boldsymbol{u}(kT)$，初始时刻 $t_0=kT$，则状态方程的解为

$$\boldsymbol{x}(t)=\mathrm{e}^{\boldsymbol{A}(t-kT)}\boldsymbol{x}(kT)+\int_{kT}^{t}\mathrm{e}^{\boldsymbol{A}(t-\tau)}\boldsymbol{B}\boldsymbol{u}(\tau)\mathrm{d}\tau\qquad kT\leqslant t\leqslant(k+1)T\tag{3.59}$$

令 $t=(k+1)T$，代入式(3.59)，得

$$\begin{aligned}\boldsymbol{x}[(k+1)T]&=\mathrm{e}^{\boldsymbol{A}T}\boldsymbol{x}(kT)+\int_{kT}^{(k+1)T}\mathrm{e}^{\boldsymbol{A}[(k+1)T-\tau]}\boldsymbol{B}\boldsymbol{u}(\tau)\mathrm{d}\tau=\\&\mathrm{e}^{\boldsymbol{A}T}\boldsymbol{x}(kT)+\boldsymbol{u}(kT)\int_{kT}^{(k+1)T}\mathrm{e}^{\boldsymbol{A}[(k+1)T-\tau]}\boldsymbol{B}\mathrm{d}\tau\end{aligned}\tag{3.60}$$

对式(3.60) 进行积分变换，即令

$$t=(k+1)T-\tau$$

则式(3.60) 变为

$$\boldsymbol{x}[(k+1)T]=\mathrm{e}^{\boldsymbol{A}T}\boldsymbol{x}(kT)+\boldsymbol{u}(kT)\int_{0}^{T}\mathrm{e}^{\boldsymbol{A}t}\boldsymbol{B}\mathrm{d}t\tag{3.61}$$

令

$$\left.\begin{aligned} \boldsymbol{G}(T) &= \mathrm{e}^{\boldsymbol{A}T} \\ \boldsymbol{H}(T) &= \int_0^T \mathrm{e}^{\boldsymbol{A}t}\boldsymbol{B}\mathrm{d}t \end{aligned}\right\} \tag{3.62}$$

得线性定常连续系统状态方程的离散化方程为

$$\boldsymbol{x}[(k+1)T] = \boldsymbol{G}(T)\boldsymbol{x}(kT) + \boldsymbol{H}(T)\boldsymbol{u}(kT) \tag{3.63}$$

由于输出方程是一个线性方程,离散化后,在采样时刻$kT$,系统的离散输出$\boldsymbol{y}(kT)$、离散状态$\boldsymbol{x}(kT)$和离散输入$\boldsymbol{u}(kT)$之间仍保持原来的线性关系。因此,离散化前后的矩阵$\boldsymbol{C}$和$\boldsymbol{D}$均不改变。离散化后的系统输出方程为

$$\boldsymbol{y}(kT) = \boldsymbol{C}\boldsymbol{x}(kT) + \boldsymbol{D}\boldsymbol{u}(kT) \tag{3.64}$$

综上所述,对线性定常连续系统

$$\begin{aligned} \dot{\boldsymbol{x}}(t) &= \boldsymbol{A}\boldsymbol{x}(t) + \boldsymbol{B}\boldsymbol{u}(t) \\ \boldsymbol{y}(t) &= \boldsymbol{C}\boldsymbol{x}(t) + \boldsymbol{D}\boldsymbol{u}(t) \end{aligned} \tag{3.65}$$

离散化后的状态空间表达式为

$$\begin{aligned} \boldsymbol{x}[(k+1)T] &= \boldsymbol{G}(T)\boldsymbol{x}(kT) + \boldsymbol{H}(T)\boldsymbol{u}(kT) \\ \boldsymbol{y}(kT) &= \boldsymbol{C}\boldsymbol{x}(kT) + \boldsymbol{D}\boldsymbol{u}(kT) \end{aligned} \tag{3.66}$$

其中

$$\boldsymbol{G}(T) = \mathrm{e}^{\boldsymbol{A}T} = \boldsymbol{\Phi}(T)$$

$$\boldsymbol{H}(T) = \int_0^T \mathrm{e}^{\boldsymbol{A}t}\boldsymbol{B}\mathrm{d}t = \int_0^T \boldsymbol{\Phi}(t)\boldsymbol{B}\mathrm{d}t$$

**例 3.10** 试求线性定常连续系统的状态方程

$$\begin{bmatrix}\dot{x}_1\\ \dot{x}_2\end{bmatrix} = \begin{bmatrix}0 & 1\\ 0 & -2\end{bmatrix}\begin{bmatrix}x_1\\ x_2\end{bmatrix} + \begin{bmatrix}0\\ 1\end{bmatrix}u$$

的离散化方程。

**解** $\mathrm{e}^{\boldsymbol{A}t} = \mathscr{L}^{-1}[(s\boldsymbol{I}-\boldsymbol{A})^{-1}] = \mathscr{L}^{-1}\begin{bmatrix}s & -1\\ 0 & s+2\end{bmatrix}^{-1} =$

$$\mathscr{L}^{-1}\begin{bmatrix}\dfrac{1}{s} & \dfrac{1}{s(s+2)}\\ 0 & \dfrac{1}{s+2}\end{bmatrix} = \begin{bmatrix}1 & \dfrac{1}{2}(1-\mathrm{e}^{-2t})\\ 0 & \mathrm{e}^{-2t}\end{bmatrix}$$

则

$$\boldsymbol{G}(T) = \mathrm{e}^{\boldsymbol{A}t}\mid_{t=T} = \begin{bmatrix}1 & \dfrac{1}{2}(1-\mathrm{e}^{-2T})\\ 0 & \mathrm{e}^{-2T}\end{bmatrix}$$

$$\boldsymbol{H}(T) = \int_0^T \mathrm{e}^{\boldsymbol{A}t}\boldsymbol{B}\mathrm{d}t = \int_0^T \begin{bmatrix}1 & \dfrac{1}{2}(1-\mathrm{e}^{-2t})\\ 0 & \mathrm{e}^{-2t}\end{bmatrix}\begin{bmatrix}0\\ 1\end{bmatrix}\mathrm{d}t = \begin{bmatrix}\dfrac{1}{2}T + \dfrac{1}{4}\mathrm{e}^{-2T} - \dfrac{1}{4}\\ -\dfrac{1}{2}\mathrm{e}^{-2T} + \dfrac{1}{2}\end{bmatrix}$$

系统离散化状态方程为

$$\begin{bmatrix}x_1[(k+1)T]\\ x_2[(k+1)T]\end{bmatrix} = \begin{bmatrix}1 & \dfrac{1}{2}(1-\mathrm{e}^{-2T})\\ 0 & \mathrm{e}^{-2T}\end{bmatrix}\begin{bmatrix}x_1(kT)\\ x_2(kT)\end{bmatrix} + \begin{bmatrix}\dfrac{1}{2}(T + \dfrac{\mathrm{e}^{-2T}-1}{2})\\ \dfrac{1}{2}(1-\mathrm{e}^{2T})\end{bmatrix}u(kT)$$

### 3.6.2　线性时变连续系统状态方程的离散化

设线性时变连续系统状态空间表达式为

$$\left.\begin{aligned}\dot{\boldsymbol{x}}(t) &= \boldsymbol{A}(t)\boldsymbol{x}(t) + \boldsymbol{B}(t)\boldsymbol{u}(t)\\ \boldsymbol{y}(t) &= \boldsymbol{C}(t)\boldsymbol{x}(t) + \boldsymbol{D}(t)\boldsymbol{u}(t)\end{aligned}\right\} \tag{3.67}$$

离散化后的状态空间表达式为

$$\left.\begin{aligned}\boldsymbol{x}[(k+1)T] &= \boldsymbol{G}(kT)\boldsymbol{x}(kT) + \boldsymbol{H}(kT)\boldsymbol{u}(kT)\\ \boldsymbol{y}(kT) &= \boldsymbol{C}(kT)\boldsymbol{x}(kT) + \boldsymbol{D}(kT)\boldsymbol{u}(kT)\end{aligned}\right\} \tag{3.68}$$

其中

$$\left.\begin{aligned}\boldsymbol{G}(kT) &= \boldsymbol{\Phi}[(k+1)T,kT]\\ \boldsymbol{H}(kT) &= \int_{kT}^{(k+1)T}\boldsymbol{\Phi}[(k+1)T,\tau]\boldsymbol{B}(\tau)\,\mathrm{d}\tau\\ \boldsymbol{C}(kT) &= \boldsymbol{C}(t)\big|_{t=kT}\\ \boldsymbol{D}(kT) &= \boldsymbol{D}(t)\big|_{t=kT}\end{aligned}\right\} \tag{3.69}$$

### 3.6.3　近似离散化

当采样周期 $T$ 较小，在满足所要求精度的前提下，用近似的离散化方程，计算就容易得多。

近似方法，就是用差商代替微商，即令

$$\dot{\boldsymbol{x}}(kT) = \frac{1}{T}\{\boldsymbol{x}[(k+1)T] - \boldsymbol{x}(kT)\} \tag{3.70}$$

其中，$T$ 为采样周期。将式(3.70)代入

$$\dot{\boldsymbol{x}}(t) = \boldsymbol{A}(t)\boldsymbol{x}(t) + \boldsymbol{B}(t)\boldsymbol{u}(t)$$

中，并令 $t = kT$，可得

$$\frac{1}{T}\{\boldsymbol{x}[(k+1)T] - \boldsymbol{x}(kT)\} = \boldsymbol{A}(kT)\boldsymbol{x}(kT) + \boldsymbol{B}(kT)\boldsymbol{u}(kT)$$

即

$$\begin{aligned}\boldsymbol{x}[(k+1)T] = [\boldsymbol{I} + T\boldsymbol{A}(kT)]\boldsymbol{x}(kT) + T\boldsymbol{B}(kT)\boldsymbol{u}(kT) =\\ \boldsymbol{G}(kT)\boldsymbol{x}(kT) + \boldsymbol{H}(kT)\boldsymbol{u}(kT)\end{aligned} \tag{3.71}$$

其中

$$\boldsymbol{G}(kT) = \boldsymbol{I} + T\boldsymbol{A}(kT) \tag{3.72}$$

$$\boldsymbol{H}(kT) = T\boldsymbol{B}(kT) \tag{3.73}$$

式(3.71)仅能描述系统在虚拟采样时刻 $kT(k = 0,1,2,\cdots)$ 的状态方程的近似特性。采样周期 $T$ 越小，近似的离散化状态方程越精确。

## 小　　结

对所研究的物理系统，需建立其数学模型，即状态空间表达式。分析系统运动情况的数学实质，可归结为给定输入和初始状态求解系统方程(包括状态方程和输出方程的)。状态

方程是矩阵微分(差分) 方程,输出方程是矩阵代数方程,因此,求系统方程的解的关键在于求状态方程的解。

本章介绍了状态转移矩阵的定义、基本性质和求解方法。当初始时刻时,满足以下矩阵微分方程和初始条件

$$\dot{\boldsymbol{\Phi}}(t) = \boldsymbol{A\Phi}(t)$$
$$\boldsymbol{\Phi}(0) = \boldsymbol{I}$$

的解 $\boldsymbol{\Phi}(t)$,即为系统的状态转移矩阵。状态转移矩阵常用的计算公式为

$$\boldsymbol{\Phi}(t) = \mathrm{e}^{\boldsymbol{A}t} = \mathscr{L}^{-1}[(s\boldsymbol{I} - \boldsymbol{A})^{-1}]$$

线性定常齐次、非齐次状态方程解的表达方式,可分解为零输入的状态转移和零状态的状态转移。由状态方程的解可求出系统的输出响应,也是由零输入响应和零状态响应两部分组成。

线性齐次状态方程和非齐次状态方程的解分别为

$$\boldsymbol{x}(t) = \boldsymbol{\Phi}(t)\boldsymbol{x}(0)$$
$$\boldsymbol{x}(t) = \boldsymbol{\Phi}(t)\boldsymbol{x}(0) + \int_0^t \boldsymbol{\Phi}(t-\tau)\boldsymbol{Bu}(\tau)\mathrm{d}\tau$$

对线性时变系统非齐次状态方程的解也进行了分析并给出了解的计算方法。最后给出了解离散系统状态方程的迭代法和 $Z$ 变换法。

线性离散时间系统状态方程的解为

$$\boldsymbol{x}(k) = \boldsymbol{\Phi}(k)\boldsymbol{x}(0) + \sum_{j=0}^{k-1}\boldsymbol{\Phi}(k-j-1)\boldsymbol{Hu}(j)$$

线性离散时间系统的输出响应为

$$\boldsymbol{y}(k) = \boldsymbol{C\Phi}(k)\boldsymbol{x}(0) + \boldsymbol{C}\sum_{j=0}^{k-1}\boldsymbol{\Phi}(k-j-1)\boldsymbol{Hu}(j) + \boldsymbol{Du}(k)$$

线性定常连续系统状态方程的离散化,需将矩阵微分方程化为矩阵差分方程

$$\boldsymbol{x}[(k+1)T] = \boldsymbol{Gx}(kT) + \boldsymbol{Hu}(kT)$$

其中

$$\boldsymbol{G}(T) = \mathrm{e}^{\boldsymbol{A}T}$$
$$\boldsymbol{H}(T) = \int_0^T \mathrm{e}^{\boldsymbol{A}T}\boldsymbol{B}\mathrm{d}t$$

本章是对线性系统运动规律的定量分析,给出了状态转移矩阵和状态方程的求解公式。本章的内容对于进一步研究系统的基本结构特征(如能控性、能观测性和稳定性),将是不可缺少的基础。

## 典型例题分析

**例 1** 已知系统的状态转移矩阵如下,试确定系统的系数矩阵 $\boldsymbol{A}$。

$$\boldsymbol{\Phi}(t,0) = \begin{bmatrix} \frac{1}{2}(\mathrm{e}^{-t} + \mathrm{e}^{3t}) & \frac{1}{4}(-\mathrm{e}^{-t} + \mathrm{e}^{3t}) \\ (-\mathrm{e}^{-t} + \mathrm{e}^{3t}) & \frac{1}{2}(\mathrm{e}^{-t} + \mathrm{e}^{3t}) \end{bmatrix}$$

**解** (1) 方法一。由 $\dot{\boldsymbol{\Phi}}(t,0) = \boldsymbol{A\Phi}(t,0)$ 得

$$A=\dot{\Phi}(t,0)\Phi^{-1}(t,0)=\dot{\Phi}(t,0)\Phi(-t,0)=$$

$$\begin{bmatrix}\frac{1}{2}(-e^{-t}+3e^{3t}) & \frac{1}{4}(e^{-t}+3e^{3t})\\ (e^{-t}+3e^{3t}) & \frac{1}{2}(-e^{-t}+3e^{3t})\end{bmatrix}\begin{bmatrix}\frac{1}{2}(e^{t}+e^{-3t}) & \frac{1}{4}(-e^{t}+e^{-3t})\\ (-e^{t}+e^{-3t}) & \frac{1}{2}(e^{t}+e^{-3t})\end{bmatrix}=$$

$$\begin{bmatrix}1 & 1\\ 4 & 1\end{bmatrix}$$

(2) 方法二。由于 $\Phi(0,0)=I$,所以

$$A=\dot{\Phi}(t,0)\mid_{t=0}=\begin{bmatrix}1 & 1\\ 4 & 1\end{bmatrix}$$

(3) 方法三。根据 $(sI-A)^{-1}=\mathscr{L}\{\Phi(t,0)\}$,有

$$(sI-A)^{-1}=\begin{bmatrix}\frac{1}{2}\left(\frac{1}{s+1}+\frac{1}{s-3}\right) & \frac{1}{4}\left(-\frac{1}{s+1}+\frac{1}{s-3}\right)\\ -\frac{1}{s+1}+\frac{1}{s-3} & \frac{1}{2}\left(\frac{1}{s+1}+\frac{1}{s-3}\right)\end{bmatrix}=$$

$$\frac{1}{(s+1)(s-3)}\begin{bmatrix}s-1 & -1\\ -4 & s-1\end{bmatrix}$$

则

$$(sI-A)=\begin{bmatrix}s-1 & -1\\ -4 & s-1\end{bmatrix}$$

得

$$A=\begin{bmatrix}1 & 1\\ 4 & 1\end{bmatrix}$$

**例 2**　已知系统的状态方程为

$$\dot{x}=\begin{bmatrix}-1 & 0\\ 0 & -2\end{bmatrix}x(0)+\begin{bmatrix}1\\ 1\end{bmatrix}u \qquad x(0)=\begin{bmatrix}2\\ 3\end{bmatrix}$$

求输入为以下函数时的状态轨迹:

(1) $u(t)=1(t)$。(2) $u(t)=t\cdot 1(t)$。(3) $u(t)=\sin t\cdot 1(t)$。

**解**　状态方程的解为

$$x(t)=\Phi(t-0)x(0)+\int_0^t\Phi(t-\tau)bu(\tau)\mathrm{d}\tau$$

其中

$$\Phi(t)x(0)=\begin{bmatrix}e^{-t} & 0\\ 0 & e^{-2t}\end{bmatrix}\begin{bmatrix}2\\ 3\end{bmatrix}=\begin{bmatrix}2e^{-t}\\ 3e^{-2t}\end{bmatrix}$$

$$\Phi(t-\tau)b=\begin{bmatrix}e^{-t}e^{\tau}\\ e^{-t}e^{2\tau}\end{bmatrix}$$

(1) $u(t)=1(t)$ 时。

$$\int_0^t\Phi(t-\tau)b\mathrm{d}\tau=\begin{bmatrix}e^{-t}\int_0^t e^{\tau}\mathrm{d}\tau\\ e^{-2t}\int_0^t e^{2\tau}\mathrm{d}\tau\end{bmatrix}=\begin{bmatrix}1-e^{-t}\\ \frac{1}{2}(1-e^{-2t})\end{bmatrix}$$

所以

$$x(t)=\begin{bmatrix}1+e^{-t}\\ \frac{1}{2}+\frac{5}{2}e^{-2t}\end{bmatrix}\qquad(t\geqslant 0)$$

(2) $u(t)=t\cdot 1(t)$ 时。

$$\int_0^t \boldsymbol{\Phi}(t-\tau)\boldsymbol{b}\tau\mathrm{d}\tau = \begin{bmatrix} \mathrm{e}^{-t}\int_0^t \tau\mathrm{e}^{\tau}\mathrm{d}\tau \\ \mathrm{e}^{-2t}\int_0^t \tau\mathrm{e}^{2\tau}\mathrm{d}\tau \end{bmatrix} = \begin{bmatrix} t-1+\mathrm{e}^{-t} \\ \frac{t}{2}-\frac{1}{4}+\frac{1}{4}\mathrm{e}^{-2t} \end{bmatrix}$$

所以
$$\boldsymbol{x}(t)=\begin{bmatrix} t-1+3\mathrm{e}^{-t} \\ \frac{t}{2}-\frac{1}{4}+\frac{13}{4}\mathrm{e}^{-2t} \end{bmatrix} \quad (t\geqslant 0)$$

(3) $u(t)=\sin t\cdot 1(t)$ 时。

$$\int_0^t \boldsymbol{\Phi}(t-\tau)\boldsymbol{b}\sin\tau\mathrm{d}\tau = \begin{bmatrix} \mathrm{e}^{-t}\int_0^t \mathrm{e}^{\tau}\sin\tau\mathrm{d}\tau \\ \mathrm{e}^{-2t}\int_0^t \mathrm{e}^{2\tau}\sin\tau\mathrm{d}\tau \end{bmatrix} = \begin{bmatrix} \frac{1}{2}(\sin t-\cos t+\mathrm{e}^{-t}) \\ \frac{1}{5}(2\sin t-\cos t+\mathrm{e}^{-2t}) \end{bmatrix}$$

所以
$$\boldsymbol{x}(t)=\begin{bmatrix} \frac{1}{2}(\sin t-\cos t+5\mathrm{e}^{-t}) \\ \frac{1}{5}(2\sin t-\cos t+16\mathrm{e}^{-2t}) \end{bmatrix} = \begin{bmatrix} \frac{\sqrt{2}}{2}\sin(t-\frac{\pi}{4})+\frac{5}{2}\mathrm{e}^{-t} \\ \frac{\sqrt{5}}{5}\sin(t-\arctan 0.5)+\frac{16}{5}\mathrm{e}^{-2t} \end{bmatrix} \quad (t\geqslant 0)$$

**例 3**　设系统的运动方程为

$$\ddot{y}+(a+b)\dot{y}+aby=\dot{u}+cu$$

式中,$a$、$b$、$c$ 均为实数;$u$ 为系统的输入量;$y$ 为输出量。试求:

(1) 系统的状态空间表达式。

(2) 系统相应的模拟结构图。

(3) 当 $u(t)=1(t)$ 时,状态方程的解。

**解**　(1) 系统的传递函数。

$$G(s)=\frac{Y(s)}{U(s)}=\frac{s+c}{s^2+(a+b)s+ab}=\frac{s+c}{(s+a)(s+b)}= \frac{c-a}{b-a}\cdot\frac{1}{s+a}+\frac{c-b}{a-b}\cdot\frac{1}{s+b}$$

取
$$X_1(s)=\frac{1}{s+a}U(s) \qquad X_2(s)=\frac{1}{s+b}U(s)$$

即
$$\begin{cases} \dot{x}_1=-ax_1+u \\ \dot{x}_2=-bx_2+u \\ y=\frac{c-a}{b-a}x_1+\frac{c-b}{a-b}x_2 \end{cases}$$

所以系统的状态空间表达式为

$$\dot{\boldsymbol{x}} = \begin{bmatrix} -a & 0 \\ 0 & -b \end{bmatrix} \boldsymbol{x} + \begin{bmatrix} 1 \\ 1 \end{bmatrix} u$$

$$y = \begin{bmatrix} \dfrac{c-a}{b-a} & \dfrac{c-b}{a-b} \end{bmatrix} \boldsymbol{x}$$

（2）系统的模拟结构图如图 3.1 所示。

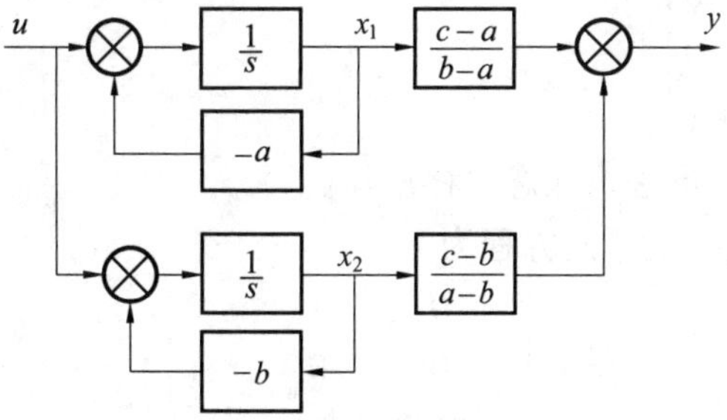


例图 1　例 3 图

$$(3)\boldsymbol{\Phi}(t) = \mathscr{L}^{-1}[(s\boldsymbol{I}-\boldsymbol{A})^{-1}] = \mathscr{L}^{-1}\begin{bmatrix} s+a & 0 \\ 0 & s+b \end{bmatrix}^{-1} = \mathscr{L}^{-1}\begin{bmatrix} \dfrac{1}{s+a} & 0 \\ 0 & \dfrac{1}{s+b} \end{bmatrix} =$$

$$\begin{bmatrix} \mathrm{e}^{-at} & 0 \\ 0 & \mathrm{e}^{-bt} \end{bmatrix}$$

$$\boldsymbol{x}(t) = \boldsymbol{\Phi}(t)\boldsymbol{x}(0) + \int_0^t \boldsymbol{\Phi}(t-\tau)\boldsymbol{B}u(\tau)\mathrm{d}\tau =$$

$$\begin{bmatrix} \mathrm{e}^{-at} & 0 \\ 0 & \mathrm{e}^{-bt} \end{bmatrix}\begin{bmatrix} x_1(0) \\ x_2(0) \end{bmatrix} + \int_0^t \begin{bmatrix} \mathrm{e}^{-a(t-\tau)} & 0 \\ 0 & \mathrm{e}^{-b(t-\tau)} \end{bmatrix}\begin{bmatrix} 1 \\ 1 \end{bmatrix}\mathrm{d}\tau =$$

$$\begin{bmatrix} x_1(0)\mathrm{e}^{-at} + \dfrac{1}{a}(1-\mathrm{e}^{-at}) \\ x_2(0)\mathrm{e}^{-bt} + \dfrac{1}{b}(1-\mathrm{e}^{-bt}) \end{bmatrix}$$

## 习　题

3.1　线性定常系统齐次状态方程为

$$\dot{\boldsymbol{x}} = \boldsymbol{A}\boldsymbol{x}$$

若 $\boldsymbol{A}$ 矩阵为

$$(1)\boldsymbol{A} = \begin{bmatrix} 0 & 1 \\ -1 & -1 \end{bmatrix} \qquad (2)\boldsymbol{A} = \begin{bmatrix} 2 & 2 & 1 \\ 1 & 3 & 1 \\ 1 & 2 & 2 \end{bmatrix}$$

用拉普拉斯变换法求状态转移矩阵 $\boldsymbol{\Phi}(t)$。

3.2　线性定常系统齐次状态方程为

$$\dot{\boldsymbol{x}} = \boldsymbol{A}\boldsymbol{x}$$

若 $\boldsymbol{A}$ 矩阵为

(1)$\boldsymbol{A} = \begin{bmatrix} 0 & 1 \\ -5 & -6 \end{bmatrix}$　　(2)$\boldsymbol{A} = \begin{bmatrix} 0 & -5 \\ 2 & -2 \end{bmatrix}$

(3)$\boldsymbol{A} = \begin{bmatrix} 1 & -1 & 0 \\ -1 & 1 & 0 \\ 0 & 0 & 1 \end{bmatrix}$

用化 $\boldsymbol{A}$ 矩阵为对角线标准形法求状态转移矩阵。

3.3　线性定常系统齐次状态方程为

$$\dot{\boldsymbol{x}} = \begin{bmatrix} 0 & 1 & 0 \\ 0 & 0 & 1 \\ -25 & -35 & -11 \end{bmatrix} \boldsymbol{x}$$

用化 $\boldsymbol{A}$ 矩阵为约当标准形法求状态转移矩阵。

3.4　利用凯莱－哈密顿定理,计算线性定常系统齐次状态方程

(1)$\dot{\boldsymbol{x}} = \begin{bmatrix} 1 & 1 \\ 0 & -3 \end{bmatrix} \boldsymbol{x}$　　(2)$\dot{\boldsymbol{x}} = \begin{bmatrix} 0 & 1 & 0 \\ 0 & 0 & 1 \\ 2 & -5 & 4 \end{bmatrix} \boldsymbol{x}$

的状态转移矩阵。

3.5　系统齐次状态方程为 $\dot{\boldsymbol{x}} = \begin{bmatrix} 0 & 1 \\ 2 & -1 \end{bmatrix} \boldsymbol{x}$,$\boldsymbol{x}(t) = \begin{bmatrix} 2 \\ 5 \end{bmatrix}$,求初始状态 $\boldsymbol{x}(0)$。

3.6　试说明下列矩阵是否满足状态转移矩阵的条件,如果满足,试求与之对应的 $\boldsymbol{A}$ 矩阵。

(1)$\boldsymbol{\Phi}(t) = \begin{bmatrix} 1 & 0 & 0 \\ 0 & \sin t & \cos t \\ 0 & -\cos t & \sin t \end{bmatrix}$　　(2)$\boldsymbol{\Phi}(t) = \begin{bmatrix} 2e^{-t} - e^{-2t} & 2e^{-2t} - 2e^{-t} \\ e^{-t} - e^{-2t} & 2e^{-2t} - e^{-t} \end{bmatrix}$

3.7　已知线性时变系统为

$$\begin{bmatrix} \dot{x}_1(t) \\ \dot{x}_2(t) \end{bmatrix} = \begin{bmatrix} -2t & 1 \\ 1 & -2t \end{bmatrix} \begin{bmatrix} x_1(t) \\ x_2(t) \end{bmatrix}$$

试求系统的状态转移矩阵。

3.8　线性定常系统齐次状态方程为

$$\dot{\boldsymbol{x}} = \boldsymbol{A}\boldsymbol{x}$$

当 $\boldsymbol{x}(0) = \begin{bmatrix} 1 \\ -2 \end{bmatrix}$ 时,$\boldsymbol{x}(t) = \begin{bmatrix} e^{-2t} \\ -2e^{-2t} \end{bmatrix}$;当 $\boldsymbol{x}(0) = \begin{bmatrix} 1 \\ -1 \end{bmatrix}$ 时,$\boldsymbol{x}(t) = \begin{bmatrix} e^{-t} \\ -e^{-t} \end{bmatrix}$。试求 $\boldsymbol{A}$ 阵和状态转移矩阵。

3.9　系统状态方程为

$$\dot{\boldsymbol{x}} = \boldsymbol{A}\boldsymbol{x} + \boldsymbol{B}\boldsymbol{u}$$

$\boldsymbol{A}$ 矩阵为非奇异矩阵,已知 $\boldsymbol{x}(0)$,$\boldsymbol{u}(t) = \boldsymbol{U}t \cdot 1(t)$,请证明

$$\boldsymbol{x}(t)=\mathrm{e}^{\boldsymbol{A}t}\boldsymbol{x}(0)+[\boldsymbol{A}^{-2}(\mathrm{e}^{\boldsymbol{A}t}-\boldsymbol{I})-\boldsymbol{A}^{-1}t]\boldsymbol{B}\boldsymbol{U}$$

为系统状态方程的解。

3.10　已知系统状态方程为

$$\begin{bmatrix}\dot{x}_1\\ \dot{x}_2\end{bmatrix}=\begin{bmatrix}0 & 1\\ -5 & -6\end{bmatrix}\begin{bmatrix}x_1\\ x_2\end{bmatrix}+\begin{bmatrix}1\\ 1\end{bmatrix}u$$

令初始状态 $\boldsymbol{x}(0)=\begin{bmatrix}1\\ 0\end{bmatrix}$，试求：

(1) $u(t)$ 为单位阶跃函数时状态方程的解。

(2) $u(t)$ 为单位斜坡函数时状态方程的解。

3.11　已知系统状态空间表达式为

$$\begin{bmatrix}\dot{x}_1\\ \dot{x}_2\end{bmatrix}=\begin{bmatrix}0 & 1\\ -3 & 4\end{bmatrix}\begin{bmatrix}x_1\\ x_2\end{bmatrix}+\begin{bmatrix}1\\ 1\end{bmatrix}u$$

$$y=\begin{bmatrix}1 & 1\end{bmatrix}\begin{bmatrix}x_1\\ x_2\end{bmatrix}$$

(1) 求系统单位阶跃响应。

(2) 求系统单位脉冲响应。

3.12　系统方程为

$$\dot{\boldsymbol{x}}=\begin{bmatrix}0 & 1 & 0\\ 0 & 0 & 1\\ -2 & -4 & -3\end{bmatrix}\boldsymbol{x}+\begin{bmatrix}1 & 0\\ 0 & 1\\ -1 & 1\end{bmatrix}\boldsymbol{u}$$

证明对于本题有 $\mathrm{e}^{\boldsymbol{A}(t-\tau)}=\mathrm{e}^{\boldsymbol{A}t}\cdot\mathrm{e}^{-\boldsymbol{A}\tau}=\mathrm{e}^{-\boldsymbol{A}\tau}\cdot\mathrm{e}^{\boldsymbol{A}t}$

3.13　线性时变系统齐次状态方程为

$$\begin{bmatrix}\dot{x}_1\\ \dot{x}_2\end{bmatrix}=\begin{bmatrix}0 & t\\ 0 & \mathrm{e}^{-2t}\end{bmatrix}\begin{bmatrix}x_1\\ x_2\end{bmatrix}$$

试求状态转移矩阵 $\boldsymbol{\Phi}(t,0)$。

3.14　验证线性时变系统齐次状态方程

$$\dot{\boldsymbol{x}}=\begin{bmatrix}2 & -\mathrm{e}^{-t}\\ \mathrm{e}^{-t} & 1\end{bmatrix}\boldsymbol{x}$$

的状态转移矩阵 $\boldsymbol{\Phi}(t,0)=\begin{bmatrix}\mathrm{e}^{2t}\cos t & -\mathrm{e}^{-2t}\sin t\\ \mathrm{e}^{t}\sin t & \mathrm{e}^{t}\cos t\end{bmatrix}$，并求 $\boldsymbol{\Phi}(t,1)$。

3.15　已知线性时变连续系统的状态方程为

$$\dot{\boldsymbol{x}}(t)=\begin{bmatrix}1 & 0\\ 1 & t\end{bmatrix}\boldsymbol{x},\boldsymbol{x}(t_0)=\begin{bmatrix}1\\ 0\end{bmatrix}$$

试求该状态方程的解。

3.16　已知系统的状态空间表达式为

$$\begin{bmatrix}x_1(k+1)\\ x_2(k+1)\end{bmatrix}=\begin{bmatrix}2-T-\mathrm{e}^{-T} & 1-\mathrm{e}^{-T}\\ \mathrm{e}^{-T}-1 & \mathrm{e}^{-T}\end{bmatrix}\begin{bmatrix}x_1(k)\\ x_2(k)\end{bmatrix}+\begin{bmatrix}T-1+\mathrm{e}^{-T}\\ 1-\mathrm{e}^{-T}\end{bmatrix}u(k)$$

$$y(k)=\begin{bmatrix}1 & 0\end{bmatrix}\begin{bmatrix}x_1(k)\\x_2(k)\end{bmatrix}$$

设 $t_0=0$ 时，$\boldsymbol{x}(0)=0$，并且 $u(kT)=1$ 为定值，试求：

(1) $T=0.1$ s，$kT=0.1,0.2,0.3$ s 时的 $\boldsymbol{x}(kT)$ 和 $\boldsymbol{y}(kT)$；

(2) $T=1$ s，$kT=1,2,3$ s 时的 $\boldsymbol{x}(kT)$ 和 $\boldsymbol{y}(kT)$。

3.17　连续系统的状态方程为

$$\begin{bmatrix}x_1[(k+1)T]\\x_2[(k+1)T]\\x_3[(k+1)T]\end{bmatrix}=\begin{bmatrix}1 & 0 & 0\\0 & 2 & -2\\-1 & 1 & 0\end{bmatrix}\begin{bmatrix}x_1(kT)\\x_2(kT)\\x_3(kT)\end{bmatrix}+\begin{bmatrix}1\\0\\-1\end{bmatrix}u(kT)$$

系统的初始状态为

$$\begin{bmatrix}x_1(0)\\x_2(0)\\x_3(0)\end{bmatrix}=\begin{bmatrix}1\\0\\2\end{bmatrix}$$

试求当控制序列为 $u(kT)=2kT(T=1\text{ s})$ 时，离散系统状态 $\boldsymbol{x}(kT)$。

3.18　已知线性定常连续系统状态方程为

$$\begin{bmatrix}\dot{x}_1\\\dot{x}_2\end{bmatrix}=\begin{bmatrix}0 & 1\\0 & 0\end{bmatrix}\begin{bmatrix}x_1\\x_2\end{bmatrix}+\begin{bmatrix}0\\1\end{bmatrix}u$$

假定采样周期 $T=2$ s，试将连续系统状态方程离散化。

3.19　线性定常系统状态方程为

$$\dot{\boldsymbol{x}}=\begin{bmatrix}0 & 1\\-4 & 0\end{bmatrix}\boldsymbol{x}+\begin{bmatrix}0\\2\end{bmatrix}u$$

采样周期 $T=1$ s，建立离散化状态方程。

3.20　线性时变系统的状态方程为

$$\begin{bmatrix}\dot{x}_1(t)\\\dot{x}_2(t)\end{bmatrix}=\begin{bmatrix}0 & 5(1-e^{-5t})\\0 & 5e^{-5t}\end{bmatrix}\begin{bmatrix}x_1(t)\\x_2(t)\end{bmatrix}+\begin{bmatrix}5\\0\end{bmatrix}u(t)$$

试求采样周期 $T=0.2$ s 时，系统的离散化方程。

# 第 4 章　线性控制系统的能控性和能观测性

在经典控制理论中,着眼点在于研究对系统输出的控制。对于一个单输入 - 单输出系统来说,系统的输出量既是被控量,又是观测量。因此,输出量明显地受输入信号控制,同时也能观测,即系统不存在能控、不能控和能观测、不能观测的问题。

能控性和能观测性是现代控制理论中两个重要的基本概念,它是卡尔曼在 1960 年首先提出的。在现代控制理论中,分析和设计一个控制系统时,必须研究这个系统的能控性和能观测性。

现代控制理论是建立在状态空间描述的基础上,状态方程描述了输入 $\boldsymbol{u}(t)$ 引起状态 $\boldsymbol{x}(t)$ 的变化过程;输出方程则描述了由状态变化引起的输出 $\boldsymbol{y}(t)$ 的变化。能控性和能观测性正是分别分析 $\boldsymbol{u}(t)$ 对状态 $\boldsymbol{x}(t)$ 的控制能力以及 $\boldsymbol{y}(t)$ 对状态 $\boldsymbol{x}(t)$ 的反映能力。显然,这两个概念是与状态空间表达式对系统内部描述相对应的,是状态空间描述系统所带来的新概念。

## 4.1　线性连续系统的能控性

### 4.1.1　能控性的定义

设线性连续系统的状态方程为

$$\dot{\boldsymbol{x}}(t) = \boldsymbol{A}(t)\boldsymbol{x}(t) + \boldsymbol{B}(t)\boldsymbol{u}(t) \tag{4.1}$$

式中,$\boldsymbol{x}(t)$ 为 $n$ 维状态向量;$\boldsymbol{u}(t)$ 为 $r$ 维控制向量;$\boldsymbol{A}(t)$ 为 $n \times n$ 维矩阵;$\boldsymbol{B}(t)$ 为 $n \times r$ 维矩阵。

若存在一个任意的控制向量 $\boldsymbol{u}(t)$,能在有限的时间 $t_0 \leqslant t \leqslant t_1$ 内,把系统从初始状态 $\boldsymbol{x}(t_0)$ 转移到任意终止状态 $\boldsymbol{x}(t_1)$,则称系统是状态完全能控的,或简称系统是能控的。

对于线性定常系统,可以假定初始时刻 $t_0 = 0$,初始状态为 $\boldsymbol{x}(0)$,而终止状态为状态空间的原点,即 $\boldsymbol{x}(t_1) = \boldsymbol{0}$。此外,也可以假定 $\boldsymbol{x}(t_0) = \boldsymbol{0}$,而 $\boldsymbol{x}(t_1)$ 为任意终止状态,若存在一个任意控制作用 $\boldsymbol{u}(t)$,能在有限时间$(t_0, t_1)$ 内,使系统的状态向量从状态空间的原点到达任意一点 $\boldsymbol{x}(t_1)$。在这种情况下,称为状态的能达性。对于线性定常系统,能控性与能达性是互逆的。

对于线性时变系统,由于 $\boldsymbol{A}(t)$、$\boldsymbol{B}(t)$ 是时变矩阵,系统状态向量 $\boldsymbol{x}(t)$ 的转移,与初始时刻 $t_0$ 的选取有关。

在上述定义中提到的控制作用是任意的,其选择并非唯一的,因为我们关心的只是能否将系统状态从 $\boldsymbol{x}(t_0)$ 转移到 $\boldsymbol{x}(t_1)$,而不关心其运动轨迹如何。

### 4.1.2　线性定常连续系统的能控性判别准则

线性定常系统的状态方程为

$$\dot{\boldsymbol{x}}(t)=\boldsymbol{A}\boldsymbol{x}(t)+\boldsymbol{B}\boldsymbol{u}(t) \tag{4.2}$$

从能控性的定义可以看出,判别一个线性系统能控性的问题,实际上就是判别状态方程解的存在问题。通常的做法是,根据系统的状态方程和任意给定的初始状态,看能否求得任意的控制向量,把初始状态 $\boldsymbol{x}(t_0)$ 在有限时间内转移到状态空间的原点。

式(4.2) 所示状态方程的解为

$$\boldsymbol{x}(t)=\mathrm{e}^{\boldsymbol{A}(t-t_0)}\boldsymbol{x}(t_0)+\int_{t_0}^{t}\mathrm{e}^{\boldsymbol{A}(t-\tau)}\boldsymbol{B}\boldsymbol{u}(\tau)\mathrm{d}\tau$$

设 $t_0=0$, $\boldsymbol{x}(t_1)=0$,上式化为

$$\boldsymbol{x}(t_1)=0=\mathrm{e}^{\boldsymbol{A}(t_1)}\boldsymbol{x}(0)+\int_{0}^{t_1}\mathrm{e}^{\boldsymbol{A}(t_1-\tau)}\boldsymbol{B}\boldsymbol{u}(\tau)\mathrm{d}\tau$$

或

$$\boldsymbol{x}(0)=-\int_{0}^{t_1}\mathrm{e}^{-\boldsymbol{A}\tau}\boldsymbol{B}\boldsymbol{u}(\tau)\mathrm{d}\tau \tag{4.3}$$

根据凯莱 - 哈密顿定理,可以将 $\mathrm{e}^{-\boldsymbol{A}\tau}$ 展开为

$$\mathrm{e}^{-\boldsymbol{A}\tau}=\sum_{k=0}^{n-1}\alpha_k(\tau)\boldsymbol{A}^k \tag{4.4}$$

将式(4.4) 代入式(4.3),可得

$$\boldsymbol{x}(0)=-\sum_{k=0}^{n-1}\boldsymbol{A}^k\boldsymbol{B}\int_{0}^{t_1}\alpha_k(\tau)\boldsymbol{u}(\tau)\mathrm{d}\tau \tag{4.5}$$

设

$$\int_{0}^{t_1}\alpha_k(\tau)\boldsymbol{u}(\tau)\mathrm{d}\tau=\boldsymbol{F}_k(t_1)$$

则式(4.5) 化为

$$\boldsymbol{x}(0)=-\sum_{k=0}^{n-1}\boldsymbol{A}^k\boldsymbol{B}\boldsymbol{F}_k(t_1)=-\begin{bmatrix}\boldsymbol{B} & \boldsymbol{A}\boldsymbol{B} & \cdots & \boldsymbol{A}^{n-1}\boldsymbol{B}\end{bmatrix}\begin{bmatrix}f_0(t_1)\\ f_1(t_1)\\ \vdots \\ f_{n-1}(t_1)\end{bmatrix} \tag{4.6}$$

若对于任意给定的初始状态 $\boldsymbol{x}(0)$,都能从上式中解出 $F_k(t_1)$,则系统具有能控性。这就要求矩阵

$$\begin{bmatrix}\boldsymbol{B} & \boldsymbol{A}\boldsymbol{B} & \cdots & \boldsymbol{A}^{n-1}\boldsymbol{B}\end{bmatrix}$$

的秩为 $n$。

因为可用上述矩阵是否满秩来判断系统的能控性,故上述矩阵称为能控性矩阵,又称 $[\boldsymbol{A},\boldsymbol{B}]$ 能控对。

综上所述,可以将线性定常连续系统的能控性判别准则归纳如下:

**定理 4.1**　线性定常连续系统状态能控的充分必要条件是,其能控性矩阵

$$\begin{bmatrix}\boldsymbol{B} & \boldsymbol{A}\boldsymbol{B} & \cdots & \boldsymbol{A}^{n-1}\boldsymbol{B}\end{bmatrix}$$

的秩为 $n$,或者说 $\boldsymbol{B},\boldsymbol{A}\boldsymbol{B},\cdots,\boldsymbol{A}^{n-1}\boldsymbol{B}$ 线性无关。

**例 4.1**　已知线性定常连续系统的状态方程为

$$\begin{bmatrix}\dot{x}_1\\ \dot{x}_2\\ \dot{x}_3\end{bmatrix}=\begin{bmatrix}-1 & -2 & -2\\ 0 & -1 & 1\\ 1 & 0 & -1\end{bmatrix}\begin{bmatrix}x_1\\ x_2\\ x_3\end{bmatrix}+\begin{bmatrix}2\\ 0\\ 1\end{bmatrix}u$$

试判别系统的状态能控性。

**解**　对于给定系统

$$\boldsymbol{b}=\begin{bmatrix}2\\0\\1\end{bmatrix}\qquad \boldsymbol{Ab}=\begin{bmatrix}-1&-2&-2\\0&-1&1\\1&0&-1\end{bmatrix}\begin{bmatrix}2\\0\\1\end{bmatrix}=\begin{bmatrix}-4\\1\\1\end{bmatrix}$$

$$\boldsymbol{A}^2\boldsymbol{b}=\begin{bmatrix}-1&-2&-2\\0&-1&1\\1&0&-1\end{bmatrix}\begin{bmatrix}-4\\1\\1\end{bmatrix}=\begin{bmatrix}0\\0\\-5\end{bmatrix}$$

$$\mathrm{rank}[\boldsymbol{b}\quad \boldsymbol{Ab}\quad \boldsymbol{A}^2\boldsymbol{b}]=\mathrm{rank}\begin{bmatrix}2&-4&0\\0&1&0\\1&1&-5\end{bmatrix}=3$$

故此系统的状态完全能控。

**例 4.2**　设系统的状态方程为

$$\begin{bmatrix}\dot{x}_1\\\dot{x}_2\\\dot{x}_3\end{bmatrix}=\begin{bmatrix}1&3&2\\0&2&0\\0&1&3\end{bmatrix}\begin{bmatrix}x_1\\x_2\\x_3\end{bmatrix}+\begin{bmatrix}2&1\\1&1\\-1&-1\end{bmatrix}\begin{bmatrix}u_1\\u_2\end{bmatrix}$$

试判别系统的状态能控性。

**解**

$$\boldsymbol{B}=\begin{bmatrix}2&1\\1&1\\-1&-1\end{bmatrix}$$

$$\boldsymbol{AB}=\begin{bmatrix}1&3&2\\0&2&0\\0&1&3\end{bmatrix}\begin{bmatrix}2&1\\1&1\\-1&-1\end{bmatrix}=\begin{bmatrix}3&2\\2&2\\-2&-2\end{bmatrix}$$

$$\boldsymbol{A}^2\boldsymbol{B}=\begin{bmatrix}1&3&2\\0&2&0\\0&1&3\end{bmatrix}\begin{bmatrix}3&2\\2&2\\-2&-2\end{bmatrix}=\begin{bmatrix}5&4\\4&4\\-4&-4\end{bmatrix}$$

$$\mathrm{rank}[\boldsymbol{B}\quad \boldsymbol{AB}\quad \boldsymbol{A}^2\boldsymbol{B}]=\mathrm{rank}\begin{bmatrix}2&1&3&2&5&4\\1&1&2&2&4&4\\-1&-1&-2&-2&-4&-4\end{bmatrix}=2<3$$

故此系统状态不完全能控。

当线性定常系统的系统矩阵 $\boldsymbol{A}$ 为对角线标准形或约当标准形时，判定系统的能控性有比较简便的方法。

**定理 4.2**　若系统矩阵 $\boldsymbol{A}$ 的特征值 $\lambda_i(i=1,2,\cdots,n)$ 互异，将系统经过非奇异线性变换变成对角线标准形

$$\dot{\bar{\boldsymbol{x}}}=\begin{bmatrix}\lambda_1&&&\boldsymbol{0}\\&\lambda_2&&\\&&\ddots&\\\boldsymbol{0}&&&\lambda_n\end{bmatrix}\bar{\boldsymbol{x}}+\bar{\boldsymbol{B}}\boldsymbol{u}\tag{4.7}$$

则系统能控的充分必要条件是 $\overline{B}$ 阵中不包含元素全为零的行。

**证明**　(1) 系统经过非奇异线性变换,能控性不变。

设系统的 $n \times n$ 非奇异变换矩阵为 $\boldsymbol{P}$,对式(4.2)进行线性变换得

$$\overline{\boldsymbol{A}} = \boldsymbol{P}\boldsymbol{A}\boldsymbol{P}^{-1} \qquad \overline{\boldsymbol{B}} = \boldsymbol{P}\boldsymbol{B}$$

或

$$\boldsymbol{A} = \boldsymbol{P}^{-1}\overline{\boldsymbol{A}}\boldsymbol{P} \qquad \boldsymbol{B} = \boldsymbol{P}^{-1}\overline{\boldsymbol{B}}$$

则

$$[\boldsymbol{B} \quad \boldsymbol{AB} \quad \cdots \quad \boldsymbol{A}^{n-1}\boldsymbol{B}] = [\boldsymbol{P}^{-1}\overline{\boldsymbol{B}} \quad \boldsymbol{P}^{-1}\overline{\boldsymbol{A}}\boldsymbol{P}\boldsymbol{P}^{-1}\overline{\boldsymbol{B}} \quad \cdots \quad \boldsymbol{P}^{-1}\overline{\boldsymbol{A}}^{n-1}\boldsymbol{P}\boldsymbol{P}^{-1}\overline{\boldsymbol{B}}] = \boldsymbol{P}^{-1}[\overline{\boldsymbol{B}} \quad \overline{\boldsymbol{AB}} \quad \cdots \quad \overline{\boldsymbol{A}}^{n-1}\overline{\boldsymbol{B}}]$$

由于 $\boldsymbol{P}$ 为非奇异矩阵,非奇异线性变换不改变矩阵的秩,所以

$$\mathrm{rank}[\boldsymbol{B} \quad \boldsymbol{AB} \quad \cdots \quad \boldsymbol{A}^{n-1}\boldsymbol{B}] = \mathrm{rank}[\overline{\boldsymbol{B}} \quad \overline{\boldsymbol{AB}} \quad \cdots \quad \overline{\boldsymbol{A}}^{n-1}\overline{\boldsymbol{B}}]$$

即非奇异线性变换不改变系统的能控性。

(2) 设 $\overline{\boldsymbol{B}} = \begin{bmatrix} \bar{b}_{11} & \bar{b}_{12} & \cdots & \bar{b}_{1r} \\ \bar{b}_{21} & \bar{b}_{22} & \cdots & \bar{b}_{2r} \\ \vdots & \vdots & & \vdots \\ \bar{b}_{n1} & \bar{b}_{n2} & \cdots & \bar{b}_{nr} \end{bmatrix}$,将式(4.7)展开,得

$$\begin{aligned} \dot{\overline{x}}_1 &= \lambda_1 \overline{x}_1 + \bar{b}_{11}u_1 + \bar{b}_{12}u_2 + \cdots + \bar{b}_{1r}u_r \\ \dot{\overline{x}}_2 &= \lambda_2 \overline{x}_2 + \bar{b}_{21}u_1 + \bar{b}_{22}u_2 + \cdots + \bar{b}_{2r}u_r \\ &\vdots \\ \dot{\overline{x}}_n &= \lambda_n \overline{x}_n + \bar{b}_{n1}u_1 + \bar{b}_{n2}u_2 + \cdots + \bar{b}_{nr}u_r \end{aligned}$$

显然,上述方程组中,状态变量间无耦合。因此,系统能控的充分必要条件是 $\bar{b}_{i1}$, $\bar{b}_{i2}, \cdots, \bar{b}_{ir}$ 不全为零($i = 1,2,\cdots,n$)。定理证毕。

**定理 4.3**　系统矩阵 $\boldsymbol{A}$ 具有重特征值 $\lambda_1$($l_1$ 重),$\lambda_2$($l_2$ 重),$\cdots$,$\lambda_k$($l_k$ 重),且 $\sum_{i=1}^{k} l_i = n$, $\lambda_i \neq \lambda_j (i \neq j)$,经过非奇异线性变换,得到约当标准形

$$\dot{\overline{\boldsymbol{x}}} = \begin{bmatrix} J_1 & & & \boldsymbol{0} \\ & J_2 & & \\ & & \ddots & \\ \boldsymbol{0} & & & J_k \end{bmatrix} \overline{\boldsymbol{x}} + \overline{\boldsymbol{B}}\boldsymbol{u} \qquad \boldsymbol{J}_i = \begin{bmatrix} \lambda_i & 1 & & & \boldsymbol{0} \\ & \lambda_i & 1 & & \\ & & \ddots & \ddots & \\ & & & \ddots & 1 \\ \boldsymbol{0} & & & & \lambda_i \end{bmatrix} \tag{4.8}$$

则系统能控的充分必要条件为 $\overline{\boldsymbol{B}}$ 中与每一个约当块最下面一行对应的行的元不全为零。

**例 4.3**　有如下两个线性定常系统

(1) $\dot{\boldsymbol{x}} = \begin{bmatrix} -7 & & \boldsymbol{0} \\ & -5 & \\ \boldsymbol{0} & & -1 \end{bmatrix} \boldsymbol{x} + \begin{bmatrix} 2 \\ 0 \\ 9 \end{bmatrix} u$

$$(2)\dot{\boldsymbol{x}}=\begin{bmatrix}-7 & & \boldsymbol{0}\\ & -5 & \\ \boldsymbol{0} & & -1\end{bmatrix}\boldsymbol{x}+\begin{bmatrix}0 & 1\\4 & 0\\7 & 5\end{bmatrix}\boldsymbol{u}$$

试判断系统(1) 和(2) 的能控性。

**解**　由于系统(1) 中 $b_2=0$,所以不完全能控,且不能控的状态分量为 $x_2$;而系统(2) 中,$b_{i1},b_{i2}(i=1,2,3)$ 不全为零,所以系统(2) 能控。

**例 4.4**　有如下两个线性定常系统

$$(1)\dot{\boldsymbol{x}}=\left[\begin{array}{cc:c}-4 & 1 & 0\\0 & -4 & 0\\ \hdashline 0 & 0 & -2\end{array}\right]\boldsymbol{x}+\begin{bmatrix}0\\4\\3\end{bmatrix}u$$

$$(2)\dot{\boldsymbol{x}}=\left[\begin{array}{cc:c}-4 & 1 & 0\\0 & -4 & 0\\ \hdashline 0 & 0 & -2\end{array}\right]\boldsymbol{x}+\begin{bmatrix}4 & 2\\0 & 0\\3 & 0\end{bmatrix}\boldsymbol{u}$$

试判断系统(1) 和(2) 的能控性。

**解**　系统(1) 中,与 $x_2$ 对应的 $b_2=4\neq 0$,与 $x_3$ 对应的 $b_3=3\neq 0$,故系统(1) 能控。系统(2) 中与 $x_2$ 对应的 $b_{21}=0,b_{22}=0$,故系统(2) 不能控。

**定理 4.4**　线性定常连续系统(4.2) 为完全能控的充分必要条件是,存在时刻 $t_1>0$,使如下定义的格拉姆(Gram) 矩阵

$$\boldsymbol{W}_{\mathrm{c}}[0,t_1]\triangleq\int_0^{t_1}\mathrm{e}^{-\boldsymbol{A}t}\boldsymbol{B}\boldsymbol{B}^{\mathrm{T}}\mathrm{e}^{-\boldsymbol{A}^{\mathrm{T}}t}\mathrm{d}t$$

为非奇异。(证略)

### 4.1.3　线性定常连续系统输出能控性及判别准则

设线性定常连续系统的状态空间表达式为

$$\left.\begin{aligned}\dot{\boldsymbol{x}}(t)&=\boldsymbol{A}\boldsymbol{x}(t)+\boldsymbol{B}\boldsymbol{u}(t)\\ \boldsymbol{y}(t)&=\boldsymbol{C}\boldsymbol{x}(t)+\boldsymbol{D}\boldsymbol{u}(t)\end{aligned}\right\}\tag{4.9}$$

其中,$\boldsymbol{x}(t)$ 为 $n$ 维状态向量;$\boldsymbol{y}(t)$ 为 $m$ 维输出向量;$\boldsymbol{u}(t)$ 为 $r$ 维控制向量;$\boldsymbol{A}$ 为 $n\times n$ 维矩阵;$\boldsymbol{B}$ 为 $n\times r$ 维矩阵;$\boldsymbol{C}$ 为 $m\times n$ 维矩阵;$\boldsymbol{D}$ 为 $m\times r$ 维矩阵。

输出能控性的定义是,若存在任意的控制向量 $\boldsymbol{u}(t)$,能在有限时间 $t_0\leqslant t\leqslant t_1$ 内,使任意给定的初始输出向量 $\boldsymbol{y}(t_0)$ 转移到状态空间原点,则此系统为输出完全能控。

**定理 4.5**　系统(4.9) 输出完全能控的充要条件是矩阵

$$[\boldsymbol{CB}\quad \boldsymbol{CAB}\quad \boldsymbol{CA}^2\boldsymbol{B}\quad\cdots\quad \boldsymbol{CA}^{n-1}\boldsymbol{B}\quad \boldsymbol{D}]$$

的秩为 $m$。

当 $\boldsymbol{y}(t)=\boldsymbol{C}\boldsymbol{x}(t)$ 时,输出完全能控的条件为矩阵

$$[\boldsymbol{CB}\quad \boldsymbol{CAB}\quad \boldsymbol{CA}^2\boldsymbol{B}\quad\cdots\quad \boldsymbol{CA}^{n-1}\boldsymbol{B}]$$

的秩为 $m$。

**例 4.5**　试判别以下系统的状态能控性和输出能控性。

$$\begin{bmatrix}\dot{x}_1\\ \dot{x}_2\end{bmatrix}=\begin{bmatrix}-4 & 1\\ 2 & -3\end{bmatrix}\begin{bmatrix}x_1\\ x_2\end{bmatrix}+\begin{bmatrix}1\\ 2\end{bmatrix}u$$

$$y = \begin{bmatrix} 1 & 0 \end{bmatrix} \begin{bmatrix} x_1 \\ x_2 \end{bmatrix}$$

**解**

$$\boldsymbol{b} = \begin{bmatrix} 1 \\ 2 \end{bmatrix} \qquad \boldsymbol{Ab} = \begin{bmatrix} -2 \\ -4 \end{bmatrix}$$

$$\mathrm{rank}[\boldsymbol{b} \quad \boldsymbol{Ab}] = \mathrm{rank}\begin{bmatrix} 1 & -2 \\ 2 & -4 \end{bmatrix} = 1 < n = 2$$

故此系统状态不完全能控。

$$[\boldsymbol{Cb} \quad \boldsymbol{CAb}] = [1 \quad -2]$$

$$\mathrm{rank}[\boldsymbol{Cb} \quad \boldsymbol{CAb}] = 1 = m$$

系统的输出是能控的。

通过此例的分析可以看出，对于一个输出能控的系统，其状态不一定完全能控。状态能控性和输出能控性之间没有必然的联系。

### 4.1.4　线性连续时变系统的能控性判别准则

线性时变系统状态方程为

$$\left.\begin{aligned} &\dot{\boldsymbol{x}}(t) = \boldsymbol{A}(t)\boldsymbol{x}(t) + \boldsymbol{B}(t)\boldsymbol{u}(t) \\ &\boldsymbol{x}(t_0) \end{aligned}\right\} \tag{4.10}$$

式中，$\boldsymbol{x}(t)$、$\boldsymbol{u}(t)$ 分别为 $n$、$r$ 维向量；$\boldsymbol{A}(t)$、$\boldsymbol{B}(t)$ 为满足矩阵运算的矩阵，$\boldsymbol{A}(t)$、$\boldsymbol{B}(t)$ 的元在 $(-\infty, +\infty)$ 上为连续函数。

由于时变系统的矩阵 $\boldsymbol{A}(t)$、$\boldsymbol{B}(t)$ 中的元是时间的函数，所以不能像定常系统根据能控性矩阵的秩来判别系统的状态能控性，而要根据格拉姆矩阵的非奇异性来判别系统的能控性。

**定理4.6**　状态在时刻 $t_0$ 能控的充分必要条件是存在一个有限时间 $t_1 > t_0$，使得格拉姆矩阵

$$\boldsymbol{W}_c[t_0, t_1] = \int_{t_0}^{t_1} \boldsymbol{\Phi}(t_0, t)\boldsymbol{B}(t)\boldsymbol{B}^{\mathrm{T}}(t)\boldsymbol{\Phi}^{\mathrm{T}}(t_0, t)\,\mathrm{d}t \tag{4.11}$$

为非奇异。

格拉姆矩阵判据的意义不在于具体判别中的应用，而在于理论分析和推导中的应用。对于高维系统，计算状态转移矩阵是不容易的。

如果 $\boldsymbol{A}(t)$ 和 $\boldsymbol{B}(t)$ 的元在 $[t_0, t_1]$ 上是 $(n-1)$ 阶连续可微的，这时可以得到不必求系统状态转移矩阵的能控性判据。

**定义**

$$\boldsymbol{M}_{k+1}(t) = -\boldsymbol{A}(t)\boldsymbol{M}_k + \frac{\mathrm{d}}{\mathrm{d}t}\boldsymbol{M}_k(t), k = 0, 1, \cdots, n-1 \tag{4.12}$$

及

$$\boldsymbol{M}_0(t) = \boldsymbol{B}(t) \tag{4.13}$$

**定理4.7**　如果线性时变系统的 $\boldsymbol{A}(t)$ 和 $\boldsymbol{B}(t)$ 是 $(n-1)$ 阶连续可微的，若存在一个有限的 $t_1 > t_0$，使得

$$\mathrm{rank}[\boldsymbol{M}_0(t_1) \quad \boldsymbol{M}_1(t_1) \quad \cdots \quad \boldsymbol{M}_{n-1}(t_1)] = n \tag{4.14}$$

则系统在 $t_0$ 是能控的。

这个定理是能控性的充分条件，而非必要条件。

**例 4.6**　线性时变系统方程为

$$\dot{\boldsymbol{x}} = \begin{bmatrix} 0 & t \\ 0 & 0 \end{bmatrix} \boldsymbol{x} + \begin{bmatrix} 0 \\ 1 \end{bmatrix} u$$

$$y = [0 \quad 5] \boldsymbol{x}$$

初始时刻 $t_0 = 0$，试判别系统的能控性。

**解**

$$\boldsymbol{M}_0(t) = \boldsymbol{B}(t) = \begin{bmatrix} 0 \\ 1 \end{bmatrix}$$

$$\boldsymbol{M}_1(t) = -\boldsymbol{A}(t)\boldsymbol{M}_0(t) + \frac{\mathrm{d}}{\mathrm{d}t}\boldsymbol{M}_0(t) = -\begin{bmatrix} 0 & t \\ 0 & 0 \end{bmatrix}\begin{bmatrix} 0 \\ 1 \end{bmatrix} = -\begin{bmatrix} t \\ 0 \end{bmatrix}$$

而

$$\text{rank}[\boldsymbol{M}_0(t) \quad \boldsymbol{M}_1(t)] = \text{rank}\begin{bmatrix} 0 & -t \\ 1 & 0 \end{bmatrix} = 2$$

对于 $t_1 > 0$，$[\boldsymbol{M}_0(t_1) \quad \boldsymbol{M}_1(t_1)]$ 的秩为 2，系统在 $t_0 = 0$ 是能控的。

## 4.2　线性连续系统的能观测性

### 4.2.1　能观测性的定义

线性连续系统的状态空间表达式为

$$\left.\begin{aligned} \dot{\boldsymbol{x}}(t) &= \boldsymbol{A}(t)\boldsymbol{x}(t) + \boldsymbol{B}(t)\boldsymbol{u}(t) \\ \boldsymbol{y}(t) &= \boldsymbol{C}(t)\boldsymbol{x}(t) \end{aligned}\right\} \tag{4.15}$$

式中，$\boldsymbol{x}(t)$ 为 $n$ 维状态向量；$\boldsymbol{u}(t)$ 为 $r$ 维输入向量；$\boldsymbol{y}(t)$ 为 $m$ 维输出向量；$\boldsymbol{A}(t)$ 为 $n \times n$ 维矩阵；$\boldsymbol{B}(t)$ 为 $n \times r$ 维矩阵；$\boldsymbol{C}(t)$ 为 $m \times n$ 维矩阵。

如果根据在有限时间（$t_0 \leqslant t \leqslant t_1$）内观测到的输出向量 $\boldsymbol{y}(t)$，能够唯一地确定系统的状态向量 $\boldsymbol{x}(t)$，则此系统称为状态完全能观测的，或简称能观的。

### 4.2.2　线性定常连续系统的能观测性判别准则

对于线性定常系统，式(4.15)中的矩阵 $\boldsymbol{A}$、$\boldsymbol{B}$、$\boldsymbol{C}$ 为常系数矩阵。设 $t_0 = 0$，状态方程的解为

$$\boldsymbol{x}(t) = \mathrm{e}^{\boldsymbol{A}t}\boldsymbol{x}(0) + \int_0^t \mathrm{e}^{\boldsymbol{A}(t-\tau)}\boldsymbol{B}\boldsymbol{u}(\tau)\mathrm{d}\tau$$

将上式代入输出方程，得

$$\boldsymbol{y}(t) = \boldsymbol{C}\mathrm{e}^{\boldsymbol{A}t}\boldsymbol{x}(0) + \boldsymbol{C}\int_0^t \mathrm{e}^{\boldsymbol{A}(t-\tau)}\boldsymbol{B}\boldsymbol{u}(\tau)\mathrm{d}\tau = \boldsymbol{y}_1 + \boldsymbol{y}_2 \tag{4.16}$$

由于矩阵 $\boldsymbol{A}$、$\boldsymbol{B}$、$\boldsymbol{C}$ 和输入向量 $\boldsymbol{u}$ 均为已知，所以上式等号右边的积分项为已知，在讨论能观测性时可以只考虑 $\boldsymbol{y}_1$，即

$$\boldsymbol{y}_1 = \boldsymbol{C}\mathrm{e}^{\boldsymbol{A}t}\boldsymbol{x}(0) \tag{4.17}$$

根据凯莱 - 哈密顿定理,式(4.17) 可改写为

$$\boldsymbol{y}_1 = \sum_{k=0}^{n-1} \alpha_k(t) \boldsymbol{C}\boldsymbol{A}^k \boldsymbol{x}(0) \tag{4.18}$$

式(4.18) 表明,根据在有限时间 $0 \leqslant t \leqslant t_1$ 内观测到的输出向量 $\boldsymbol{y}$,能够唯一地确定系统状态向量 $\boldsymbol{x}(0)$ 的充分必要条件是矩阵

$$\begin{bmatrix} \boldsymbol{C} \\ \boldsymbol{C}\boldsymbol{A} \\ \vdots \\ \boldsymbol{C}\boldsymbol{A}^{n-1} \end{bmatrix}$$

的秩为 $n$。上述矩阵称为能观测性矩阵。

综上所述,可以将线性定常连续系统的能观测性判别准则归纳如下:

**定理 4.8** 线性定常连续系统状态完全能观测的充分必要条件是能观测性矩阵的秩为 $n$,即

$$\operatorname{rank}\begin{bmatrix} \boldsymbol{C} \\ \boldsymbol{C}\boldsymbol{A} \\ \vdots \\ \boldsymbol{C}\boldsymbol{A}^{n-1} \end{bmatrix} = n \tag{4.19}$$

或

$$\operatorname{rank}[\boldsymbol{C}^{\mathrm{T}} \quad \boldsymbol{A}^{\mathrm{T}}\boldsymbol{C}^{\mathrm{T}} \quad \cdots \quad (\boldsymbol{A}^{\mathrm{T}})^{n-1}\boldsymbol{C}^{\mathrm{T}}] = n$$

系统的能观测性矩阵[$\boldsymbol{A},\boldsymbol{C}$] 常称为能观测对。

**例 4.7** 已知系统的状态空间表达式为

$$\begin{bmatrix} \dot{x}_1 \\ \dot{x}_2 \end{bmatrix} = \begin{bmatrix} 2 & -1 \\ 1 & -3 \end{bmatrix} \begin{bmatrix} x_1 \\ x_2 \end{bmatrix} + \begin{bmatrix} -1 \\ 1 \end{bmatrix} u$$

$$\begin{bmatrix} y_1 \\ y_2 \end{bmatrix} = \begin{bmatrix} 1 & 0 \\ -1 & 0 \end{bmatrix} \begin{bmatrix} x_1 \\ x_2 \end{bmatrix}$$

试判别系统的能观测性。

**解** 对于给定系统

$$\boldsymbol{C} = \begin{bmatrix} 1 & 0 \\ -1 & 0 \end{bmatrix}$$

$$\boldsymbol{C}\boldsymbol{A} = \begin{bmatrix} 1 & 0 \\ -1 & 0 \end{bmatrix} \begin{bmatrix} 2 & -1 \\ 1 & -3 \end{bmatrix} = \begin{bmatrix} 2 & -1 \\ -2 & 1 \end{bmatrix}$$

$$\operatorname{rank}\begin{bmatrix} \boldsymbol{C} \\ \boldsymbol{C}\boldsymbol{A} \end{bmatrix} = \operatorname{rank}\begin{bmatrix} 1 & 0 \\ -1 & 0 \\ 2 & -1 \\ -2 & 1 \end{bmatrix} = 2$$

系统能观测性矩阵的秩为 $n$,故系统是状态能观测的。

**例 4.8** 设系统的状态空间表达式为

$$\begin{bmatrix}\dot{x}_1\\ \dot{x}_2\\ \dot{x}_3\end{bmatrix}=\begin{bmatrix}0 & 1 & 0\\ 0 & 0 & 1\\ -6 & -11 & -6\end{bmatrix}\begin{bmatrix}x_1\\ x_2\\ x_3\end{bmatrix}+\begin{bmatrix}0\\ 0\\ 1\end{bmatrix}u$$

$$y=\begin{bmatrix}4 & 5 & 1\end{bmatrix}\begin{bmatrix}x_1\\ x_2\\ x_3\end{bmatrix}$$

试判别系统的能观测性。

**解**　对于给定系统

$$\boldsymbol{C}=\begin{bmatrix}4 & 5 & 1\end{bmatrix}$$

$$\boldsymbol{CA}=\begin{bmatrix}4 & 5 & 1\end{bmatrix}\begin{bmatrix}0 & 1 & 0\\ 0 & 0 & 1\\ -6 & -11 & -6\end{bmatrix}=\begin{bmatrix}-6 & -7 & -1\end{bmatrix}$$

$$\boldsymbol{CA}^2=\begin{bmatrix}-6 & -7 & -1\end{bmatrix}\begin{bmatrix}0 & 1 & 0\\ 0 & 0 & 1\\ -6 & -11 & -6\end{bmatrix}=\begin{bmatrix}6 & 5 & -1\end{bmatrix}$$

系统的能观测性矩阵为

$$\begin{bmatrix}\boldsymbol{C}\\ \boldsymbol{CA}\\ \boldsymbol{CA}^2\end{bmatrix}=\begin{bmatrix}4 & 5 & 1\\ -6 & -7 & -1\\ 6 & 5 & -1\end{bmatrix}$$

此矩阵的秩为 $2<n=3$。此系统的状态是不完全能观测的。

当线性定常系统的系统矩阵 $\boldsymbol{A}$ 为对角线标准形或约当标准形时，与能控性准则相类似，有相应的判别准则。

**定理 4.9**　若系统矩阵 $\boldsymbol{A}$ 的特征值 $\lambda_i(i=1,2,\cdots,n)$ 互异，经过非奇异线性变换成对角线标准形

$$\dot{\bar{\boldsymbol{x}}}=\begin{bmatrix}\lambda_1 & & & \boldsymbol{0}\\ & \lambda_2 & & \\ & & \ddots & \\ \boldsymbol{0} & & & \lambda_n\end{bmatrix}\bar{\boldsymbol{x}}+\boldsymbol{B}\boldsymbol{u}$$

$$\boldsymbol{y}=\bar{\boldsymbol{C}}\bar{\boldsymbol{x}}$$

则系统能观测的充分必要条件是 $\bar{\boldsymbol{C}}$ 阵中不包含元全为零的列。

定理的证明方法与定理 4.2 类同。

**定理 4.10**　系统矩阵 $\boldsymbol{A}$ 具有重特征值 $\lambda_1(l_1$ 重$),\lambda_2(l_2$ 重$),\cdots,\lambda_k(l_k$ 重$)$，且 $\sum_{i=1}^{k}l_i=n$，$\lambda_i\neq\lambda_j(i\neq j)$，经过非奇异线性变换成约当标准形

$$\dot{\bar{x}} = \begin{bmatrix} J_1 & & & \mathbf{0} \\ & J_2 & & \\ & & \ddots & \\ \mathbf{0} & & & J_k \end{bmatrix} \bar{x} \qquad J_i = \begin{bmatrix} \lambda_i & 1 & & & \mathbf{0} \\ & \lambda_i & 1 & & \\ & & \ddots & \ddots & \\ & & & \ddots & 1 \\ \mathbf{0} & & & & \lambda_i \end{bmatrix}$$

则系统能观测的充分必要条件为 $\bar{C}$ 与每一个约当块第一列对应的列,其元不全为零。

**例 4.9**　有如下两个线性定常系统

$$(1)\ \dot{x} = \begin{bmatrix} -7 & & \mathbf{0} \\ & -5 & \\ \mathbf{0} & & -1 \end{bmatrix} x \qquad y = [0 \quad 4 \quad 5] x$$

$$(2)\ \dot{x} = \begin{bmatrix} -7 & & \mathbf{0} \\ & -5 & \\ \mathbf{0} & & -1 \end{bmatrix} x \qquad y = \begin{bmatrix} 3 & 2 & 0 \\ 0 & 3 & 1 \end{bmatrix} x$$

试判别系统(1)、(2)的能观测性。

**解**　根据定理4.9可知,系统(1)是不能观测的,系统(2)是能观测的。

**例 4.10**　有如下线性定常系统

$$\dot{x} = \left[\begin{array}{ccc:cc} 3 & 1 & 0 & & \mathbf{0} \\ 0 & 3 & 1 & & \\ 0 & 0 & 3 & & \\ \hdashline & & & -2 & 1 \\ \mathbf{0} & & & 0 & -2 \end{array}\right] x$$

$$y = \begin{bmatrix} 1 & 1 & 1 & 1 & 0 \\ 0 & 1 & 1 & 0 & 0 \end{bmatrix} x$$

试判别系统的能观测性。

**解**　两个约当块第一列所对应的矩阵 $C$ 的列,其元不全为零,根据定理4.10可知,系统是能观测的。

**定理 4.11**　线性定常连续系统为完全能观测的充分必要条件是存在时刻 $t_1 > 0$,使如下定义的格拉姆矩阵

$$W_o[0, t_1] \triangleq \int_0^{t_1} e^{A^T t} C^T C e^{At} dt \tag{4.20}$$

为非奇异。(证略)

### 4.2.3　线性连续时变系统的能观测性判别准则

线性时变系统状态方程为

$$\left.\begin{aligned} &\dot{x}(t) = A(t)x(t) + B(t)u(t) \\ &y(t) = C(t)x(t) \\ &x(t_0) \end{aligned}\right\} \tag{4.21}$$

其中,$x(t)$、$u(t)$、$y(t)$ 分别为 $n$、$r$、$m$ 维向量;$A(t)$、$B(t)$、$C(t)$ 为满足矩阵运算的矩阵,$A(t)$、$B(t)$ 和 $C(t)$ 的元是在 $(-\infty, +\infty)$ 上的 $t$ 的连续函数。

**定理 4.12**　状态在时刻 $t_0$ 能观测的充分必要条件是存在一个有限时间 $t_1 > t_0$，使得格拉姆矩阵

$$W_o[t_0,t_1] = \int_{t_0}^{t_1} \boldsymbol{\Phi}^{\mathrm{T}}(t,t_0)\boldsymbol{C}^{\mathrm{T}}(t)\boldsymbol{C}(t)\boldsymbol{\Phi}(t,t_0)\,\mathrm{d}t \tag{4.22}$$

为非奇异。

与能控性的判别相似，求系统状态转移矩阵 $\boldsymbol{\Phi}(t,t_0)$ 是困难的。如果 $\boldsymbol{A}(t)$ 和 $\boldsymbol{C}(t)$ 是 $(n-1)$ 阶连续可微的。这时可以得到一个不必求系统状态转移矩阵的能观测性判据。

**定义**

$$\boldsymbol{N}_{k+1}(t) = \boldsymbol{N}_k(t)\boldsymbol{A}(t) + \frac{\mathrm{d}}{\mathrm{d}t}\boldsymbol{N}_k(t) \qquad k = 0,1,\cdots,n-1 \tag{4.23}$$

$$\boldsymbol{N}_0(t) = \boldsymbol{C}(t) \tag{4.24}$$

**定理 4.13**　如果线性时变系统的 $\boldsymbol{A}(t)$ 和 $\boldsymbol{C}(t)$ 是 $(n-1)$ 阶连续可微的，若存在一个有限的 $t_1 > t_0$，使得

$$\operatorname{rank}\begin{bmatrix} \boldsymbol{N}_0(t_1) \\ \boldsymbol{N}_1(t_1) \\ \vdots \\ \boldsymbol{N}_{n-1}(t_1) \end{bmatrix} = n \tag{4.25}$$

则系统在时刻 $t_0$ 是能观测的。

这个定理是能观测的充分条件，非必要条件。

## 4.3　对偶原理

对偶原理在现代控制理论中是十分重要的，利用对偶原理可以把系统能控性分析方面所得到的结论用于对偶系统，从而可以很容易地得到其对偶系统能观测方面的结论。

### 4.3.1　线性系统的对偶关系

若系统 $\Sigma_1$ 的状态空间表达式为

$$\left.\begin{aligned} \dot{\boldsymbol{x}}_1(t) &= \boldsymbol{A}\boldsymbol{x}_1(t) + \boldsymbol{B}\boldsymbol{u}_1(t) \\ \boldsymbol{y}_1(t) &= \boldsymbol{C}\boldsymbol{x}_1(t) \end{aligned}\right\} \tag{4.26}$$

其中，$\boldsymbol{A}$ 为 $n \times n$ 矩阵；$\boldsymbol{B}$ 为 $n \times r$ 矩阵；$\boldsymbol{C}$ 为 $m \times n$ 矩阵。

系统 $\Sigma_2$ 的状态空间表达式为

$$\left.\begin{aligned} \dot{\boldsymbol{x}}_2(t) &= \boldsymbol{A}^{\mathrm{T}}\boldsymbol{x}_2(t) + \boldsymbol{C}^{\mathrm{T}}\boldsymbol{u}_2(t) \\ \boldsymbol{y}_2(t) &= \boldsymbol{B}^{\mathrm{T}}\boldsymbol{x}_2(t) \end{aligned}\right\} \tag{4.27}$$

其中，$\boldsymbol{A}^{\mathrm{T}}$ 为 $n \times n$ 矩阵；$\boldsymbol{C}^{\mathrm{T}}$ 为 $n \times m$ 矩阵；$\boldsymbol{B}^{\mathrm{T}}$ 为 $r \times n$ 矩阵。

称系统 $\Sigma_1$ 和 $\Sigma_2$ 是互为对偶的，即系统 $\Sigma_2$ 是系统 $\Sigma_1$ 的对偶系统；反之，系统 $\Sigma_1$ 是系统 $\Sigma_2$ 的对偶系统。

(1) 系统 $\Sigma_1$ 和 $\Sigma_2$ 的结构图如图 4.1(a) 和(b) 所示。从结构图看，系统 $\Sigma_1$ 和其对偶系统 $\Sigma_2$ 的输入端和输出端互换，信号传递方向相反；信号引出点和综合点互换，各矩阵转置。

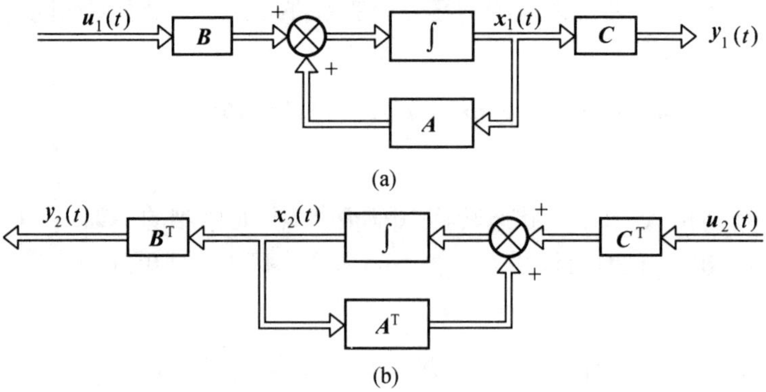


图 4.1　原系统及其对偶系统结构图

（2）对偶系统的传递函数矩阵互为转置。系统 $\Sigma_1$ 的传递函数矩阵为

$$G_1(s) = C(sI - A)^{-1}B$$

系统 $\Sigma_2$ 的传递函数矩阵为

$$G_2(s) = B^T(sI - A^T)^{-1}C^T$$

而

$$G_2^T(s) = C(sI - A)^{-1}B = G_1(s) \tag{4.28}$$

（3）对偶系统的系统特征值相同：

$$\det[\lambda I - A] = \det[\lambda I - A^T] \tag{4.29}$$

### 4.3.2　能控性与能观测性的对偶关系

**定理 4.14**　系统 $\Sigma_1$ 状态完全能控的充要条件是对偶系统 $\Sigma_2$ 的状态完全能观测，系统 $\Sigma_1$ 状态完全能观测的充要条件是对偶系统 $\Sigma_2$ 的状态完全能控。

**证明**　系统 $\Sigma_1$ 的能控性和能观测性判据分别为

$$\mathrm{rank}[B \quad AB \quad \cdots \quad A^{n-1}B] = n$$

$$\mathrm{rank}\begin{bmatrix} C \\ CA \\ \vdots \\ CA^{n-1} \end{bmatrix} = n$$

系统 $\Sigma_2$ 的能控性和能观测性判据分别为

$$\mathrm{rank}\,[C^T \quad A^TC^T \quad \cdots \quad (A^T)^{n-1}C^T] = \mathrm{rank}\begin{bmatrix} C \\ CA \\ \vdots \\ CA^{n-1} \end{bmatrix}^T = \mathrm{rank}\begin{bmatrix} C \\ CA \\ \vdots \\ CA^{n-1} \end{bmatrix} = n$$

$$\mathrm{rank}\begin{bmatrix} B^T \\ B^TA^T \\ \vdots \\ B^T(A^T)^{n-1} \end{bmatrix} = \mathrm{rank}[B \quad AB \quad \cdots \quad A^{n-1}B]^T =$$

$$\mathrm{rank}[B \quad AB \quad \cdots \quad A^{n-1}B] = n$$

由此可得,系统 $\boldsymbol{\Sigma}_1$ 的能控性等价于其对偶系统 $\boldsymbol{\Sigma}_2$ 的能观测性,系统 $\boldsymbol{\Sigma}_1$ 的能观测性等价于其对偶系统 $\boldsymbol{\Sigma}_2$ 的能控性。

**例 4.11**　线性定常系统方程

$$\dot{\boldsymbol{x}}_1 = \boldsymbol{A}\boldsymbol{x}_1 + \boldsymbol{B}\boldsymbol{u}_1 = \begin{bmatrix} 0 & 0 & 1 \\ 1 & 0 & 0 \\ 0 & 1 & 0 \end{bmatrix}\boldsymbol{x}_1 + \begin{bmatrix} 1 \\ 0 \\ 0 \end{bmatrix}u_1$$

$$y_1 = \boldsymbol{C}\boldsymbol{x}_1 = [0 \quad 0 \quad 1]\boldsymbol{x}_1$$

试判别系统能观测性。

**解**　为了熟悉对偶原理的应用,下面用检查其对偶系统能控性来判别系统能观测性。其对偶系统为

$$\dot{\boldsymbol{x}}_2 = \boldsymbol{A}^{\mathrm{T}}\boldsymbol{x}_2 + \boldsymbol{C}^{\mathrm{T}}\boldsymbol{u}_2 = \begin{bmatrix} 0 & 1 & 0 \\ 0 & 0 & 1 \\ 1 & 0 & 0 \end{bmatrix}\boldsymbol{x}_2 + \begin{bmatrix} 0 \\ 0 \\ 1 \end{bmatrix}u_2$$

$$y_2 = \boldsymbol{B}^{\mathrm{T}}\boldsymbol{x}_2 = [1 \quad 0 \quad 0]\boldsymbol{x}_2$$

能控性矩阵

$$\mathrm{rank}\,[\boldsymbol{C}^{\mathrm{T}} \quad \boldsymbol{A}^{\mathrm{T}}\boldsymbol{C}^{\mathrm{T}} \quad (\boldsymbol{A}^{\mathrm{T}})^2\boldsymbol{C}^{\mathrm{T}}] =$$

$$\mathrm{rank}\begin{bmatrix} 0 & 0 & 1 \\ 0 & 1 & 0 \\ 1 & 0 & 0 \end{bmatrix} = 3 = n$$

对偶系统能控。根据对偶原理知,原系统能观测。

实际上,原系统

$$\mathrm{rank}\begin{bmatrix} \boldsymbol{C} \\ \boldsymbol{C}\boldsymbol{A} \\ \boldsymbol{C}\boldsymbol{A}^2 \end{bmatrix} = \mathrm{rank}\begin{bmatrix} 0 & 0 & 1 \\ 0 & 1 & 0 \\ 1 & 0 & 0 \end{bmatrix} = 3 = n$$

能观测,与按对偶原理判别结果一致。

## 4.4　线性系统的能控标准形与能观测标准形

由于状态变量选择的非唯一性,系统的状态空间表达式也不是唯一的。在实际应用中,常常根据所研究问题的需要,将状态空间表达式化成相应的几种标准形式。一个系统方程通过线性变换变成简单而典型的形式,对于揭示系统的本质特征是很有意义的。能控标准形和能观测标准形就是一种简单而典型的形式。

### 4.4.1　能控标准形

**定理 4.15**　如果系统的状态空间表达式为

$$\left.\begin{aligned} \dot{\tilde{\boldsymbol{x}}}(t) &= \boldsymbol{A}_{\mathrm{c}}\tilde{\boldsymbol{x}}(t) + \boldsymbol{b}_{\mathrm{c}}\boldsymbol{u}(t) \\ \boldsymbol{y}(t) &= \boldsymbol{C}_{\mathrm{c}}\tilde{\boldsymbol{x}}(t) \end{aligned}\right\} \tag{4.30}$$

其中

$$A_c=\begin{bmatrix}0 & 1 & \cdots & 0\\ \vdots & \vdots & & \vdots\\ 0 & 0 & \cdots & 1\\ -a_n & -a_{n-1} & \cdots & -a_1\end{bmatrix}\qquad b_c=\begin{bmatrix}0\\ \vdots\\ 0\\ 1\end{bmatrix}\qquad C_c=[C_1,C_2,\cdots,C_n]$$

则称式(4.30)为系统的能控标准形,那么该系统一定是完全能控的。

**证明** 因为

$$A_cb_c=\begin{bmatrix}0\\ \vdots\\ 0\\ 1\\ -a_1\end{bmatrix}\qquad A_c^2b_c=\begin{bmatrix}0\\ \vdots\\ 0\\ 1\\ -a_1\\ -a_2+a_1^2\end{bmatrix}\qquad \cdots\qquad A_c^{n-1}b_c=\begin{bmatrix}1\\ -a_1\\ \vdots\\ e_{n-1}\end{bmatrix}$$

或更一般的形式

$$A_cb_c=\begin{bmatrix}0\\ \vdots\\ 0\\ 1\\ e_1\end{bmatrix}\qquad A_c^2b_c=\begin{bmatrix}0\\ \vdots\\ 0\\ 1\\ e_1\\ e_2\end{bmatrix}\qquad \cdots\qquad A_c^{n-1}b_c=\begin{bmatrix}1\\ e_1\\ \vdots\\ e_{n-1}\end{bmatrix}$$

式中

$$e_k=-\sum_{i=0}^{k-1}a_{i+1}e_{k-i-1}\qquad e_0=1$$

于是

$$\operatorname{rank}[b_c\quad A_cb_c\quad \cdots\quad A_c^{n-1}b_c]=n$$

所以,该系统完全能控。定理证毕。

**定理 4.16** 设线性定常系统的状态空间表达式为

$$\left.\begin{aligned}\dot{x}(t)&=Ax(t)+bu(t)\\ y(t)&=Cx(t)\end{aligned}\right\}\tag{4.31}$$

如果系统是能控的,那么就一定存在一个非奇异线性变换 $\tilde{x}(t)=Px(t)$,能将上述系统变换成能控标准形

$$\left.\begin{aligned}\dot{\tilde{x}}(t)&=A_c\tilde{x}(t)+b_cu(t)\\ y(t)&=C_c\tilde{x}(t)\end{aligned}\right\}$$

其中

$$\boldsymbol{A}_{c}=\boldsymbol{P}\boldsymbol{A}\boldsymbol{P}^{-1}=\begin{bmatrix}0 & 1 & \cdots & 0\\ \vdots & \vdots & & \vdots\\ 0 & 0 & \cdots & 1\\ -a_{n} & -a_{n-1} & \cdots & -a_{1}\end{bmatrix}\qquad \boldsymbol{b}_{c}=\boldsymbol{P}\boldsymbol{b}=\begin{bmatrix}0\\ \vdots\\ 0\\ 1\end{bmatrix}$$

$$\boldsymbol{C}_{c}=\boldsymbol{C}\boldsymbol{P}^{-1}=[C_{1}\quad C_{2}\quad\cdots\quad C_{n}]$$

其中，$a_1,a_2,\cdots,a_n$ 为系统特征多项式

$$|s\boldsymbol{I}-\boldsymbol{A}|=s^{n}+a_{1}s^{n-1}+\cdots+a_{n}$$

的系数。

变换矩阵 $\boldsymbol{P}$ 由下式确定

$$\boldsymbol{P}=\begin{bmatrix}\boldsymbol{P}_{1}\\ \boldsymbol{P}_{1}\boldsymbol{A}\\ \vdots\\ \boldsymbol{P}_{1}\boldsymbol{A}^{n-1}\end{bmatrix}\tag{4.32}$$

其中

$$\boldsymbol{P}_{1}=[0\quad\cdots\quad 0\quad 1][\boldsymbol{b}\quad \boldsymbol{A}\boldsymbol{b}\quad\cdots\quad \boldsymbol{A}^{n-1}\boldsymbol{b}]^{-1}\tag{4.33}$$

**证明**　假设下式成立

$$\boldsymbol{P}\boldsymbol{A}\boldsymbol{P}^{-1}=\boldsymbol{A}_{c}=\begin{bmatrix}0 & 1 & \cdots & 0\\ \vdots & \vdots & & \vdots\\ 0 & 0 & \cdots & 1\\ -a_{n} & -a_{n-1} & \cdots & -a_{1}\end{bmatrix}$$

则

$$\boldsymbol{P}\boldsymbol{A}=\begin{bmatrix}0 & 1 & \cdots & 0\\ \vdots & \vdots & & \vdots\\ 0 & 0 & \cdots & 1\\ -a_{n} & -a_{n-1} & \cdots & -a_{1}\end{bmatrix}\boldsymbol{P}$$

令

$$\boldsymbol{P}=\begin{bmatrix}\boldsymbol{P}_{1}\\ \boldsymbol{P}_{2}\\ \vdots\\ \boldsymbol{P}_{n}\end{bmatrix}$$

则

$$\begin{bmatrix}\boldsymbol{P}_{1}\boldsymbol{A}\\ \boldsymbol{P}_{2}\boldsymbol{A}\\ \vdots\\ \boldsymbol{P}_{n}\boldsymbol{A}\end{bmatrix}=\begin{bmatrix}0 & 1 & \cdots & 0\\ \vdots & \vdots & & \vdots\\ 0 & 0 & \cdots & 1\\ -a_{n} & -a_{n-1} & \cdots & -a_{1}\end{bmatrix}\begin{bmatrix}\boldsymbol{P}_{1}\\ \boldsymbol{P}_{2}\\ \vdots\\ \boldsymbol{P}_{n}\end{bmatrix}$$

因此有

$$\left.\begin{aligned} \boldsymbol{P}_1\boldsymbol{A} &= \boldsymbol{P}_2 \\ \boldsymbol{P}_2\boldsymbol{A} &= \boldsymbol{P}_1\boldsymbol{A}^2 = \boldsymbol{P}_3 \\ &\vdots \\ \boldsymbol{P}_{n-1}\boldsymbol{A} &= \boldsymbol{P}_1\boldsymbol{A}^{n-1} = \boldsymbol{P}_n \end{aligned}\right\}$$

于是

$$\boldsymbol{P} = \begin{bmatrix} \boldsymbol{P}_1 \\ \boldsymbol{P}_1\boldsymbol{A} \\ \vdots \\ \boldsymbol{P}_1\boldsymbol{A}^{n-1} \end{bmatrix}$$

又因为

$$\boldsymbol{P}\boldsymbol{b} = \begin{bmatrix} \boldsymbol{P}_1\boldsymbol{b} \\ \boldsymbol{P}_1\boldsymbol{A}\boldsymbol{b} \\ \vdots \\ \boldsymbol{P}_1\boldsymbol{A}^{n-1}\boldsymbol{b} \end{bmatrix} = \begin{bmatrix} 0 \\ \vdots \\ 0 \\ 1 \end{bmatrix}$$

将等式两边转置后，有

$$\boldsymbol{P}_1[\boldsymbol{b} \quad \boldsymbol{A}\boldsymbol{b} \quad \cdots \quad \boldsymbol{A}^{n-1}\boldsymbol{b}] = [0 \quad \cdots \quad 0 \quad 1]$$

由此可得

$$\boldsymbol{P}_1 = [0 \quad \cdots \quad 0 \quad 1][\boldsymbol{b} \quad \boldsymbol{A}\boldsymbol{b} \quad \cdots \quad \boldsymbol{A}^{n-1}\boldsymbol{b}]^{-1}$$

定理证毕。

**例 4.12**　若系统的状态空间表达式为

$$\left.\begin{aligned} \dot{\boldsymbol{x}}(t) &= \begin{bmatrix} 0 & 2 & -2 \\ 1 & 1 & -2 \\ 2 & -2 & 1 \end{bmatrix}\boldsymbol{x}(t) + \begin{bmatrix} 2 \\ 1 \\ 1 \end{bmatrix}u(t) \\ y(t) &= [1 \quad 1 \quad 1]\boldsymbol{x}(t) \end{aligned}\right\}$$

问系统是否能控？若系统是能控的，将它变换成能控标准形。

**解**　因为

$$\mathrm{rank}[\boldsymbol{b} \quad \boldsymbol{A}\boldsymbol{b} \quad \boldsymbol{A}^2\boldsymbol{b}] = \mathrm{rank}\begin{bmatrix} 2 & 0 & -4 \\ 1 & 1 & -5 \\ 1 & 3 & 1 \end{bmatrix} = 3 = n$$

所以系统是能控的。根据

$$\boldsymbol{P}_1 = [0 \quad 0 \quad 1]\begin{bmatrix} 2 & 0 & -4 \\ 1 & 1 & -5 \\ 1 & 3 & 1 \end{bmatrix}^{-1} = \begin{bmatrix} \frac{1}{12} & -\frac{1}{4} & \frac{1}{12} \end{bmatrix}$$

得

$$P=\begin{bmatrix}P_1\\P_1A\\P_1A^2\end{bmatrix}=\begin{bmatrix}\frac{1}{12} & -\frac{1}{4} & \frac{1}{12}\\-\frac{1}{12} & -\frac{1}{4} & \frac{5}{12}\\-\frac{7}{12} & -\frac{15}{12} & \frac{13}{12}\end{bmatrix}\qquad P^{-1}=\begin{bmatrix}-6 & -4 & 2\\-8 & -1 & 1\\-6 & 1 & 1\end{bmatrix}$$

故有

$$A_c=PAP^{-1}=\begin{bmatrix}0 & 1 & 0\\0 & 0 & 1\\-2 & 1 & 2\end{bmatrix}\qquad b_c=Pb=\begin{bmatrix}0\\0\\1\end{bmatrix}$$

$$C_c=CP^{-1}=[-20\quad -4\quad 4]$$

从而得能控标准形为

$$\dot{\tilde{x}}(t)=\begin{bmatrix}0 & 1 & 0\\0 & 0 & 1\\-2 & 1 & 2\end{bmatrix}\tilde{x}(t)+\begin{bmatrix}0\\0\\1\end{bmatrix}u(t)$$

$$y(t)=[-20\quad -4\quad 4]\tilde{x}(t)$$

### 4.4.2　能观测标准形

**定理 4.17**　如果系统的状态空间表达式为

$$\left.\begin{aligned}\dot{\tilde{x}}(t)&=A_o\tilde{x}(t)+b_o u(t)\\ y(t)&=C_o\tilde{x}(t)\end{aligned}\right\}\tag{4.34}$$

其中

$$A_o=\begin{bmatrix}0 & \cdots & 0 & -a_n\\1 & \cdots & 0 & -a_{n-1}\\\vdots & & \vdots & \vdots\\0 & \cdots & 1 & -a_1\end{bmatrix}\qquad b_o=\begin{bmatrix}b_1\\b_2\\\vdots\\b_n\end{bmatrix}$$

$$C_o=[0\quad \cdots\quad 0\quad 1]$$

则称上述表达式为系统的能观测标准形,那么该系统一定是完全能观测的。

**证明**　因为

$$C_oA_o=[0\quad \cdots\quad 1\quad -a_1]=[0\quad \cdots\quad 1\quad e_1]$$

$$C_oA_o^2=[0\quad \cdots\quad 1\quad -a_1\quad -a_2+a_1^2]=[0\quad \cdots\quad 0\quad 1\quad e_1\quad e_2]$$

$$C_oA_o^{n-1}=[1\quad e_1\quad \cdots\quad e_{n-1}]$$

式中

$$e_0=1\qquad e_k=-\sum_{i=0}^{k-1}a_{i+1}e_{k-i-1}$$

于是

$$\operatorname{rank}\begin{bmatrix} \boldsymbol{C}_o \\ \boldsymbol{C}_o\boldsymbol{A}_o \\ \vdots \\ \boldsymbol{C}_o\boldsymbol{A}_o^{n-1} \end{bmatrix} = n$$

所以,该系统完全能观测。

**定理 4.18** 设线性定常系统的状态空间表达式为

$$\dot{\boldsymbol{x}}(t) = \boldsymbol{A}\boldsymbol{x}(t) + \boldsymbol{b}\boldsymbol{u}(t)$$
$$\boldsymbol{y}(t) = \boldsymbol{C}\boldsymbol{x}(t)$$

如果系统是能观测的,那么一定存在一个非奇异线性变换 $\boldsymbol{x}(t) = \boldsymbol{T}\tilde{\boldsymbol{x}}(t)$,能将上述系统变换成能观测标准形

$$\dot{\tilde{\boldsymbol{x}}}(t) = \boldsymbol{A}_o\tilde{x}(t) + \boldsymbol{b}_o\boldsymbol{u}(t)$$

$$\boldsymbol{y}(t) = \boldsymbol{C}_o\tilde{x}(t)$$

其中

$$\boldsymbol{A}_o = \boldsymbol{T}^{-1}\boldsymbol{A}\boldsymbol{T} = \begin{bmatrix} 0 & \cdots & 0 & -a_n \\ 1 & \cdots & 0 & -a_{n-1} \\ \vdots & & \vdots & \vdots \\ 0 & \cdots & 1 & -a_1 \end{bmatrix} \qquad \boldsymbol{b}_o = \boldsymbol{T}^{-1}\boldsymbol{b} = \begin{bmatrix} b_1 \\ b_2 \\ \vdots \\ b_n \end{bmatrix}$$

$$\boldsymbol{C}_o = \boldsymbol{C}\boldsymbol{T} = [0 \quad \cdots \quad 0 \quad 1]$$

其中,$a_1, a_2, \cdots, a_n$ 为系统特征多项式

$$|s\boldsymbol{I} - \boldsymbol{A}| = s^n + a_1 s^{n-1} + \cdots + a_n$$

的系数。变换矩阵 $\boldsymbol{T}$ 为

$$\boldsymbol{T} = [\boldsymbol{T}_1 \quad \boldsymbol{A}\boldsymbol{T}_1 \quad \cdots \quad \boldsymbol{A}^{n-1}\boldsymbol{T}_1] \tag{4.35}$$

其中

$$\boldsymbol{T}_1 = \begin{bmatrix} \boldsymbol{C} \\ \boldsymbol{C}\boldsymbol{A} \\ \vdots \\ \boldsymbol{C}\boldsymbol{A}^{n-1} \end{bmatrix}^{-1} \begin{bmatrix} 0 \\ \vdots \\ 0 \\ 1 \end{bmatrix} \tag{4.36}$$

证明略。

**例 4.13** 若系统的状态空间表达式为

$$\left.\begin{aligned} \dot{\boldsymbol{x}}(t) &= \begin{bmatrix} 1 & -1 \\ 0 & 2 \end{bmatrix} \boldsymbol{x}(t) \\ y(t) &= [-1 \quad -0.5]\boldsymbol{x}(t) \end{aligned}\right\}$$

试判别系统是否能观测。如果系统是能观测的,将其变换成能观测标准形。

**解** 因为

$$\operatorname{rank}\begin{bmatrix} \boldsymbol{C} \\ \boldsymbol{C}\boldsymbol{A} \end{bmatrix} = \operatorname{rank}\begin{bmatrix} -1 & -\frac{1}{2} \\ -1 & 0 \end{bmatrix} = 2 = n$$

所以，系统是能观测的。

根据

$$T_1 = \begin{bmatrix} C \\ CA \end{bmatrix}^{-1} \begin{bmatrix} 0 \\ 1 \end{bmatrix} = \begin{bmatrix} -1 & -\frac{1}{2} \\ -1 & 0 \end{bmatrix}^{-1} \begin{bmatrix} 0 \\ 1 \end{bmatrix} = \begin{bmatrix} -1 \\ 2 \end{bmatrix}$$

得

$$T = [T_1 \quad AT_1] = \begin{bmatrix} -1 & -3 \\ 2 & 4 \end{bmatrix} \qquad T^{-1} = \begin{bmatrix} 2 & \frac{3}{2} \\ -1 & -\frac{1}{2} \end{bmatrix}$$

故有

$$A_0 = T^{-1}AT = \begin{bmatrix} 0 & -2 \\ 1 & 3 \end{bmatrix} \qquad C_0 = CT = [0 \quad 1]$$

从而得能观测标准形为

$$\dot{\tilde{x}}(t) = \begin{bmatrix} 0 & -2 \\ 1 & 3 \end{bmatrix} \tilde{x}(t)$$

$$y(t) = [0 \quad 1]\tilde{x}(t)$$

## 4.5　线性定常离散系统的能控性与能观测性

关于线性离散系统的能控性和能观测性问题，和连续系统完全类似地有一套相应的理论和方法。在连续系统中，运动由微分方程来描述，而在离散系统中，运动由差分方程来描述。所以离散系统的能控性和能观测性问题，就是离散方程的能控性和能观测性问题。

线性定常离散系统方程为

$$\left.\begin{aligned} x(k+1) &= Gx(k) + Hu(k) \\ y(k) &= Cx(k) \end{aligned}\right\} \tag{4.37}$$

式中，$x(k)$ 为 $n$ 维状态向量；$u(k)$ 为 $r$ 维输入向量；$G$ 为 $n \times n$ 系统矩阵；$H$ 为 $n \times r$ 输入矩阵；$y(k)$ 为 $m$ 维输出向量；$C$ 为 $m \times n$ 输出矩阵。

设 $D \equiv 0$，因为它与能控性、能观测性无关。

### 4.5.1　能控性定义

如果存在输入信号序列 $u(k), u(k+1), \cdots, u(n-1)$，使得系统从第 $k$ 步的状态 $x(k)$ 开始，能在第 $n$ 步上达到零状态（平衡状态），即 $x(n) = 0$，其中 $n$ 为大于 $k$ 的某一个有限正整数，那么就称此系统在第 $k$ 步上是能控的，$x(k)$ 称为第 $k$ 步上的能控状态。如果每一个第 $k$ 步上的状态 $x(k)$ 都是能控状态，那么就称系统在第 $k$ 步上是完全能控的。如果对于每一个 $k$，系统都是完全能控的，那么就称系统是完全能控的。

### 4.5.2　能控性判据

**定理 4.19**　系统(4.37)状态能控的充分必要条件是 $n \times nr$ 能控性矩阵 $Q_c$ 的秩为 $n$。

即

$$\mathrm{rank}\boldsymbol{Q}_c=\mathrm{rank}[\boldsymbol{H}\quad \boldsymbol{GH}\quad \boldsymbol{G}^2\boldsymbol{H}\quad \cdots\quad \boldsymbol{G}^{n-1}\boldsymbol{H}]=n$$

**证明**　系统(4.37)离散状态方程的解为

$$\boldsymbol{x}(k)=\boldsymbol{G}^k\boldsymbol{x}(0)+\sum_{i=0}^{k-1}\boldsymbol{G}^{k-i-1}\boldsymbol{H}\boldsymbol{u}(i)$$

若系统是能控的,则在$k=n$时,由上式可解出$\boldsymbol{u}(0),\boldsymbol{u}(1),\cdots,\boldsymbol{u}(n-1)$,使得$\boldsymbol{x}(k)$在第$n$个采样时刻为零,即$\boldsymbol{x}(n)=0$,从而有

$$\sum_{i=0}^{n-1}\boldsymbol{G}^{n-i-1}\boldsymbol{H}\boldsymbol{u}(i)=-\boldsymbol{G}^n\boldsymbol{x}(0)$$

即

$$\boldsymbol{G}^{n-1}\boldsymbol{H}\boldsymbol{u}(0)+\boldsymbol{G}^{n-2}\boldsymbol{H}\boldsymbol{u}(1)+\cdots+\boldsymbol{GH}\boldsymbol{u}(n-2)+\boldsymbol{H}\boldsymbol{u}(n-1)=-\boldsymbol{G}^n\boldsymbol{x}(0)$$

按照矩阵乘法可写成

$$[\boldsymbol{G}^{n-1}\boldsymbol{H}\quad \boldsymbol{G}^{n-2}\boldsymbol{H}\quad \cdots\quad \boldsymbol{GH}\quad \boldsymbol{H}]\begin{bmatrix}\boldsymbol{u}(0)\\ \boldsymbol{u}(1)\\ \vdots\\ \boldsymbol{u}(n-1)\end{bmatrix}=-\boldsymbol{G}^n\boldsymbol{x}(0)$$

故上式有解的充要条件是

$$\mathrm{rank}[\boldsymbol{G}^{n-1}\boldsymbol{H}\quad \boldsymbol{G}^{n-2}\boldsymbol{H}\quad \cdots\quad \boldsymbol{GH}\quad \boldsymbol{H}]=n$$

或

$$\mathrm{rank}\boldsymbol{Q}_c=\mathrm{rank}[\boldsymbol{H}\quad \boldsymbol{GH}\quad \cdots\quad \boldsymbol{G}^{n-1}\boldsymbol{H}]=n \tag{4.38}$$

**例4.14**　线性定常离散系统状态方程为

$$\boldsymbol{x}(k+1)=\begin{bmatrix}1&0&0\\0&2&-2\\-1&1&0\end{bmatrix}\boldsymbol{x}(k)+\begin{bmatrix}1\\0\\-1\end{bmatrix}u(k)$$

试判别系统的能控性。

**解**　$$\mathrm{rank}\boldsymbol{Q}_c=\mathrm{rank}[\boldsymbol{H}\quad \boldsymbol{GH}\quad \boldsymbol{G}^2\boldsymbol{H}]=\mathrm{rank}\begin{bmatrix}1&1&1\\0&2&6\\-1&-1&1\end{bmatrix}=3=n$$

故系统状态能控。

### 4.5.3　能观测性定义

如果根据第$i$步及以后的观测值$\boldsymbol{y}(i),\boldsymbol{y}(i+1),\cdots,\boldsymbol{y}(n)$,能唯一地确定出第$i$步的状态$\boldsymbol{x}(i)$,则称系统在第$i$步是能观测的。若系统在任何一步上都是能观测的,则称系统是完全能观测的。

### 4.5.4　能观测性判据

**定理4.20**　系统(4.37)状态能观测的充要条件是$nm\times n$的能观测性矩阵$\boldsymbol{Q}_o$的秩为$n$,即

$$\operatorname{rank}\boldsymbol{Q}_{o} = \operatorname{rank}\begin{bmatrix}\boldsymbol{C} \\ \boldsymbol{CG} \\ \vdots \\ \boldsymbol{CG}^{n-1}\end{bmatrix} = n$$

**证明**　由于所研究的系统是线性定常系统，所以可假设观测是从第 0 步开始，并认为输入 $\boldsymbol{u}(k)=0$，此时系统表示为

$$\left.\begin{aligned}\boldsymbol{x}(k+1) &= \boldsymbol{G}\boldsymbol{x}(k) \\ \boldsymbol{y}(k) &= \boldsymbol{C}\boldsymbol{x}(k)\end{aligned}\right\}$$

利用递推方法，可得

$$\left.\begin{aligned}\boldsymbol{y}(0) &= \boldsymbol{C}\boldsymbol{x}(0) \\ \boldsymbol{y}(1) &= \boldsymbol{CG}\boldsymbol{x}(0) \\ &\vdots \\ \boldsymbol{y}(n-1) &= \boldsymbol{CG}^{n-1}\boldsymbol{x}(0)\end{aligned}\right\}$$

写成矩阵形式

$$\begin{bmatrix}\boldsymbol{y}(0) \\ \boldsymbol{y}(1) \\ \vdots \\ \boldsymbol{y}(n-1)\end{bmatrix} = \begin{bmatrix}\boldsymbol{C} \\ \boldsymbol{CG} \\ \vdots \\ \boldsymbol{CG}^{n-1}\end{bmatrix}\boldsymbol{x}(0)$$

若系统能观测，那么当知道 $\boldsymbol{y}(0),\boldsymbol{y}(1),\cdots,\boldsymbol{y}(n-1)$ 时，就能确定出 $\boldsymbol{x}(0)$，由上式可知，$\boldsymbol{x}(0)$ 有唯一解的充要条件是

$$\operatorname{rank}\boldsymbol{Q}_{o} = \operatorname{rank}\begin{bmatrix}\boldsymbol{C} \\ \boldsymbol{CG} \\ \vdots \\ \boldsymbol{CG}^{n-1}\end{bmatrix} = n$$

**例 4.15**　线性定常离散系统方程为

$$\boldsymbol{x}(k+1) = \begin{bmatrix}1 & 0 & 0 \\ 0 & 2 & -2 \\ -1 & 1 & 0\end{bmatrix}\boldsymbol{x}(k) + \begin{bmatrix}1 \\ 0 \\ -1\end{bmatrix}u(k)$$

$$y(k) = \begin{bmatrix}1 & 1 & 1\end{bmatrix}\boldsymbol{x}(k)$$

试判别系统的能观测性。

**解**　$\operatorname{rank}\boldsymbol{Q}_{o} = \operatorname{rank}\begin{bmatrix}\boldsymbol{C} \\ \boldsymbol{CG} \\ \boldsymbol{CG}^{2}\end{bmatrix} = \operatorname{rank}\begin{bmatrix}1 & 1 & 1 \\ 0 & 3 & -2 \\ 2 & 4 & -6\end{bmatrix} = 3 = n$

故系统能观测。

离散系统经过非奇异线性变换，能控性与能观测性不改变，故离散系统还有其他与连续系统相类似的判别方法。

### 4.5.5　连续系统时间离散化后保持能控和能观测的条件

线性定常连续时间系统为

$$\left.\begin{aligned}\dot{\boldsymbol{x}} &= \boldsymbol{Ax} + \boldsymbol{Bu}\\ \boldsymbol{y} &= \boldsymbol{Cx}\end{aligned}\right\} \tag{4.39}$$

以 $T$ 为采样周期的离散化系统为

$$\left.\begin{aligned}\boldsymbol{x}(k+1) &= \boldsymbol{Gx}(k) + \boldsymbol{Hu}(k)\\ \boldsymbol{y}(k) &= \boldsymbol{Cx}(k)\end{aligned}\right\} \tag{4.40}$$

其中

$$\boldsymbol{G} = \mathrm{e}^{AT} \quad \boldsymbol{H} = \left[\int_0^T \mathrm{e}^{At}\mathrm{d}t\right]\boldsymbol{B}$$

连续系统(4.39)和离散化后得到的离散系统(4.40),关于能控性和能观测性有如下基本定理:

**定理 4.21**　如果系统(4.39)不能控(不能观测),则离散化的系统(4.40)必不能控(不能观测)。其逆定理不成立。

**定理 4.22**　如果离散化后的系统(4.40)能控(能观测),则离散化前的连续系统(4.39)必能控(能观测)。其逆定理一般不成立。

**定理 4.23**　若系统(4.39)能控(能观测),$\boldsymbol{A}$ 的全部特征值互异,$\lambda_i \neq \lambda_j$,并且对 $\mathrm{Re}[\lambda_i - \lambda_j] = 0$ 的特征值,如果 $\mathrm{Im}[\lambda_i - \lambda_j]$ 与采样周期的关系满足条件

$$T \neq \frac{2k\pi}{\mathrm{Im}[\lambda_i - \lambda_j]} \qquad k = \pm 1,\ \pm 2,\cdots \tag{4.41}$$

则离散化的系统(4.40)仍是能控(能观测)的。

定理证明从略。

## 4.6　线性系统的结构分解

若系统是不完全能控或不完全能观测的,并不意味着系统的所有状态都不能控或不能观测。在处理这样一类的系统时,如果能把它的不能控或不能观测的部分同系统的能控与能观测的部分区分开来,那么,在分析问题时会简便许多。可以通过坐标变换的方法对状态空间进行分解,将系统划分成能控(能观测)部分与不能控(不能观测)部分。

线性定常系统方程为

$$\left.\begin{aligned}\dot{\boldsymbol{x}} &= \boldsymbol{Ax} + \boldsymbol{Bu}\\ \boldsymbol{y} &= \boldsymbol{Cx}\end{aligned}\right\} \tag{4.42}$$

其中,$\boldsymbol{x}$、$\boldsymbol{u}$、$\boldsymbol{y}$ 分别为 $n$、$r$、$m$ 维向量;$\boldsymbol{A}$、$\boldsymbol{B}$、$\boldsymbol{C}$ 为系统系数矩阵。

### 4.6.1　按能控性分解

**定理 4.24**　若系统(4.42)的状态不完全能控,且状态 $\boldsymbol{x}$ 有 $k$ 个状态分量能控,必存在一个非奇异矩阵 $\boldsymbol{P}$,令 $\boldsymbol{x} = \boldsymbol{P}\bar{\boldsymbol{x}}$,使系统的状态空间表达式变为

$$\left.\begin{aligned}\begin{bmatrix}\dot{\bar{x}}_c \\ \dot{\bar{x}}_{\bar{c}}\end{bmatrix} &= \begin{bmatrix}\bar{A}_c & \bar{A}_{12} \\ 0 & \bar{A}_{\bar{c}}\end{bmatrix}\begin{bmatrix}\bar{x}_c \\ \bar{x}_{\bar{c}}\end{bmatrix} + \begin{bmatrix}\bar{B}_c \\ 0\end{bmatrix} u = P^{-1}AP\bar{x} + P^{-1}Bu \\ y &= [\bar{C}_c \quad \bar{C}_{\bar{c}}]\begin{bmatrix}\bar{x}_c \\ \bar{x}_{\bar{c}}\end{bmatrix} = CP\bar{x}\end{aligned}\right\} \tag{4.43}$$

其中,$k$ 维子系统

$$\left.\begin{aligned}\dot{\bar{x}}_c &= \bar{A}_c\bar{x}_c + \bar{A}_{12}\bar{x}_{\bar{c}} + \bar{B}_c u \\ y_1 &= \bar{C}_c\bar{x}_c\end{aligned}\right\} \tag{4.44}$$

是状态能控的。

而 $n-k$ 维子系统

$$\left.\begin{aligned}\dot{\bar{x}}_{\bar{c}} &= \bar{A}_{\bar{c}}\bar{x}_{\bar{c}} \\ y_2 &= \bar{C}_{\bar{c}}\bar{x}_{\bar{c}}\end{aligned}\right\}$$

是状态不能控的。系统分解后的结构图如图 4.2 所示。

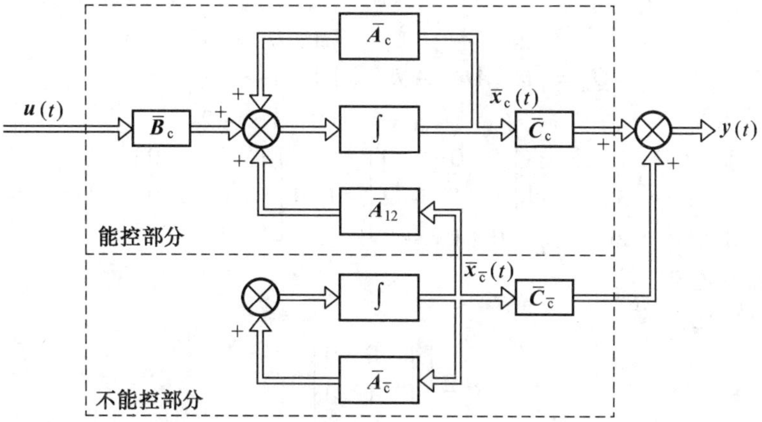


图 4.2　按能控性的系统结构分解结构图

状态不完全能控的系统可以分解为能控的 $k$ 维子系统和不能控的 $n-k$ 维子系统。

非奇异变换矩阵 $P$ 为

$$P = [P_1 \quad P_2 \quad \cdots \quad P_k \quad P_{k+1} \quad \cdots \quad P_n] \tag{4.45}$$

其中,$P_1, P_2, \cdots, P_k$ 是能控性判别矩阵 $Q_c = [B \quad AB \quad \cdots \quad A^{n-1}B]$ 中的 $k$ 个线性无关的列向量。而在保证 $P$ 为非奇异的前提下,其他的 $n-k$ 个列向量 $P_{k+1}, \cdots, P_n$ 完全是任意的。矩阵 $P$ 有不同的选择,但能控部分和不能控部分是不会改变的。

(1) 系统按能控性分解后,其能控性不变,即

$$\begin{aligned}\bar{Q}_c &= [\bar{B} \quad \bar{A}\bar{B} \quad \cdots \quad \bar{A}^{n-1}\bar{B}] = \\ &[P^{-1}B \quad (P^{-1}AP)P^{-1}B \quad \cdots \quad (P^{-1}AP)^{n-1}P^{-1}B] = \\ &P^{-1}[B \quad AB \quad A^{n-1}B] = P^{-1}Q_c\end{aligned}$$

可以看出,分解后的系统能控性矩阵的秩与原系统的能控性矩阵的秩相同。

(2) 系统按能控性分解后,传递函数矩阵不变,即

$$\bar{G}(s)=\bar{C}(sI-\bar{A})^{-1}\bar{B}=CP(sI-P^{-1}AP)^{-1}P^{-1}B=C(sI-A)^{-1}B=G(s)$$

另

$$G(s)=C[sI-A]^{-1}B=\bar{C}[sI-\bar{A}]^{-1}\bar{B}=\begin{bmatrix}\bar{C}_c & \bar{C}_{\bar{c}}\end{bmatrix}\begin{bmatrix}sI-\bar{A}_c & -\bar{A}_{12}\\ 0 & sI-\bar{A}_{\bar{c}}\end{bmatrix}^{-1}\begin{bmatrix}\bar{B}_c\\ 0\end{bmatrix}=\bar{C}_c[sI-\bar{A}_c]^{-1}\bar{B}_c$$

可以看出,传递函数矩阵描述的只是不完全能控系统中的能控子系统的特性。

**例 4.16**　设线性定常系统的状态空间表达式为

$$\left.\begin{aligned}\dot{x}&=\begin{bmatrix}0&0&-1\\1&0&-3\\0&1&-3\end{bmatrix}x+\begin{bmatrix}1\\1\\0\end{bmatrix}u\\ y&=\begin{bmatrix}0&1&-2\end{bmatrix}x\end{aligned}\right\}$$

试判定系统状态是否完全能控。如状态不完全能控,试对系统进行分解。

**解**　系统的能控性矩阵

$$Q_c=[b\quad Ab\quad A^2b]=\begin{bmatrix}1&0&-1\\1&1&-3\\0&1&-2\end{bmatrix}$$

$$\operatorname{rank}\begin{bmatrix}1&0&-1\\1&1&-3\\0&1&-2\end{bmatrix}=\operatorname{rank}\begin{bmatrix}1&0&0\\1&1&-2\\0&1&-2\end{bmatrix}=\operatorname{rank}\begin{bmatrix}1&0&0\\1&0&0\\0&1&-2\end{bmatrix}=2<n=3$$

因此,系统状态不完全能控。

构造非奇异变换矩阵

$$P=\begin{bmatrix}1&0&0\\1&1&0\\0&1&1\end{bmatrix}$$

其中,前二列 $\begin{bmatrix}1\\1\\0\end{bmatrix}=b$, $\begin{bmatrix}0\\1\\1\end{bmatrix}=Ab$,线性无关。而第三列是任意的,只需保证 $P$ 为非奇异阵。

线性变换后状态空间表达式为

$$\dot{\bar{x}}=P^{-1}AP\bar{x}+P^{-1}bu=$$

$$\begin{bmatrix}1&0&0\\1&1&0\\0&1&1\end{bmatrix}^{-1}\begin{bmatrix}0&0&-1\\1&0&-3\\0&1&-3\end{bmatrix}\begin{bmatrix}1&0&0\\1&1&0\\0&1&1\end{bmatrix}\bar{x}+\begin{bmatrix}1&0&0\\1&1&0\\0&1&1\end{bmatrix}^{-1}\begin{bmatrix}1\\1\\0\end{bmatrix}u=$$

$$\left[\begin{array}{cc:c}0&-1&-1\\1&-2&-2\\ \hdashline 0&0&-1\end{array}\right]\begin{bmatrix}\bar{x}_1\\ \bar{x}_2\\ \bar{x}_3\end{bmatrix}+\begin{bmatrix}1\\0\\ \hdashline 0\end{bmatrix}u=\left[\begin{array}{c:c}\bar{A}_c&\bar{A}_{12}\\ \hdashline 0&\bar{A}_{\bar{c}}\end{array}\right]\bar{x}+\begin{bmatrix}\bar{b}_c\\ \hdashline 0\end{bmatrix}u$$

$$y = \boldsymbol{CP}\bar{\boldsymbol{x}} = [0 \quad 1 \quad -2]\begin{bmatrix}1 & 0 & 0\\1 & 1 & 0\\0 & 1 & 1\end{bmatrix}\bar{\boldsymbol{x}} =$$

$$[1 \quad -1 \quad \vdots \quad -2]\begin{bmatrix}\bar{x}_1\\\bar{x}_2\\\bar{x}_3\end{bmatrix} = [\bar{C}_c \quad \bar{C}_{\bar{c}}]$$

其中

$$\bar{\boldsymbol{A}}_c = \begin{bmatrix}0 & -1\\1 & -2\end{bmatrix} \qquad \bar{\boldsymbol{b}}_c = \begin{bmatrix}1\\0\end{bmatrix} \qquad \bar{\boldsymbol{C}}_c = [1 \quad -1]$$

而

$$\text{rank}[\bar{\boldsymbol{b}}_c \quad \bar{\boldsymbol{A}}_c\bar{\boldsymbol{b}}_c] = \text{rank}\begin{bmatrix}1 & 0\\0 & 1\end{bmatrix} = 2$$

### 4.6.2　按能观测性分解

**定理4.25**　若系统(4.42)的状态不完全能观测,且状态$\boldsymbol{x}$有$l$个状态分量能观测,必存在一个非奇异矩阵$\boldsymbol{T}$,令$\boldsymbol{x} = \boldsymbol{T}\bar{\boldsymbol{x}}$,使系统的状态空间表达式变为

$$\begin{bmatrix}\dot{\bar{x}}_o\\\dot{\bar{x}}_{\bar{o}}\end{bmatrix} = \begin{bmatrix}\bar{\boldsymbol{A}}_o & 0\\\bar{\boldsymbol{A}}_{21} & \bar{\boldsymbol{A}}_{\bar{o}}\end{bmatrix}\begin{bmatrix}\bar{\boldsymbol{x}}_o\\\bar{\boldsymbol{x}}_{\bar{o}}\end{bmatrix} + \begin{bmatrix}\bar{\boldsymbol{B}}_o\\\bar{\boldsymbol{B}}_{\bar{o}}\end{bmatrix}\boldsymbol{u} =$$

$$\boldsymbol{T}^{-1}\boldsymbol{AT}\bar{\boldsymbol{x}} + \boldsymbol{T}^{-1}\boldsymbol{Bu} \tag{4.46}$$

$$\boldsymbol{y} = [\bar{\boldsymbol{C}}_o \quad 0]\begin{bmatrix}\bar{\boldsymbol{x}}_o\\\bar{\boldsymbol{x}}_{\bar{o}}\end{bmatrix} = \boldsymbol{CT}\bar{\boldsymbol{x}}$$

其中,$l$ 维子系统

$$\left.\begin{aligned}\dot{\bar{\boldsymbol{x}}}_o &= \bar{\boldsymbol{A}}_o\bar{\boldsymbol{x}}_o + \bar{\boldsymbol{B}}_o\boldsymbol{u}\\\boldsymbol{y} &= \bar{\boldsymbol{C}}_o\bar{\boldsymbol{x}}_o\end{aligned}\right\} \tag{4.47}$$

是状态能观测的。

而 $n-l$ 维子系统

$$\dot{\bar{\boldsymbol{x}}}_{\bar{o}} = \bar{\boldsymbol{A}}_{21}\bar{\boldsymbol{x}}_o + \bar{\boldsymbol{A}}_{\bar{o}}\bar{\boldsymbol{x}}_{\bar{o}} + \bar{\boldsymbol{B}}_{\bar{o}}\boldsymbol{u}$$

是状态不能观测的。系统分解后的结构图如图 4.3 所示。

状态不完全能观测的系统可以分解为能观测的 $l$ 维子系统和不能观测的 $n-l$ 维子系统。

非奇异变换矩阵 $\boldsymbol{T}$ 为

$$\boldsymbol{T}^{-1} = [\boldsymbol{T}_1 \quad \boldsymbol{T}_2 \quad \cdots \quad \boldsymbol{T}_l \quad T_{l+1} \quad \cdots \quad \boldsymbol{T}_n]^{\mathrm{T}} \tag{4.48}$$

其中,$\boldsymbol{T}_1, \boldsymbol{T}_2, \cdots, \boldsymbol{T}_l$ 是能观测性判别矩阵 $\boldsymbol{Q}_o = [\boldsymbol{C} \quad \boldsymbol{CA} \quad \cdots \quad \boldsymbol{CA}^{n-1}]^{\mathrm{T}}$ 中的 $l$ 个线性无关的行向量。而在保证 $\boldsymbol{T}^{-1}$ 为非奇异的前提下,其他的 $n-l$ 个行向量 $\boldsymbol{T}_{l+1}, \cdots, \boldsymbol{T}_n$ 完全是任意的。

同能控分解一样,系统按能观测性分解后,其能观测性不变。而且传递函数矩阵描述的只是不完全能观测系统中的能观测子系统的特性。

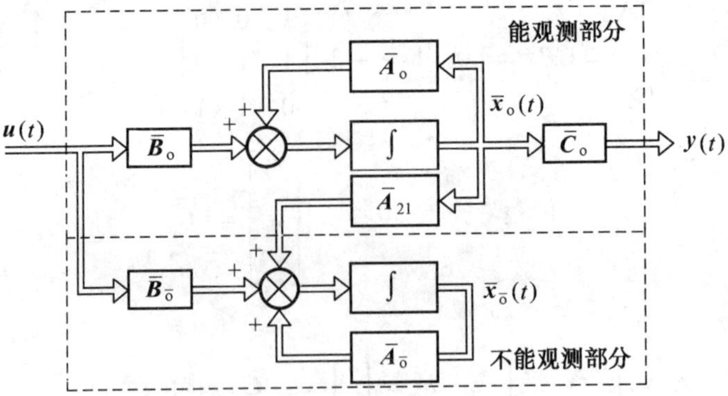


图 4.3　按能观测性的系统结构分解结构图

**例 4.17**　设线性定常系统的状态空间表达式为

$$\left.\begin{aligned}\dot{\boldsymbol{x}} &= \begin{bmatrix} 0 & 1 & 0 \\ 0 & 0 & 1 \\ -2 & -4 & -3 \end{bmatrix}\boldsymbol{x} + \begin{bmatrix} 0 \\ 0 \\ 1 \end{bmatrix}u \\ y &= \begin{bmatrix} 1 & 1 & 0 \end{bmatrix}\boldsymbol{x}\end{aligned}\right\}$$

试判定系统的能观测性。如状态不完全能观测，试对系统进行分解。

**解**　系统的能观测性矩阵

$$\boldsymbol{Q}_o = \begin{bmatrix} \boldsymbol{C} \\ \boldsymbol{CA} \\ \boldsymbol{CA}^2 \end{bmatrix} = \begin{bmatrix} 1 & 1 & 0 \\ 0 & 1 & 1 \\ -2 & -4 & -2 \end{bmatrix}$$

的秩为 $2 < n = 3$，故系统状态不完全能观测。

构造非奇异变换矩阵

$$\boldsymbol{T}^{-1} = \begin{bmatrix} 1 & 1 & 0 \\ 0 & 1 & 1 \\ 0 & 0 & 1 \end{bmatrix} \qquad \boldsymbol{T} = \begin{bmatrix} 1 & -1 & 1 \\ 0 & 1 & -1 \\ 0 & 0 & 1 \end{bmatrix}$$

其中，前二行 $[1\ \ 1\ \ 0] = \boldsymbol{C}$，$[0\ \ 1\ \ 1] = \boldsymbol{CA}$，线性无关。而第三行是任意的，只需保证 $\boldsymbol{T}^{-1}$ 为非奇异阵。

线性变换后状态空间表达式为

$$\dot{\bar{\boldsymbol{x}}} = \boldsymbol{T}^{-1}\boldsymbol{AT}\bar{\boldsymbol{x}} + \boldsymbol{T}^{-1}\boldsymbol{b}u =$$

$$\begin{bmatrix} 1 & 1 & 0 \\ 0 & 1 & 1 \\ 0 & 0 & 1 \end{bmatrix}\begin{bmatrix} 0 & 1 & 0 \\ 0 & 0 & 1 \\ -2 & -4 & -3 \end{bmatrix}\begin{bmatrix} 1 & -1 & 1 \\ 0 & 1 & -1 \\ 0 & 0 & 1 \end{bmatrix}\bar{\boldsymbol{x}} + \begin{bmatrix} 1 & 1 & 0 \\ 0 & 1 & 1 \\ 0 & 0 & 1 \end{bmatrix}\begin{bmatrix} 0 \\ 0 \\ 1 \end{bmatrix}u =$$

$$\left[\begin{array}{cc:c} 0 & 1 & 0 \\ -2 & -2 & 0 \\ \hdashline -2 & -2 & -1 \end{array}\right]\begin{bmatrix} \bar{x}_1 \\ \bar{x}_2 \\ \bar{x}_3 \end{bmatrix} + \left[\begin{array}{c} 0 \\ 1 \\ \hdashline 1 \end{array}\right]u = \left[\begin{array}{c:c} \bar{\boldsymbol{A}}_o & 0 \\ \hdashline \bar{\boldsymbol{A}}_{21} & \bar{\boldsymbol{A}}_{\bar{o}} \end{array}\right]\bar{\boldsymbol{x}} + \left[\begin{array}{c} \bar{\boldsymbol{b}}_o \\ \hdashline \bar{\boldsymbol{b}}_{\bar{o}} \end{array}\right]u$$

$$y = \boldsymbol{CT}\bar{\boldsymbol{x}} = \begin{bmatrix} 1 & 1 & 0 \end{bmatrix}\begin{bmatrix} 1 & -1 & 1 \\ 0 & 1 & -1 \\ 0 & 0 & 0 \end{bmatrix}\bar{\boldsymbol{x}} =$$

$$
\begin{bmatrix} 1 & 0 & \vdots & 0 \end{bmatrix}\begin{bmatrix} \bar{x}_1 \\ \bar{x}_2 \\ \bar{x}_3 \end{bmatrix} = \begin{bmatrix} \bar{\boldsymbol{C}}_{\mathrm{o}} & 0 \end{bmatrix}\bar{\boldsymbol{x}}
$$

其中

$$
\bar{\boldsymbol{A}}_{\mathrm{o}} = \begin{bmatrix} 0 & 1 \\ -2 & -2 \end{bmatrix} \quad \bar{\boldsymbol{b}}_{\mathrm{o}} = \begin{bmatrix} 0 \\ 1 \end{bmatrix} \quad \bar{\boldsymbol{C}}_{\mathrm{o}} = \begin{bmatrix} 1 & 0 \end{bmatrix}
$$

而

$$
\operatorname{rank}\begin{bmatrix} \bar{\boldsymbol{C}}_{\mathrm{o}} \\ \bar{\boldsymbol{C}}_{\mathrm{o}}\bar{\boldsymbol{A}}_{\mathrm{o}} \end{bmatrix} = \operatorname{rank}\begin{bmatrix} 1 & 0 \\ 0 & 1 \end{bmatrix} = 2
$$

### 4.6.3　同时按能控性和能观测性进行结构分解

将能控性分解定理和能观测性分解定理结合起来,就可以得到卡尔曼的典型分解定理,又称标准分解定理。

**定理 4.26**　若系统(4.42)的状态不完全能控,又不完全能观测,则存在线性变换 $\bar{\boldsymbol{x}} = \boldsymbol{P}\boldsymbol{x}$,可将系统的状态空间表达式变换为

$$
\begin{bmatrix} \dot{\bar{\boldsymbol{x}}}_{co} \\ \dot{\bar{\boldsymbol{x}}}_{c\bar{o}} \\ \dot{\bar{\boldsymbol{x}}}_{\bar{c}o} \\ \dot{\bar{\boldsymbol{x}}}_{\bar{c}\bar{o}} \end{bmatrix} = \begin{bmatrix} \bar{\boldsymbol{A}}_{co} & 0 & \bar{\boldsymbol{A}}_{13} & 0 \\ \bar{\boldsymbol{A}}_{21} & \bar{\boldsymbol{A}}_{c\bar{o}} & \bar{\boldsymbol{A}}_{23} & \bar{\boldsymbol{A}}_{24} \\ 0 & 0 & \bar{\boldsymbol{A}}_{\bar{c}o} & 0 \\ 0 & 0 & \bar{\boldsymbol{A}}_{43} & \bar{\boldsymbol{A}}_{\bar{c}\bar{o}} \end{bmatrix}\begin{bmatrix} \bar{\boldsymbol{x}}_{co} \\ \bar{\boldsymbol{x}}_{c\bar{o}} \\ \bar{\boldsymbol{x}}_{\bar{c}o} \\ \bar{\boldsymbol{x}}_{\bar{c}\bar{o}} \end{bmatrix} + \begin{bmatrix} \bar{\boldsymbol{B}}_{co} \\ \bar{\boldsymbol{B}}_{c\bar{o}} \\ 0 \\ 0 \end{bmatrix}\boldsymbol{u}
$$

$$
\boldsymbol{y} = \begin{bmatrix} \bar{\boldsymbol{C}}_{co} & 0 & \bar{\boldsymbol{C}}_{\bar{c}o} & 0 \end{bmatrix}\begin{bmatrix} \bar{\boldsymbol{x}}_{co} \\ \bar{\boldsymbol{x}}_{c\bar{o}} \\ \bar{\boldsymbol{x}}_{\bar{c}o} \\ \bar{\boldsymbol{x}}_{\bar{c}\bar{o}} \end{bmatrix} \tag{4.49}
$$

从式(4.49)可见,对于一个不完全能控、不完全能观测的系统进行结构分解时,可将系统分成四个子系统。

(1) 能控、能观的子系统。

$$
\begin{aligned}
\dot{\bar{\boldsymbol{x}}}_{co} &= \bar{\boldsymbol{A}}_{co}\bar{\boldsymbol{x}}_{co} + \bar{\boldsymbol{A}}_{13}\bar{\boldsymbol{x}}_{\bar{c}o} + \bar{\boldsymbol{B}}_{co}\boldsymbol{u} \\
\boldsymbol{y}_{co} &= \bar{\boldsymbol{C}}_{co}\bar{\boldsymbol{x}}_{co}
\end{aligned}
$$

(2) 能控、不能观的子系统。

$$
\dot{\bar{\boldsymbol{x}}}_{c\bar{o}} = \bar{\boldsymbol{A}}_{21}\bar{\boldsymbol{x}}_{co} + \bar{\boldsymbol{A}}_{c\bar{o}}\bar{\boldsymbol{x}}_{c\bar{o}} + \bar{\boldsymbol{A}}_{23}\bar{\boldsymbol{x}}_{\bar{c}o} + \bar{\boldsymbol{A}}_{24}\bar{\boldsymbol{x}}_{\bar{c}\bar{o}} + \bar{\boldsymbol{B}}_{c\bar{o}}\boldsymbol{u}
$$

(3) 不能控、能观子系统。

$$
\dot{\bar{\boldsymbol{x}}}_{\bar{c}o} = \bar{\boldsymbol{A}}_{\bar{c}o}\bar{\boldsymbol{x}}_{\bar{c}o}
$$

$$y_{\bar{c}o} = \bar{C}_{\bar{c}o}\bar{x}_{\bar{c}o}$$

(4) 不能控、不能观子系统。

$$\dot{\bar{x}}_{\bar{c}\bar{o}} = \bar{A}_{43}\bar{x}_{\bar{c}o} + \bar{A}_{\bar{c}\bar{o}}\bar{x}_{\bar{c}\bar{o}}$$

系统的传递函数矩阵仅仅决定于能控又能观的子系统，即

$$G(s) = \bar{C}_{co}[sI - \bar{A}_{co}]^{-1}\bar{B}_{co}$$

系统分解后的结构图如图 4. 4 所示。

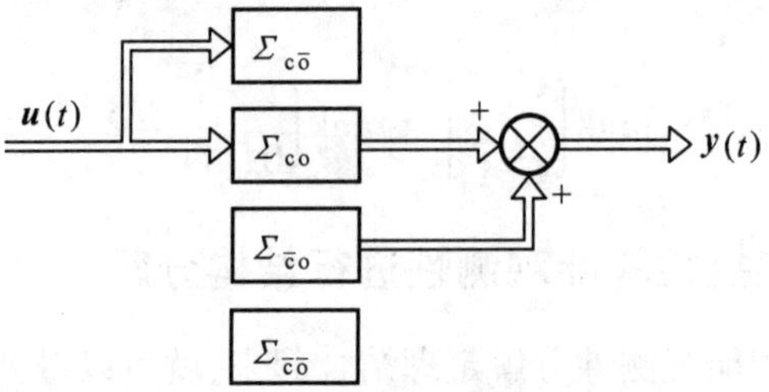


图 4. 4　系统结构标准分解结构图

**例 4. 18**　试将状态不完全能控和不完全能观测的系统

$$\dot{x} = \begin{bmatrix} 0 & 0 & -1 \\ 1 & 0 & -3 \\ 0 & 1 & -3 \end{bmatrix} x + \begin{bmatrix} 1 \\ 1 \\ 0 \end{bmatrix} u$$

$$y = [0 \quad 1 \quad -2] x$$

进行结构分解。

**解**　首先将给定系统分解为能控和不能控两部分。由例 4. 16 得到的结果

$$\begin{bmatrix} \dot{\bar{x}}_c \\ \dot{\bar{x}}_{\bar{c}} \end{bmatrix} = \left[\begin{array}{cc|c} 0 & -1 & -1 \\ 1 & -2 & -2 \\ \hline 0 & 0 & -1 \end{array}\right] \begin{bmatrix} \bar{x}_c \\ \bar{x}_{\bar{c}} \end{bmatrix} + \left[\begin{array}{c} 1 \\ 0 \\ \hline 0 \end{array}\right] u$$

$$y = \left[\begin{array}{cc|c} 1 & -1 & -2 \end{array}\right] \begin{bmatrix} \bar{x}_c \\ \bar{x}_{\bar{c}} \end{bmatrix}$$

其中状态能控的子系统是

$$\dot{\bar{x}}_c = \begin{bmatrix} 0 & -1 \\ 1 & -2 \end{bmatrix} \bar{x}_c + \begin{bmatrix} 1 \\ 0 \end{bmatrix} u$$

$$y_c = [1 \quad -1] \bar{x}_c$$

将此子系统再分解为能观测和不能观测的两部分。选择非奇异变换矩阵

$$T^{-1} = \begin{bmatrix} 1 & -1 \\ 0 & 1 \end{bmatrix}$$

则

$$\begin{bmatrix} \dot{\bar{x}}_{co} \\ \dot{\bar{x}}_{c\bar{o}} \end{bmatrix} = \begin{bmatrix} 1 & -1 \\ 0 & 1 \end{bmatrix} \begin{bmatrix} 0 & -1 \\ 1 & -2 \end{bmatrix} \begin{bmatrix} 1 & -1 \\ 0 & 1 \end{bmatrix}^{-1} \begin{bmatrix} \bar{x}_{co} \\ \bar{x}_{c\bar{o}} \end{bmatrix} + \begin{bmatrix} 1 & -1 \\ 0 & 1 \end{bmatrix} \begin{bmatrix} 1 \\ 0 \end{bmatrix} u = \begin{bmatrix} -1 & 0 \\ 1 & -1 \end{bmatrix} \begin{bmatrix} \bar{x}_{co} \\ \bar{x}_{c\bar{o}} \end{bmatrix} + \begin{bmatrix} 1 \\ 0 \end{bmatrix} u$$

$$y_c = \begin{bmatrix}1 & -1\end{bmatrix}\begin{bmatrix}1 & -1\\0 & 1\end{bmatrix}^{-1}\begin{bmatrix}\bar{x}_{co}\\ \bar{x}_{c\bar{o}}\end{bmatrix} = \begin{bmatrix}1 & 0\end{bmatrix}\begin{bmatrix}\bar{x}_{co}\\ \bar{x}_{c\bar{o}}\end{bmatrix}$$

则得

$$\begin{bmatrix}\dot{\bar{x}}_{co}\\ \dot{\bar{x}}_{c\bar{o}}\\ \dot{\bar{x}}_{\bar{c}o}\end{bmatrix} = \begin{bmatrix}-1 & 0 & -1\\ 1 & -1 & -2\\ 0 & 0 & -1\end{bmatrix}\begin{bmatrix}\bar{x}_{co}\\ \bar{x}_{c\bar{o}}\\ \bar{x}_{\bar{c}o}\end{bmatrix} + \begin{bmatrix}1\\0\\0\end{bmatrix}u$$

$$y = \begin{bmatrix}1 & 0 & -2\end{bmatrix}\begin{bmatrix}\bar{x}_{co}\\ \bar{x}_{c\bar{o}}\\ \bar{x}_{\bar{c}o}\end{bmatrix}$$

系统的传递函数为

$$\boldsymbol{G}(s) = \bar{\boldsymbol{C}}_{co}(s\boldsymbol{I} - \bar{\boldsymbol{A}}_{co})^{-1}\bar{\boldsymbol{b}}_{co} = \frac{1}{s+1}$$

只反映系统中能控又能观的子系统。

## 4.7　能控性、能观测性与传递函数矩阵的关系

在描述一个给定的系统时，经典控制理论使用传递函数，现代控制理论使用状态空间表达式。传递函数(矩阵)是系统的外部描述，状态空间表达式既能反映系统外部特性，又能揭示系统内部特性，如能控性、能观测性。下面我们通过以下两个定理，给出能控性、能观测性与传递函数的关系。

设单输入 - 单输出线性定常系统

$$\left.\begin{aligned}\dot{\boldsymbol{x}} &= \boldsymbol{A}\boldsymbol{x} + \boldsymbol{b}u\\ y &= \boldsymbol{C}\boldsymbol{x}\end{aligned}\right\} \tag{4.50}$$

其传递函数为

$$\boldsymbol{G}(s) = \boldsymbol{C}(s\boldsymbol{I} - \boldsymbol{A})^{-1}\boldsymbol{b} \tag{4.51}$$

**定理 4.27**　单变量系统能控又能观测的充要条件是传递函数 $\boldsymbol{G}(s)$ 中没有零极点相消现象。证明略。

**例 4.19**　线性定常系统状态空间表达式为

$$\left.\begin{aligned}\dot{\boldsymbol{x}} &= \begin{bmatrix}-1 & -3\\ 0 & 2\end{bmatrix}\boldsymbol{x} + \begin{bmatrix}0\\1\end{bmatrix}u\\ y &= \begin{bmatrix}1 & 1\end{bmatrix}\boldsymbol{x}\end{aligned}\right\}$$

求系统传递函数，并判断系统的能控性与能观测性。

**解**　能控性矩阵

$$\boldsymbol{Q}_c = \begin{bmatrix}\boldsymbol{b} & \boldsymbol{A}\boldsymbol{b}\end{bmatrix} = \begin{bmatrix}0 & -3\\ 1 & 2\end{bmatrix}$$

$$\text{rank}\boldsymbol{Q}_c = 2 = n$$

能观测性矩阵

$$\boldsymbol{Q}_o = \begin{bmatrix} \boldsymbol{C} \\ \boldsymbol{CA} \end{bmatrix} = \begin{bmatrix} 1 & 1 \\ -1 & -1 \end{bmatrix}$$

$$\text{rank}\boldsymbol{Q}_o = 1 < n = 2$$

系统能控,但不能观测,即系统不是能控、能观测的。

系统的传递函数为

$$\boldsymbol{g}(s) = \boldsymbol{C}[s\boldsymbol{I} - \boldsymbol{A}]^{-1}\boldsymbol{b} = \frac{[1 \quad 1]\text{adj}\begin{bmatrix} s+1 & 3 \\ 0 & s-2 \end{bmatrix}\begin{bmatrix} 0 \\ 1 \end{bmatrix}}{\det[s\boldsymbol{I} - \boldsymbol{A}]} =$$

$$\frac{s-2}{(s+1)(s-2)} = \frac{1}{s+1}$$

可见传递函数 $\boldsymbol{g}(s)$ 存在零极点相消。

设多输入－多输出线性定常系统

$$\left.\begin{aligned} \dot{\boldsymbol{x}} &= \boldsymbol{Ax} + \boldsymbol{Bu} \\ \boldsymbol{y} &= \boldsymbol{Cx} \end{aligned}\right\} \tag{4.52}$$

其传递函数矩阵为

$$\boldsymbol{G}(s) = \boldsymbol{C}(s\boldsymbol{I} - \boldsymbol{A})^{-1}\boldsymbol{B} \tag{4.53}$$

**定理 4.28**　多变量系统能控又能观测的充分条件是其传递函数矩阵 $\boldsymbol{G}(s)$ 中无零极点相消。

与单变量系统不同,定理 4.28 仅是多变量系统能控能观测的充分条件,而不是必要条件。

**例 4.20**　设系统的状态空间表达式为

$$\dot{\boldsymbol{x}} = \begin{bmatrix} 1 & 0 \\ 0 & 1 \end{bmatrix}\boldsymbol{x} + \begin{bmatrix} 1 & 0 \\ 0 & 1 \end{bmatrix}\boldsymbol{u}$$

$$\boldsymbol{y} = \begin{bmatrix} 1 & 0 \\ 0 & 1 \end{bmatrix}\boldsymbol{x}$$

试分析系统能控性能观测性与传递函数矩阵的关系。

**解**　系统显然能控也能观测,但其传递函数矩阵

$$\boldsymbol{G}(s) = \boldsymbol{C}(s\boldsymbol{I} - \boldsymbol{A})^{-1}\boldsymbol{B} = \frac{1}{(s-1)^2}\begin{bmatrix} s-1 & 0 \\ 0 & s-1 \end{bmatrix} =$$

$$\begin{bmatrix} \dfrac{1}{s-1} & 0 \\ 0 & \dfrac{1}{s-1} \end{bmatrix}$$

有零极点相消现象。

## 小　　结

能控性和能观测性是揭示系统内部特征的重要特性。能控性是对应于系统控制问题的结构特征,表征外部控制输入对系统内部运动的影响性;能观测性是对应于系统估计问题的

一个结构特征,表征系统内部运动可由外部量测输出的可反映性。它们构成了现代控制理论中两个最为基本的概念,很多控制和估计的综合问题都是以这两个特性为前提的。

本章介绍了能控性和能观测性的定义,给出了能控性、能观测性的判别定理。

线性定常连续系统状态完全能控的充分必要条件是能控性矩阵

$$[\boldsymbol{B} \quad \boldsymbol{AB} \quad \cdots \quad \boldsymbol{A}^{n-1}\boldsymbol{B}]$$

的秩为 $n$。

线性定常连续系统输出完全能控的充分必要条件是矩阵

$$[\boldsymbol{CB} \quad \boldsymbol{CAB} \quad \cdots \quad \boldsymbol{CA}^{n-1}\boldsymbol{B}]$$

的秩为 $m$。

线性定常连续系统状态完全能观测的充分必要条件是能观测性矩阵

$$[\boldsymbol{C}^{\mathrm{T}} \quad \boldsymbol{A}^{\mathrm{T}}\boldsymbol{C}^{\mathrm{T}} \quad \cdots \quad (\boldsymbol{A}^{\mathrm{T}})^{n-1}\boldsymbol{C}^{\mathrm{T}}]$$

的秩为 $n$。

通过对能控性、能观测性的判别定理的对比,给出了对偶性原理。系统状态完全能控(能观测)的充要条件是其对偶系统的状态完全能观测(能控)。

能控(能观测)系统可以通过线性非奇异变换化成能控(能观测)标准形,能控标准形变换矩阵按下式确定

$$\boldsymbol{P} = \begin{bmatrix} \boldsymbol{P}_1 \\ \boldsymbol{P}_1\boldsymbol{A} \\ \vdots \\ \boldsymbol{P}_1\boldsymbol{A}^{n-1} \end{bmatrix}$$

其中

$$\boldsymbol{P}_1 = [0 \quad \cdots \quad 0 \quad 1][\boldsymbol{b} \quad \boldsymbol{Ab} \quad \cdots \quad \boldsymbol{A}^{n-1}\boldsymbol{b}]^{-1}$$

能观测标准形变换矩阵按下式确定

$$\boldsymbol{T} = [\boldsymbol{T}_1 \quad \boldsymbol{AT}_1 \quad \cdots \quad \boldsymbol{A}^{n-1}\boldsymbol{T}_1]$$

其中

$$\boldsymbol{T}_1 = \begin{bmatrix} \boldsymbol{C} \\ \boldsymbol{CA} \\ \vdots \\ \boldsymbol{CA}^{n-1} \end{bmatrix}^{-1} \begin{bmatrix} 0 \\ \vdots \\ 0 \\ 1 \end{bmatrix}$$

对于状态不完全能控、不完全能观测系统,可利用结构分解定理将系统分解为四个部分:① 能控、能观测部分;② 能控、不能观测部分;③ 不能控、能观测部分;④ 不能控、不能观测部分。

给出了状态空间描述和传递函数矩阵描述的关系,由系统结构的规范分解定理可知,传递函数矩阵只是对系统结构的不完全描述,只能反映系统中的能控能观测部分。状态空间描述则是对系统结构的完全描述,能够同时反映系统结构的各个部分。给出了能控性、能观测性与系统传递函数矩阵的关系,单变量系统能控又能观测的充要条件是没有零极点相消现象,而这对于多变量系统来说则是充分条件。

## 典型例题分析

**例 1**　试证明下式表示的系统对所有的 $a$、$b$、$c$ 值都是能控且能观的。

$$\left.\begin{aligned}\dot{\boldsymbol{x}} &= \begin{bmatrix} 0 & 1 & 0 \\ 0 & 0 & 1 \\ -a & -b & -c \end{bmatrix}\boldsymbol{x} + \begin{bmatrix} 0 \\ 0 \\ 1 \end{bmatrix}u \\ y &= \begin{bmatrix} 1 & 0 & 0 \end{bmatrix}\boldsymbol{x}\end{aligned}\right\}$$

**证明**　能控性矩阵

$$\boldsymbol{Q}_c = [\boldsymbol{b} \quad \boldsymbol{Ab} \quad \boldsymbol{A}^2\boldsymbol{b}] = \begin{bmatrix} 0 & 0 & 1 \\ 0 & 1 & -c \\ 1 & c & -b+c^2 \end{bmatrix}$$

可见，对于任意的 $b$、$c$，$\mathrm{rank}\boldsymbol{Q}_c = 3$，即系统是完全能控的。能观性矩阵

$$\boldsymbol{Q}_o = \begin{bmatrix} \boldsymbol{C} \\ \boldsymbol{CA} \\ \boldsymbol{CA}^2 \end{bmatrix} = \begin{bmatrix} 1 & 0 & 0 \\ 0 & 1 & 0 \\ 0 & 0 & 1 \end{bmatrix}$$

$\mathrm{rank}\boldsymbol{Q}_o = 3$，与 $a$、$b$、$c$ 取值无关。所以，该系统无论 $a$、$b$、$c$ 为何值都是能控且能观的。

**例 2**　已知系统的传递函数

$$G(s) = \frac{s+a}{s^3+7s^2+14s+8}$$

（1）$a$ 为何值时，系统将是不完全能控或不完全能观的？

（2）当 $a=1$ 时，写出它的完全能控但不完全能观的三阶实现。

（3）当 $a=1$ 时，写出它的完全能观但不完全能控的三阶实现。

**解**

（1）$G(s) = \dfrac{s+a}{s^3+7s^2+14s+8} = \dfrac{s+a}{(s+1)(s+2)(s+4)}$

当 $a$ 为 1、2、4 时，该单入单出系统传递函数有零极点相消，所以系统将是不完全能控或不完全能观的。

（2）当 $a=1$ 时，根据系统传递函数写出的三阶能控标准形实现必是完全能控但不完全能观的，这时

$$\boldsymbol{A} = \begin{bmatrix} 0 & 1 & 0 \\ 0 & 0 & 1 \\ -8 & -14 & -7 \end{bmatrix} \qquad \boldsymbol{b} = \begin{bmatrix} 0 \\ 0 \\ 1 \end{bmatrix} \qquad \boldsymbol{C} = [1 \quad 1 \quad 0]$$

检验

$$\mathrm{rank}\begin{bmatrix} \boldsymbol{C} \\ \boldsymbol{CA} \\ \boldsymbol{CA}^2 \end{bmatrix} = \mathrm{rank}\begin{bmatrix} 1 & 1 & 0 \\ 0 & 1 & 1 \\ -8 & -14 & -6 \end{bmatrix} = 2 < 3$$

（3）当 $a=1$ 时，根据系统传递函数写出的三阶能观标准形实现必是完全能观但不完全能控的，这时

$$A = \begin{bmatrix} 0 & 0 & -8 \\ 1 & 0 & -14 \\ 0 & 1 & -7 \end{bmatrix} \quad b = \begin{bmatrix} 1 \\ 1 \\ 0 \end{bmatrix} \quad C = [0 \quad 0 \quad 1]$$

检验
$$\operatorname{rank}[\boldsymbol{b} \quad \boldsymbol{Ab} \quad \boldsymbol{A}^2\boldsymbol{b}] = \operatorname{rank}\begin{bmatrix} 1 & 0 & -8 \\ 1 & 1 & -14 \\ 0 & 1 & -6 \end{bmatrix} = 2 < 3$$

**例 3**　已知线性定常系统

$$\dot{\boldsymbol{x}} = \begin{bmatrix} 0 & 0 & -1 \\ 1 & 0 & -3 \\ 0 & 1 & -3 \end{bmatrix}\boldsymbol{x} + \begin{bmatrix} 1 \\ 1 \\ 0 \end{bmatrix}u$$
$$y = [0 \quad 1 \quad -2]\boldsymbol{x}$$

试对其进行能观测性分解。

**解**　该系统的能观性矩阵

$$\boldsymbol{Q}_o = \begin{bmatrix} \boldsymbol{C} \\ \boldsymbol{CA} \\ \boldsymbol{CA}^2 \end{bmatrix} = \begin{bmatrix} 0 & 1 & -2 \\ 1 & -2 & 3 \\ -2 & 3 & 4 \end{bmatrix}$$

$\operatorname{rank}\boldsymbol{Q}_o = 2 < 3$，故系统不完全能观测。

构造非奇异变换矩阵

$$\boldsymbol{T}^{-1} = \begin{bmatrix} 0 & 1 & -2 \\ 1 & -2 & 3 \\ 0 & 0 & 1 \end{bmatrix}$$

该矩阵前两行为 $\boldsymbol{Q}_o$ 的前两行，第三行为任选的行向量与前面两行线性无关，则

$$\boldsymbol{T} = \begin{bmatrix} 2 & 1 & 1 \\ 1 & 0 & 2 \\ 0 & 0 & 1 \end{bmatrix}$$

那么

$$\bar{\boldsymbol{A}} = \boldsymbol{T}^{-1}\boldsymbol{AT} = \begin{bmatrix} 0 & 1 & -2 \\ 1 & -2 & 3 \\ 0 & 0 & 1 \end{bmatrix}\begin{bmatrix} 0 & 0 & -1 \\ 1 & 0 & -3 \\ 0 & 1 & -3 \end{bmatrix}\begin{bmatrix} 2 & 1 & 1 \\ 1 & 0 & 2 \\ 0 & 0 & 1 \end{bmatrix} = \begin{bmatrix} 0 & 1 & 0 \\ -1 & -2 & 0 \\ 1 & 0 & -1 \end{bmatrix}$$

$$\bar{\boldsymbol{b}} = \boldsymbol{T}^{-1}\boldsymbol{b} = \begin{bmatrix} 0 & 1 & -2 \\ 1 & -2 & 3 \\ 0 & 0 & 1 \end{bmatrix}\begin{bmatrix} 1 \\ 1 \\ 0 \end{bmatrix} = \begin{bmatrix} 1 \\ -1 \\ 0 \end{bmatrix}$$

$$\bar{\boldsymbol{C}} = \boldsymbol{CT} = [0 \quad 1 \quad -2]\begin{bmatrix} 2 & 1 & 1 \\ 1 & 0 & 2 \\ 0 & 0 & 1 \end{bmatrix} = [1 \quad 0 \quad 0]$$

分解后系统的状态空间表达式为

$$\dot{\bar{\boldsymbol{x}}} = \begin{bmatrix} 0 & 1 & 0 \\ -1 & -2 & 0 \\ 1 & 0 & -1 \end{bmatrix}\bar{\boldsymbol{x}} + \begin{bmatrix} 1 \\ -1 \\ 0 \end{bmatrix}u$$

$$y=[1\quad 0\quad 0]\bar{\boldsymbol{x}}$$

其中,能观子系统为

$$\begin{bmatrix}\dot{\bar{x}}_1\\ \dot{\bar{x}}_2\end{bmatrix}=\begin{bmatrix}0 & 1\\ -1 & -2\end{bmatrix}\begin{bmatrix}\bar{x}_1\\ \bar{x}_2\end{bmatrix}+\begin{bmatrix}1\\ -1\end{bmatrix}u$$

$$y=[1\quad 0]\begin{bmatrix}\bar{x}_1\\ \bar{x}_2\end{bmatrix}$$

在进行能控能观性分解时,变换矩阵的选取是不唯一的,但变换后能控能观子系统是相同的。

本题中,如取

$$\boldsymbol{T}^{-1}=\begin{bmatrix}0 & 1 & -2\\ 1 & -2 & 3\\ 1 & 0 & 0\end{bmatrix}\qquad \boldsymbol{T}=\begin{bmatrix}0 & 0 & 1\\ -3 & -2 & 2\\ -2 & -1 & 1\end{bmatrix}$$

那么变换后

$$\dot{\bar{\boldsymbol{x}}}=\begin{bmatrix}0 & 1 & 0\\ -1 & -2 & 0\\ 2 & 1 & -1\end{bmatrix}\bar{\boldsymbol{x}}+\begin{bmatrix}1\\ -1\\ 1\end{bmatrix}u$$

$$y=[1\quad 0\quad 0]\bar{\boldsymbol{x}}$$

可见,其能观测子系统仍为

$$\begin{bmatrix}\dot{\bar{x}}_1\\ \dot{\bar{x}}_2\end{bmatrix}=\begin{bmatrix}0 & 1\\ -1 & -2\end{bmatrix}\begin{bmatrix}\bar{x}_1\\ \bar{x}_2\end{bmatrix}+\begin{bmatrix}1\\ -1\end{bmatrix}u$$

$$y=[1\quad 0]\begin{bmatrix}\bar{x}_1\\ \bar{x}_2\end{bmatrix}$$

**例 4**　系统 $\Sigma_1$ 和 $\Sigma_2$ 如例图 1 所示串联连接。

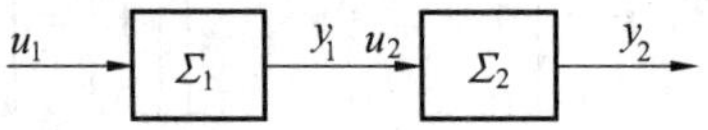


例图 1　例 4 系统

其中

$$\left.\begin{aligned}&\Sigma_1\quad \dot{x}_1=\begin{bmatrix}0 & 1\\ -3 & -4\end{bmatrix}x_1+\begin{bmatrix}0\\ 1\end{bmatrix}u_1,y_1=[2\quad 1]x_1\\ &\Sigma_2\quad \dot{x}_2=-2x_2+u_2,y_2=x_2\end{aligned}\right\}$$

(1) 求串联后系统的状态空间表达式。

(2) 分析串联后系统的能控能观性。

**解**　(1) 因为 $u = u_1, u_2 = y_1, y = y_2$,所以

$$\dot{x}_1 = \begin{bmatrix} 0 & 1 \\ -3 & -4 \end{bmatrix} x_1 + \begin{bmatrix} 0 \\ 1 \end{bmatrix} u$$

$$y_1 = [2 \quad 1] x_1$$

$$\dot{x}_2 = -2x_2 + y_1 = [2 \quad 1] x_1 - 2x_2$$

$$y = x_2$$

即串联后系统的状态空间表达式为

$$\begin{bmatrix} \dot{x}_1 \\ \dot{x}_2 \end{bmatrix} = \begin{bmatrix} 0 & 1 & 0 \\ -3 & -4 & 0 \\ 2 & 1 & -2 \end{bmatrix} \begin{bmatrix} x_1 \\ x_2 \end{bmatrix} + \begin{bmatrix} 0 \\ 1 \\ 0 \end{bmatrix} u$$

$$\boldsymbol{y} = [0 \quad 0 \quad 1] \begin{bmatrix} x_1 \\ x_2 \end{bmatrix}$$

(2) 容易看出系统 $\Sigma_1$ 和系统 $\Sigma_2$ 都是既完全能控也完全能观的,但串联后

$$\text{rank}[\boldsymbol{b} \quad \boldsymbol{AB} \quad \boldsymbol{A}^2\boldsymbol{b}] = \text{rank}\begin{bmatrix} 0 & 1 & -4 \\ 1 & -4 & 13 \\ 0 & 1 & -4 \end{bmatrix} = 2 < 3$$

$$\text{rank}\begin{bmatrix} \boldsymbol{C} \\ \boldsymbol{CA} \\ \boldsymbol{CA}^2 \end{bmatrix} = \text{rank}\begin{bmatrix} 0 & 0 & 1 \\ 2 & 1 & -2 \\ -7 & -4 & 4 \end{bmatrix} = 3$$

即系统为完全能观但不完全能控的,这是由于串联后系统发生了零极点对消现象。

# 习　　题

4.1　试判断下列系统的状态能控性。

(1) $\begin{bmatrix} \dot{x}_1 \\ \dot{x}_2 \end{bmatrix} = \begin{bmatrix} -1 & 0 \\ 0 & -2 \end{bmatrix} \begin{bmatrix} x_1 \\ x_2 \end{bmatrix} + \begin{bmatrix} 2 \\ 1 \end{bmatrix} u$

(2) $\begin{bmatrix} \dot{x}_1 \\ \dot{x}_2 \\ \dot{x}_3 \end{bmatrix} = \begin{bmatrix} -1 & 1 & 0 \\ 0 & -1 & 0 \\ 0 & 0 & -2 \end{bmatrix} \begin{bmatrix} x_1 \\ x_2 \\ x_3 \end{bmatrix} + \begin{bmatrix} 0 \\ 4 \\ 3 \end{bmatrix} u$

(3) $\begin{bmatrix} \dot{x}_1 \\ \dot{x}_2 \end{bmatrix} = \begin{bmatrix} 1 & 0 \\ -1 & 2 \end{bmatrix} \begin{bmatrix} x_1 \\ x_2 \end{bmatrix} + \begin{bmatrix} 1 \\ 0 \end{bmatrix} u$

(4) $\begin{bmatrix} \dot{x}_1 \\ \dot{x}_2 \\ \dot{x}_3 \end{bmatrix} = \begin{bmatrix} 1 & 0 & 0 \\ 0 & 2 & -2 \\ -1 & 1 & 0 \end{bmatrix} \begin{bmatrix} x_1 \\ x_2 \\ x_3 \end{bmatrix} + \begin{bmatrix} 1 \\ 0 \\ 0 \end{bmatrix} u$

4.2　试判断下列系统的状态能观测性。

(1) $\begin{bmatrix} \dot{x}_1 \\ \dot{x}_2 \end{bmatrix} = \begin{bmatrix} 0 & 1 \\ -2 & -3 \end{bmatrix} \begin{bmatrix} x_1 \\ x_2 \end{bmatrix} + \begin{bmatrix} 0 \\ 2 \end{bmatrix} u$

$y = [3 \quad 1]\boldsymbol{x}$

(2) $\begin{bmatrix} \dot{x}_1 \\ \dot{x}_2 \\ \dot{x}_3 \end{bmatrix} = \begin{bmatrix} -7 & 0 & 0 \\ 0 & -5 & 0 \\ 0 & 0 & -1 \end{bmatrix} \begin{bmatrix} x_1 \\ x_2 \\ x_3 \end{bmatrix}$

$\begin{bmatrix} y_1 \\ y_2 \end{bmatrix} = \begin{bmatrix} 3 & 2 & 0 \\ 0 & 3 & 1 \end{bmatrix} \begin{bmatrix} x_1 \\ x_2 \\ x_3 \end{bmatrix}$

(3) $\begin{bmatrix} \dot{x}_1 \\ \dot{x}_2 \end{bmatrix} = \begin{bmatrix} 2 & -1 \\ 2 & -1 \end{bmatrix} \begin{bmatrix} x_1 \\ x_2 \end{bmatrix}$

$y = [1 \quad 1] \begin{bmatrix} x_1 \\ x_2 \end{bmatrix}$

(4) $\begin{bmatrix} \dot{x}_1 \\ \dot{x}_2 \\ \dot{x}_3 \end{bmatrix} = \begin{bmatrix} 1 & 0 & -1 \\ -1 & -2 & 0 \\ 3 & 0 & 0 \end{bmatrix} \begin{bmatrix} x_1 \\ x_2 \\ x_3 \end{bmatrix}$

$\begin{bmatrix} y_1 \\ y_2 \end{bmatrix} = \begin{bmatrix} 1 & 0 & 0 \\ 0 & -1 & 0 \end{bmatrix} \begin{bmatrix} x_1 \\ x_2 \\ x_3 \end{bmatrix}$

4.3　确定下列系统状态能控时参数 $a$、$b$、$c$ 应满足什么条件？

(1) $\begin{bmatrix} \dot{x}_1 \\ \dot{x}_2 \end{bmatrix} = \begin{bmatrix} a & 1 \\ -1 & 0 \end{bmatrix} \begin{bmatrix} x_1 \\ x_2 \end{bmatrix} + \begin{bmatrix} b \\ -1 \end{bmatrix} u$

(2) $\begin{bmatrix} \dot{x}_1 \\ \dot{x}_2 \\ \dot{x}_3 \end{bmatrix} = \begin{bmatrix} \lambda_1 & 1 & 0 \\ 0 & \lambda_1 & 0 \\ 0 & 0 & \lambda_2 \end{bmatrix} \begin{bmatrix} x_1 \\ x_2 \\ x_3 \end{bmatrix} + \begin{bmatrix} a \\ b \\ c \end{bmatrix} u$

4.4　证明以下系统为状态完全能观测。

$$\begin{bmatrix} \dot{x}_1 \\ \dot{x}_2 \\ \dot{x}_3 \end{bmatrix} = \begin{bmatrix} 0 & 0 & -a_3 \\ 1 & 0 & -a_2 \\ 0 & 1 & -a_1 \end{bmatrix} \begin{bmatrix} x_1 \\ x_2 \\ x_3 \end{bmatrix} + \begin{bmatrix} b_1 \\ b_2 \\ b_3 \end{bmatrix} u$$

$$y = [0 \quad 0 \quad 1] \begin{bmatrix} x_1 \\ x_2 \\ x_3 \end{bmatrix}$$

4.5 设系统的状态空间表达式为

$$\left.\begin{aligned}\begin{bmatrix}\dot{x}_1\\ \dot{x}_2\\ \dot{x}_3\end{bmatrix}&=\begin{bmatrix}1&3&2\\0&4&2\\0&0&1\end{bmatrix}\begin{bmatrix}x_1\\x_2\\x_3\end{bmatrix}+\begin{bmatrix}0&1\\0&0\\1&0\end{bmatrix}\begin{bmatrix}u_1\\u_2\end{bmatrix}\\ \begin{bmatrix}y_1\\y_2\end{bmatrix}&=\begin{bmatrix}1&0&0\\0&0&1\end{bmatrix}\begin{bmatrix}x_1\\x_2\\x_3\end{bmatrix}\end{aligned}\right\}$$

试判断此系统的状态能控性及状态能观测性，并求系统的传递函数矩阵，对所得结果进行讨论。

4.6 试将状态方程

$$\begin{bmatrix}\dot{x}_1\\ \dot{x}_2\end{bmatrix}=\begin{bmatrix}-1&0\\1&-2\end{bmatrix}\begin{bmatrix}x_1\\x_2\end{bmatrix}+\begin{bmatrix}1\\-1\end{bmatrix}u$$

化为能控标准形。

4.7 试将状态空间表达式

$$\dot{\boldsymbol{x}}=\begin{bmatrix}1&0\\-2&4\end{bmatrix}\boldsymbol{x}\qquad y=[-1\quad 1]\boldsymbol{x}$$

化为能观测标准形。

4.8 试讨论下列二阶系统的能观测性，并求出它们对偶系统的状态空间表达式，说明对偶系统的能控性。

(1) $$\left.\begin{aligned}\dot{\boldsymbol{x}}&=\begin{bmatrix}-1&0\\0&-2\end{bmatrix}\boldsymbol{x}+\begin{bmatrix}0\\2\end{bmatrix}u\\ y&=[1\quad 3]\boldsymbol{x}\end{aligned}\right\}$$

(2) $$\left.\begin{aligned}\dot{\boldsymbol{x}}&=\begin{bmatrix}-1&0\\0&-2\end{bmatrix}\boldsymbol{x}+\begin{bmatrix}1\\1\end{bmatrix}u\\ y&=[0\quad 1]\boldsymbol{x}\end{aligned}\right\}$$

4.9 设系统的传递函数为

$$W(s)=\frac{s+a}{s^3+7s^2+14s+8}$$

$a$ 为何值时，系统将不能控或不能观测。

4.10 系统状态方程为

$$\dot{\boldsymbol{x}}(k+1)=\begin{bmatrix}1&2&-1\\0&1&0\\1&0&3\end{bmatrix}\boldsymbol{x}(k)+\begin{bmatrix}1&0\\0&1\\0&0\end{bmatrix}\boldsymbol{u}(k)$$

试判断系统的能控性。

4.11 系统状态空间表达式为

$$\left.\begin{aligned}\dot{\boldsymbol{x}}&=\begin{bmatrix}0&0&-6\\1&0&-11\\0&1&-6\end{bmatrix}\boldsymbol{x}+\begin{bmatrix}3\\1\\0\end{bmatrix}u\\ y&=[0\quad 0\quad 1]\boldsymbol{x}\end{aligned}\right\}$$

试按能控性进行结构分解，指出能控的状态分量和不能控的状态分量。

4.12　系统状态空间表达式为

$$\left.\begin{aligned}\dot{\boldsymbol{x}} &= \begin{bmatrix} 0 & 1 & 0 \\ 0 & 0 & 1 \\ -2 & -5 & -4 \end{bmatrix}\boldsymbol{x} + \begin{bmatrix} 0 \\ 0 \\ 1 \end{bmatrix}u \\ y &= \begin{bmatrix} 2 & 1 & 0 \end{bmatrix}\boldsymbol{x}\end{aligned}\right\}$$

试按能观测性进行结构分解,并指出能观测状态分量和不能观测状态分量。

4.13　已知系统的状态空间表达式为

$$\left.\begin{aligned}\dot{\boldsymbol{x}} &= \begin{bmatrix} 1 & 0 & 0 \\ 2 & 2 & 3 \\ -2 & 0 & 1 \end{bmatrix}\boldsymbol{x} + \begin{bmatrix} 0 \\ 2 \\ -2 \end{bmatrix}u \\ y &= \begin{bmatrix} 1 & 1 & 2 \end{bmatrix}\boldsymbol{x}\end{aligned}\right\}$$

利用线性变换

$$\bar{\boldsymbol{x}} = \boldsymbol{T}\boldsymbol{x}$$

式中

$$\boldsymbol{T} = \begin{bmatrix} 1 & 0 & 1 \\ 0 & 0 & -1 \\ 0 & 1 & 1 \end{bmatrix}$$

对系统进行结构分解。试回答以下问题:

(1) 不能控但能观测的状态变量以 $x_1$、$x_2$、$x_3$ 的线性组合表示。

(2) 能控且能观测的状态变量以 $x_1$、$x_2$、$x_3$ 的线性组合表示。

(3) 试求这个系统的传递函数。

# 第 5 章　控制系统的李雅普诺夫稳定性分析

一个正常工作的控制系统,首先必须是稳定的,所以,关于控制系统稳定性分析的理论是控制理论的基本内容。在经典控制理论中,对于线性定常系统,已经有许多方便实用的判别系统稳定性的方法。如劳斯(E. J. Routh)和赫尔维茨(A. Hurwitz)分别于 1875 年和 1895 年提出的代数判据,1932 年乃奎斯特(H. Nyquist)提出的频率法,以及 1948 年依文斯(W. R. Evans)提出的根轨迹法等。但对于时变或非线性系统,要得到普遍适用的稳定性分析方法就困难得多。经典控制理论中的相平面法和描述函数法可以分析非线性系统平衡状态的稳定性,但它们都有一定的局限性。相平面法只适用于一阶、二阶系统,描述函数法是一种近似方法。

早在 1892 年,俄国学者李雅普诺夫(A. M. Ляпунов)发表了关于运动稳定性一般问题的论文。文中给出了稳定性概念的数学定义,并把分析稳定性问题的方法分为两类:李雅普诺夫第一法和李雅普诺夫第二法。前者是将非线性系统在工作点附近线性化,通过线性化微分方程的解来判断系统的稳定性。它的基本思想和方法与经典理论是一致的。而后者不必求解系统的微分方程,而是通过一个能量函数 —— 李雅普诺夫函数来判别系统的稳定性,所以也称为直接法。相应地把李雅普诺夫第一法称为间接法。

李雅普诺夫第二法是分析任意阶线性或非线性、定常或时变系统稳定性的一般性方法。它给出了非线性系统平衡状态稳定性的充分条件,提供了线性定常系统平衡状态稳定性的充分和必要条件,并证实对于大多数非线性系统,小信号线性近似的稳定性代表着非线性系统的区域稳定性。但由于该方法没能给出构造李雅普诺夫函数的方便实用的方法,所以在一段时间内并没有得到广泛的应用。随着现代控制理论的发展,特别是计算机技术的应用,李雅普诺夫第二法重新引起了人们的重视,并得到了深入的研究和发展。本章将介绍李雅普诺夫稳定性理论的主要内容及其应用。

## 5.1　李雅普诺夫意义下的稳定性

线性系统的稳定性只与系统本身的结构和参数有关,但对于非线性系统,其稳定性还与系统的初始条件及外界扰动的大小有关,李雅普诺夫给出了一种具有一般意义的稳定性的概念。

### 5.1.1　平衡状态

一般地,一个连续系统的状态方程描述为

$$\dot{\boldsymbol{x}}(t)=\boldsymbol{f}[t,\boldsymbol{x}(t),\boldsymbol{u}(t)]\qquad t\geqslant t_0 \tag{5.1}$$

式中,$\boldsymbol{x}(t)$ 为系统的 $n$ 维状态向量;$\boldsymbol{u}(t)$ 为系统的 $r$ 维输入向量;$\boldsymbol{f}$ 为与 $\boldsymbol{x}(t)$ 同维的线性或非线性向量函数。

对于要研究的已知输入作用下(包括没有外输入作用时)系统运动的稳定性问题,可将

式(5.1)改写为

$$\dot{\boldsymbol{x}}(t)=\boldsymbol{f}(t,\boldsymbol{x}(t)) \qquad t \geqslant t_0 \tag{5.2}$$

式(5.2)右端若不显含 $t$,则对应定常系统或自治系统;否则,为非自治系统。

设对于给定的初始状态 $\boldsymbol{x}(t_0)=\boldsymbol{x}_0$,式(5.2)有唯一解

$$\boldsymbol{x}(t)=\boldsymbol{\phi}(t,\boldsymbol{x}_0,t_0) \qquad t \geqslant t_0 \tag{5.3}$$

即 $\boldsymbol{x}(t)$ 是状态空间中起始于初始状态 $\boldsymbol{x}_0$ 的一条状态轨迹或一个运动。对于状态空间中不同的初始状态,系统有许多不同的状态轨迹或运动。

在式(5.2)描述的系统中,若对于所有 $t(t \geqslant t_0)$,总存在

$$\dot{\boldsymbol{x}}_e=\boldsymbol{f}(t,\boldsymbol{x}_e)=\boldsymbol{0} \tag{5.4}$$

则称 $\boldsymbol{x}_e$ 为系统的平衡状态。如果系统是线性定常系统,即 $\boldsymbol{f}(t,\boldsymbol{x})=\boldsymbol{A}\boldsymbol{x}$,则当 $\boldsymbol{A}$ 为非奇异矩阵时,系统存在唯一的平衡状态;当 $\boldsymbol{A}$ 为奇异矩阵时,系统存在无穷多个平衡状态。如果系统是非线性系统,可有一个或多个平衡状态。

研究系统的稳定性问题,主要是讨论系统平衡状态的稳定性。当系统存在多个平衡状态时,如果它们是彼此孤立的,则可以通过坐标变换将非零平衡状态移到坐标原点 $\boldsymbol{x}_e=\boldsymbol{0}$ 处。所以可以不失一般性地只分析坐标原点处平衡状态的稳定性。

### 5.1.2　稳定性的几个定义

以平衡状态 $\boldsymbol{x}_e$ 为圆心,半径为 $\varepsilon$ 的超球体 $S(\varepsilon)$ 可以表示为

$$\|\boldsymbol{x}-\boldsymbol{x}_e\| \leqslant \varepsilon \tag{5.5}$$

其中,$\|\boldsymbol{x}-\boldsymbol{x}_e\|$ 为欧几里得范数,即

$$\|\boldsymbol{x}-\boldsymbol{x}_e\|=[(x_1-x_{1e})^2+(x_2-x_{2e})^2+\cdots+(x_n-x_{ne})^2]^{\frac{1}{2}}$$

当 $\varepsilon$ 很小时,称 $S(\varepsilon)$ 为 $\boldsymbol{x}_e$ 的邻域。

1. 李雅普诺夫意义下稳定

在式(5.2)描述的系统中,如果对于任意给定的实数 $\varepsilon>0$,都相应地存在一个实数 $\delta(\varepsilon,t_0)>0$,使得由满足不等式

$$\|\boldsymbol{x}_0-\boldsymbol{x}_e\| \leqslant \delta(\varepsilon,t_0) \tag{5.6}$$

的任意初始状态 $\boldsymbol{x}_0$ 出发的解 $\boldsymbol{x}(t)$ 都有

$$\|\boldsymbol{x}(t)-\boldsymbol{x}_e\| \leqslant \varepsilon \qquad t_0 \leqslant t < \infty \tag{5.7}$$

则称平衡状态 $\boldsymbol{x}_e$ 为李雅普诺夫意义下稳定。一般来说,实数 $\delta$ 与 $\varepsilon$ 有关,也与 $t_0$ 有关;若 $\delta$ 与 $t_0$ 无关,则称该平衡状态为一致稳定的。

上述定义说明,对应于每一个邻域 $S(\varepsilon)$,都存在一个 $S(\delta)$,使得当 $t$ 无限增长时,从 $S(\delta)$ 出发的状态轨迹总不离开 $S(\varepsilon)$,即状态响应的幅值是有界的,则称系统的平衡状态 $\boldsymbol{x}_e$ 为李雅普诺夫意义下稳定。其在二维空间中的几何意义如图 5.1(a)所示。

2. 渐近稳定

如果系统平衡状态 $\boldsymbol{x}_e$ 是稳定的,而且从 $S(\delta)$ 出发的任意状态轨迹,当 $t$ 无限增长时,都不离开 $S(\varepsilon)$,且收敛于 $\boldsymbol{x}_e$,则称平衡状态 $\boldsymbol{x}_e$ 是渐近稳定的。显然,具有渐近稳定性的系统一定是李雅普诺夫意义下稳定的;但满足李雅普诺夫意义下稳定的系统不一定都具有渐近稳定性。如果 $\delta$ 与初始时刻 $t_0$ 无关,则称平衡状态 $\boldsymbol{x}_e$ 为一致渐近稳定。渐近稳定在二维空

间中的几何意义如图 5.1(b) 所示，它与图 5.1(a) 的区别是，状态轨迹 $\boldsymbol{x}(t)$ 不但有界，而且收敛于 $\boldsymbol{x}_e$。

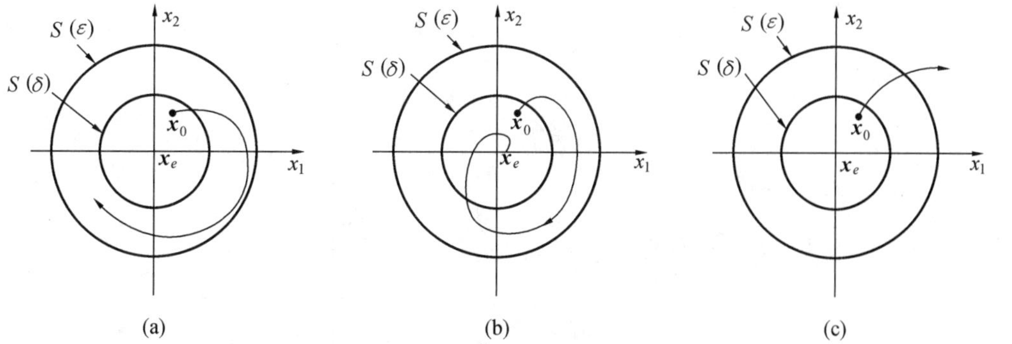


图 5.1　李雅普诺夫意义下稳定性的几何表示

李雅普诺夫意义下的渐近稳定性更具有实际意义，因为一般工程中的系统都要求是李雅普诺夫意义下渐近稳定的。但渐近稳定是个局部概念，通常需要确定渐近稳定性的最大范围。

如果平衡状态 $\boldsymbol{x}_e$ 是稳定的，而且从状态空间中所有点出发的状态轨迹都具有渐近稳定性，则称平衡状态 $\boldsymbol{x}_e$ 为大范围渐近稳定的。显然，大范围渐近稳定的必要条件是在整个状态空间中只有一个平衡状态。对于线性系统，如果平衡状态是渐近稳定的，则一定是大范围渐近稳定。对于非线性系统，一般能使 $\boldsymbol{x}_e$ 为渐近稳定的平衡状态的球域 $S(\delta)$ 是不大的，也称这样的状态为小范围渐近稳定。在控制工程中，如能确定一个渐近稳定的范围足够大，以致扰动不会超过它就可以了。

3. 不稳定

如果对于任意给定的实数 $\varepsilon > 0$，都相应地存在一个实数 $\delta > 0$，并且不论 $\delta$ 取的多么小，由 $S(\delta)$ 内出发的状态轨迹，至少有一条轨迹最终会越过 $S(\varepsilon)$，则称平衡状态 $\boldsymbol{x}_e$ 为不稳定。它在二维空间中的几何意义如图 5.1(c) 所示。由图可见，当 $\boldsymbol{x}_e$ 不稳定时，不管 $S(\delta)$ 取得多么小，总存在一个初始状态 $\boldsymbol{x}_0$，由此出发的状态轨迹 $\boldsymbol{x}(t)$ 将回不到 $S(\varepsilon)$ 的内部来。

由上述定义可知，经典控制理论中所说的稳定性，是李雅普诺夫意义下的渐近稳定性，在经典控制理论中也只讨论了线性系统的稳定性，而李雅普诺夫则概括了线性和非线性系统的一般情况，根据系统内部状态运动的形式给出了稳定性的一般定义，也把这种系统状态自由运动的稳定性称为内部稳定性，而将系统的有界输入有界输出(BIBO) 稳定性称为外部稳定性。

## 5.2　李雅普诺夫稳定性理论

### 5.2.1　李雅普诺夫第一法

李雅普诺夫第一法的基本思想是：如果系统的非线性状态方程可用其一次近似式线性化，则可通过对线性化方程的稳定性分析给出原非线性系统在小范围内的稳定性。

对于式(5.2)描述的系统,设$\boldsymbol{x}_e=\mathbf{0}$为其平衡状态,且向量函数$\boldsymbol{f}$对$\boldsymbol{x}$有连续的偏导数。可将该非线性向量函数在平衡状态$\boldsymbol{x}_e$附近展开成泰勒级数,即

$$\dot{\boldsymbol{x}}=\left.\frac{\partial \boldsymbol{f}(\boldsymbol{x},t)}{\partial \boldsymbol{x}^{\mathrm{T}}}\right|_{\boldsymbol{x}=\boldsymbol{x}_e}\boldsymbol{x}+\boldsymbol{R}(\boldsymbol{x}) \tag{5.8}$$

其中

$$\frac{\partial \boldsymbol{f}(\boldsymbol{x},t)}{\partial \boldsymbol{x}^{\mathrm{T}}}=\begin{bmatrix} \frac{\partial f_1}{\partial x_1} & \frac{\partial f_1}{\partial x_2} & \cdots & \frac{\partial f_1}{\partial x_n} \\ \frac{\partial f_2}{\partial x_1} & \frac{\partial f_2}{\partial x_2} & \cdots & \frac{\partial f_2}{\partial x_n} \\ \vdots & \vdots & & \vdots \\ \frac{\partial f_n}{\partial x_1} & \frac{\partial f_n}{\partial x_2} & \cdots & \frac{\partial f_n}{\partial x_n} \end{bmatrix}$$

称为雅可比(Jacobian)矩阵,$\boldsymbol{R}(\boldsymbol{x})$为包含对$\boldsymbol{x}$的二次及二次以上导数的高阶项。

在式(5.8)中如果忽略高阶项$\boldsymbol{R}(\boldsymbol{x})$,可得原非线性方程的一次近似式

$$\dot{\boldsymbol{x}}=\boldsymbol{A}\boldsymbol{x} \tag{5.9}$$

其中

$$\boldsymbol{A}=\left.\frac{\partial \boldsymbol{f}(\boldsymbol{x},t)}{\partial \boldsymbol{x}^{\mathrm{T}}}\right|_{\boldsymbol{x}=\boldsymbol{x}_e}$$

李雅普诺夫第一法的基本内容为:

(1) 如果方程(5.9)中系数矩阵$\boldsymbol{A}$的所有特征值都具有负实部,则系统(5.2)的平衡状态$\boldsymbol{x}_e$是渐近稳定的,且系统的稳定性与高阶项$\boldsymbol{R}(\boldsymbol{x})$无关。

(2) 如果方程(5.9)中系数矩阵$\boldsymbol{A}$的特征值中,至少有一个具有正实部,则不论$\boldsymbol{R}(\boldsymbol{x})$的情况如何,系统的平衡状态$\boldsymbol{x}_e$总是不稳定的。

(3) 如果方程(5.9)中系数矩阵$\boldsymbol{A}$的特征值中虽然没有实部为正的,但有实部为零的,则系统平衡状态$\boldsymbol{x}_e$的稳定性由高阶项$\boldsymbol{R}(\boldsymbol{x})$决定,即不能由它的一次近似式来表征。

**例 5.1**　试确定 Vanderpol 方程

$$\ddot{x}+\mu(x^2-1)\dot{x}+x=V \qquad \mu<0 \tag{5.10}$$

对应系统渐近稳定的范围。

**解**　(1) 令$x_1=x, x_2=\dot{x}$,则系统的状态方程为

$$\left.\begin{aligned}\dot{x}_1&=x_2\\ \dot{x}_2&=-\mu(x_1^2-1)x_2-x_1+V\end{aligned}\right\} \tag{5.11}$$

这是一个非线性状态方程,其平衡状态为

$$\boldsymbol{x}_e=\begin{bmatrix}x_{e1}\\x_{e2}\end{bmatrix}=\begin{bmatrix}V\\0\end{bmatrix}$$

(2) 将方程(5.11)线性化,有

$$\boldsymbol{A}=\left.\frac{\partial \boldsymbol{f}}{\partial \boldsymbol{x}^{\mathrm{T}}}\right|_{\boldsymbol{x}=\boldsymbol{x}_e}=\begin{bmatrix}0 & 1\\ -1 & -\mu(V^2-1)\end{bmatrix}$$

$\boldsymbol{A}$的特征方程为

$$\det\boldsymbol{A}=\lambda^2+\mu(V^2-1)\lambda+1=0$$

$\boldsymbol{A}$ 的特征值均为负实部的充要条件是

$$\mu(V^2 - 1) > 0$$

已知 $\mu < 0$,所以应有

$$V < 1$$

根据李雅普诺夫第一法,容易得到线性系统渐近稳定的充要条件。

对于线性定常系统 $\Sigma = (\boldsymbol{A},\boldsymbol{B},\boldsymbol{C})$,有

$$\left.\begin{aligned} \dot{\boldsymbol{x}} &= \boldsymbol{A}\boldsymbol{x} + \boldsymbol{B}\boldsymbol{u} \\ \boldsymbol{y} &= \boldsymbol{C}\boldsymbol{x} \end{aligned}\right\} \tag{5.12}$$

系统渐近稳定的充分必要条件是矩阵 $\boldsymbol{A}$ 的所有特征值都具有负实部。

由于李雅普诺夫稳定性指的是系统的内部稳定性,一个系统可能不具有内部稳定性,但具有输入输出稳定性。因为线性定常系统 $\Sigma = (\boldsymbol{A},\boldsymbol{B},\boldsymbol{C})$ 的 BIBO 稳定是通过其传递函数 $\boldsymbol{G}(s) = \boldsymbol{C}(s\boldsymbol{I} - \boldsymbol{A})^{-1}\boldsymbol{B}$ 的极点来判断的。由于 $\boldsymbol{G}(s)$ 的所有极点都是 $\boldsymbol{A}$ 的特征值,所以系统是渐近稳定的,也是输入输出稳定的。但不是 $\boldsymbol{A}$ 的所有特征值都是 $\boldsymbol{G}(s)$ 的极点,因为 $\boldsymbol{G}(s)$ 中可能存在零极点对消现象。当 $\boldsymbol{G}(s)$ 存在零极点对消时,系统是不可控或不可观测的,这时系统可能具有输入输出稳定性而不具有渐近稳定性。

**例 5.2**　分析线性定常系统的渐近稳定性

$$\dot{\boldsymbol{x}} = \begin{bmatrix} 0 & 6 \\ 1 & -1 \end{bmatrix} \boldsymbol{x} + \begin{bmatrix} -2 \\ 1 \end{bmatrix} u$$

$$y = [0 \quad 1]\boldsymbol{x}$$

**解**　矩阵 $\boldsymbol{A}$ 的特征方程为

$$\det[\lambda \boldsymbol{I} - \boldsymbol{A}] = \lambda(\lambda + 1) - 6 = \lambda^2 + \lambda - 6 = (\lambda - 2)(\lambda + 3) = 0$$

得 $\lambda_1 = 2, \lambda_2 = -3$。所以系统不是渐近稳定的。

但

$$\boldsymbol{G}(s) = [0 \quad 1]\begin{bmatrix} s & -6 \\ -1 & s+1 \end{bmatrix}^{-1}\begin{bmatrix} -2 \\ 1 \end{bmatrix} = \frac{1}{s+3}$$

所以,系统是输入输出稳定的。这是因为特征值 $\lambda_1 = 2$ 被传递函数的零点对消掉了。

## 5.2.2　李雅普诺夫第二法

李雅普诺夫第一法的实质是通过线性化方程解的性质来判断系统平衡状态的稳定性,又称为间接法。能否不通过状态方程的解直接判断系统平衡状态的稳定性呢?李雅普诺夫第二法的思想基于这样一个事实:如果系统内部的储能随时间增长在衰减,则系统内部的能量会达到一个极小值,从而能够相对稳定地在此状态下运行。因此,可以利用某种能量函数来判断系统平衡状态的稳定性,也把这种判别方法称为直接法。

实际系统的储能形式有很多种,如电场储能为 $Cu^2/2$,磁场储能为 $Li^2/2$,直线运动储能为 $mv^2/2$,以及旋转运动储能为 $J\omega^2/2$ 等。但对于纯数学系统,很难找到一种定义能量函数的统一形式和简便方法。为了克服这个困难,李雅普诺夫提出可以虚构一个能量函数,后来被称为李雅普诺夫函数。李雅普诺夫函数应是 $n$ 维状态向量和时间 $t$ 的正定标量函数,即可用 $V(\boldsymbol{x},t)$ 来表示。若不显含 $t$,则记为 $V(\boldsymbol{x})$。对于一般的非线性系统,还未形成构造李雅普诺夫函数的通用方法;对于线性系统,通常可用二次型函数 $\boldsymbol{x}^{\mathrm{T}}\boldsymbol{P}\boldsymbol{x}$ 作为李雅普诺夫函数。

二次型函数的形式为

$$V(\boldsymbol{x}) = \boldsymbol{x}^{\mathrm{T}}\boldsymbol{P}\boldsymbol{x} = [x_1 \quad x_2 \quad \cdots \quad x_n]\begin{bmatrix} P_{11} & P_{12} & \cdots & P_{1n} \\ P_{21} & P_{22} & \cdots & P_{2n} \\ \vdots & \vdots & & \vdots \\ P_{n1} & P_{n2} & \cdots & P_{nn} \end{bmatrix}\begin{bmatrix} x_1 \\ x_2 \\ \vdots \\ x_n \end{bmatrix} \tag{5.13}$$

其中,$\boldsymbol{P}$ 为实对称矩阵,即 $P_{ij} = P_{ji}$。

二次型函数是标量函数,标量函数的基本特性就是定号性。在平衡状态 $\boldsymbol{x}_e$ 的邻域内,$V(\boldsymbol{x})$ 对所有的状态 $\boldsymbol{x}$ 有以下几种符号特征:

(1) 正定。当且仅当 $\boldsymbol{x} = \boldsymbol{0}$ 时,才有 $V(\boldsymbol{x}) = 0$;对任意非零 $\boldsymbol{x}$,总有 $V(\boldsymbol{x}) > 0$,则 $V(\boldsymbol{x})$ 为正定。

(2) 负定。如果 $-V(\boldsymbol{x})$ 是正定的,则称 $V(\boldsymbol{x})$ 为负定。

(3) 正半定。当 $\boldsymbol{x} = \boldsymbol{0}$ 时,$V(\boldsymbol{x}) = 0$;对任意非零 $\boldsymbol{x}$,$V(\boldsymbol{x}) \geqslant 0$,则 $V(\boldsymbol{x})$ 为正半定。

(4) 负半定。如果 $-V(\boldsymbol{x})$ 为正半定,则称 $V(\boldsymbol{x})$ 为负半定。

(5) 不定。不论 $\boldsymbol{x}_e$ 的邻域多么小,对所有的状态 $\boldsymbol{x}$,$V(\boldsymbol{x})$ 既可为正,也可为负,则称 $V(\boldsymbol{x})$ 的符号不定。

当标量函数取式(5.13)所示的二次型的形式时,二次型函数的符号可由 $\boldsymbol{P}$ 的符号确定,用赛尔维斯特(Sylvester)准则来判断。

(1) 二次型 $V(\boldsymbol{x}) = \boldsymbol{x}^{\mathrm{T}}\boldsymbol{P}\boldsymbol{x}$ 正定的充分必要条件是矩阵 $\boldsymbol{P}$ 正定,即 $\boldsymbol{P}$ 的所有主子行列式均为正,即 $\Delta_1 = P_{11} > 0, \Delta_2 = \begin{vmatrix} P_{11} & P_{12} \\ P_{21} & P_{22} \end{vmatrix} > 0, \cdots, \Delta n > 0$。

(2) 二次型 $V(\boldsymbol{x}) = \boldsymbol{x}^{\mathrm{T}}\boldsymbol{P}\boldsymbol{x}$ 负定的充分必要条件是矩阵 $\boldsymbol{P}$ 负定,即 $-\boldsymbol{P}$ 为正定。

(3) 二次型 $V(\boldsymbol{x}) = \boldsymbol{x}^{\mathrm{T}}\boldsymbol{P}\boldsymbol{x}$ 正半定的充分必要条件是矩阵 $\boldsymbol{P}$ 正半定,即 $\boldsymbol{P}$ 的所有主子行列式非负。

(4) 二次型 $V(\boldsymbol{x}) = \boldsymbol{x}^{\mathrm{T}}\boldsymbol{P}\boldsymbol{x}$ 负半定的充分必要条件是矩阵 $\boldsymbol{P}$ 负半定,即 $-\boldsymbol{P}$ 的所有主子行列式非负。

李雅普诺夫第二法,就是根据李雅普诺夫函数 $V(\boldsymbol{x},t)$ 及其沿状态轨线随时间的变化率的定号性来判断系统运动的稳定性。

**定理 5.1**　设系统的状态方程为

$$\dot{\boldsymbol{x}} = f(\boldsymbol{x},t) \tag{5.14}$$

如果在平衡状态 $\boldsymbol{x}_e = 0$ 的某邻域内,存在一个具有连续一阶偏导数的标量函数 $V(\boldsymbol{x},t)$,并且满足:

① $V(\boldsymbol{x},t)$ 正定;

② $\dot{V}(\boldsymbol{x},t)$ 负定,

则 $\boldsymbol{x}_e$ 是一致渐近稳定的。

如果随着 $\|\boldsymbol{x}\| \to \infty$,有 $V(\boldsymbol{x},t) \to \infty$,则 $\boldsymbol{x}_e$ 是大范围一致渐近稳定的。

**例 5.3**　系统的状态方程为

$$\dot{x}_1 = x_2 - x_1(x_1^2 + x_2^2)$$

$$\dot{x}_2 = -x_1 - x_2(x_1^2 + x_2^2)$$

判断系统平衡状态的稳定性。

**解**　令 $\dot{\boldsymbol{x}}=\boldsymbol{0}$，可得系统的平衡状态为 $x_1=0, x_2=0$。选取李雅普诺夫函数

$$V(\boldsymbol{x})=x_1^2+x_2^2>0$$

沿任意轨线 $V(\boldsymbol{x})$ 对时间的导数为

$$\dot{V}(\boldsymbol{x})=\frac{\partial V(\boldsymbol{x})}{\partial x_1}\dot{x}_1+\frac{\partial V(\boldsymbol{x})}{\partial x_2}\dot{x}_2=2x_1\dot{x}_1+2x_2\dot{x}_2=-2(x_1^2+x_2^2)^2$$

可见 $\dot{V}(\boldsymbol{x})$ 为负定，并且随着 $\|\boldsymbol{x}\|=\sqrt{x_1^2+x_2^2}\to\infty$，$V(\boldsymbol{x})\to\infty$，所以根据定理 5.1，平衡状态 $\boldsymbol{x}_e$ 是大范围渐近稳定的。

李雅普诺夫函数表征了系统的广义能量或广义距离，例 5.3 中的李雅普诺夫函数为

$$V(\boldsymbol{x})=x_1^2+x_2^2=\|\boldsymbol{x}\|^2$$

在二维状态空间中，$V(\boldsymbol{x})=\|\boldsymbol{x}\|^2=C$ 表示以原点（即平衡状态 $\boldsymbol{x}_e$）为圆心、半径为 $\sqrt{C}$ 的圆。$\dot{V}(\boldsymbol{x})$ 为负定，即代表状态空间中的点与原点的距离随时间的增长在减小，系统运动的状态轨迹由外向内穿过各 $V$ 圆，最后收敛于原点。图 5.2 表示了上例中的系统由某初始状态运动的轨迹。并且 $\|\boldsymbol{x}\|\to\infty$ 时，$V(\boldsymbol{x})\to\infty$，即在全局范围内，系统平衡状态对所有可能的初始状态都是渐近稳定的，即 $\boldsymbol{x}_e$ 是大范围渐近稳定的。

需要说明的是，定理 5.1 给出的是系统大范围一致渐近稳定的充分条件。即对于给定的系统，如果找到了满足定理条件的一个李雅普诺夫函数，则系统是大范围渐近稳定的。但如果没有找到满足条件的李雅普诺夫函数，并不能说明系统不是渐近稳定的，还需要由其他定理来判断。

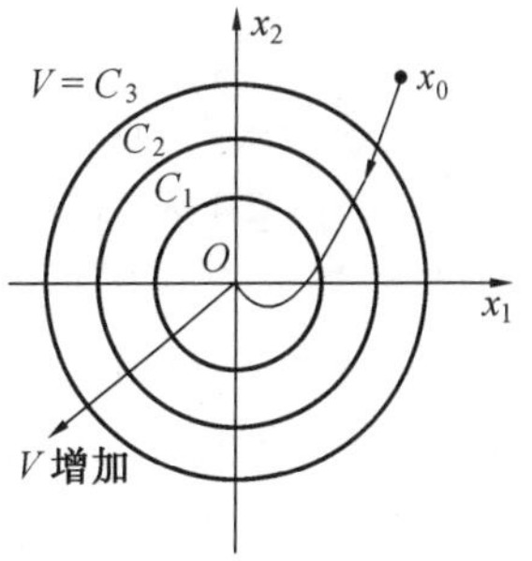

图 5.2　例 5.3 系统的一条状态轨迹

定理 5.1 是李雅普诺夫第二法的基本定理，但它的条件较强，不便于应用。根据研究，可以将平衡状态渐近稳定的条件，由 $V(\boldsymbol{x})$ 正定、$\dot{V}(\boldsymbol{x})$ 负定，削弱为 $V(\boldsymbol{x})$ 正定、$\dot{V}(\boldsymbol{x})$ 负半定和一个附加条件，即有如下定理。

**定理 5.2**　设系统的状态方程为

$$\dot{\boldsymbol{x}}=\boldsymbol{f}(\boldsymbol{x},t)$$

如果在平衡状态 $\boldsymbol{x}_e=\boldsymbol{0}$ 的某邻域内，存在一个具有连续一阶偏导数的标量函数 $V(\boldsymbol{x},t)$，并且满足

① $V(\boldsymbol{x},t)$ 正定；

② $\dot{V}(\boldsymbol{x},t)$ 负半定；

③ 对任意的 $t_0$ 和 $\boldsymbol{x}(t_0)=\boldsymbol{x}_0\neq\boldsymbol{0}$ 有

$$\dot{V}(\boldsymbol{x},t)=\dot{V}[\boldsymbol{\phi}(t;\boldsymbol{x}_0,t_0),t]\neq 0$$

则 $\boldsymbol{x}_e$ 是渐近稳定的。

如果当 $\|\boldsymbol{x}\|\to\infty$ 时，有 $V(\boldsymbol{x},t)\to\infty$，则该稳定性为大范围的。

定理 5.2 中的条件③表示，除平衡状态 $\boldsymbol{x}_e$ 外，状态轨迹上还会有 $\dot{V}(\boldsymbol{x},t)=0$ 的点，但不会在整条状态轨迹上有 $\dot{V}(\boldsymbol{x},t)=0$。也可以直观地理解为，因为 $\dot{V}(\boldsymbol{x},t)$ 是负半定的，所以系

统的状态轨迹可能在某些非零点上与一个特定的 $V(\boldsymbol{x},t)$ = 常值的曲面相切，在切点上 $\dot{V}(\boldsymbol{x},t)=0$。但对于整条状态轨迹来说，$\dot{V}(\boldsymbol{x},t)\not\equiv 0$，所以状态轨迹不会停留在切点处，而是继续运动到原点。

**例 5.4**　系统的状态方程为

$$\dot{x}_1 = x_2$$

$$\dot{x}_2 = -x_1 - x_2$$

判断系统平衡状态的稳定性。

**解**　令 $\dot{\boldsymbol{x}}=\boldsymbol{0}$，可得系统的平衡状态为 $x_1=0,x_2=0$。选取李雅普诺夫函数

$$V(\boldsymbol{x}) = x_1^2 + x_2^2 > 0$$

则

$$\dot{V}(\boldsymbol{x}) = 2x_1\dot{x}_1 + 2x_2\dot{x}_2 = -2x_2^2$$

可见，当 $x_1=0$、$x_2=0$ 时，$\dot{V}(\boldsymbol{x})=0$；$x_1\neq 0$、$x_2=0$ 时，也有 $\dot{V}(\boldsymbol{x})=0$。所以，$\dot{V}(\boldsymbol{x})$ 是负半定的。需要进一步判断当 $\boldsymbol{x}\neq 0$ 时，$\dot{V}(\boldsymbol{x})$ 是否恒等于零。

若 $\dot{V}(\boldsymbol{x})=-2x_2^2\equiv 0$，有 $x_2\equiv 0$，则 $\dot{x}_2$ 将恒为零。根据状态方程，必须有 $x_1=0$。这说明 $\dot{V}(\boldsymbol{x})$ 只可能在原点（$x_1=0$，$x_2=0$）处恒等于零，而不会在整条状态轨迹上恒等于零。

根据定理 5.2，系统在原点处的平衡状态是渐近稳定的。又由于 $\|\boldsymbol{x}\|\to\infty$，$V(\boldsymbol{x})\to\infty$，所以系统在原点处的平衡状态是大范围渐近稳定的，如图 5.3 所示。

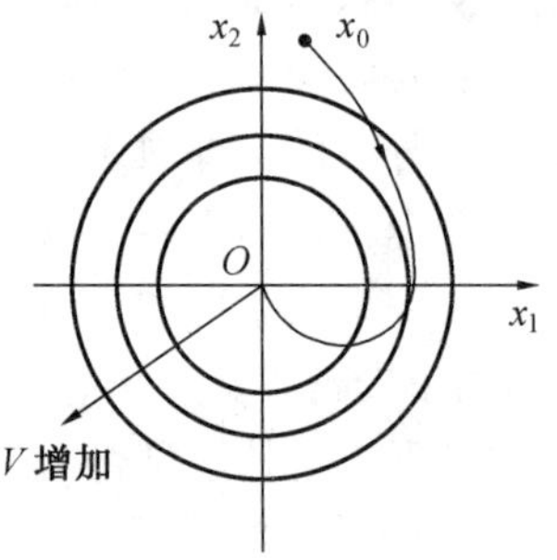


图 5.3　例 5.4 的状态轨迹

事实上，对于一个给定的系统，李雅普诺夫函数的选取不是唯一的。上例中如果选取李雅普诺夫函数为

$$V(\boldsymbol{x}) = \frac{1}{2}[(x_1+x_2)^2 + 2x_1^2 + x_2^2] > 0$$

则

$$\dot{V}(\boldsymbol{x}) = (x_1+x_2)(\dot{x}_1+\dot{x}_2) + 2x_1\dot{x}_1 + x_2\dot{x}_2 = -(x_1^2+x_2^2) < 0$$

并且当 $\|\boldsymbol{x}\|\to\infty$，$V(\boldsymbol{x})\to\infty$，所以根据定理 5.1，系统在原点处的平衡状态是大范围渐近稳定的。这样，就不需要对 $\dot{V}(\boldsymbol{x})$ 做进一步的判别了。

**定理 5.3**　设系统的状态方程为

$$\dot{\boldsymbol{x}} = \boldsymbol{f}(\boldsymbol{x},t)$$

如果在平衡状态 $\boldsymbol{x}_e=\boldsymbol{0}$ 的某邻域内，存在一个具有连续一阶偏导数的标量函数 $V(\boldsymbol{x},t)$，并且满足：

① $V(\boldsymbol{x},t)$ 正定；

② $\dot{V}(\boldsymbol{x},t)$ 负半定，

则 $\boldsymbol{x}_e$ 是李雅普诺夫意义下一致稳定的。

这个定理与定理 5.2 的区别是没有定理 5.2 中的第 3 个条件。这说明系统中可能存在这样的情况:系统沿状态轨迹运动时,存在闭合轨线满足 $\dot{V}(\boldsymbol{x},t)\equiv 0$。这时系统的运动不是收敛于原点,而是恒在这个闭合轨线上运动。如果系统是二维非线性系统,该闭合轨线称为极限环。如果是线性定常系统,在相平面上表现为一簇同心圆,$\boldsymbol{x}_e$ 为中心点,如图 5.4 所示。在经典控制理论中,称该线性定常系统为临界稳定。

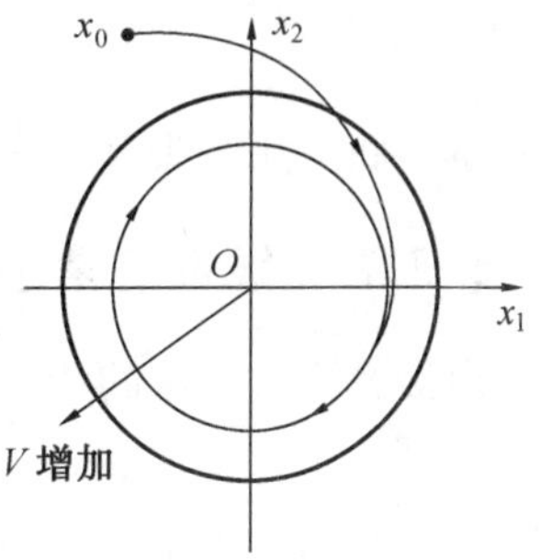


图 5.4　存在 $\dot{V}(\boldsymbol{x},t)\equiv 0$ 时的状态轨迹

**例 5.5**　系统的状态方程为

$$\left.\begin{aligned}\dot{x}_1&=kx_2\\ \dot{x}_2&=-x_1\end{aligned}\right\}$$

其中,$k$ 为大于零的常数。试判断系统平衡状态的稳定性。

**解**　令 $\dot{\boldsymbol{x}}=\boldsymbol{0}$,得系统的平衡状态为 $x_1=0,x_2=0$。选取李雅普诺夫函数为

$$V(\boldsymbol{x})=x_1^2+kx_2^2>0$$

则

$$\dot{V}(\boldsymbol{x})=2x_1\dot{x}_1+2kx_2\dot{x}_2=2kx_1x_2-2kx_1x_2\equiv 0$$

可见,$\dot{V}(\boldsymbol{x})$ 可在 $\boldsymbol{x}\neq\boldsymbol{0}$ 的值上保持为零。根据定理 5.3,平衡状态 $\boldsymbol{x}_e$ 为李雅普诺夫意义下稳定的。

**定理 5.4**　设系统的状态方程为

$$\dot{\boldsymbol{x}}=\boldsymbol{f}(\boldsymbol{x},t)$$

如果在平衡状态 $\boldsymbol{x}_e=\boldsymbol{0}$ 的某邻域内,存在一个具有连续一阶偏导数的标量函数 $V(\boldsymbol{x},t)$,并且满足

① $V(\boldsymbol{x},t)$ 正定;

② $\dot{V}(\boldsymbol{x},t)$ 正定,

则平衡状态 $\boldsymbol{x}_e$ 是不稳定的。

**例 5.6**　系统的状态方程为

$$\left.\begin{aligned}\dot{x}_1&=x_2\\ \dot{x}_2&=-x_1+x_2\end{aligned}\right\}$$

试判断系统平衡状态的稳定性。

**解**　令 $\dot{\boldsymbol{x}}=\boldsymbol{0}$,得系统的平衡状态为 $x_1=0,x_2=0$。选取李雅普诺夫函数为

$$V(\boldsymbol{x})=x_1^2+x_2^2>0$$

则

$$\dot{V}(\boldsymbol{x})=2x_1\dot{x}_1+2x_2\dot{x}_2=2x_1x_2+2x_2(-x_1+x_2)=2x_2^2$$

因为 $x_1\neq 0$、$x_2=0$ 时,$\dot{V}(\boldsymbol{x},t)=0$,所以 $\dot{V}(\boldsymbol{x},t)$ 为正半定。但 $\boldsymbol{x}\neq\boldsymbol{0}$ 时,$\dot{V}(\boldsymbol{x})$ 不恒为零,所以平衡状态 $\boldsymbol{x}_e$ 是不稳定的。

应用李雅普诺夫第二法分析系统的稳定性,关键是构造能够解决稳定性问题的李雅普

诺夫函数。研究人员已经给出了非线性系统李雅普诺夫函数的存在性定理,但目前还没有构造非线性系统李雅普诺夫函数的一般实用方法。很多学者也在致力于这方面的研究,对于一些特殊的非线性系统已有了一些构造方法,并得到了实际应用。下面两节将讨论李雅普诺夫函数在线性和非线性系统中的构造问题。

## 5.3　线性系统的李雅普诺夫稳定性分析

本节将应用李雅普诺夫第二法来分析线性连续系统和线性离散系统的稳定性。

### 5.3.1　线性定常系统的李雅普诺夫稳定性分析

设线性定常系统的状态方程为

$$\dot{\boldsymbol{x}} = \boldsymbol{A}\boldsymbol{x} \tag{5.15}$$

式中,$\boldsymbol{x}$ 为 $n$ 维状态向量;$\boldsymbol{A}$ 为 $n \times n$ 维常系数矩阵。

当 $\boldsymbol{A}$ 为非奇异矩阵时,系统有唯一的平衡状态 $\boldsymbol{x}_e = \boldsymbol{0}$。对于线性系统,如果 $\boldsymbol{x}_e$ 是渐近稳定的,则它一定是大范围渐近稳定的。现用李雅普诺夫第二法来分析该系统的稳定性问题。

选取简单的二次型函数作为李雅普诺夫函数,即

$$V(\boldsymbol{x}) = \boldsymbol{x}^{\mathrm{T}}\boldsymbol{P}\boldsymbol{x} \tag{5.16}$$

这样,$V(\boldsymbol{x})$ 应为正定的,根据赛尔维斯特准则,式(5.16) 中 $\boldsymbol{P}$ 应为正定实对称矩阵。

$V(\boldsymbol{x})$ 对时间的导数为

$$\dot{V}(\boldsymbol{x}) = \dot{\boldsymbol{x}}^{\mathrm{T}}\boldsymbol{P}\boldsymbol{x} + \boldsymbol{x}^{\mathrm{T}}\boldsymbol{P}\dot{\boldsymbol{x}}$$

将状态方程(5.15) 代入上式,有

$$\dot{V}(\boldsymbol{x}) = (\boldsymbol{A}\boldsymbol{x})^{\mathrm{T}}\boldsymbol{P}\boldsymbol{x} + \boldsymbol{x}^{\mathrm{T}}\boldsymbol{P}\boldsymbol{A}\boldsymbol{x} = \boldsymbol{x}^{\mathrm{T}}(\boldsymbol{A}^{\mathrm{T}}\boldsymbol{P} + \boldsymbol{P}\boldsymbol{A})\boldsymbol{x} \tag{5.17}$$

可见,二次型函数的导数仍为二次型。根据定理 5.1,如果系统(5.15) 的平衡状态 $\boldsymbol{x}_e$ 是渐近稳定的,则应有 $\dot{V}(\boldsymbol{x})$ 负定。将式(5.17) 改写为

$$\dot{V}(\boldsymbol{x}) = -\boldsymbol{x}^{\mathrm{T}}\boldsymbol{Q}\boldsymbol{x} \tag{5.18}$$

其中
$$\boldsymbol{Q} = -(\boldsymbol{A}^{\mathrm{T}}\boldsymbol{P} + \boldsymbol{P}\boldsymbol{A})。$$

由上述分析可知,$\boldsymbol{Q}$ 为正定实对称矩阵时,系统渐近稳定。

根据以上分析,可以得到将李雅普诺夫稳定性定理应用于线性定常系统时的逆定理。

**定理 5.5**　线性定常系统(5.15) 的零平衡状态 $\boldsymbol{x}_e$ 是大范围渐近稳定的充要条件是,任意给定一个正定实对称矩阵 $\boldsymbol{Q}$,存在一个正定实对称矩阵 $\boldsymbol{P}$,使满足

$$\boldsymbol{A}^{\mathrm{T}}\boldsymbol{P} + \boldsymbol{P}\boldsymbol{A} = -\boldsymbol{Q} \tag{5.19}$$

而且标量函数 $V(\boldsymbol{x}) = \boldsymbol{x}^{\mathrm{T}}\boldsymbol{P}\boldsymbol{x}$ 是该系统的一个李雅普诺夫函数。

矩阵方程(5.19) 也称为李雅普诺夫方程,在求解该方程时,一般先指定一个正定的 $\boldsymbol{Q}$ 阵,再检查 $\boldsymbol{P}$ 阵是否为正定。因为这样比先指定一个正定的 $\boldsymbol{P}$ 阵,再检查求得的 $\boldsymbol{Q}$ 阵是否正定要方便得多。在应用定理 5.5 时,由于正定实对称矩阵 $\boldsymbol{Q}$ 是任意给定的,为计算简便,可取 $\boldsymbol{Q} = \boldsymbol{I}$,其中 $\boldsymbol{I}$ 为单位阵。这时,$\boldsymbol{P}$ 阵的各元素由下式确定

$$\boldsymbol{A}^{\mathrm{T}}\boldsymbol{P} + \boldsymbol{P}\boldsymbol{A} = -\boldsymbol{I} \tag{5.20}$$

然后再由塞尔维斯特准则检验 $\boldsymbol{P}$ 阵是否为正定。

由于线性系统的渐近稳定性也可由 $\boldsymbol{A}$ 阵的特征值来表征，所以 $\boldsymbol{A}$ 的特征值与 $\boldsymbol{P}$ 的正定性之间有以下关系：若 $\boldsymbol{A}$ 阵每两个特征值之和都不为零，则存在唯一的对称正定矩阵 $\boldsymbol{P}$；若 $\boldsymbol{A}$ 阵的所有特征值都具有负实部，则 $\boldsymbol{P}$ 为正定；若 $\boldsymbol{A}$ 阵的所有特征值都具有正实部，则 $\boldsymbol{P}$ 为负定；若 $\boldsymbol{A}$ 阵的特征值有的实部为正，有的实部为负，则 $\boldsymbol{P}$ 不定。

关于 $\boldsymbol{Q}$ 阵的取法，还可以进一步简化。当 $\dot{V}(\boldsymbol{x}) = -\boldsymbol{x}^{\mathrm{T}}\boldsymbol{Q}\boldsymbol{x}$ 沿任意一条轨迹不恒等于零时，$\boldsymbol{Q}$ 也可取正半定矩阵，并且有以下定理。

**定理 5.6**　线性定常系统(5.15)的零平衡状态 $\boldsymbol{x}_e$ 是大范围渐近稳定的，对任意给定的一个正半定矩阵 $\boldsymbol{Q}$，李雅普诺夫方程(5.19)有唯一正定实对称矩阵解 $\boldsymbol{P}$ 的充分必要条件是

$$\mathrm{rank}\begin{bmatrix}\boldsymbol{Q} & \boldsymbol{A}^{\mathrm{T}}\boldsymbol{Q} & \cdots & (\boldsymbol{A}^{\mathrm{T}})^{n-1}\boldsymbol{Q}\end{bmatrix} = n \tag{5.21}$$

且标量函数 $V(\boldsymbol{x}) = \boldsymbol{x}^{\mathrm{T}}\boldsymbol{P}\boldsymbol{x}$ 是该系统的一个李雅普诺夫函数，该定理也是定理 5.2 的逆定理。

**例 5.7**　设系统的状态方程为

$$\begin{bmatrix}\dot{x}_1\\ \dot{x}_2\end{bmatrix} = \begin{bmatrix}0 & 1\\ -1 & -1\end{bmatrix}\begin{bmatrix}x_1\\ x_2\end{bmatrix}$$

判断系统零平衡状态的稳定性。

**解**　选取正定实对称矩阵 $\boldsymbol{Q} = \boldsymbol{I}$，代入李雅普诺夫方程

$$\boldsymbol{A}^{\mathrm{T}}\boldsymbol{P} + \boldsymbol{P}\boldsymbol{A} = -\boldsymbol{I}$$

并设实对称矩阵

$$\boldsymbol{P} = \begin{bmatrix}P_{11} & P_{12}\\ P_{12} & P_{22}\end{bmatrix}$$

则

$$\begin{bmatrix}0 & -1\\ 1 & -1\end{bmatrix}\begin{bmatrix}P_{11} & P_{12}\\ P_{12} & P_{22}\end{bmatrix} + \begin{bmatrix}P_{11} & P_{12}\\ P_{12} & P_{22}\end{bmatrix}\begin{bmatrix}0 & 1\\ -1 & -1\end{bmatrix} = \begin{bmatrix}-1 & 0\\ 0 & -1\end{bmatrix}$$

将矩阵方程展开，得方程组

$$\begin{aligned}-2P_{12} &= -1\\ P_{11} - P_{12} - P_{22} &= 0\\ 2P_{12} - 2P_{22} &= -1\end{aligned}$$

解得

$$\boldsymbol{P} = \begin{bmatrix}P_{11} & P_{12}\\ P_{12} & P_{22}\end{bmatrix} = \begin{bmatrix}\frac{3}{2} & \frac{1}{2}\\ \frac{1}{2} & 1\end{bmatrix}$$

应用赛尔维斯特准则来判断 $\boldsymbol{P}$ 的正定性

$$\Delta_1 = P_{11} = \frac{3}{2} > 0 \qquad \Delta_2 = \begin{vmatrix}P_{11} & P_{12}\\ P_{12} & P_{22}\end{vmatrix} = \begin{vmatrix}\frac{3}{2} & \frac{1}{2}\\ \frac{1}{2} & 1\end{vmatrix} = \frac{5}{4} > 0$$

所以 $\boldsymbol{P}$ 是正定的。根据定理 5.5，系统的零平衡状态是大范围渐近稳定的。而且可以写出系

统的一个李雅普诺夫函数

$$V(\boldsymbol{x})=\boldsymbol{x}^{\mathrm{T}}\boldsymbol{P}\boldsymbol{x}=\frac{1}{2}(3x_1^2+2x_1x_2+2x_2^2)>0$$

其沿状态轨迹的导数为

$$\dot{V}(\boldsymbol{x})=-(x_1^2+x_2^2)<0$$

**例 5.8**　求图 5.5 所示系统渐近稳定时 $k$ 的取值范围。

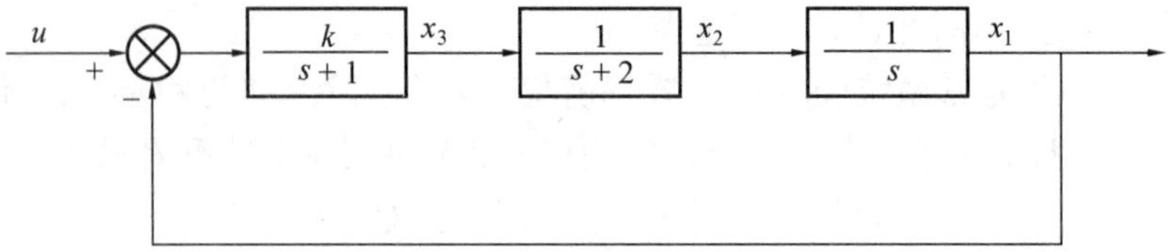


图 5.5　例 5.8 系统结构图

**解**　由系统结构图写出系统的状态方程为

$$\begin{bmatrix}\dot{x}_1\\ \dot{x}_2\\ \dot{x}_3\end{bmatrix}=\begin{bmatrix}0 & 1 & 0\\ 0 & -2 & 1\\ -k & 0 & -1\end{bmatrix}\begin{bmatrix}x_1\\ x_2\\ x_3\end{bmatrix}+\begin{bmatrix}0\\ 0\\ k\end{bmatrix}u$$

在判断系统稳定性时，设 $u=0$，则系统状态方程变为

$$\begin{bmatrix}\dot{x}_1\\ \dot{x}_2\\ \dot{x}_3\end{bmatrix}=\begin{bmatrix}0 & 1 & 0\\ 0 & -2 & 1\\ -k & 0 & -1\end{bmatrix}\begin{bmatrix}x_1\\ x_2\\ x_3\end{bmatrix}$$

由上式可以求得系统的平衡状态为 $\boldsymbol{x}_e=\boldsymbol{0}$。若选取 $\boldsymbol{Q}$ 为正半定实对称矩阵，则

$$\boldsymbol{Q}=\begin{bmatrix}0 & 0 & 0\\ 0 & 0 & 0\\ 0 & 0 & 1\end{bmatrix} \tag{5.22}$$

根据定理 5.6，需要检验下面矩阵的秩

$$[\boldsymbol{Q}\quad \boldsymbol{A}^{\mathrm{T}}\boldsymbol{Q}\quad (\boldsymbol{A}^{\mathrm{T}})^2\boldsymbol{Q}]=\begin{bmatrix}0 & 0 & 0 & 0 & 0 & -k & 0 & 0 & k\\ 0 & 0 & 0 & 0 & 0 & 0 & 0 & 0 & -k\\ 0 & 0 & 1 & 0 & 0 & -1 & 0 & 0 & 1\end{bmatrix}$$

可见，当 $k\neq 0$ 时，上面矩阵的秩为 3，所以可以选取式(5.22)形式的半正定 $\boldsymbol{Q}$ 阵。这一点也可以从 $\dot{V}(\boldsymbol{x})$ 在除原点外的状态轨迹处不恒为零来说明。

将实对称矩阵

$$\boldsymbol{P}=\begin{bmatrix}P_{11} & P_{12} & P_{13}\\ P_{12} & P_{22} & P_{23}\\ P_{13} & P_{23} & P_{33}\end{bmatrix}$$

代入李雅普诺夫方程

$$\boldsymbol{A}^{\mathrm{T}}\boldsymbol{P}+\boldsymbol{P}\boldsymbol{A}=-\boldsymbol{Q}$$

即

$$\begin{bmatrix} 0 & 0 & -k \\ 1 & -2 & 0 \\ 0 & 1 & -1 \end{bmatrix}\begin{bmatrix} P_{11} & P_{12} & P_{13} \\ P_{12} & P_{22} & P_{23} \\ P_{13} & P_{23} & P_{33} \end{bmatrix}+\begin{bmatrix} P_{11} & P_{12} & P_{13} \\ P_{12} & P_{22} & P_{23} \\ P_{13} & P_{23} & P_{33} \end{bmatrix}\begin{bmatrix} 0 & 0 & -k \\ 1 & -2 & 0 \\ 0 & 1 & -1 \end{bmatrix}=\begin{bmatrix} 0 & 0 & 0 \\ 0 & 0 & 0 \\ 0 & 0 & -1 \end{bmatrix}$$

由以上矩阵方程列出相应的方程组,解得

$$\boldsymbol{P}=\begin{bmatrix} \dfrac{k^2+12k}{12-2k} & \dfrac{6k}{12-2k} & 0 \\ \dfrac{6k}{12-2k} & \dfrac{3k}{12-2k} & \dfrac{k}{12-2k} \\ 0 & \dfrac{k}{12-2k} & \dfrac{6}{12-2k} \end{bmatrix}$$

根据赛尔维斯特准则,求得使 $\boldsymbol{P}$ 为正定的充要条件为

$$12-2k>0$$

$$k>0$$

即系统渐近稳定时 $k$ 的取值范围是 $0<k<6$。

### 5.3.2　线性定常离散系统的李雅普诺夫稳定性分析

设线性定常离散系统的状态方程为

$$\boldsymbol{x}(k+1)=\boldsymbol{G}\boldsymbol{x}(k) \tag{5.23}$$

式中,$\boldsymbol{x}$ 为 $n$ 维状态向量;$\boldsymbol{G}$ 为 $n\times n$ 维常系数矩阵。

当 $\boldsymbol{G}$ 为非奇异矩阵时,系统的平衡状态为 $\boldsymbol{x}_e=\boldsymbol{0}$。类似于线性定常系统的情况,线性定常离散时间系统的李雅普诺夫稳定性分析有如下定理。

**定理 5.7**　线性定常离散系统(5.23)的零平衡状态 $\boldsymbol{x}_e$ 是大范围渐近稳定的充要条件是,任意给定一个正定实对称矩阵 $\boldsymbol{Q}$,存在一个正定的实对称矩阵 $\boldsymbol{P}$,使满足

$$\boldsymbol{G}^{\mathrm{T}}\boldsymbol{P}\boldsymbol{G}-\boldsymbol{P}=-\boldsymbol{Q} \tag{5.24}$$

而且标量函数 $V[\boldsymbol{x}(k)]=\boldsymbol{x}^{\mathrm{T}}(k)\boldsymbol{P}\boldsymbol{x}(k)$ 是该系统的一个李雅普诺夫函数。

**证明**　设选取的李雅普诺夫函数为

$$V[\boldsymbol{x}(k)]=\boldsymbol{x}^{\mathrm{T}}(k)\boldsymbol{P}\boldsymbol{x}(k) \tag{5.25}$$

其中,$\boldsymbol{P}$ 为正定实对称矩阵。

对于离散系统,可以采用 $V[\boldsymbol{x}(k+1)]$ 与 $V[\boldsymbol{x}(k)]$ 之差代替连续系统中的导数 $\dot{V}(\boldsymbol{x})$,于是

$$\begin{aligned}\Delta V[\boldsymbol{x}(k)]=&V[\boldsymbol{x}(k+1)]-V[\boldsymbol{x}(k)]=\\ &\boldsymbol{x}^{\mathrm{T}}(k+1)\boldsymbol{P}\boldsymbol{x}(k+1)-\boldsymbol{x}^{\mathrm{T}}(k)\boldsymbol{P}\boldsymbol{x}(k)=\\ &[\boldsymbol{G}\boldsymbol{x}(k)]^{\mathrm{T}}\boldsymbol{P}[\boldsymbol{G}\boldsymbol{x}(k)]-\boldsymbol{x}^{\mathrm{T}}(k)\boldsymbol{P}\boldsymbol{x}(k)=\\ &\boldsymbol{x}^{\mathrm{T}}(k)\boldsymbol{G}^{\mathrm{T}}\boldsymbol{P}\boldsymbol{G}\boldsymbol{x}(k)-\boldsymbol{x}^{\mathrm{T}}(k)\boldsymbol{P}\boldsymbol{x}(k)=\\ &\boldsymbol{x}^{\mathrm{T}}(k)[\boldsymbol{G}^{\mathrm{T}}\boldsymbol{P}\boldsymbol{G}-\boldsymbol{P}]\boldsymbol{x}(k)\end{aligned} \tag{5.26}$$

根据渐近稳定的条件要求 $\Delta V[\boldsymbol{x}(k)]$ 为负定,式(5.26)中设

$$\boldsymbol{Q}=-[\boldsymbol{G}^{\mathrm{T}}\boldsymbol{P}\boldsymbol{G}-\boldsymbol{P}] \tag{5.27}$$

所以要求 $\boldsymbol{Q}$ 为正定矩阵。

与连续系统的情况相类似,可以先给定一个正定实对称矩阵 $\boldsymbol{Q}$,如可选 $\boldsymbol{Q}=\boldsymbol{I}$,然后由

$$\boldsymbol{G}^{\mathrm{T}}\boldsymbol{P}\boldsymbol{G}-\boldsymbol{P}=-\boldsymbol{I} \tag{5.28}$$

确定 $\boldsymbol{P}$,再检验矩阵 $\boldsymbol{P}$ 是否为正定。

如果除原点外,$\Delta V[\boldsymbol{x}(k)]=-\boldsymbol{x}^{\mathrm{T}}(k)\boldsymbol{Q}\boldsymbol{x}(k)$ 沿任一状态轨迹不恒等于零,$\boldsymbol{Q}$ 也可取为正半定矩阵。

**例 5.9**　已知离散系统的状态方程为

$$\boldsymbol{x}(k+1)=\begin{bmatrix}\lambda_1 & 0\\ 0 & \lambda_2\end{bmatrix}\boldsymbol{x}(k)$$

确定系统大范围渐近稳定的条件。

**解**　取 $\boldsymbol{Q}=\boldsymbol{I}$,根据式(5.28),可得

$$\begin{bmatrix}\lambda_1 & 0\\ 0 & \lambda_2\end{bmatrix}\begin{bmatrix}P_{11} & P_{12}\\ P_{21} & P_{22}\end{bmatrix}\begin{bmatrix}\lambda_1 & 0\\ 0 & \lambda_2\end{bmatrix}-\begin{bmatrix}P_{11} & P_{12}\\ P_{21} & P_{22}\end{bmatrix}=\begin{bmatrix}-1 & 0\\ 0 & -1\end{bmatrix}$$

化简为

$$\begin{bmatrix}P_{11}(1-\lambda_1^2) & P_{12}(1-\lambda_1\lambda_2)\\ P_{12}(1-\lambda_1\lambda_2) & P_{22}(1-\lambda_2^2)\end{bmatrix}=\begin{bmatrix}1 & 0\\ 0 & 1\end{bmatrix}$$

写出对应的方程组,并求解各元素,可得

$$\boldsymbol{P}=\begin{bmatrix}\dfrac{1}{1-\lambda_1^2} & 0\\ 0 & \dfrac{1}{1-\lambda_2^2}\end{bmatrix}$$

根据赛尔维斯特准则,要使 $\boldsymbol{P}$ 为正定,应满足

$$\Delta_1=\frac{1}{1-\lambda_1^2}>0 \qquad \Delta_2=\frac{1}{(1-\lambda_1^2)(1-\lambda_2^2)}>0$$

所以,当 $|\lambda_1|<1$ 和 $|\lambda_2|<1$ 时,该系统为大范围渐近稳定的。

## 5.4　非线性系统的李雅普诺夫稳定性分析

由于非线性特性的多样性,非线性系统的稳定性分析要复杂得多。如果非线性系统满足在其平衡点附近线性化的条件,则可用李雅普诺夫第一法来分析该平衡状态的稳定性。对于不满足线性化条件的非线性系统,李雅普诺夫第二法给出了平衡状态渐近稳定的充分条件。应用李雅普诺夫第二法研究非线性系统的稳定性,关键是构造李雅普诺夫函数。目前还没有构造非线性系统李雅普诺夫函数的一般实用方法,但针对一些特殊的、具体的系统,已有一些构造方法。本节将介绍两种通过某种特殊函数和特殊方法来构造李雅普诺夫函数,从而得出非线性系统渐近稳定的充分条件的方法。

### 5.4.1　克拉索夫斯基法

设非线性系统的状态方程为

$$\dot{\boldsymbol{x}}=\boldsymbol{f}(\boldsymbol{x}) \tag{5.29}$$

式中，$\boldsymbol{x}$ 为 $n$ 维向量；$\boldsymbol{f}(\boldsymbol{x})$ 为 $n$ 维向量函数。

设坐标原点为其平衡状态，即有 $\boldsymbol{x}_e = \boldsymbol{0}$。

为判别非线性系统(5.29)零平衡状态的稳定性，克拉索夫斯基(Красовский)提出不用状态向量 $\boldsymbol{x}$，而用其导数 $\dot{\boldsymbol{x}}$ 来构造李雅普诺夫函数。

**定理 5.8**　设式(5.29)中 $\boldsymbol{f}(\boldsymbol{x})$ 对 $\boldsymbol{x}_i(i=1,2,\cdots,n)$ 连续可微，系统的雅可比矩阵 $\boldsymbol{J}(\boldsymbol{x})$ 为

$$\boldsymbol{J}(\boldsymbol{x}) = \frac{\partial \boldsymbol{f}(\boldsymbol{x})}{\partial \boldsymbol{x}^{\mathrm{T}}} = \begin{bmatrix} \frac{\partial f_1}{\partial x_1} & \frac{\partial f_1}{\partial x_2} & \cdots & \frac{\partial f_1}{\partial x_n} \\ \frac{\partial f_2}{\partial x_1} & \frac{\partial f_2}{\partial x_2} & \cdots & \frac{\partial f_2}{\partial x_n} \\ \vdots & \vdots & & \vdots \\ \frac{\partial f_n}{\partial x_1} & \frac{\partial f_n}{\partial x_2} & \cdots & \frac{\partial f_n}{\partial x_n} \end{bmatrix} \tag{5.30}$$

如果实对称矩阵

$$\hat{\boldsymbol{J}}(\boldsymbol{x}) = \boldsymbol{J}^{\mathrm{T}}(\boldsymbol{x}) + \boldsymbol{J}(\boldsymbol{x}) \tag{5.31}$$

是负定的，则平衡状态 $\boldsymbol{x}_e$ 是渐近稳定的。而且标量函数

$$V(\boldsymbol{x}) = \boldsymbol{f}^{\mathrm{T}}(\boldsymbol{x})\boldsymbol{f}(\boldsymbol{x}) \tag{5.32}$$

是该系统的一个李雅普诺夫函数。

如果随着 $\|\boldsymbol{x}\| \to \infty$，有 $V(\boldsymbol{x}) \to \infty$，则该系统的平衡状态 $\boldsymbol{x}_e$ 是大范围渐近稳定的。

**证明**　由式(5.29)有

$$\dot{\boldsymbol{f}}(\boldsymbol{x}) = \frac{\partial \boldsymbol{f}(\boldsymbol{x})}{\partial \boldsymbol{x}^{\mathrm{T}}}\frac{\mathrm{d}\boldsymbol{x}}{\mathrm{d}t} = \frac{\partial \boldsymbol{f}(\boldsymbol{x})}{\partial \boldsymbol{x}^{\mathrm{T}}}\dot{\boldsymbol{x}} = \boldsymbol{J}(\boldsymbol{x})\boldsymbol{f}(\boldsymbol{x}) \tag{5.33}$$

所以

$$\begin{aligned} \dot{V}(\boldsymbol{x}) = {} & \dot{\boldsymbol{f}}^{\mathrm{T}}(\boldsymbol{x})\boldsymbol{f}(\boldsymbol{x}) + \boldsymbol{f}^{\mathrm{T}}(\boldsymbol{x})\dot{\boldsymbol{f}}(\boldsymbol{x}) = \\ & [\boldsymbol{J}(\boldsymbol{x})\boldsymbol{f}(\boldsymbol{x})]^{\mathrm{T}}\boldsymbol{f}(\boldsymbol{x}) + \boldsymbol{f}^{\mathrm{T}}(\boldsymbol{x})[\boldsymbol{J}(\boldsymbol{x})\boldsymbol{f}(\boldsymbol{x})] = \\ & \boldsymbol{f}^{\mathrm{T}}(\boldsymbol{x})[\boldsymbol{J}^{\mathrm{T}}(\boldsymbol{x}) + \boldsymbol{J}(\boldsymbol{x})]\boldsymbol{f}(\boldsymbol{x}) = \\ & \boldsymbol{f}^{\mathrm{T}}(\boldsymbol{x})\hat{\boldsymbol{J}}(\boldsymbol{x})\boldsymbol{f}(\boldsymbol{x}) \end{aligned} \tag{5.34}$$

由式(5.34)可见，若 $\hat{\boldsymbol{J}}(\boldsymbol{x})$ 是负定的，则 $\dot{V}(\boldsymbol{x})$ 也是负定的。而且，由于对任意 $n$ 维非零向量 $\boldsymbol{x}$ 有

$$\begin{aligned} \boldsymbol{x}^{\mathrm{T}}\hat{\boldsymbol{J}}(\boldsymbol{x})\boldsymbol{x} = {} & \boldsymbol{x}^{\mathrm{T}}[\boldsymbol{J}^{\mathrm{T}}(\boldsymbol{x}) + \boldsymbol{J}(\boldsymbol{x})]\boldsymbol{x} = \\ & \boldsymbol{x}^{\mathrm{T}}\boldsymbol{J}^{\mathrm{T}}(\boldsymbol{x})\boldsymbol{x} + \boldsymbol{x}^{\mathrm{T}}\boldsymbol{J}(\boldsymbol{x})\boldsymbol{x} = \\ & [\boldsymbol{x}^{\mathrm{T}}\boldsymbol{J}(\boldsymbol{x})\boldsymbol{x}]^{\mathrm{T}} + \boldsymbol{x}^{\mathrm{T}}\boldsymbol{J}(\boldsymbol{x})\boldsymbol{x} = \\ & 2\boldsymbol{x}^{\mathrm{T}}\boldsymbol{J}(\boldsymbol{x})\boldsymbol{x} \end{aligned} \tag{5.35}$$

上面最后一个等式成立是因为 $\boldsymbol{x}^{\mathrm{T}}\boldsymbol{J}(\boldsymbol{x})\boldsymbol{x}$ 为标量。式(5.35)说明当 $\hat{\boldsymbol{J}}(\boldsymbol{x})$ 为负定时，$\boldsymbol{J}(\boldsymbol{x})$ 也是负定的。因此，当 $\boldsymbol{x} \neq \boldsymbol{0}$ 时，$\boldsymbol{J}(\boldsymbol{x}) \neq \boldsymbol{0}$，即除 $\boldsymbol{x} = \boldsymbol{0}$ 外，不存在其他的平衡状态。所以 $V(\boldsymbol{x}) = \boldsymbol{f}^{\mathrm{T}}(\boldsymbol{x})\boldsymbol{f}(\boldsymbol{x})$ 是正定的标量函数。

综上，当 $\hat{\boldsymbol{J}}(\boldsymbol{x})$ 为负定时，$V(\boldsymbol{x})$ 是正定的，$\dot{V}(\boldsymbol{x})$ 是负定的。根据定理5.1，系统的平衡状态 $\boldsymbol{x}_e = \boldsymbol{0}$ 是渐近稳定的。$V(\boldsymbol{x}) = \boldsymbol{f}^{\mathrm{T}}(\boldsymbol{x})\boldsymbol{f}(\boldsymbol{x})$ 是系统的一个李雅普诺夫函数。

**例 5.10**　用克拉索夫斯基法分析非线性系统

$$\dot{x}_1 = -x_1$$

$$\dot{x}_2 = x_1 - x_2 - x_2^3$$

分析零平衡状态的稳定性。

**解**　由 $\dot{x}_1 = 0$ 和 $\dot{x}_2 = 0$ 确定系统的平衡状态为 $x_1 = x_2 = 0$。

令

$$\boldsymbol{f}(\boldsymbol{x}) = \begin{bmatrix} -x_1 \\ x_1 - x_2 - x_2^3 \end{bmatrix}$$

根据式(5.30)求系统的雅可比矩阵为

$$\boldsymbol{J}(\boldsymbol{x}) = \begin{bmatrix} -1 & 0 \\ 1 & -1 - 3x_2^2 \end{bmatrix}$$

再由式(5.31)计算矩阵

$$\hat{\boldsymbol{J}}(\boldsymbol{x}) = \boldsymbol{J}^{\mathrm{T}}(\boldsymbol{x}) + \boldsymbol{J}(\boldsymbol{x}) = \begin{bmatrix} -2 & 1 \\ 1 & -2 - 6x_2^2 \end{bmatrix}$$

由塞尔维斯特准则判断 $\hat{\boldsymbol{J}}(\boldsymbol{x})$ 的定号性

$$\Delta_1 = -2 < 0$$

$$\Delta_2 = -2(-2 - 6x_2^2) - 1 = 12x_2^2 + 3 > 0$$

所以 $\hat{\boldsymbol{J}}(\boldsymbol{x})$ 是负定的，从而平衡状态 $\boldsymbol{x}_{\mathrm{e}} = \boldsymbol{0}$ 是渐近稳定的。而且当 $\|\boldsymbol{x}\| \to \infty$ 时，有

$$V(\boldsymbol{x}) = \boldsymbol{f}^{\mathrm{T}}(\boldsymbol{x})\boldsymbol{f}(\boldsymbol{x}) = x_1^2 + (x_1 - x_2 - x_2^3)^2 \to \infty$$

则还可以判定零平衡状态是大范围渐近稳定的。

克拉索夫斯基法的优点是计算过程比较简单，即只需考察 $\hat{\boldsymbol{J}}(\boldsymbol{x}) = \boldsymbol{J}^{\mathrm{T}}(\boldsymbol{x}) + \boldsymbol{J}(\boldsymbol{x})$ 是否为负定即可。要使 $\hat{\boldsymbol{J}}(\boldsymbol{x})$ 为负定的必要条件是 $\boldsymbol{J}(\boldsymbol{x})$ 的主对角线上的所有元素不恒等于零。如果 $\boldsymbol{f}(x)$ 的分量 $f_i(\boldsymbol{x})$ 中不包含 $x_i$ 时，则 $\hat{\boldsymbol{J}}(\boldsymbol{x})$ 就不可能是负定的。

应注意定理 5.8 给出的是判断非线性系统平衡状态大范围渐近稳定的充分条件，对于不满足该条件的非线性系统，即该系统的 $\hat{\boldsymbol{J}}(\boldsymbol{x})$ 不是负定的，不能说明该系统的平衡状态是不稳定的。

另外，如果取 $V(\boldsymbol{x}) = \boldsymbol{f}^{\mathrm{T}}(\boldsymbol{x})\boldsymbol{P}\boldsymbol{f}(\boldsymbol{x})$，其中 $\boldsymbol{P}$ 为对称正定矩阵，则有

$$\dot{V}(\boldsymbol{x}) = \boldsymbol{f}^{\mathrm{T}}(\boldsymbol{x})[\boldsymbol{J}^{\mathrm{T}}(\boldsymbol{x})\boldsymbol{P} + \boldsymbol{P}\boldsymbol{J}(\boldsymbol{x})]\boldsymbol{f}(\boldsymbol{x})$$

那么平衡状态渐近稳定的条件可以表示为

$$\hat{\boldsymbol{J}}(\boldsymbol{x}) = \boldsymbol{J}^{\mathrm{T}}(\boldsymbol{x})\boldsymbol{P} + \boldsymbol{P}\boldsymbol{J}(\boldsymbol{x}) < 0 \tag{5.36}$$

或

$$\boldsymbol{J}^{\mathrm{T}}(\boldsymbol{x})\boldsymbol{P} + \boldsymbol{P}\boldsymbol{J}(\boldsymbol{x}) = -\boldsymbol{Q} \qquad \boldsymbol{Q} > 0 \tag{5.37}$$

有对称正定矩阵解 $\boldsymbol{P}$。用上式分析非线性系统稳定性的方法也称为雅可比矩阵法。

### 5.4.2　变量梯度法

变量梯度法是由舒茨（D. G. Schultz）和基布逊（J. E. Gibson）于 1962 年提出的一种构造李雅普诺夫函数的方法。该方法基于这样的思想：如果能够找到一个李雅普诺夫函数，并

能判断出系统平衡状态的稳定性,则该函数的单值梯度也是存在的。

设非线性系统为

$$\dot{\boldsymbol{x}} = \boldsymbol{f}(\boldsymbol{x}, t)$$

其平衡状态为 $\boldsymbol{x}_e = 0$,又设系统的一个李雅普诺夫函数为 $V(\boldsymbol{x})$,它的导数为

$$\dot{V}(\boldsymbol{x}) = \frac{\partial V}{\partial x_1}\dot{x}_1 + \frac{\partial V}{\partial x_2}\dot{x}_2 + \cdots + \frac{\partial V}{\partial x_n}\dot{x}_n \tag{5.38(a)}$$

或

$$\dot{V}(\boldsymbol{x}) = (\nabla V)^{\mathrm{T}}\dot{\boldsymbol{x}} \tag{5.38(b)}$$

其中,$\nabla V$ 为李雅普诺夫函数 $V(\boldsymbol{x})$ 的梯度,即

$$\nabla V = \begin{bmatrix} \dfrac{\partial V}{\partial x_1} \\ \vdots \\ \dfrac{\partial V}{\partial x_n} \end{bmatrix} = \begin{bmatrix} \nabla V_1 \\ \vdots \\ \nabla V_n \end{bmatrix}$$

$V(\boldsymbol{x})$ 可通过$\nabla V(\boldsymbol{x})$ 的线积分来计算,即

$$V(\boldsymbol{x}) = \int_0^{x} (\nabla V)^{\mathrm{T}} \mathrm{d}\boldsymbol{x} \tag{5.39}$$

由于 $V(\boldsymbol{x})$ 具有单值梯度,即$\nabla V(\boldsymbol{x})$ 的 $n$ 维旋度等于零,所以这个线积分与积分路径无关。由原点到状态空间中任一点 $\boldsymbol{x}$ 的积分,可取为沿 $\boldsymbol{x}$ 的各个分量 $x_i$ 相应项积分之和,即将式(5.39) 展开为

$$V(\boldsymbol{x}) = \int_0^{x_1(x_2=\cdots=x_n=0)} \nabla V_1 \mathrm{d}x_1 + \int_0^{x_2(x_1=x_1, x_3=x_4=\cdots=x_n=0)} \nabla V_2 \mathrm{d}x_2 + \cdots + \int_0^{x_n(x_1=x_1, x_2=x_2, \cdots, x_{n-1}=x_{n-1})} \nabla V_n \mathrm{d}x_n \tag{5.40}$$

如设 $n$ 维状态空间的基底为

$$\boldsymbol{e}_1 = \begin{bmatrix} 1 \\ 0 \\ \vdots \\ 0 \end{bmatrix}, \boldsymbol{e}_2 = \begin{bmatrix} 0 \\ 1 \\ \vdots \\ 0 \end{bmatrix}, \cdots, \boldsymbol{e}_n = \begin{bmatrix} 0 \\ 0 \\ \vdots \\ 1 \end{bmatrix}$$

则式(5.40) 表明的积分路径是从原点开始,沿着向量 $\boldsymbol{e}_1$ 到达 $x_1$,再由这点沿着向量 $\boldsymbol{e}_2$ 到达 $x_2$,如此继续,应用逐点积分法,积分路径最终到达 $\boldsymbol{x}(x_1, x_2, \cdots, x_n)$。

一般可设$\nabla V(\boldsymbol{x})$ 为

$$\nabla V(\boldsymbol{x}) = \begin{bmatrix} a_{11}x_1 + a_{12}x_2 + \cdots + a_{1n}x_n \\ a_{21}x_1 + a_{22}x_2 + \cdots + a_{2n}x_n \\ \vdots \\ a_{n1}x_1 + a_{n2}x_2 + \cdots + a_{nn}x_n \end{bmatrix} \tag{5.41}$$

其中,$a_{ij}(i, j = 1, 2, \cdots, n)$ 为未知量,它可以是常数,或是时间 $t$ 的函数,也可以是状态变量的函数。为方便起见,一般选为常数或 $t$ 的函数。

由于$\nabla V(\boldsymbol{x})$ 的 $n$ 维旋度为零,则$\nabla V(\boldsymbol{x})$ 的雅可比矩阵 $\boldsymbol{J}$ 必须是对称的,即

$$J=\frac{\partial \nabla V}{\partial \boldsymbol{x}^{\mathrm{T}}}=\begin{bmatrix} \frac{\partial \nabla V_1}{\partial x_1} & \frac{\partial \nabla V_1}{\partial x_2} & \cdots & \frac{\partial \nabla V_1}{\partial x_n} \\ \frac{\partial \nabla V_2}{\partial x_1} & \frac{\partial \nabla V_2}{\partial x_2} & \cdots & \frac{\partial \nabla V_2}{\partial x_n} \\ \vdots & \vdots & & \vdots \\ \frac{\partial \nabla V_n}{\partial x_1} & \frac{\partial \nabla V_n}{\partial x_2} & \cdots & \frac{\partial \nabla V_n}{\partial x_n} \end{bmatrix}$$

中满足

$$\frac{\partial \nabla V_i}{\partial x_j}=\frac{\partial \nabla V_j}{\partial x_i} \qquad i,j=1,2,\cdots,n \tag{5.42}$$

对于 $n$ 维系统,共有 $n(n-1)/2$ 个这样的旋度方程。根据旋度方程可以确定$\nabla V(\boldsymbol{x})$ 中的一些系数,还有一些可以在保证 $\dot{V}(\boldsymbol{x})$ 为负定的条件下确定。

最后,就可以根据式(5.40) 和式(5.38) 求得的 $V(\boldsymbol{x})$ 和 $\dot{V}(\boldsymbol{x})$ 的定号性来判断系统平衡状态的稳定性了。

综上,应用变量梯度法构造非线性系统的李雅普诺夫函数 $V(\boldsymbol{x})$ 的步骤可归纳如下:

(1) 设 $V(\boldsymbol{x})$ 的梯度向量$\nabla V(\boldsymbol{x})$ 为式(5.41) 的形式。

(2) 按式(5.38) 求出 $\dot{V}(\boldsymbol{x})$ 的表达式。

(3) 根据旋度方程以及 $\dot{V}(\boldsymbol{x})$ 为负定或至少是负半定的要求,确定$\nabla V(\boldsymbol{x})$ 中的待定系数。

(4) 由式(5.40) 计算 $V(\boldsymbol{x})$,$\nabla V(\boldsymbol{x})$ 中系数的选取不同,所得的 $V(\boldsymbol{x})$ 不同。

(5) 确定系统零平衡状态的稳定性及稳定的范围。

需要注意的是,根据上述步骤求不出合适的 $V(\boldsymbol{x})$ 时,不能说明该系统的零平衡状态是不稳定的。

**例 5.11**　用变量梯度法确定非线性系统

$$\dot{x}_1=-x_1+2x_1^2x_2$$

$$\dot{x}_2=-x_2$$

的李雅普诺夫函数,并分析平衡状态 $\boldsymbol{x}_{\mathrm{e}}=0$ 的稳定性。

**解**　(1) 设 $V(\boldsymbol{x})$ 的梯度为

$$\nabla V(\boldsymbol{x})=\begin{bmatrix} a_{11}x_1+a_{12}x_2 \\ a_{21}x_1+a_{22}x_2 \end{bmatrix}=\begin{bmatrix} \nabla V_1 \\ \nabla V_2 \end{bmatrix}$$

(2) 按式(5.38) 求 $\dot{V}(\boldsymbol{x})$ 的表达式

$$\dot{V}(\boldsymbol{x})=(\nabla V)^{\mathrm{T}}\dot{\boldsymbol{x}}=[a_{11}x_1+a_{12}x_2 \quad a_{21}x_1+a_{22}x_2]\begin{bmatrix} -x_1+2x_1^2x_2 \\ -x_2 \end{bmatrix}=$$

$$-a_{11}x_1^2+2a_{11}x_1^3x_2-a_{12}x_1x_2+2a_{12}x_1^2x_2^2-a_{21}x_1x_2-a_{22}x_2^2$$

(3) $\nabla V(\boldsymbol{x})$ 的雅可比矩阵为

$$\boldsymbol{J}=\frac{\partial \nabla V}{\partial \boldsymbol{x}}=\begin{bmatrix}\dfrac{\partial \nabla V_1}{\partial x_1} & \dfrac{\partial \nabla V_1}{\partial x_2}\\ \dfrac{\partial \nabla V_2}{\partial x_1} & \dfrac{\partial \nabla V_2}{\partial x_2}\end{bmatrix}=\begin{bmatrix}a_{11} & a_{12}\\ a_{21} & a_{22}\end{bmatrix}$$

根据旋度方程,为计算简便,可取

$$a_{12}=a_{21}=0$$

即

$$\frac{\partial \nabla V_1}{\partial x_2}=\frac{\partial \nabla V_2}{\partial x_1}=0$$

于是

$$\begin{aligned}\dot{V}(\boldsymbol{x})=&-a_{11}x_1^2+2a_{11}x_1^3x_2-a_{22}x_2^2=\\&-a_{11}x_1^2(1-2x_1x_2)-a_{22}x_2^2\end{aligned}$$

若使 $\dot{V}(\boldsymbol{x})$ 为负定,约束条件为

$$a_{11}>0$$
$$1-2x_1x_2>0$$
$$a_{22}>0$$

(4) 由式(5.40)计算 $V(\boldsymbol{x})$

$$\begin{aligned}V(\boldsymbol{x})=&\int_0^{x_1(x_2=0)}\nabla V_1\mathrm{d}x_1+\int_0^{x_2(x_1=x_1)}\nabla V_2\mathrm{d}x_2=\\&\int_0^{x_1(x_2=0)}a_{11}x_1\mathrm{d}x_1+\int_0^{x_2(x_1=x_1)}a_{22}x_2\mathrm{d}x_2=\\&\frac{a_{11}}{2}x_1^2+\frac{a_{22}}{2}x_2^2\end{aligned}$$

当 $a_{11}>0$、$a_{22}>0$ 时,$V(\boldsymbol{x})$ 为正定。

(5) 由于 $V(\boldsymbol{x})$ 为正定,$\dot{V}(\boldsymbol{x})$ 为负定,所以系统的零平衡状态是渐近稳定的,而且可由约束条件得到渐近稳定的范围是 $x_1x_2<\dfrac{1}{2}$。

在应用变量梯度法时,由于$\nabla V(\boldsymbol{x})$ 中系数的取法不同,可以得到不同的李雅普诺夫函数,相应的稳定范围也可能不同。

本例中如取

$$a_{11}=\frac{2}{(1-x_1x_2)^2}\qquad a_{12}=\frac{-x_1^2}{(1-x_1x_2)^2}\qquad a_{21}=\frac{x_1^2}{(1-x_1x_2)^2}\qquad a_{22}=2$$

可得

$$\dot{V}(\boldsymbol{x})=-2x_1^2-2x_2^2$$

为负定,此时

$$\nabla V(\boldsymbol{x})=\begin{bmatrix}\dfrac{2x_1}{(1-x_1x_2)^2}-\dfrac{x_1^2x_2}{(1-x_1x_2)^2}\\ \dfrac{x_1^3}{(1-x_1x_2)^2}+2x_2\end{bmatrix}$$

其旋度方程为

$$\frac{\partial \nabla V_2}{\partial x_1} = \frac{\partial \nabla V_1}{\partial x_2} = \frac{3x_1^2 - x_1^3 x_2}{(1 - x_1 x_2)^3}$$

再由式(5.40)积分,得

$$V(\boldsymbol{x}) = x_2^2 + \frac{x_1^2}{1 - x_1 x_2}$$

可见,在 $1 - x_1 x_2 > 0$ 的条件下,$V(\boldsymbol{x})$ 为正定,所以它也是系统的一个李雅普诺夫函数,而且此时得到的渐近稳定的范围是 $x_1 x_2 < 1$,比第一种解法得到的稳定范围要大。

# 小　结

本章介绍了李雅普诺夫意义下稳定性的概念和李雅普诺夫稳定性理论及其在线性系统和非线性系统中的应用。

关于稳定性的讨论是控制理论早期研究的基本问题之一,它和系统的能控性和能观测性一样,是线性和非线性系统都具有的特性。李雅普诺夫关于稳定性的定义考察的是系统内部平衡状态的稳定性,所以也把它称为内部稳定性。在经典控制理论中,由于只考虑了系统输入信号和输出信号的关系,讨论的是在输入信号作用下系统输出响应的稳定性,即外部稳定性。

对于线性定常系统,其传递函数的极点都具有负实部是系统 BIBO 稳定的充要条件,但不能保证平衡状态的稳定性。因为平衡状态的稳定性由系统矩阵 $\boldsymbol{A}$ 的特征值决定,只有当系统既完全能控又完全能观测时,两种稳定性才等价。这时经典控制理论中的稳定是李雅普诺夫意义下的渐近稳定,这种稳定也是工程实际中要求的。

李雅普诺夫将系统稳定性问题归纳为两种方法 —— 从求解微分方程角度考虑的李雅普诺夫第一法和不必求解微分方程而通过一个能量函数 $V(x)$ 来直接判断的李雅普诺夫第二法。所以,前者称为间接法,而后者称为直接法。

对于能进行小偏差线性化的系统,可以应用李雅普诺夫第一法分析其稳定性,也可以应用李雅普诺夫定理给出的充要条件来判断。李雅普诺夫第一法的思想和经典控制理论是一致的,本章要求重点掌握李雅普诺夫第二法。对于连续系统,李雅普诺夫定理归结为对于给定的系统矩阵 $\boldsymbol{A}$ 和正定矩阵 $\boldsymbol{Q}$,求解李雅普诺夫方程 $\boldsymbol{A}^{\mathrm{T}}\boldsymbol{P} + \boldsymbol{P}\boldsymbol{A} = -\boldsymbol{Q}$,判断解 $\boldsymbol{P}$ 的正定性。对于离散系统,李雅普诺夫定理归结为对于给定的系统矩阵 $\boldsymbol{G}$ 和正定矩阵 $\boldsymbol{Q}$,求解李雅普诺夫方程 $\boldsymbol{G}^{\mathrm{T}}\boldsymbol{P}\boldsymbol{G} - \boldsymbol{P} = -\boldsymbol{Q}$,判断解 $\boldsymbol{P}$ 的正定性。

对于非线性系统的稳定性分析,李雅普诺夫第二法是一种应用较为普遍的方法。应用李雅普诺夫第二法的关键是李雅普诺夫函数 $V(x)$ 的构造,本章介绍了克拉索夫斯基法和变量梯度法,目前还没有构造李雅普诺夫函数的一般方法,需要注意的是,李雅普诺夫第二法给出的是非线性系统稳定的充分条件,所以,对于一个非线性系统,如果没有找到满足条件的李雅普诺夫函数时,不能说明系统的平衡状态是稳定的或不稳定。李雅普诺夫第二法直到现在仍然是控制界广泛采用的关于非线性系统稳定性分析的基本理论工具。

## 典型例题分析

**例 1**　分析以下系统的稳定性

$$\begin{bmatrix} \dot{x}_1 \\ \dot{x}_2 \end{bmatrix} = \begin{bmatrix} 0 & -1 \\ 1 & 0 \end{bmatrix} \begin{bmatrix} x_1 \\ x_2 \end{bmatrix}$$

**解**　由系统的特征方程 $\det[\boldsymbol{\lambda I}-\boldsymbol{A}]=0$，可求得此线性定常系统的特征值为 $\boldsymbol{\lambda}_{1,2}=\pm j$，且系统有唯一的平衡点 $x_e=0$。

状态的解为

$$\left.\begin{aligned} x_1(t) &= x_1(t_0)\cos(t-t_0) - x_2(t_0)\sin(t-t_0) \\ x_2(t) &= x_1(t_0)\sin(t-t_0) + x_2(t_0)\cos(t-t_0) \end{aligned}\right\}$$

可以得到

$$x_1^2(t) + x_2^2(t) = x_1^2(t_0) + x_2^2(t_0)$$

根据稳定性的定义，当 $\|\boldsymbol{x}_0\| < \delta$ 时，$\|\boldsymbol{x}(t)\| = \|\boldsymbol{x}_0\| < \delta = \varepsilon$，所以系统对于平衡点是稳定的。又由于 $\delta$ 的选取与 $t_0$ 无关，故又是一致稳定的。但对于任意初值 $\boldsymbol{x}_0 \neq 0$，系统的运动状态是等幅振荡的，即状态不会渐近地趋于零平衡点，所以系统不是渐近稳定的。

**例 2**　研究单摆在平衡位置 $\theta=0$、$\dot{\theta}=0$ 的稳定性，其运动方程为

$$\ddot{\theta} + \omega^2 \sin\theta = 0$$

**解**　取 $x_1=\theta$，$x_2=\dot{\theta}$，单摆系统的状态方程为

$$\left.\begin{aligned} \dot{x}_1 &= x_2 \\ \dot{x}_2 &= -\omega^2 \sin x_1 \end{aligned}\right\}$$

取能量函数

$$V = \frac{1}{2}x_2^2 + \omega^2(1-\cos x_1)$$

显然，$V(0,0)=0$，在原点的邻域 $|x_1| < \dfrac{\pi}{2}$ 内，$V(x_1,x_2) > 0$，即 $V(x_1,x_2)$ 是正定的。

求 $V$ 沿系统轨线的导数，有

$$\dot{V} = x_2\dot{x}_2 + \omega^2 \sin x_1 \dot{x}_1 = x_2(-\omega^2\sin x_1) + \omega^2 x_2 \sin x_1 \equiv 0$$

说明 $\dot{V}$ 为负半定，系统的零平衡状态是稳定的。

**例 3**　证明对于完全能控且完全能观测的线性定常系统，如果是 BIBO 稳定，一定也是渐近稳定的。

**证明**　设线性定常系统的状态空间表达式为

$$\left.\begin{aligned} \dot{\boldsymbol{x}} &= \boldsymbol{Ax} + \boldsymbol{b}u \\ y &= \boldsymbol{Cx} \end{aligned}\right\}$$

其传递函数为

$$\boldsymbol{G}(s) = \boldsymbol{C}[s\boldsymbol{I}-\boldsymbol{A}]^{-1}\boldsymbol{b}$$

对其进行拉普拉斯反变换，得单位脉冲响应

$$g(t)=\mathscr{L}^{-1}[\boldsymbol{G}(s)]=\boldsymbol{C}\mathrm{e}^{\boldsymbol{A}t}\boldsymbol{b}$$

已知系统为 BIBO 稳定，即 $\boldsymbol{G}(s)$ 的全部极点都具有负实部，所以

$$\lim_{t\to\infty}g(t)=0$$

同时，对任意的 $k$，有

$$\lim_{t\to\infty}\frac{\mathrm{d}^k}{\mathrm{d}t^k}[g(t)]=0$$

根据状态转移矩阵的性质

$$\frac{\mathrm{d}^k}{\mathrm{d}t^k}[g(t)]=C\left[\frac{\mathrm{d}^k}{\mathrm{d}t^k}\mathrm{e}^{At}\right]\boldsymbol{b}=C\boldsymbol{A}^j\mathrm{e}^{At}\boldsymbol{A}^{k-j}\boldsymbol{b}\qquad j=0,1,\cdots,k$$

设系统的能控性矩阵和能观性矩阵分别为 $\boldsymbol{Q}_c$ 和 $\boldsymbol{Q}_o$，由上可得

$$\lim_{t\to\infty}\boldsymbol{Q}_o\mathrm{e}^{\boldsymbol{A}t}\boldsymbol{Q}_c=0$$

因为系统是完全能控且完全能观测的，即 $\boldsymbol{Q}_o$ 与 $\boldsymbol{Q}_c$ 满秩，所以

$$\lim_{t\to\infty}\mathrm{e}^{\boldsymbol{A}t}=0$$

即系统为渐近稳定。

**例 4**　证明对于线性定常系统

$$\dot{\boldsymbol{x}}=\boldsymbol{A}\boldsymbol{x}\qquad \boldsymbol{x}_0=\boldsymbol{x}(0)$$

若 $\boldsymbol{A}+\boldsymbol{A}^{\mathrm{T}}$ 负定，则系统的零平衡状态是大范围渐近稳定的。

**证明**　取李雅普诺夫函数

$$\boldsymbol{V}(x)=\boldsymbol{x}^{\mathrm{T}}\boldsymbol{x}$$

则

$$\dot{\boldsymbol{V}}(x)=\dot{\boldsymbol{x}}^{\mathrm{T}}\boldsymbol{x}+\boldsymbol{x}^{\mathrm{T}}\dot{\boldsymbol{x}}=\boldsymbol{x}^{\mathrm{T}}\boldsymbol{A}^{\mathrm{T}}\boldsymbol{x}+\boldsymbol{x}^{\mathrm{T}}\boldsymbol{A}\boldsymbol{x}=\boldsymbol{x}^{\mathrm{T}}(\boldsymbol{A}^{\mathrm{T}}+\boldsymbol{A})\boldsymbol{x}$$

由于 $\boldsymbol{A}+\boldsymbol{A}^{\mathrm{T}}$ 为负定，即 $\dot{\boldsymbol{V}}(x)$ 负定，所以系统的零平衡状态是大范围渐近稳定的。

注意：该条件只是系统渐近稳定的充分性条件，而非必要条件。也就是说，当系统为渐近稳定时：$\boldsymbol{A}+\boldsymbol{A}^{\mathrm{T}}$ 可能非负定。

## 习　　题

5.1　判断下列二次型函数的符号特征：

(1) $V(\boldsymbol{x})=x_1^2+4x_2^2+3x_1x_2-x_2x_3+2x_3^2$。

(2) $V(\boldsymbol{x})=-x_1^2-10x_2^2-4x_3^2+6x_1x_2+2x_2x_3$。

5.2　用李雅普诺夫第二法确定下列系统零平衡状态的稳定性。

(1) $\begin{bmatrix}\dot{x}_1\\ \dot{x}_2\end{bmatrix}=\begin{bmatrix}-1 & 1\\ 2 & -3\end{bmatrix}\begin{bmatrix}x_1\\ x_2\end{bmatrix}$　　(2) $\begin{bmatrix}\dot{x}_1\\ \dot{x}_2\end{bmatrix}=\begin{bmatrix}-1 & 1\\ -1 & -1\end{bmatrix}\begin{bmatrix}x_1\\ x_2\end{bmatrix}$

(3) $\begin{bmatrix}\dot{x}_1\\ \dot{x}_2\end{bmatrix}=\begin{bmatrix}ax_1^3-x_2\\ ax_2^3+x_1\end{bmatrix}\qquad a<0$　　(4) $\begin{bmatrix}\dot{x}_1\\ \dot{x}_2\end{bmatrix}=\begin{bmatrix}-x_1+x_2+x_1(x_1^2+x_2^2)\\ -x_1-x_2+x_2(x_1^2+x_2^2)\end{bmatrix}$

5.3　已知二阶非线性系统

$$\dot{x}_1 = x_2$$
$$\dot{x}_2 = -\sin x_1 - x_2$$

(1) 求系统所有的平衡状态。

(2) 将系统在各平衡点处线性化,并判断其稳定性。

5.4　已知系统的状态方程

$$\begin{bmatrix}\dot{x}_1\\ \dot{x}_2\end{bmatrix} = \begin{bmatrix}-4 & 4\\ 2 & -6\end{bmatrix}\begin{bmatrix}x_1\\ x_2\end{bmatrix}$$

试从李雅普诺夫方程 $\boldsymbol{PA} + \boldsymbol{A}^{\mathrm{T}}\boldsymbol{P} = -\boldsymbol{I}$ 解出矩阵 $\boldsymbol{P}$,来判断系统的稳定性。

5.5　证明系统

$$\left.\begin{aligned}\dot{x}_1 &= x_2\\ \dot{x}_2 &= -(a_1 x_1 + a_2 x_1^2 x_2)\end{aligned}\right\}$$

在 $a_1 > 0$、$a_2 > 0$ 时是大范围渐近稳定的。

5.6　已知系统

$$\left.\begin{aligned}\dot{\boldsymbol{x}} &= \begin{bmatrix}-3 & 0 & 0\\ 1 & -3 & 0\\ 0 & 0 & 1\end{bmatrix}\boldsymbol{x} + \begin{bmatrix}0\\ 1\\ 1\end{bmatrix}u\\ y &= [1 \quad 1 \quad 0]\boldsymbol{x}\end{aligned}\right\}$$

(1) 判断 $\boldsymbol{x}_{\mathrm{e}} = \boldsymbol{0}$ 是否为渐近稳定。

(2) 判断系统是否为有界输入有界输出(BIBO) 稳定。

5.7　证明对于系统

$$\dot{\boldsymbol{x}} = \boldsymbol{Ax} + \boldsymbol{Bu}$$

若控制向量

$$\boldsymbol{u} = -\boldsymbol{B}^{\mathrm{T}}\boldsymbol{Px}$$

则系统原点是大范围渐近稳定的。其中 $\boldsymbol{P}$ 为满足

$$\boldsymbol{A}^{\mathrm{T}}\boldsymbol{P} + \boldsymbol{PA} = -\boldsymbol{I}$$

的实对称阵。

5.8　确定以下线性定常离散系统平衡状态的稳定性。

$$x_1(k+1) = x_1(k) + 3x_2(k)$$
$$x_2(k+1) = -3x_1(k) - 2x_2(k) - 3x_3(k)$$
$$x_3(k+1) = x_1(k)$$

5.9　已知线性定常离散系统的状态方程为 $\boldsymbol{x}(k+1) = \boldsymbol{Gx}(k)$,其中

$$\boldsymbol{G} = \begin{bmatrix}0 & 1 & 0\\ 0 & 0 & 1\\ 0 & \dfrac{k}{2} & 0\end{bmatrix} \qquad k > 0$$

求系统在原点处渐近稳定时 $k$ 的取值范围。

5.10　用克拉索夫斯基法确定以下系统零平衡状态的稳定性。

$$\begin{bmatrix} \dot{x}_1 \\ \dot{x}_2 \end{bmatrix} = \begin{bmatrix} -3x_1 + x_2 \\ x_1 - x_2 - x_2^3 \end{bmatrix}$$

5.11　用克拉索夫斯基法确定非线性系统

$$\begin{bmatrix} \dot{x}_1 \\ \dot{x}_2 \end{bmatrix} = \begin{bmatrix} ax_1 + x_2 \\ x_1 - x_2 + bx_2^5 \end{bmatrix}$$

在原点处为大范围渐近稳定时,参数 $a$ 和 $b$ 的取值范围。

5.12　用变量梯度法构造下列系统的李雅普诺夫函数。

(1) $\begin{bmatrix} \dot{x}_1 \\ \dot{x}_2 \end{bmatrix} = \begin{bmatrix} x_2 \\ -x_1^3 - x_2 \end{bmatrix}$　　(2) $\begin{bmatrix} \dot{x}_1 \\ \dot{x}_2 \end{bmatrix} = \begin{bmatrix} x_2 \\ \alpha(t)x_1 + \beta(t)x_2 \end{bmatrix}$

# 第 6 章　状态反馈和状态观测器

控制系统的性能主要取决于系统闭环零、极点的分布。在运用经典控制理论的频率特性法或根轨迹法进行控制系统设计时，就是根据系统的动态性能指标要求来配置闭环传递函数的零、极点。通常，系统的动态性能可由其闭环主导极点来估算。

在现代控制理论中，由于采用了状态空间表达式来描述一个系统，所以可以将系统的状态信息进行反馈，即形成状态反馈。人们已经证明，当 $n$ 维线性定常系统 $\{\boldsymbol{A},\boldsymbol{B},\boldsymbol{C}\}$ 状态完全可控时，采用状态反馈，可以任意配置闭环系统的几个极点，使它们具有指定的希望值，从而闭环系统具有期望的动态特性。

本章首先介绍状态反馈和输出反馈的概念和性质，以及如何利用状态反馈进行闭环系统的极点配置，然后讨论状态观测器的设计和带状态观测器的状态反馈系统。

## 6.1　状态反馈和输出反馈

实现自动控制的基本手段就是对一些变量进行反馈，形成闭环控制系统。在应用状态空间法来进行控制系统设计时，有两种基本反馈形式 —— 状态反馈和输出反馈。

### 6.1.1　状态反馈和输出反馈的形式

将系统的状态变量作为反馈量，经过变换阵与系统的输入信号相叠加而构成的闭环系统就是状态反馈系统。多输入 - 多输出系统状态反馈的结构图如图 6.1 所示。

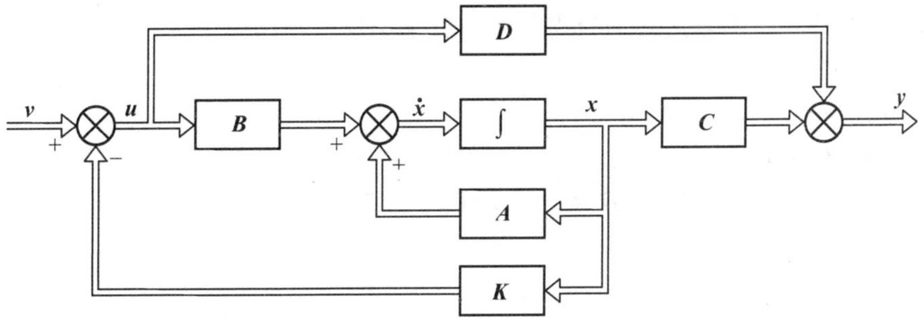


图 6.1　状态反馈系统

图中被控系统的状态空间表达式为

$$\left.\begin{aligned}\dot{\boldsymbol{x}} &= \boldsymbol{A}\boldsymbol{x} + \boldsymbol{B}\boldsymbol{u}\\ \boldsymbol{y} &= \boldsymbol{C}\boldsymbol{x} + \boldsymbol{D}\boldsymbol{u}\end{aligned}\right\} \tag{6.1}$$

其中　$\boldsymbol{x} \in \mathbf{R}^n \quad \boldsymbol{u} \in \mathbf{R}^r \quad \boldsymbol{y} \in \mathbf{R}^m$

状态反馈控制律为

$$\boldsymbol{u} = \boldsymbol{v} - \boldsymbol{K}\boldsymbol{x} \tag{6.2}$$

其中,$\boldsymbol{v} \in \mathbf{R}^r$ 为参考输入;$\boldsymbol{K}$ 为状态反馈阵,$\boldsymbol{K} \in \mathbf{R}^{r \times n}$。

将式(6.2)代入式(6.1),即得多输入－多输出系统具有状态反馈时闭环系统的状态空间表达式

$$\left.\begin{aligned}\dot{\boldsymbol{x}} &= (\boldsymbol{A} - \boldsymbol{BK})\boldsymbol{x} + \boldsymbol{Bv} \\ \boldsymbol{y} &= (\boldsymbol{C} - \boldsymbol{DK})\boldsymbol{x} + \boldsymbol{Dv}\end{aligned}\right\} \tag{6.3}$$

当 $\boldsymbol{D} = 0$ 时,上式简化为

$$\left.\begin{aligned}\dot{\boldsymbol{x}} &= (\boldsymbol{A} - \boldsymbol{BK})\boldsymbol{x} + \boldsymbol{Bv} \\ \boldsymbol{y} &= \boldsymbol{Cx}\end{aligned}\right\} \tag{6.4}$$

常简记为 $\boldsymbol{\Sigma}_K = (\boldsymbol{A} - \boldsymbol{BK}, \boldsymbol{B}, \boldsymbol{C})$,对应的传递函数矩阵为

$$\boldsymbol{W}_K(s) = \boldsymbol{C}(s\boldsymbol{I} - \boldsymbol{A} + \boldsymbol{BK})^{-1}\boldsymbol{B} \tag{6.5}$$

可见,状态反馈阵 $\boldsymbol{K}$ 的引入没有增加系统的维数,但通过 $\boldsymbol{K}$ 可以改变系统的特征值。如果系统是最小实现,其传递函数的极点与系统的特征值是一致的。

输出反馈就是将系统的输出矢量进行线性反馈,其结构图如图 6.2 所示。

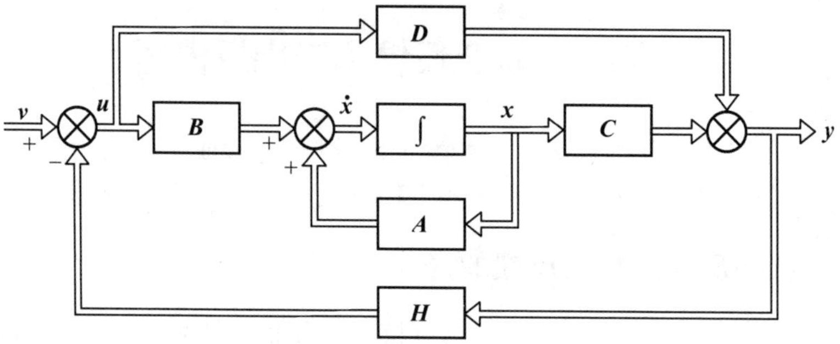


图 6.2　输出反馈系统

图 6.2 中被控系统的表达式仍为式(6.1),其输出反馈控制律为

$$\boldsymbol{u} = \boldsymbol{v} - \boldsymbol{Hy} \tag{6.6}$$

其中,$\boldsymbol{H}$ 为输出反馈阵,$\boldsymbol{H} \in \mathbf{R}^{r \times m}$。

将式(6.1)代入式(6.6),可得

$$\boldsymbol{u} = \boldsymbol{v} - \boldsymbol{H}(\boldsymbol{Cx} + \boldsymbol{Du}) = \boldsymbol{v} - \boldsymbol{HCx} - \boldsymbol{HDu}$$

整理得

$$\boldsymbol{u} = (\boldsymbol{I} + \boldsymbol{HD})^{-1}(\boldsymbol{v} - \boldsymbol{HCx}) \tag{6.7}$$

再把式(6.7)代入式(6.1),即得具有输出反馈的闭环系统的状态空间表达式

$$\left.\begin{aligned}\dot{\boldsymbol{x}} &= [\boldsymbol{A} - \boldsymbol{B}(\boldsymbol{I} + \boldsymbol{HD})^{-1}\boldsymbol{HC}]\boldsymbol{x} + \boldsymbol{B}(\boldsymbol{I} + \boldsymbol{HD})^{-1}\boldsymbol{v} \\ \boldsymbol{y} &= [\boldsymbol{C} - \boldsymbol{D}(\boldsymbol{I} + \boldsymbol{HD})^{-1}\boldsymbol{HC}]\boldsymbol{x} + \boldsymbol{D}(\boldsymbol{I} + \boldsymbol{HD})^{-1}\boldsymbol{v}\end{aligned}\right\} \tag{6.8}$$

当 $\boldsymbol{D} = 0$ 时,式(6.8)简化为

$$\left.\begin{aligned}\dot{\boldsymbol{x}} &= (\boldsymbol{A} - \boldsymbol{BHC})\boldsymbol{x} + \boldsymbol{Bv} \\ \boldsymbol{y} &= \boldsymbol{Cx}\end{aligned}\right\} \tag{6.9}$$

简记为 $\boldsymbol{\Sigma}_H = (\boldsymbol{A} - \boldsymbol{BHC}, \boldsymbol{B}, \boldsymbol{C})$,其传递函数矩阵为

$$\boldsymbol{W}_H(s) = \boldsymbol{C}[s\boldsymbol{I} - \boldsymbol{A} + \boldsymbol{BHC}]^{-1}\boldsymbol{B} \tag{6.10}$$

可见，通过调整输出反馈阵 $\boldsymbol{H}$ 也可以改变闭环系统的特征值。但与状态反馈相比较，输出反馈中的 $\boldsymbol{HC}$ 相当于状态反馈中的 $\boldsymbol{K}$，由于 $m < n$，所以 $\boldsymbol{H}$ 可供选择的自由度比 $\boldsymbol{K}$ 小。只有当 $\boldsymbol{C}=\boldsymbol{I}$ 时，才能等同于全状态反馈，一般情况下，只能相当于部分状态反馈，但输出反馈一般实现起来较容易。

### 6.1.2　闭环系统的能控性与能观性

下面我们将考察引入状态反馈或输出反馈后，系统的能控性和能观性有何变化。

1. 状态反馈和输出反馈均不改变原被控系统的状态能控性

被控系统 $\Sigma_o=(\boldsymbol{A},\boldsymbol{B},\boldsymbol{C})$ 的能控性矩阵为

$$\boldsymbol{Q}_{co}=[\boldsymbol{B}\quad \boldsymbol{AB}\quad \boldsymbol{A}^2\boldsymbol{B}\quad \cdots\quad \boldsymbol{A}^{n-1}\boldsymbol{B}] \tag{6.11}$$

引入状态反馈后闭环系统 $\Sigma_K=(\boldsymbol{A}-\boldsymbol{BK},\boldsymbol{B},\boldsymbol{C})$ 的能控性矩阵为

$$\boldsymbol{Q}_{cK}=[\boldsymbol{B}\quad (\boldsymbol{A}-\boldsymbol{BK})\boldsymbol{B}\quad (\boldsymbol{A}-\boldsymbol{BK})^2\boldsymbol{B}\quad \cdots\quad (\boldsymbol{A}-\boldsymbol{BK})^{n-1}\boldsymbol{B}] \tag{6.12}$$

式中(6.12)，列矢量

$$(\boldsymbol{A}-\boldsymbol{BK})\boldsymbol{B}=\boldsymbol{AB}-\boldsymbol{BKB}$$

可通过矩阵 $[\boldsymbol{B}\quad \boldsymbol{AB}]$ 的列矢量的线性组合来表示。同样，列矢量

$$(\boldsymbol{A}-\boldsymbol{BK})^2\boldsymbol{B}=\boldsymbol{A}^2\boldsymbol{B}-\boldsymbol{ABKB}-\boldsymbol{BKAB}+\boldsymbol{BKBKB}$$

可通过矩阵 $[\boldsymbol{B}\quad \boldsymbol{AB}\quad \boldsymbol{A}^2\boldsymbol{B}]$ 的列矢量的线性组合来表示。$\boldsymbol{Q}_{cK}$ 中其余各块也是类似的情况。所以 $\boldsymbol{Q}_{cK}$ 可以看成是由 $\boldsymbol{Q}_{co}$ 经初等变换得到的，而矩阵做初等变换并不改变矩阵的秩，即

$$\text{rank}\boldsymbol{Q}_{cK}=\text{rank}\boldsymbol{Q}_{co} \tag{6.13}$$

也就是状态反馈不改变原被控系统的状态能控性。

当系统具有输出反馈时，情况与上面类似。

2. 输出反馈不改变原被控系统的状态能观性，但状态反馈可能改变原被控系统的能观性

被控系统 $\Sigma_o=(\boldsymbol{A},\boldsymbol{B},\boldsymbol{C})$ 的能观性矩阵为

$$\boldsymbol{Q}_{oo}=\begin{bmatrix}\boldsymbol{C}\\ \boldsymbol{CA}\\ \vdots\\ \boldsymbol{CA}^{n-1}\end{bmatrix} \tag{6.14}$$

引入输出反馈后闭环系统 $\Sigma_H=(\boldsymbol{A}-\boldsymbol{BHC},\boldsymbol{B},\boldsymbol{C})$ 的能观性矩阵为

$$\boldsymbol{Q}_{oH}=\begin{bmatrix}\boldsymbol{C}\\ \boldsymbol{C}(\boldsymbol{A}-\boldsymbol{BHC})\\ \vdots\\ \boldsymbol{C}(\boldsymbol{A}-\boldsymbol{BHC})^{n-1}\end{bmatrix} \tag{6.15}$$

与前面类似，$\boldsymbol{Q}_{oH}$ 可以看成是由 $\boldsymbol{Q}_{oo}$ 经初等变换得到的，所以

$$\text{rank}\boldsymbol{Q}_{oH}=\text{rank}\boldsymbol{Q}_{oo} \tag{6.16}$$

即输出反馈不改变原被控系统的能观性。

但状态反馈却有可能改变原被控系统的能观性。这是因为状态反馈可以任意配置系统传递函数的极点，却不能改变系统传递函数的零点，所以就有可能出现配置的极点与传递函数的零点相消现象，从而改变了原系统的能观性。或者具有状态反馈的系统 $\Sigma_K=(\boldsymbol{A}-\boldsymbol{BK},$

$B,C-DK,D)$ 中，若 $K=D^{-1}C$，则反馈系统的输出与状态变量无关。

**例 6.1**　已知二阶系统

$$\dot{x}=\begin{bmatrix}-1 & 3\\ 0 & -2\end{bmatrix}x+\begin{bmatrix}1\\1\end{bmatrix}u$$

$$y=[1\quad 0]x$$

分析引入状态反馈 $K=[5\quad 3]$ 前后系统的能控性和能观性。

**解**　由于

$$\operatorname{rank}[b\quad Ab]=\operatorname{rank}\begin{bmatrix}1 & 2\\ 1 & -2\end{bmatrix}=2$$

$$\operatorname{rank}\begin{bmatrix}C\\ CA\end{bmatrix}=\operatorname{rank}\begin{bmatrix}1 & 0\\ -1 & 3\end{bmatrix}=2$$

所以原系统是状态完全可控和状态完全可观的。

引入状态反馈后的系统阵为

$$A-bK=\begin{bmatrix}-1 & 3\\ 0 & -2\end{bmatrix}-\begin{bmatrix}1\\1\end{bmatrix}[5\quad 3]=\begin{bmatrix}-6 & 0\\ -5 & -5\end{bmatrix}$$

此时

$$\operatorname{rank}[b\quad (A-bK)b]=\operatorname{rank}\begin{bmatrix}1 & -6\\ 1 & -10\end{bmatrix}=2$$

$$\operatorname{rank}\begin{bmatrix}C\\ C(A-bK)\end{bmatrix}=\operatorname{rank}\begin{bmatrix}1 & 0\\ -6 & 0\end{bmatrix}=1$$

可见，状态反馈后系统仍为状态完全能控，即能控性没有改变；但反馈后状态不完全能观测，能观性发生了变化。从反馈前后的传递函数中可以看出，状态反馈后系统的传递函数中出现了零极点相消现象。

$$W_o(s)=C(sI-A)^{-1}b=$$

$$[1\quad 0]\begin{bmatrix}s+1 & -3\\ 0 & s+2\end{bmatrix}^{-1}\begin{bmatrix}1\\1\end{bmatrix}=\frac{s+5}{(s+1)(s+2)}$$

$$W_K(s)=c(sI-A+bK)^{-1}b=$$

$$[1\quad 0]\begin{bmatrix}s+6 & 0\\ 5 & s+5\end{bmatrix}^{-1}\begin{bmatrix}1\\1\end{bmatrix}=\frac{(s+5)}{(s+6)(s+5)}=\frac{1}{s+6}$$

## 6.2　极点配置问题

由 6.1 节可知，采用状态反馈或输出反馈可以改变系统的特征值，所以可以采用这两种反馈的方式进行控制系统的设计。把这种通过选择反馈增益矩阵，使闭环系统的极点位于期望的位置上的设计问题称为极点配置问题。本节将讨论两种反馈形式能否配置系统的全部极点、极点配置的条件怎样以及极点配置的设计方法。

### 6.2.1　状态反馈时

**定理 6.1**　单输入 - 单输出系统 $\Sigma_o=(A,b,c)$，利用线性状态反馈阵 $K$，使闭环系统 $\Sigma_K=(A-bK,b,c)$ 能够任意配置极点的充要条件是 $\Sigma_o$ 是状态完全能控的。

**证明**　仅证充分性。即证如果系统 $\Sigma_o=(\boldsymbol{A},\boldsymbol{b},\boldsymbol{c})$ 状态完全能控，则通过状态反馈有

$$\det[\lambda\boldsymbol{I}-(\boldsymbol{A}-\boldsymbol{bK})]=f^*(\lambda) \tag{6.17}$$

其中，$f^*(\lambda)$ 为系统期望的特征多项式

$$f^*(\lambda)=\prod_{i=1}^{n}(\lambda-\lambda_i^*)=\lambda^n+a_1^*\lambda^{n-1}+\cdots+a_{n-1}^*\lambda+a_n^* \tag{6.18}$$

其中，$\lambda_i(i=1,2,\cdots,n)$ 为期望的闭环极点。

若 $\Sigma_o$ 为完全能控，则存在非奇异变换 $\boldsymbol{x}=\boldsymbol{P}^{-1}\bar{\boldsymbol{x}}$，将 $\Sigma_o$ 变换为能控标准形

$$\left.\begin{aligned}\dot{\bar{\boldsymbol{x}}}&=\boldsymbol{PAP}^{-1}\bar{\boldsymbol{x}}+\boldsymbol{Pbu}=\bar{\boldsymbol{A}}\bar{\boldsymbol{x}}+\bar{\boldsymbol{b}}\boldsymbol{u}\\ \boldsymbol{y}&=\boldsymbol{CP}^{-1}\bar{\boldsymbol{x}}=\bar{\boldsymbol{C}}\bar{\boldsymbol{x}}\end{aligned}\right\} \tag{6.19}$$

其中

$$\bar{\boldsymbol{A}}=\begin{bmatrix}0&1&\cdots&0\\0&0&\cdots&0\\\vdots&\vdots&&\vdots\\0&0&\cdots&1\\-a_n&-a_{n-1}&\cdots&-a_1\end{bmatrix}\qquad \bar{\boldsymbol{b}}=\begin{bmatrix}0\\\vdots\\0\\1\end{bmatrix}$$

$$\bar{\boldsymbol{C}}=[\boldsymbol{b}_n\quad \boldsymbol{b}_{n-1}\quad\cdots\quad \boldsymbol{b}_1]$$

对应的传递函数为

$$\boldsymbol{W}_o(s)=\bar{\boldsymbol{C}}(s\boldsymbol{I}-\bar{\boldsymbol{A}})^{-1}\bar{\boldsymbol{b}}=\frac{b_1s^{n-1}+b_2s^{n-2}+\cdots+b_{n-1}s+b_n}{s^n+a_1s^{n-1}+\cdots+a_{n-1}s+a_n} \tag{6.20}$$

采用状态反馈

$$\boldsymbol{u}=\boldsymbol{r}-\boldsymbol{Kx}=\boldsymbol{r}-\boldsymbol{KP}^{-1}\bar{\boldsymbol{x}}=\boldsymbol{r}-\bar{\boldsymbol{K}}\bar{\boldsymbol{x}} \tag{6.21}$$

其中

$$\bar{\boldsymbol{K}}=\boldsymbol{KP}^{-1}=[\bar{k}_1\quad \bar{k}_2\quad\cdots\quad \bar{k}_n]$$

则闭环系统的状态空间表达式为

$$\begin{aligned}\dot{\bar{\boldsymbol{x}}}&=(\bar{\boldsymbol{A}}-\bar{\boldsymbol{b}}\bar{\boldsymbol{k}})\bar{\boldsymbol{x}}+\bar{\boldsymbol{b}}\boldsymbol{u}\\ \boldsymbol{y}&=\bar{\boldsymbol{c}}\bar{\boldsymbol{x}}\end{aligned} \tag{6.22}$$

其中

$$\bar{\boldsymbol{A}}-\bar{\boldsymbol{b}}\bar{\boldsymbol{K}}=\begin{bmatrix}0&1&\cdots&0\\0&0&\cdots&0\\\vdots&\vdots&&\vdots\\0&0&\cdots&1\\-a_n-\bar{k}_1&-a_{n-1}-\bar{k}_2&\cdots&-a_1-\bar{k}_n\end{bmatrix}$$

对应的闭环传递函数为

$$\boldsymbol{W}_K(s)=\bar{\boldsymbol{c}}[s\boldsymbol{I}-(\bar{\boldsymbol{A}}-\bar{\boldsymbol{b}}\bar{\boldsymbol{K}})]^{-1}\bar{\boldsymbol{b}}=\frac{b_1s^{n-1}+b_2s^{n-2}+\cdots+b_{n-1}s+b_n}{s^n+(a_1+\bar{k}_n)s^{n-1}+\cdots+(a_{n-1}+\bar{k}_2)s+(a_n+\bar{k}_1)} \tag{6.23}$$

可得闭环特征多项式为

$$f(\lambda)=|\lambda\boldsymbol{I}-(\overline{\boldsymbol{A}}-\overline{\boldsymbol{b}}\,\overline{\boldsymbol{K}})|=\lambda^{n}+(a_1+\bar{k}_n)\lambda^{n-1}+\cdots+(a_{n-1}+\bar{k}_2)\lambda+(a_n+\bar{k}_1) \tag{6.24}$$

比较式(6.24)和式(6.18)可见,只需取

$$\left.\begin{array}{c}a_1+\bar{k}_n=a_1^*\\ \vdots\\ a_n+\bar{k}_1=a_n^*\end{array}\right\}$$

即取

$$\overline{\boldsymbol{K}}=[a_n^*-a_n \quad a_{n-1}^*-a_{n-1} \quad \cdots \quad a_1^*-a_1] \tag{6.25}$$

就可使状态反馈系统的特征多项式与期望的特征多项式一致,即配置系统的几个特征值。

最后,根据

$$\boldsymbol{K}=\overline{\boldsymbol{K}}\boldsymbol{P} \tag{6.26}$$

得到变换前系统对应的 $\boldsymbol{K}$ 阵。

定理 6.1 也被称为极点配置定理,通过它的证明过程可以得到状态反馈阵的计算方法。对于单输入 - 单输出系统,如果被控系统为能控标准形,状态反馈阵 $\boldsymbol{K}$ 为

$$\boldsymbol{K}=[a_n^*-a_n \quad a_{n-1}^*-a_{n-1} \quad \cdots \quad a_1^*-a_1]$$

即直接根据状态方程和期望特征方程的系数就可写出。如果被控系统不是能控标准形,则可以利用线性变换 $\boldsymbol{x}=\boldsymbol{P}^{-1}\overline{\boldsymbol{x}}$,将其变换为能控标准形,继而求得对应的状态反馈阵 $\boldsymbol{K}$,然后由式(6.26)就可得到对应原被控系统的 $\boldsymbol{K}$ 阵。实质上,由式(6.20)和式(6.23)可知,状态反馈就是通过改变传递函数分母多项式各项的系数,来重新配置系统的极点。所以一般情况下,状态反馈阵的计算方法,就是使状态反馈后系统特征方程的各项系数与期望的特征方程的各项系数分别相等,就可得到反馈阵 $\boldsymbol{K}$ 的各个系数。

另外,通过式(6.20)和式(6.23)的比较也可发现,状态反馈后传递函数分子多项式的各项系数没有改变,即状态反馈不能改变系统零点。而状态反馈却可以任意配置系统的几个极点,这样就有可能产生零极点相消现象,从而使状态反馈系统不能保持原系统的能观性。

定理 6.1 虽然是指单输入 - 单输出系统,但对多输入 - 多输出系统也是适用的。由于状态反馈阵 $\boldsymbol{K}$ 与状态完全能控系统输出量的数目无关,所以该定理也适用于单输入 - 多输出线性定常系统。对于多输入系统,如果系统是完全能控的,则可先将系统转化为对某一输入分量完全可控,再按单输入极点配置方法计算反馈阵,不过这时反馈阵的解不是唯一的。

下面通过算例来说明状态反馈阵 $\boldsymbol{K}$ 的计算步骤。

**例 6.2**　已知系统的传递函数为

$$\boldsymbol{G}(s)=\frac{10}{s(s+1)(s+2)}$$

试设计状态反馈矩阵 $\boldsymbol{K}$,使闭环系统的极点为 $-2$, $-1\pm \mathrm{j}1$。

**解**　(1) 由于传递函数 $\boldsymbol{G}(s)$ 没有零极点相消现象,所以原系统是能控且能观的,根据定理 6.1 可以用状态反馈的方法将闭环极点配置在期望的位置上,根据传递函数可直接写出其能控标准形实现

$$\left.\begin{aligned}\begin{bmatrix}\dot{x}_1\\\dot{x}_2\\\dot{x}_3\end{bmatrix}&=\begin{bmatrix}0&1&0\\0&0&1\\0&-2&-3\end{bmatrix}\begin{bmatrix}x_1\\x_2\\x_3\end{bmatrix}+\begin{bmatrix}0\\0\\1\end{bmatrix}u\\ y&=\begin{bmatrix}10&0&0\end{bmatrix}\begin{bmatrix}x_1\\x_2\\x_3\end{bmatrix}\end{aligned}\right\}$$

(2) 设状态反馈增益矩阵 $\boldsymbol{K}$ 为

$$\boldsymbol{K}=[k_1\quad k_2\quad k_3]$$

则闭环系统的系数矩阵$(\boldsymbol{A}-\boldsymbol{bK})$为

$$\boldsymbol{A}-\boldsymbol{bK}=\begin{bmatrix}0&1&0\\0&0&1\\-k_1&-2-k_2&-3-k_3\end{bmatrix}$$

对应的闭环系统特征多项式为

$$f(\lambda)=\det[\lambda\boldsymbol{I}-(\boldsymbol{A}-\boldsymbol{bK})]=\lambda^3+(3+k_3)\lambda^2+(2+k_2)\lambda+k_1$$

(3) 根据期望的闭环极点可以写出期望的特征多项式

$$f^*(\lambda)=(\lambda+2)(\lambda+1-\mathrm{j})(\lambda+1+\mathrm{j})=\lambda^3+4\lambda^2+6\lambda+4$$

(4) 比较$f(\lambda)$与$f^*(\lambda)$各项系数,可得

$$k_1=4\qquad k_2=4\qquad k_3=1$$

即

$$K=[4\quad 4\quad 1]$$

该闭环系统的结构图如图 6.3 所示。

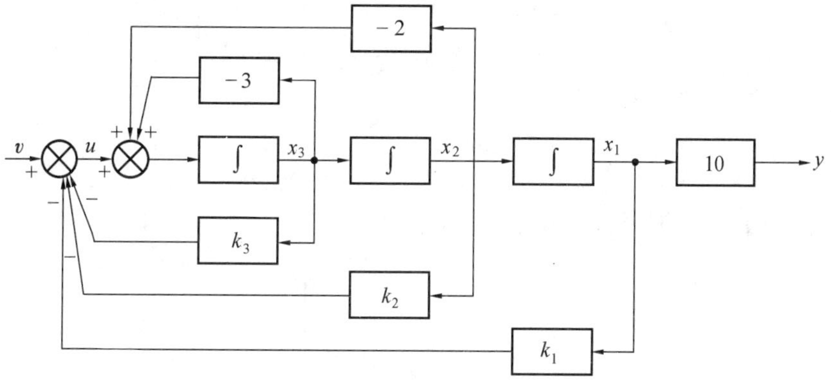


图 6.3　例 6.2 闭环结构图

上面的计算过程中由于采用了能控标准形,所以可以直接根据式(6.25)写出状态反馈阵的各个系数。但从工程实际的角度,这种实现的状态变量的信息一般难于检测。通常按串联分解来选择状态变量,这样更容易实现。图 6.4 就是本例按串联分解设计的结构图。

此时被控系统的状态空间表达式为

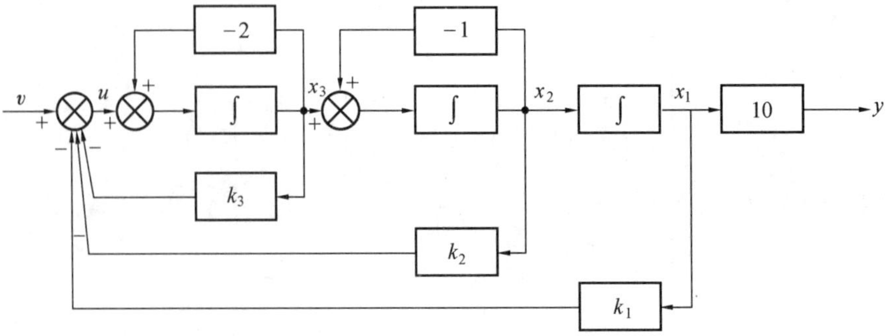


图 6.4　例 6.2 按串联实现时

$$\left.\begin{aligned}\begin{bmatrix}\dot{x}_1\\ \dot{x}_2\\ \dot{x}_3\end{bmatrix} &= \begin{bmatrix}0 & 1 & 0\\ 0 & -1 & 1\\ 0 & 0 & -2\end{bmatrix}\begin{bmatrix}x_1\\ x_2\\ x_3\end{bmatrix} + \begin{bmatrix}0\\ 0\\ 1\end{bmatrix}u\\ y &= \begin{bmatrix}10 & 0 & 0\end{bmatrix}\begin{bmatrix}x_1\\ x_2\\ x_3\end{bmatrix}\end{aligned}\right\}$$

这里状态变量 $x_1$、$x_2$、$x_3$ 就是各串联环节$\frac{1}{s}$、$\frac{1}{s+1}$、$\frac{1}{s+2}$的输出，因而是便于检测的。

图中状态反馈增益阵 $\boldsymbol{K}$ 为

$$\boldsymbol{K} = [k_1 \quad k_2 \quad k_3]$$

闭环系统的系数矩阵$(\boldsymbol{A} - \boldsymbol{bK})$ 为

$$\boldsymbol{A} - \boldsymbol{bK} = \begin{bmatrix}0 & 1 & 0\\ 0 & -1 & 1\\ -k_1 & -k_2 & -2-k_3\end{bmatrix}$$

对应的闭环系统的特征多项式为

$$f(\lambda) = \det[\lambda \boldsymbol{I} - (\boldsymbol{A} - \boldsymbol{bK})] = \lambda^3 + (3 + k_3)\lambda^2 + (2 + k_2 + k_3)\lambda + k_1$$

与前面期望的特征多项式$f^*(\lambda)$对照，可得

$$\left.\begin{aligned}k_1 &= 4\\ 2 + k_2 + k_3 &= 6\\ 3 + k_3 &= 4\end{aligned}\right\}$$

即

$$\boldsymbol{K} = [k_1 \quad k_2 \quad k_3] = [4 \quad 3 \quad 1]$$

注意到上面状态反馈后的特征多项式是直接根据矩阵$[\lambda \boldsymbol{I} - (\boldsymbol{A} - \boldsymbol{bK})]$写出的，这在阶次较低时还容易写出，但当阶次较高时，就比较复杂。这时，一般应先将原状态方程化为可控标准形，则容易写出可控标准形下的状态反馈阵，再根据变换关系得到对应于原系统的反馈阵。

从前面的过程已经知道，如果被控系统是状态完全能控的，则利用状态反馈可以任意配

置闭环系统的特征值,从而可以使它们等于期望的特征值。如何确定期望的特征值,要从系统设计的角度综合考虑。首先,为使状态反馈阵 $\boldsymbol{K}$ 的元素为实数,期望的特征值应为实数或成对出现的共轭复数。其次,特征值的选取,还要考虑系统零点分布的情况,因为状态反馈不能改变系统零点。另外,一般被控系统的特征值与期望的特征值间的距离越大,状态反馈的增益也越大,这样会使系统对噪声敏感。所以,在选取期望的特征值时,还要使系统具有较好的抗干扰性能和较低的参数灵敏度。

### 6.2.2　输出反馈时

前已述及,由于系统输出量的个数要小于状态变量的个数,所以输出反馈较状态反馈改变系统性能的能力要弱。

对于单输入 - 单输出系统 $\Sigma_o = (\boldsymbol{A}, \boldsymbol{b}, \boldsymbol{c})$,引入输出反馈

$$u = v - hy \tag{6.27}$$

其中,$h$ 为常数,系统结构图如图 6.5 所示。

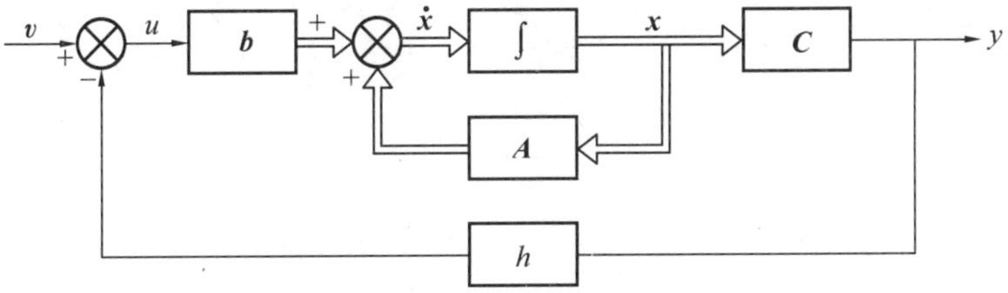


图 6.5　单变量输出反馈系统

输出反馈闭环系统为 $\Sigma_h = (\boldsymbol{A} - \boldsymbol{b}h\boldsymbol{c}, \boldsymbol{b}, \boldsymbol{c})$,对应的闭环特征方程为

$$f(\lambda) = \det[\lambda \boldsymbol{I} - (\boldsymbol{A} - \boldsymbol{b}h\boldsymbol{c})] \tag{6.28}$$

可见,由于只有一个可调参数 $h$,不可能做到任意配置系统的 $n$ 个特征值。

输出反馈系统如果要配置系统的 $n$ 个特征值,就得通过对输出量的观测得到状态变量的信息,即在输出反馈通道中要有动态补偿器。

**定理 6.2**　单输入 - 单输出系统 $\Sigma_o = (\boldsymbol{A}, \boldsymbol{b}, \boldsymbol{c})$,采用带动态补偿器的输出反馈使闭环极点能够任意配置的充要条件是:①$\Sigma_o$ 是完全能控且完全能观的;② 动态补偿器为 $n-1$ 阶的。

证明略。

由上面的定理可知,对于状态完全可控和完全可观的系统 $\Sigma_o = (\boldsymbol{A}, \boldsymbol{b}, \boldsymbol{c})$,采用带动态补偿器的输出反馈和状态反馈都能任意配置系统的 $n$ 个特征值,即这时带补偿器的输出反馈与状态反馈是代数等价的。但在实际应用中,两种反馈的效果是不同的。带补偿器的输出反馈相当于引入了输出量的各阶导数,对噪声敏感,所以一般不宜采用这种形式。另外,当系统是状态完全能控但不完全能观时,采用状态反馈可以任意配置闭环极点,而带有补偿器的输出反馈却做不到。

## 6.3　状态观测器

如果被控系统是状态完全能控的,利用状态反馈可以任意配置系统的极点,以满足相应

的动态性能要求。但在实现状态反馈时,首先要求状态是可以检测的,这对实际系统来说是有困难的。而且系统阶次越高,要检测的量越多,需要的传感器也越多,费用就越高。这就提出了状态观测或状态重构问题,即能否按被控系统的状态方程构造一个模拟系统,用被控系统中能够直接得到的控制量和输出量作为它的输入量,使模拟系统的状态接近原被控系统的状态。这个模拟系统就是状态观测器或状态估计器。

本节只讨论线性定常系统的状态观测器问题。当系统中存在噪声时,可以用卡尔曼滤波理论来进行设计。

### 6.3.1 状态观测器的存在性

如果线性定常系统 $\Sigma_o = (\boldsymbol{A},\boldsymbol{B},\boldsymbol{C})$ 是状态完全能观测的,则根据能观性的定义,可以由系统的输出确定系统的状态。当不能用物理的方法直接量测到系统的状态时,设想构造一个与原系统在结构和参数上相当的模拟系统 $\Sigma_G$,将 $\boldsymbol{x}$ 值估计出来。那么 $\Sigma_G$ 的状态空间表达式为

$$\left.\begin{aligned}\dot{\hat{\boldsymbol{x}}} &= \boldsymbol{A}\hat{\boldsymbol{x}} + \boldsymbol{B}\boldsymbol{u} \\ \hat{\boldsymbol{y}} &= \boldsymbol{C}\hat{\boldsymbol{x}}\end{aligned}\right\} \tag{6.29}$$

与原系统

$$\left.\begin{aligned}\dot{\boldsymbol{x}} &= \boldsymbol{A}\boldsymbol{x} + \boldsymbol{B}\boldsymbol{u} \\ \boldsymbol{y} &= \boldsymbol{C}\boldsymbol{x}\end{aligned}\right\} \tag{6.30}$$

相比较,有

$$\dot{\boldsymbol{x}} - \dot{\hat{\boldsymbol{x}}} = \boldsymbol{A}(\boldsymbol{x} - \hat{\boldsymbol{x}})$$

其解为

$$\boldsymbol{x} - \hat{\boldsymbol{x}} = \mathrm{e}^{\boldsymbol{A}t}[\boldsymbol{x}(0) - \hat{\boldsymbol{x}}(0)]$$

可见,如果 $\boldsymbol{x}(0) = \hat{\boldsymbol{x}}(0)$,那么在 $t > 0$ 的任何时刻都有 $\boldsymbol{x} = \hat{\boldsymbol{x}}$,即估计值与真实值相等。但实际中很难做到模拟系统与原系统的初始条件完全一致,即存在初始误差。但只要 $\Sigma_o$ 是稳定的,即 $\boldsymbol{A}$ 的特征值都具有负实部,$\hat{\boldsymbol{x}}$ 就会逐渐趋近于 $\boldsymbol{x}$。所以,状态观测器有时也称为渐近状态估计器。

许多实际系统的特征值不一定都具有负实部,而且系统在工作中都会有参数的变化及受到噪声的干扰,这样估计状态 $\hat{\boldsymbol{x}}$ 与实际状态 $\boldsymbol{x}$ 间必然存在估计误差

$$\boldsymbol{x}_e = \boldsymbol{x} - \hat{\boldsymbol{x}} \tag{6.31}$$

为消除误差,在观测器中可以引入反馈。但这些状态一般是不容易直接量测的,为了克服这个困难,当 $\Sigma_o$ 是状态完全能观的,可以用 $\Sigma_o$ 的输出与 $\Sigma_G$ 的输出间的差值进行反馈,如图6.6所示。

由图 6.6 可以写出状态观测器的状态空间表达式

$$\begin{aligned}\dot{\hat{\boldsymbol{x}}} &= \boldsymbol{A}\hat{\boldsymbol{x}} + \boldsymbol{B}\boldsymbol{u} + \boldsymbol{G}(\boldsymbol{y} - \hat{\boldsymbol{y}}) = \boldsymbol{A}\hat{\boldsymbol{x}} + \boldsymbol{B}\boldsymbol{u} + \boldsymbol{G}\boldsymbol{C}(\boldsymbol{x} - \hat{\boldsymbol{x}}) = \\ &(\boldsymbol{A} - \boldsymbol{G}\boldsymbol{C})\hat{\boldsymbol{x}} + \boldsymbol{B}\boldsymbol{u} + \boldsymbol{G}\boldsymbol{y}\end{aligned} \tag{6.32(a)}$$

$$\hat{\boldsymbol{y}} = \boldsymbol{C}\hat{\boldsymbol{x}} \tag{6.32(b)}$$

这时,估计误差

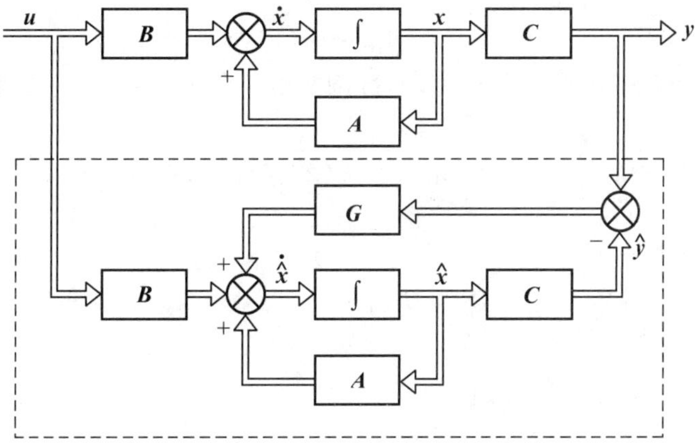


图 6.6　状态观测器

$$\dot{\boldsymbol{x}}_e = \dot{\boldsymbol{x}} - \dot{\hat{\boldsymbol{x}}} = (\boldsymbol{A} - \boldsymbol{GC})(\boldsymbol{x} - \hat{\boldsymbol{x}}) \tag{6.33}$$

其解为

$$\boldsymbol{x}_e(t) = e^{(\boldsymbol{A}-\boldsymbol{GC})t}[\boldsymbol{x}(0) - \hat{\boldsymbol{x}}(0)] \tag{6.34}$$

上(6.34)表明,只要选择观测器系数矩阵($\boldsymbol{A} - \boldsymbol{GC}$)的特征值均具有负实部,估计误差就会逐渐衰减到零,观测器是稳定的。这又相当于要求状态观测器的极点可以任意配置,而($\boldsymbol{A} - \boldsymbol{GC}$)与其转置($\boldsymbol{A}^T - \boldsymbol{C}^T\boldsymbol{G}^T$)的特征值相同,则要求($\boldsymbol{A}^T, \boldsymbol{C}^T$)为完全能控。根据对偶原理,又可等价为($\boldsymbol{A}, \boldsymbol{C}$)完全能观。所以对于状态完全能观的线性定常系统,可以通过适当选择反馈阵 $\boldsymbol{G}$,使观测器的估计状态 $\hat{\boldsymbol{x}}$ 逐渐趋于实际状态 $\boldsymbol{x}$。对于状态不完全能观的系统,会有什么样的结果呢?

**定理 6.3**　对于线性定常系统 $\boldsymbol{\Sigma}_o = (\boldsymbol{A}, \boldsymbol{B}, \boldsymbol{C})$,状态观测器存在的充要条件是 $\boldsymbol{\Sigma}_o$ 不能观测的部分是渐近稳定的。

**证明**　设 $\boldsymbol{\Sigma}_o$ 不完全能观,则可对其进行能观性结构分解,设其具有如下形式

$$\begin{bmatrix} \dot{x}_1 \\ \dot{x}_2 \end{bmatrix} = \begin{bmatrix} A_{11} & 0 \\ A_{21} & A_{22} \end{bmatrix} \begin{bmatrix} x_1 \\ x_2 \end{bmatrix} + \begin{bmatrix} B_1 \\ B_2 \end{bmatrix} u \tag{6.35(a)}$$

$$y = [C_1 \quad 0] \begin{bmatrix} x_1 \\ x_2 \end{bmatrix} \tag{6.35(b)}$$

式中,$x_1$ 为能观分量;$x_2$ 为不能观分量。

构造状态观测器 $\hat{\boldsymbol{\Sigma}}$

$$\dot{\hat{\boldsymbol{x}}} = \boldsymbol{A}\hat{\boldsymbol{x}} + \boldsymbol{B}\boldsymbol{u} + \boldsymbol{G}(\boldsymbol{y} - \boldsymbol{C}\hat{\boldsymbol{x}}) = (\boldsymbol{A} - \boldsymbol{GC})\hat{\boldsymbol{x}} + \boldsymbol{B}\boldsymbol{u} + \boldsymbol{GC}\boldsymbol{x} \tag{6.36}$$

其中,$\hat{\boldsymbol{x}} = [\hat{x}_1 \quad \hat{x}_2]^T$,$\boldsymbol{G} = [G_1 \quad G_2]^T$,各分量维数与 $\boldsymbol{\Sigma}_o$ 中各分量维数对应。则估计误差

$$\dot{\boldsymbol{x}}_e = \dot{\boldsymbol{x}} - \dot{\hat{\boldsymbol{x}}} = \begin{bmatrix} \dot{x}_1 - \dot{\hat{x}}_1 \\ \dot{x}_2 - \dot{\hat{x}}_2 \end{bmatrix} = \begin{bmatrix} (A_{11} - G_1C_1)(x_1 - \hat{x}_1) \\ (A_{21} - G_2C_1)(x_1 - \hat{x}_1) + A_{22}(x_2 - \hat{x}_2) \end{bmatrix} \tag{6.37}$$

上式中的第一部分

$$\dot{x}_1 - \dot{\hat{x}}_1 = (A_{11} - G_1C_1)(x_1 - \hat{x}_1)$$

由于$(A_{11},C_1)$为能观子系统，所以可以通过调节$G_1$，使$(A_{11} - G_1C_1)$的特征值均具有负实部，从而

$$\lim_{t\to\infty}(x_1 - \hat{x}_1) = \lim_{t\to\infty}e^{(A_{11}-G_1C_1)t}[x_1(0) - \hat{x}_1(0)] = 0 \tag{6.38}$$

对于第二部分

$$\dot{x}_2 - \dot{\hat{x}}_2 = (A_{21} - G_2C_1)(x_1 - \hat{x}_1) + A_{22}(x_2 - \hat{x}_2)$$

其解为

$$x_2 - \hat{x}_2 = e^{A_{22}t}[x_2(0) - \hat{x}_2(0)] + \int_0^t e^{A_{22}(t-\tau)}(A_{21} - G_2C_1)e^{(A_{11}-G_1C_1)t}[x_1(0) - \hat{x}_1(0)]d\tau \tag{6.39}$$

由于

$$\lim_{t\to\infty}e^{(A_{11}-G_1C_1)t} = 0$$

那么仅当

$$\lim_{t\to\infty}e^{A_{22}t} = 0 \tag{6.40}$$

时，对任意的$x_2(0)$和$\hat{x}_2(0)$，有

$$\lim_{t\to\infty}(x_2 - \hat{x}_2) = 0 \tag{6.41}$$

即估计状态逐渐接近于给定状态。而$\lim\limits_{t\to\infty}e^{A_{22}t} = 0$与$A_{22}$的特征值均为负实部等价，也就是要求$\Sigma_o$不能观的部分是渐近稳定的。

### 6.3.2 观测器的极点配置

**定理 6.4** 线性定常系统$\boldsymbol{\Sigma}_o = (\boldsymbol{A},\boldsymbol{B},\boldsymbol{C})$，其观测器$\boldsymbol{\Sigma}_G = (\boldsymbol{A} - \boldsymbol{GC},\boldsymbol{B},\boldsymbol{G})$的极点可以任意配置的充要条件为$\boldsymbol{\Sigma}_o$是状态完全能观测的。

这个定理是线性状态反馈系统$\boldsymbol{\Sigma}_K = (\boldsymbol{A} - \boldsymbol{BK},\boldsymbol{B},\boldsymbol{C})$极点配置定理的对偶形式，证明过程类似，这里从略。

定理 6.4 说明，对于状态完全能观测的系统，可以通过选择反馈阵$\boldsymbol{G}$，使观测器极点任意配置，从而估计状态$\hat{\boldsymbol{x}}$以希望的速度逼近实际状态$\boldsymbol{x}$。希望逼近的速度越快，则观测器的极点离虚轴越远。但如果逼近的速度太快，则观测器的频带很宽，不利于抑制高频干扰，而且，反馈阵$\boldsymbol{G}$的增益很大，实现也有困难。所以，在实际设计时，使状态观测器比被估计系统的反应稍快一些就可以了。

对于状态不完全能观测的系统，若其不能观部分是渐近稳定的，也可以构造状态观测器。但这时$\hat{\boldsymbol{x}}$趋近于$\boldsymbol{x}$的速度不能任意选择，而要受到系统不能观部分极点位置的限制。

下面举例说明状态观测器的设计方法。

**例 6.3** 已知线性定常系统的状态空间表达式为

$$\begin{bmatrix}\dot{x}_1\\ \dot{x}_2\\ \dot{x}_3\end{bmatrix} = \begin{bmatrix}1 & 0 & 0\\ 0 & 2 & 1\\ 0 & 0 & 2\end{bmatrix}\begin{bmatrix}x_1\\ x_2\\ x_3\end{bmatrix} + \begin{bmatrix}1\\ 0\\ 1\end{bmatrix}u$$

$$y=\begin{bmatrix}1 & 1 & 0\end{bmatrix}\begin{bmatrix}x_1\\x_2\\x_3\end{bmatrix}$$

试设计一渐近状态观测器,将其极点配置为 - 3、- 4、- 5。

**解**　给定的状态空间表达式不是能观标准形,首先将其化为能观标准形,求出相应的观测器反馈阵 $\bar{\boldsymbol{G}}$,再把 $\bar{\boldsymbol{G}}$ 化为对应原状态空间表达式的 $\boldsymbol{G}$。

(1) 判断能观性

$$\text{rank}\begin{bmatrix}\boldsymbol{C}\\\boldsymbol{CA}\\\boldsymbol{CA}^2\end{bmatrix}=\text{rank}\begin{bmatrix}1 & 1 & 0\\1 & 2 & 1\\1 & 4 & 4\end{bmatrix}=3$$

所以,给定系统是状态完全能观测的,其状态观测器可以任意配置极点。

(2) 确定变换阵 $\boldsymbol{T}$

$$\boldsymbol{T}_1=\begin{bmatrix}\boldsymbol{C}\\\boldsymbol{CA}\\\boldsymbol{CA}^2\end{bmatrix}^{-1}\begin{bmatrix}0\\0\\1\end{bmatrix}=\begin{bmatrix}1 & 1 & 0\\1 & 2 & 1\\1 & 4 & 4\end{bmatrix}^{-1}\begin{bmatrix}0\\0\\1\end{bmatrix}=\begin{bmatrix}1\\-1\\1\end{bmatrix}$$

$$\boldsymbol{T}=\begin{bmatrix}\boldsymbol{T}_1 & \boldsymbol{AT}_1 & \boldsymbol{A}^2\boldsymbol{T}_1\end{bmatrix}=\begin{bmatrix}1 & 1 & 1\\-1 & -1 & 0\\1 & 2 & 4\end{bmatrix}$$

$$\boldsymbol{T}^{-1}=\begin{bmatrix}4 & 2 & -1\\-4 & -3 & 1\\1 & 1 & 0\end{bmatrix}$$

(3) 做变换 $\boldsymbol{x}=\boldsymbol{T}\bar{\boldsymbol{x}}$,化为能观标准形

$$\dot{\bar{\boldsymbol{x}}}=\bar{\boldsymbol{A}}\bar{\boldsymbol{x}}+\bar{\boldsymbol{b}}u$$

$$y=\bar{\boldsymbol{C}}\bar{\boldsymbol{x}}$$

其中

$$\bar{\boldsymbol{A}}=\boldsymbol{T}^{-1}\boldsymbol{AT}=\begin{bmatrix}0 & 0 & 4\\1 & 0 & -8\\0 & 1 & 5\end{bmatrix}\qquad\bar{\boldsymbol{b}}=\boldsymbol{T}^{-1}\boldsymbol{b}=\begin{bmatrix}3\\-3\\1\end{bmatrix}\qquad\bar{\boldsymbol{C}}=\boldsymbol{CT}=\begin{bmatrix}0 & 0 & 1\end{bmatrix}$$

(4) 确定能观标准形时对应的反馈阵 $\bar{\boldsymbol{G}}$,设

$$\bar{\boldsymbol{G}}=\begin{bmatrix}\bar{g}_1\\\bar{g}_2\\\bar{g}_3\end{bmatrix}$$

$$\bar{\boldsymbol{A}}-\bar{\boldsymbol{G}}\bar{\boldsymbol{C}}=\begin{bmatrix}0 & 0 & 4-\bar{g}_1\\1 & 0 & -8-\bar{g}_2\\0 & 1 & 5-\bar{g}_3\end{bmatrix}$$

则观测器的特征多项式为

$$f(\lambda)=\det[\lambda \boldsymbol{I}-(\overline{\boldsymbol{A}}-\overline{\boldsymbol{G}}\,\overline{\boldsymbol{C}})]=\lambda^{3}+(\overline{g}_3-5)\lambda^{2}+(\overline{g}_2+8)\lambda+(\overline{g}_1-4)$$

根据极点配置要求,期望的特征多项式为

$$f^{*}(\lambda)=(\lambda+3)(\lambda+4)(\lambda+5)=\lambda^{3}+12\lambda^{2}+47\lambda+60$$

比较上面两个特征多项式的系数,可得

$$\overline{\boldsymbol{G}}=\begin{bmatrix}\overline{g}_1\\ \overline{g}_2\\ \overline{g}_3\end{bmatrix}=\begin{bmatrix}64\\ 39\\ 17\end{bmatrix}$$

(5) 确定原状态空间表达式对应的 $\boldsymbol{G}$

$$\boldsymbol{G}=\boldsymbol{T}\overline{\boldsymbol{G}}=\begin{bmatrix}120\\ -103\\ 210\end{bmatrix}$$

得系统观测器的状态方程为

$$\dot{\hat{\boldsymbol{x}}}=(\boldsymbol{A}-\boldsymbol{G}\boldsymbol{c})\hat{\boldsymbol{x}}+\boldsymbol{b}u+\boldsymbol{G}y=$$
$$\begin{bmatrix}-119 & -120 & 0\\ 103 & 105 & 1\\ -210 & -210 & 2\end{bmatrix}\hat{\boldsymbol{x}}+\begin{bmatrix}1\\ 0\\ 1\end{bmatrix}u+\begin{bmatrix}120\\ -103\\ 210\end{bmatrix}y$$

# 6.4 带状态观测器的状态反馈系统

利用状态观测器可以得到那些不能直接量测到的状态的估计值,这样就可以进一步构造状态反馈系统。本节介绍带状态观测器的状态反馈系统的结构,以及它和直接状态反馈系统的异同。

## 6.4.1 系统结构

设单输入－单输出系统 $\Sigma_{o}=(\boldsymbol{A},\boldsymbol{b},\boldsymbol{c})$ 是状态完全能控且完全能观的,若系统状态不能直接量测,则可设计状态观测器 $\Sigma_{G}$ 获得状态的估计值,然后再进行状态反馈。图 6.7 就是带状态观测器的状态反馈闭环系统结构图。

$\Sigma_{o}$ 为

$$\left.\begin{aligned}\dot{\boldsymbol{x}}&=\boldsymbol{A}\boldsymbol{x}+\boldsymbol{b}u\\ y&=\boldsymbol{C}\boldsymbol{x}\end{aligned}\right\}$$

$\Sigma_{G}$ 为

$$\dot{\hat{\boldsymbol{x}}}=(\boldsymbol{A}-\boldsymbol{G}\boldsymbol{C})\hat{\boldsymbol{x}}+\boldsymbol{b}u+\boldsymbol{G}y$$

状态反馈

$$u=v-\boldsymbol{K}\hat{\boldsymbol{x}}$$

综合以上各式,可得整个闭环系统的状态空间表达式

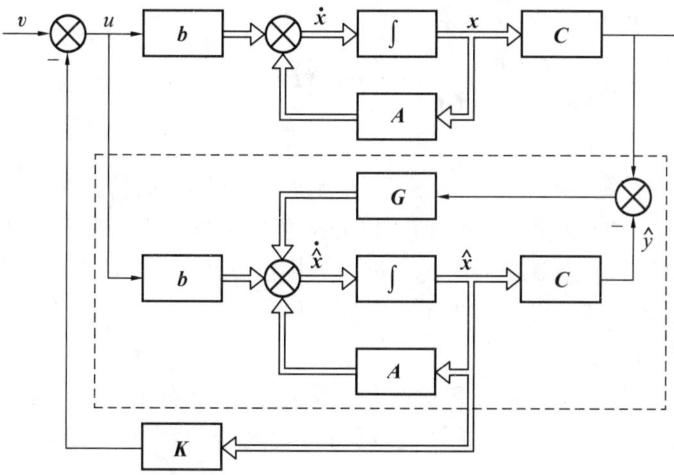


图 6.7　带状态观测器的状态反馈系统

$$\begin{cases} \dot{x} = Ax - bK\hat{x} + bv \\ \dot{\hat{x}} = GCx + (A - GC - bk)\hat{x} + bv \\ y = Cx \end{cases}$$

写成矩阵的形式

$$\begin{bmatrix} \dot{x} \\ \dot{\hat{x}} \end{bmatrix} = \begin{bmatrix} A & -bk \\ GC & A - GC - bk \end{bmatrix} \begin{bmatrix} x \\ \hat{x} \end{bmatrix} + \begin{bmatrix} b \\ b \end{bmatrix} v \tag{6.42(a)}$$

$$y = [C \quad 0] \begin{bmatrix} x \\ \hat{x} \end{bmatrix} \tag{6.42(b)}$$

## 6.4.2　闭环系统的特性

1. 分离特性

为求闭环系统的特征值,先将式(6.42) 进行等效变换

$$\begin{bmatrix} x \\ \hat{x} \end{bmatrix} = \begin{bmatrix} I & 0 \\ I & -I \end{bmatrix} \begin{bmatrix} x \\ x - \hat{x} \end{bmatrix} \tag{6.43}$$

其中

$$T = \begin{bmatrix} I & 0 \\ I & -I \end{bmatrix} \qquad T^{-1} = \begin{bmatrix} I & 0 \\ I & -I \end{bmatrix}$$

变换后系统的状态空间表达式为

$$\begin{bmatrix} \dot{x} \\ \dot{x} - \dot{\hat{x}} \end{bmatrix} = \begin{bmatrix} A - bk & bk \\ 0 & A - GC \end{bmatrix} \begin{bmatrix} x \\ x - \hat{x} \end{bmatrix} + \begin{bmatrix} b \\ 0 \end{bmatrix} v \tag{6.44(a)}$$

$$y = [C \quad 0] \begin{bmatrix} x \\ x - \hat{x} \end{bmatrix} \tag{6.44(b)}$$

式(6.44) 表明,带有状态观测器的状态反馈系统的表达式,可以等价为由状态反馈系统的状态空间表达式和状态观测器估计误差的齐次状态方程组合而成的。由于线性变换不

改变系统的特征值，由式(6.44(a))有

$$\det\begin{bmatrix}\lambda\boldsymbol{I}-(\boldsymbol{A}-\boldsymbol{bK}) & -\boldsymbol{bK}\\ 0 & \lambda\boldsymbol{I}-(\boldsymbol{A}-\boldsymbol{GC})\end{bmatrix}=\det[\lambda\boldsymbol{I}-(\boldsymbol{A}-\boldsymbol{bK})]\cdot\det[\lambda\boldsymbol{I}-(\boldsymbol{A}-\boldsymbol{GC})] \tag{6.45}$$

可见，整个组合系统的特征值由状态反馈系统($\boldsymbol{A}-\boldsymbol{bK}$)的特征值和状态观测器($\boldsymbol{A}-\boldsymbol{GC}$)的特征值之和组成。这两组特征值可以分别通过$\boldsymbol{K}$阵和$\boldsymbol{G}$阵的设计来配置，也就是状态反馈控制器的设计和状态观测器的设计可以分别独立地进行，这个性质称为分离特性。分离特性给整个闭环系统的设计带来了很大的方便。

2. 传递函数阵的不变性

带状态观测器的状态反馈系统和状态直接反馈系统，具有相同的传递函数阵。

由式(6.44)，利用分块阵的求逆公式，可得带观测器的状态反馈闭环系统的传递函数阵为

$$\boldsymbol{W}(s)=[\boldsymbol{C}\quad 0]\left[s\boldsymbol{I}-\begin{pmatrix}\boldsymbol{A}-\boldsymbol{bK} & \boldsymbol{bK}\\ 0 & \boldsymbol{A}-\boldsymbol{GC}\end{pmatrix}\right]^{-1}\begin{bmatrix}\boldsymbol{b}\\0\end{bmatrix}=$$

$$\boldsymbol{C}(s\boldsymbol{I}-\boldsymbol{A}+\boldsymbol{bK})^{-1}\boldsymbol{b} \tag{6.46}$$

该结果就是状态直接反馈系统的传递函数。这时观测器的极点已全部被闭环系统的零点抵消了，闭环系统是不完全能控的。但由于不能控部分是估计误差($\boldsymbol{x}-\hat{\boldsymbol{x}}$)，它将随着时间的增长而趋于零，所以不影响系统的正常工作。

3. 控制器结构的等价性

把图6.7中的状态观测器和状态反馈阵$\boldsymbol{K}$看成一个整体，那么它就相当于一种输出反馈，只是这时是带动态补偿器的输出反馈。图6.8为几种控制器结构的等效变换。

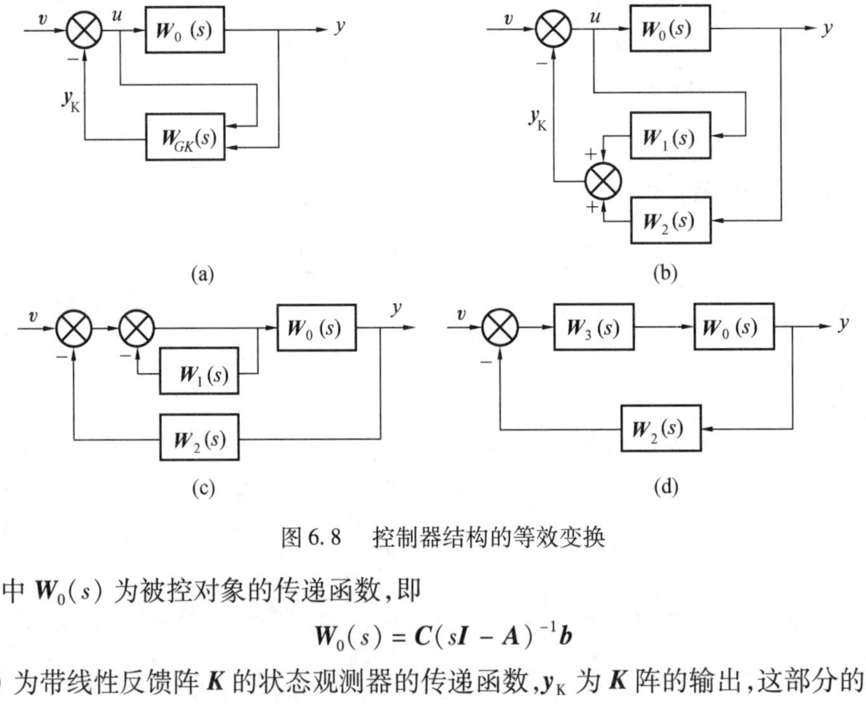


图6.8 控制器结构的等效变换

图中$\boldsymbol{W}_0(s)$为被控对象的传递函数，即

$$\boldsymbol{W}_0(s)=\boldsymbol{C}(s\boldsymbol{I}-\boldsymbol{A})^{-1}\boldsymbol{b} \tag{6.47}$$

$\boldsymbol{W}_{GK}(s)$为带线性反馈阵$\boldsymbol{K}$的状态观测器的传递函数，$\boldsymbol{y}_K$为$\boldsymbol{K}$阵的输出，这部分的状态空间表达式为

$$
\begin{aligned}
\dot{\hat{x}} &= (A - GC)\hat{x} + bu + Gy \\
y_K &= K\hat{x}
\end{aligned} \tag{6.48}
$$

则可以写出它的输入 - 输出关系为

$$
\begin{aligned}
Y_K(s) = K[sI - (A - GC)]^{-1}bU(s) + K[sI - (A - GC)^{-1}]GY(s) = \\
W_1(s)U(s) + W_2(s)Y(s)
\end{aligned} \tag{6.49}
$$

即

$$W_1(s) = K[sI - (A - GC)]^{-1}b \tag{6.50}$$

$$W_2(s) = K[sI - (A - GC)]^{-1}G \tag{6.51}$$

图 6.8 中(b)、(c) 表示了上述关系。若 $W_3(s) = [I + W_1(s)]^{-1}$ 存在,则还可等效变换为图 6.8(d) 的形式。这几个等效变换说明,从输入 - 输出的等效性上看,带观测器的状态反馈系统与带串联补偿器和反馈补偿器的输出反馈系统等效。

**例 6.4**　已知被控对象的传递函数为

$$W_0(s) = \frac{100}{s(s+5)}$$

若状态不能直接量测到,试采用状态观测器实现状态反馈控制,要求闭环系统的阻尼比 $\zeta = 0.707$,无阻尼自然振荡角频率 $\omega_n = 10$ rad/s。

**解**　(1) 按传递函数的串联分解,写出其状态空间表达式

$$
\begin{bmatrix} \dot{x}_1 \\ \dot{x}_2 \end{bmatrix} = \begin{bmatrix} 0 & 1 \\ 0 & -5 \end{bmatrix} \begin{bmatrix} x_1 \\ x_2 \end{bmatrix} + \begin{bmatrix} 0 \\ 100 \end{bmatrix} u
$$

$$
y = \begin{bmatrix} 1 & 0 \end{bmatrix} \begin{bmatrix} x_1 \\ x_2 \end{bmatrix}
$$

(2) 根据分离特性,先设计状态反馈阵 $K$。由 $\zeta = 0.707$、$\omega_n = 10$ rad/s 可得闭环期望特征值为

$$\lambda_{1,2} = -7.07 \pm j7.07$$

则期望的特征多项式为

$$f^*(\lambda) = (\lambda - \lambda_1)(\lambda - \lambda_2) = \lambda^2 + 14.14\lambda + 100$$

设状态反馈阵 $K = [k_1 \quad k_2]$,则

$$f(\lambda) = \det[\lambda I - A + bK] = \lambda^2 + (5 + 100k_2)\lambda + 100k_1$$

比较 $f(\lambda)$ 和 $f^*(\lambda)$ 可得 $k_1 = 1, k_2 = 0.0914$。

(3) 设计状态观测器的反馈增益阵 $G$。使状态观测器的响应速度稍快于系统响应,取状态观测器的特征值为 $\bar{\lambda}_{1,2} = -10, -10$。期望的特征多项式为

$$\bar{f}^*(\lambda) = (\lambda + 10)^2 = \lambda^2 + 20\lambda + 100$$

设观测器反馈阵 $G = [g_1, g_2]^T$,则

$$\bar{f}(\lambda) = \det[\lambda I - A + GC] = \lambda^2 + (5 + g_1)\lambda + (5g_1 + g_2)$$

比较 $\bar{f}(\lambda)$ 和 $\bar{f}^*(\lambda)$ 可得 $g_1 = 15, g_2 = 25$。

(4) 状态观测器的方程为

$$\dot{\hat{x}} = (A - GC)\hat{x} + bu + Gy =$$

$$\begin{bmatrix} -15 & 1 \\ -25 & -5 \end{bmatrix} \hat{\boldsymbol{x}} + \begin{bmatrix} 0 \\ 100 \end{bmatrix} u + \begin{bmatrix} 15 \\ 25 \end{bmatrix} y$$

状态反馈控制律为

$$\bar{u} = -\boldsymbol{K}\hat{\boldsymbol{x}} = -\hat{x}_1 - 0.091\,4\hat{x}_2$$

整个闭环系统的结构图如图 6.9 所示。

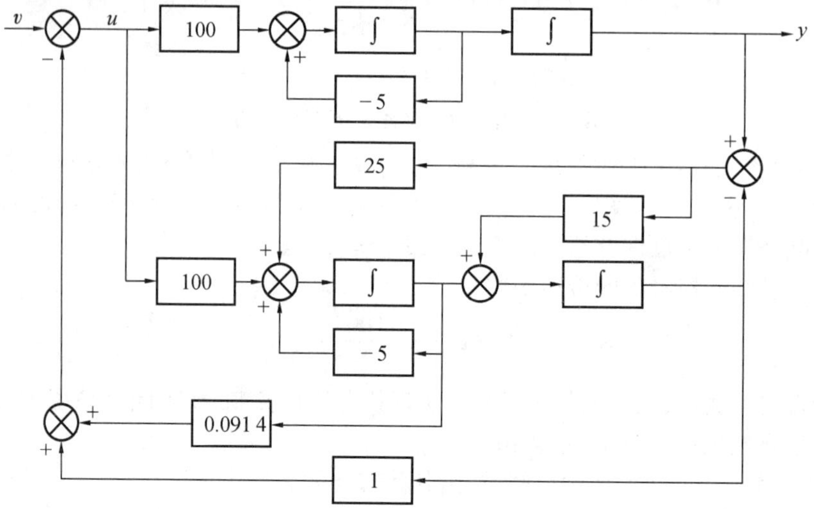


图 6.9　例 6.4 闭环系统结构图

## 6.5　倒立摆控制系统设计

基于状态空间表达式描述的系统的数学模型，提供了系统中状态的性质和变化规律的信息，有利于控制系统的分析和设计。本节基于状态空间模型，设计倒立摆状态反馈控制系统。

### 6.5.1　对象的数学模型

倒立摆是许多重心在上、支点在下的装置的控制问题和物理模型。行走机器人的平衡控制、海上钻井平台的稳定控制、远程导弹发射中的垂直控制等都可以归结为倒立摆的控制问题。倒立摆控制系统的非线性、多变量等特性，适合于应用状态空间表达式来描述。因此，倒立摆装置也是现代控制理论研究的一个典型应用对象。

图 6.10 为一倒立摆系统模型。倒立摆由刚性铰链连接在一个可在同一平面内直线运动的小车上。对小车在水平方向上施加适当的作用力 $u$，能够控制倒立摆保持在垂直位置。在建模过程中，可以忽略一些次要因素。这里忽略摆杆的质量、空气流动阻力及各种摩擦阻力。设小车和摆的质量分别为 $M$ 和 $m$，摆长为 $l$，摆杆与垂直的夹角为 $\theta$，摆杆围绕其重心的转动惯量为零。

选定如图所示 $x-y$ 直角坐标系，系统的输入量为外力 $u$，输出量为小车的位置 $z$ 和摆杆的偏角 $\theta$，建立倒立摆系统的数学模型。

小车在水平方向的位移是 $z$，所以小车的动力学方程为

$$M\frac{\mathrm{d}^2 z}{\mathrm{d}t^2} = u - f_x \tag{6.52}$$

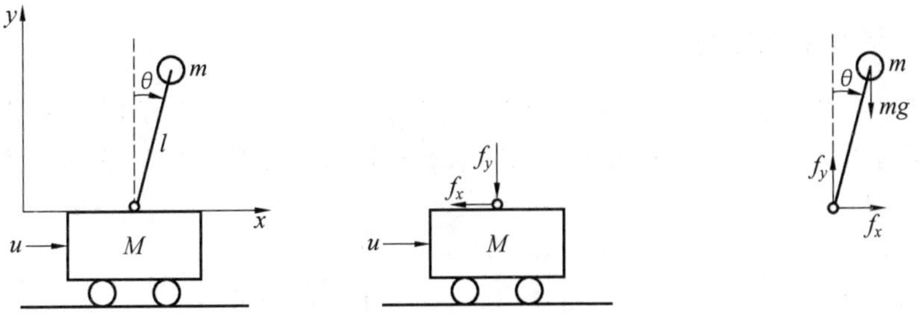


图 6.10　倒立摆系统

摆的水平位移和垂直位移分别是 $z + l\sin\theta$ 和 $l\cos\theta$，则倒立摆在水平方向和垂直方向的直线运动方程以及绕重心的旋转运动方程分别为

$$m\frac{\mathrm{d}^2}{\mathrm{d}t^2}(z + l\sin\theta) = f_x \tag{6.53}$$

$$m\frac{\mathrm{d}^2}{\mathrm{d}t^2}(l\cos\theta) = f_y - mg \tag{6.54}$$

$$f_x l\cos\theta - f_y l\sin\theta = 0 \tag{6.55}$$

由式(6.52)和式(6.53)可得

$$M\frac{\mathrm{d}^2 z}{\mathrm{d}t^2} + m\frac{\mathrm{d}^2}{\mathrm{d}t^2}(z + l\sin\theta) = u \tag{6.56}$$

将式(6.53)和式(6.54)代入式(6.55)有

$$\left[m\frac{\mathrm{d}^2}{\mathrm{d}t^2}(z + l\sin\theta)\right] l\cos\theta - \left[m\frac{\mathrm{d}^2}{\mathrm{d}t^2}(l\cos\theta)\right] l\sin\theta = mgl\sin\theta \tag{6.57}$$

上面两式表明，倒立摆被控对象的数学模型是非线性的，当摆杆与垂直方向的夹角 $\theta$ 变化范围较小时，方程中的非线性项可以做线性化处理。这时应用近似公式 $\sin\theta \approx \theta$，$\cos\theta \approx 1$，$\theta\dot{\theta}^2 \approx 0$，得到线性化的微分方程描述为

$$(M + m)\ddot{z} + ml\ddot{\theta} = u \tag{6.58}$$

$$m\ddot{z} + ml\ddot{\theta} = mg\theta \tag{6.59}$$

由上两式可得小车位移与外力输入之间的输入 - 输出微分方程

$$mlz^{(4)} - (M + m)g\ddot{z} = l\ddot{u} - gu \tag{6.60}$$

以及摆的偏角 $\theta$ 与外力输入之间的输入 - 输出微分方程

$$Ml\ddot{\theta} - (M + m)g\theta = -u \tag{6.61}$$

选取状态变量：$x_1 = z$，$x_2 = \dot{z}$，$x_3 = \theta$，$x_4 = \dot{\theta}$，则倒立摆被控制对象的状态空间表达式为

$$\dot{\boldsymbol{x}} = \begin{bmatrix} 0 & 1 & 0 & 0 \\ 0 & 0 & -\dfrac{mg}{M} & 0 \\ 0 & 0 & 0 & 1 \\ 0 & 0 & \dfrac{(M+m)g}{Ml} & 0 \end{bmatrix}\boldsymbol{x} + \begin{bmatrix} 1 \\ \dfrac{1}{M} \\ 0 \\ -\dfrac{1}{Ml} \end{bmatrix}u \tag{6.62}$$

$$\boldsymbol{y} = \begin{bmatrix} 1 & 0 & 0 & 0 \\ 0 & 0 & 1 & 0 \end{bmatrix}\boldsymbol{x} \tag{6.63}$$

### 6.5.2　对象特性分析

为进一步的分析和设计方便，设上述倒立摆系统的参数为：小车质量 $M = 1$ kg，摆杆长度 $l = 1$ m，摆的质量 $m = 0.1$ kg，重力加速度取 $g = 10$ m/s$^2$，则状态程(6.62) 为

$$\dot{\boldsymbol{x}} = \boldsymbol{A}\boldsymbol{x} + \boldsymbol{b}u = \begin{bmatrix} 0 & 1 & 0 & 0 \\ 0 & 0 & -1 & 0 \\ 0 & 0 & 0 & 1 \\ 0 & 0 & 11 & 0 \end{bmatrix} \boldsymbol{x} + \begin{bmatrix} 0 \\ 1 \\ 0 \\ -1 \end{bmatrix} u \tag{6.64}$$

可以求得 $A$ 车的特征值为：0，0，$\sqrt{11}$，$-\sqrt{11}$，说明倒立摆被控对象是不稳定的。

该倒立摆系统的能控性矩阵为

$$\boldsymbol{Q}_c = [\boldsymbol{b} \quad \boldsymbol{A}\boldsymbol{b} \quad \boldsymbol{A}^2\boldsymbol{b} \quad \boldsymbol{A}^3\boldsymbol{b}] = \begin{bmatrix} 0 & 1 & 0 & 1 \\ 1 & 0 & 1 & 0 \\ 0 & -1 & 0 & -11 \\ -1 & 0 & -11 & 0 \end{bmatrix}$$

rank $\boldsymbol{Q}_c = 4$，所以该系统是状态完全能控的。

其能观性矩阵为：

$$\boldsymbol{Q}_0 = \begin{bmatrix} \boldsymbol{C} \\ \boldsymbol{CA} \\ \boldsymbol{CA}^2 \\ \boldsymbol{CA}^3 \end{bmatrix} = \begin{bmatrix} 1 & 0 & 0 & 0 \\ 0 & 0 & 1 & 0 \\ 0 & 1 & 0 & 0 \\ 0 & 0 & 0 & 1 \\ 0 & 0 & -1 & 0 \\ 0 & 0 & 11 & 0 \\ 0 & 0 & 0 & -1 \\ 0 & 0 & 0 & 11 \end{bmatrix}$$

rank $Q_0 = 4$，该系统也是状态完全能观测的。

### 6.5.3　状态反馈控制器

倒立摆被控对象本身是不稳定的，因此控制的首要目标是要保证系统是稳定的，即倒立摆可以稳定在竖直位置，而小车停在某个给定的位置上。由于该系统状态完全能控，可以采用状态反馈的形式使闭环极点配置在期望的位置上。

倒立摆被控制对象是 4 阶的，设状态反馈增益矩阵 $\boldsymbol{K}$ 为

$$\boldsymbol{K} = [k_1 \quad k_2 \quad k_3 \quad k_4]$$

设闭环系统期望的特征值为 $-1 \pm j$，$-1$，$-2$，则闭环系统期望的特征多项式为

$$\begin{aligned} f^* &= (\lambda + 1 - j)(\lambda + 1 + j)(\lambda + 1)(\lambda + 2) \\ &= \lambda^4 + 5\lambda^3 + 10\lambda^2 + 10\lambda + 4 \end{aligned}$$

式(6.64) 采用状态反馈后的系统矩阵为

$$\boldsymbol{A} - \boldsymbol{b}\boldsymbol{K} = \begin{bmatrix} 0 & 1 & 0 & 0 \\ -k_1 & -k_2 & -1-k_3 & -k_4 \\ 0 & 0 & 0 & 1 \\ k_1 & k_2 & 11+k_3 & k_4 \end{bmatrix}$$

对应的闭环系统的特征多项式为

$$f(\lambda)=\det[\lambda I-(A-b\lambda)]=$$
$$\lambda^4+(k_2-k_4)\lambda^3+(k_1-k_3-11)\lambda^2-10k_2\lambda-10k_1$$

比较 $f^*(\lambda)$ 与 $f(\lambda)$ 和项系数，可得

$$\boldsymbol{K}=[-0.4\quad -1\quad -21.4\quad -6]$$

引入状态反馈后，倒立摆闭环控制系统的结构图如图 6.11 所示。当给定输入信号 $v(t)=1(t)$ 时，系统的状态响应曲线如图 6.12 所示。可见，小车位置 $x_1(t)$ 稳定在新的位置，倒立摆经过波动回到垂直位置，该状态反馈系统是稳定的。

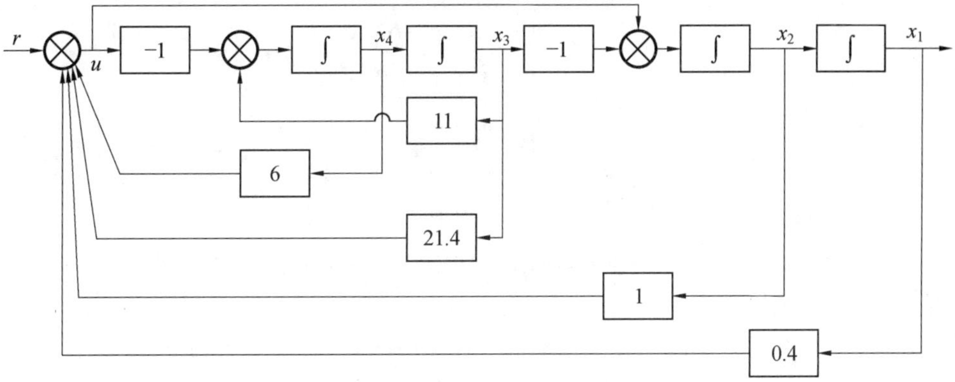


图 6.11　倒立摆状态反馈控制结构图

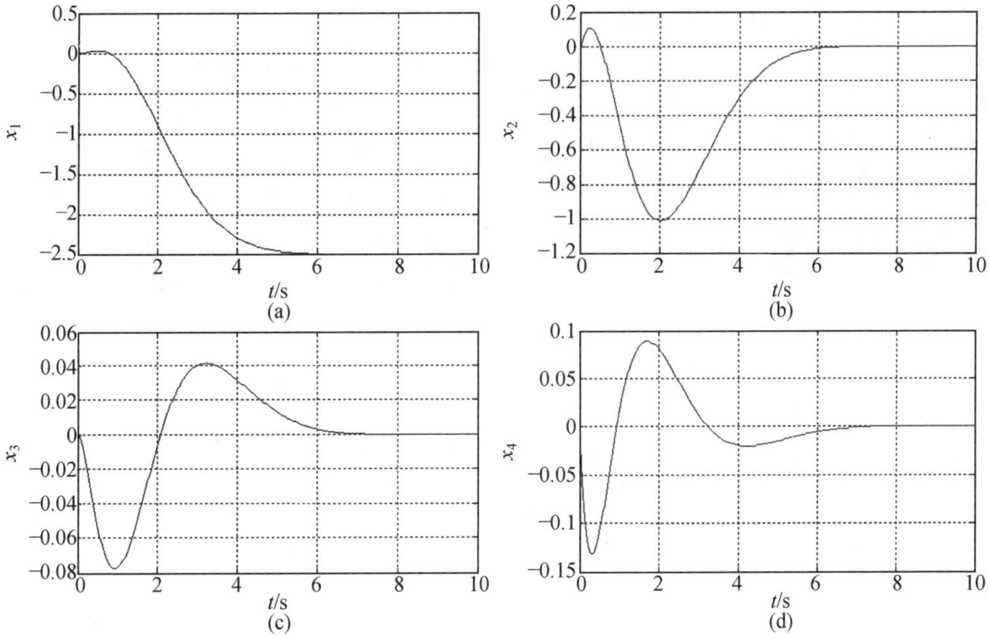


图 6.12　倒立摆单位阶跃响应曲线

## 6.5.4　状态观测器

前面的状态反馈系统中，需要取被控制对象的全部四个状态形成反馈，需要通过小车位

置、速度,摆的偏角及其角速度等多个传感器读取相应的状态信息。实际系统中,可能没有条件对所有状态都安装传感器或者机械结构难于安装传感器。这时可以设状态观测器来获得状态信息。

已知该倒立摆被控对象是状态完全能观的,所以存在状态观测器能够估计出系统的状态。这里设只有小车位置是可以检测到的输出量,设计图 6.7 中的状态观测器。观测器的状态方程为

$$\dot{\hat{\boldsymbol{x}}} = (\boldsymbol{A} - \boldsymbol{GC})\hat{\boldsymbol{x}} + \boldsymbol{b}u + \boldsymbol{G}y$$

其中

$$\boldsymbol{G} = [g_1 \quad g_2 \quad g_3 \quad g_4]^{\mathrm{T}}$$

$$\boldsymbol{C} = [1 \quad 0 \quad 0 \quad 0]$$

$$\boldsymbol{A} - \boldsymbol{GC} = \begin{bmatrix} -g_1 & 1 & 0 & 0 \\ -g_2 & 0 & -1 & 0 \\ -g_3 & 0 & 0 & 1 \\ -g_4 & 0 & 11 & 0 \end{bmatrix}$$

设置状态观测器的响应速度稍快于系统响应,选定状态观测器的特征值为:$-3 \pm J2$, $-3$, $-4$, 于是,状态观测器期望的特征多项式为

$$\bar{f}^*(\lambda) = (\lambda + 3 - j2)(\lambda + 3 + j2)(\lambda + 3)(\lambda + 4) = \lambda^4 + 13\lambda^3 + 67\lambda^2 + 163\lambda + 156$$

状态观测器$(\boldsymbol{A} - \boldsymbol{GC})$ 的特征多项式为

$$\bar{f}(\lambda) = \det[\lambda \boldsymbol{I} - (\boldsymbol{A} - \boldsymbol{GC})] = \lambda^4 + g_1\lambda^3 + (g_2 - 11)\lambda^2 + (-11g_1 - g_3)\lambda + (-11g_2 - g_4)$$

比较上面两个特征多项式,可得

$$\boldsymbol{G} = [13 \quad 78 \quad -306 \quad -1\,014]^{\mathrm{T}}$$

该状态观测器的结构图如图 6.13 所示。

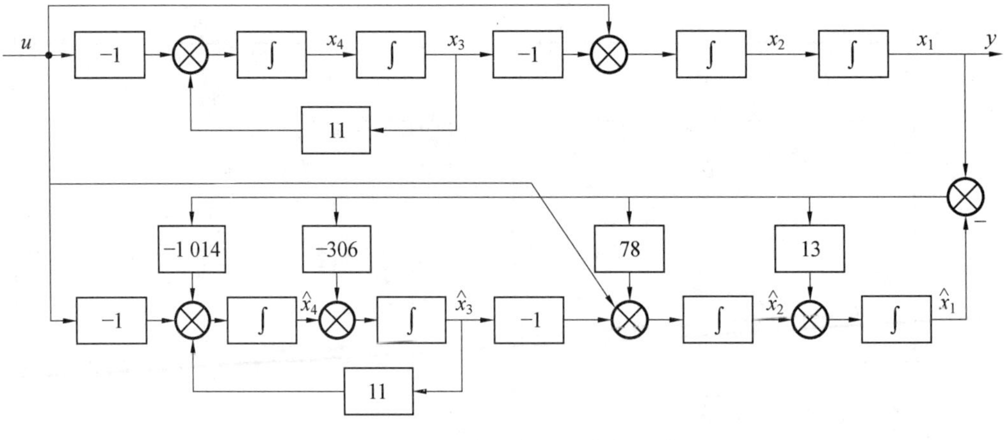


图 6.13　倒立摆状态观测器结构图

根据分离原理,状态反馈控制器可仍取前面设计的结果,即状态反馈 控制律为 $-k\hat{x}$。这样由状态观测器和状态反馈控制器与被控对象一起组成了新的反馈控制系统。当系统的初始状态 $\boldsymbol{x}(0)$ 和初始估计状态 $\hat{\boldsymbol{x}}(0)$ 都为零时,估计误差$(\boldsymbol{x} - \hat{\boldsymbol{x}})$ 始终为零。也就是说,闭

环系统的状态响应过程与图 6.12 不带状态观测器时相同。当 $\boldsymbol{x}(0)$ 或 $\hat{\boldsymbol{x}}(0)$ 不为零时，估计误差将经过动态调整过程减小到零。图 6.14 给出了初始状态 $x_3(0)=0.05$ 而其他状态和估计状态的值均为零时，估计误差的变化曲线，说明了估计状态能够较快地跟随真实状态的变化，整个闭环系统是稳定的。

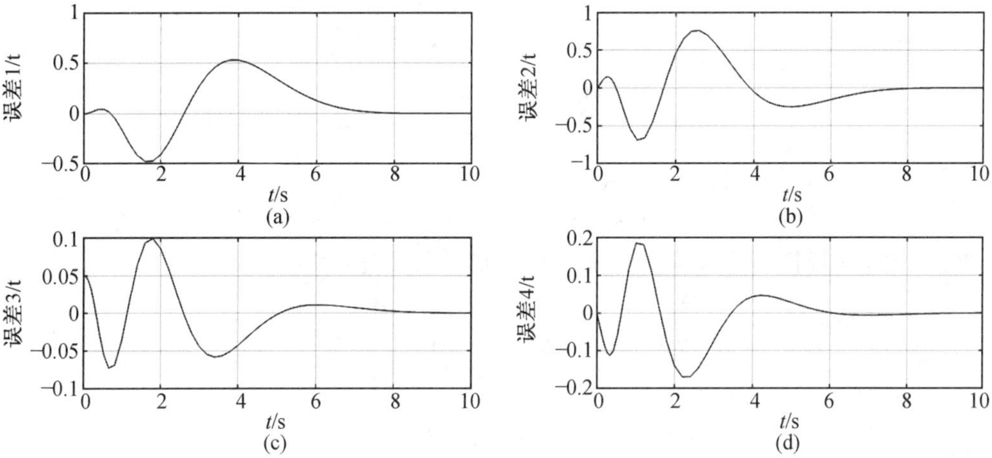


图 6.14　估计误差曲线

## 小　　结

本章内容属于控制系统的综合。综合的目标是使闭环系统具有期望的极点配置，这种综合称为非优化型综合或常规综合。如果综合的目标是使系统的某个性能指标达到最优，则称为最优综合，将在下一章中介绍。

状态反馈和输出反馈是两种基本的反馈形式。由于状态反馈较输出反馈包含了系统更多的信息，所以容易实现性能要求。本章重点掌握状态反馈极点配置的条件和实现的方法。

当系统 $\Sigma_o(\boldsymbol{A},\boldsymbol{b},\boldsymbol{c})$ 为状态完全能控时，采用状态反馈可以任意配置闭环系统 $\Sigma_K(\boldsymbol{A}-\boldsymbol{bK},\boldsymbol{b},\boldsymbol{c})$ 的特征值，而输出反馈不能实现系统特征值的任意配置，需要增加动态补偿器。状态反馈中状态反馈矩阵的求取多采用基于能控标准形的算法。

当系统的状态不完全能控时，可以通过增加状态观测器 $\Sigma_G(\boldsymbol{A}-\boldsymbol{Gc},\boldsymbol{b},\boldsymbol{G})$ 的方式来构成状态反馈系统。线性定常系统状态观测器存在的充要条件是，系统不能观测的部分是渐近稳定的。状态观测器极点可以任意配置的充要条件是系统的状态完全能观测，这与状态反馈极点配置的条件是对偶的。

带有状态观测器的状态反馈系统的分离特性是一个重要的性质，它为这种组合系统的设计带来了极大的方便。

本章只讨论了全维状态观测器的设计，在实际应用时还可以对观测器进行降阶处理。

## 典型例题分析

**例 1**　已知系统的传递函数为

$$G(s)=\frac{s+1}{s^2(s+3)}$$

试用状态反馈使闭环极点为{－2，－2，－1}，并说明闭环后系统的能控能观性。

**解**　写出系统的能控标准形实现

$$\dot{\boldsymbol{x}}=\begin{bmatrix}0 & 1 & 0\\ 0 & 0 & 1\\ 0 & 0 & -3\end{bmatrix}\boldsymbol{x}+\begin{bmatrix}0\\0\\1\end{bmatrix}u$$

$$y=\begin{bmatrix}1 & 1 & 0\end{bmatrix}\boldsymbol{x}$$

(2) 期望的特征多项式为

$$f^*(\lambda)=(\lambda+2)^2(\lambda+1)=\lambda^3+5\lambda^2+8\lambda+4$$

(3) 设状态反馈矩阵 $\boldsymbol{K}=[k_1 \quad k_2 \quad k_3]$，则状态反馈后的特征多项式为

$$f(\lambda)=\det[\lambda\boldsymbol{I}-\boldsymbol{A}+\boldsymbol{bK}]=\det\begin{bmatrix}\lambda & -1 & 0\\ 0 & \lambda & -1\\ k_1 & k_2 & \lambda+3+k_3\end{bmatrix}=$$

$$\lambda^3+(3+k_3)\lambda^2+k_2\lambda+k_1$$

(4) 比较 $f(\lambda)$ 与 $f^*(\lambda)$ 可得

$$\boldsymbol{K}=[k_1 \quad k_2 \quad k_3] \quad [4 \quad 8 \quad 2]$$

状态反馈不改变系统的能控性，但反馈后在 $s=-1$ 处出现了零极点对消，所以闭环系统不完全能观测。

**例 2**　已知系统

$$\dot{\boldsymbol{x}}=\begin{bmatrix}-2 & 1\\ 0 & -1\end{bmatrix}\boldsymbol{x}+\begin{bmatrix}0\\1\end{bmatrix}u$$

$$y=\begin{bmatrix}1 & 0\end{bmatrix}\boldsymbol{x}$$

设计状态观测器，使观测器的极点为两重根 －3。

**解**　(1) 系统的能观性矩阵

$$\boldsymbol{Q}_o=\begin{bmatrix}\boldsymbol{C}\\ \boldsymbol{CA}\end{bmatrix}=\begin{bmatrix}1 & 0\\ -2 & 1\end{bmatrix}$$

可见 $\mathrm{rank}\boldsymbol{Q}_o=2$，系统状态完全能观测，观测器极点可以任意配置。

(2) 期望的特征多项式

$$f^*(\lambda)=(\lambda+3)^2=\lambda^2+6\lambda+9$$

(3) 设观测器反馈矩阵 $\boldsymbol{G}=[g_1,g_2]^{\mathrm{T}}$，则

$$f(\lambda)=\det[\lambda\boldsymbol{I}-\boldsymbol{A}+\boldsymbol{GC}]=\det\begin{bmatrix}\lambda+2+g_1 & -1\\ g_2 & \lambda+1\end{bmatrix}=\lambda^2+(3+g_1)\lambda+(2+g_1+g_2)$$

(4) 比较 $f^*(\lambda)$ 与 $f(\lambda)$，可得

$$\boldsymbol{G}=\begin{bmatrix}3\\4\end{bmatrix}$$

(5) 观测器方程

$$\dot{\hat{\boldsymbol{x}}}=(\boldsymbol{A}-\boldsymbol{GC})\hat{\boldsymbol{x}}+\boldsymbol{b}u+\boldsymbol{G}y=$$

$$\begin{bmatrix} -5 & 1 \\ -4 & -1 \end{bmatrix} \hat{\boldsymbol{x}} + \begin{bmatrix} 0 \\ 1 \end{bmatrix} \boldsymbol{u} + \begin{bmatrix} 3 \\ 4 \end{bmatrix} \boldsymbol{y}$$

说明：本题中若将观测器极点配置为 $-10$，则 $\boldsymbol{G} = [17 \quad 81]^{\mathrm{T}}$，观测器的响应速度加快，但超调量增加。

## 习　　题

6.1　已知系统的状态方程

$$\begin{bmatrix} \dot{x}_1 \\ \dot{x}_2 \end{bmatrix} = \begin{bmatrix} 2 & 1 \\ -1 & 1 \end{bmatrix} \begin{bmatrix} x_1 \\ x_2 \end{bmatrix} + \begin{bmatrix} 1 \\ 2 \end{bmatrix} u$$

试确定状态反馈阵 $\boldsymbol{K}$，使闭环极点为 $-1$、$-2$。

6.2　给定系统的状态方程和输出方程为

$$\dot{\boldsymbol{x}} = \begin{bmatrix} -1 & -2 & -2 \\ 0 & -1 & 1 \\ 1 & 0 & -1 \end{bmatrix} \boldsymbol{x} + \begin{bmatrix} 2 \\ 0 \\ 1 \end{bmatrix} u$$

$$y = [1 \quad 1 \quad 0] \boldsymbol{x}$$

试设计状态反馈阵，使系统具有特征根 $-1$、$-2$、$-2$，并画出闭环系统的模拟结构图。

6.3　已知系统的传递函数

$$G(s) = \frac{1}{s(s+6)}$$

试设计状态反馈阵，使闭环系统具有阻尼比 $\zeta = \frac{\sqrt{2}}{2}$，无阻尼自然振荡角频率 $\omega_n = 35\sqrt{2}$。

6.4　已知被控对象 $\Sigma_o = (\boldsymbol{A}, \boldsymbol{B}, \boldsymbol{C})$ 为

$$\boldsymbol{A} = \begin{bmatrix} 0 & 1 & 0 \\ 0 & 0 & -1 \\ -1 & 0 & 0 \end{bmatrix} \qquad \boldsymbol{B} = \begin{bmatrix} 0 \\ 1 \\ 0 \end{bmatrix} \qquad \boldsymbol{C} = \begin{bmatrix} 1 & 0 & 0 \\ 0 & 0 & 1 \end{bmatrix}$$

现采用输出反馈 $\boldsymbol{u} = [h_1 \quad h_2] \boldsymbol{y}$，证明：无论 $h_1$ 和 $h_2$ 如何选择，均不能使闭环系统渐近稳定。

6.5　已知一倒立摆系统的数学模型为

$$\dot{\boldsymbol{x}} = \begin{bmatrix} 0 & 1 & 0 & 0 \\ 0 & 0 & -1 & 0 \\ 0 & 0 & 0 & 1 \\ 0 & 0 & 11 & 0 \end{bmatrix} \boldsymbol{x} + \begin{bmatrix} 0 \\ 1 \\ 0 \\ -1 \end{bmatrix} u$$

$$y = [1 \quad 0 \quad 0 \quad 0] \boldsymbol{x}$$

（1）检验系统的能控性和能观性。

（2）设计状态反馈阵，使系统的特征值为 $-1$、$-2$、$-1 \pm \mathrm{j}$。

（3）设计状态观测器，使观测器的特征值为 $-3$、$-4$、$-3 \pm \mathrm{j}2$。

6.6　已知被控对象是由以下三个环节串联而成的

$$\boldsymbol{G}_1(s) = \frac{0.1}{0.1s+1} \qquad \boldsymbol{G}_2(s) = \frac{0.5}{0.5s+1} \qquad \boldsymbol{G}_3(s) = \frac{1}{s}$$

(1) 以三个环节的输出作为状态变量列写状态方程；

(2) 设计状态反馈阵，使闭环极点为 $-3$、$-2\pm j2$，并画出系统结构图。

6.7　给定被控对象的系数矩阵

$$\boldsymbol{A}=\begin{bmatrix}1&0\\0&0\end{bmatrix}\qquad \boldsymbol{b}=\begin{bmatrix}1\\1\end{bmatrix}\qquad \boldsymbol{C}=\begin{bmatrix}2&-1\end{bmatrix}$$

试设计状态观测器，使观测器极点为 $-1$、$-1$。

6.8　已知线性定常系统的状态空间表达式

$$\dot{\boldsymbol{x}}=\begin{bmatrix}1&2&0\\3&1&1\\0&2&0\end{bmatrix}\boldsymbol{x}+\begin{bmatrix}2\\1\\1\end{bmatrix}u$$

$$y=\begin{bmatrix}0&0&1\end{bmatrix}\boldsymbol{x}$$

试设计状态观测器，使其特征值为 $-3$、$-4$、$-5$。

6.9　一伺服电机的传递函数为

$$G_0(s)=\frac{50}{s(s+2)}$$

采用状态反馈，使闭环传递函数为

$$G(s)=\frac{50}{s^2+10s+50}$$

6.10　已知直升机的数学模型为

$$\begin{bmatrix}\dot{v}\\\dot{\theta}\\\dot{q}\end{bmatrix}=\begin{bmatrix}-0.02&9.8&-1.4\\0&0&1\\-0.01&0&-0.4\end{bmatrix}\begin{bmatrix}v\\\theta\\q\end{bmatrix}+\begin{bmatrix}9.8\\0\\6.3\end{bmatrix}\delta$$

$$y=\begin{bmatrix}1&0&0\end{bmatrix}\begin{bmatrix}v\\\theta\\q\end{bmatrix}$$

其中，$v$ 为水平速度；$\theta$ 为机身俯仰角；$q$ 为俯仰速度；$\delta$ 为旋翼的倾斜角。

(1) 以 $v$ 为输出量，$\delta$ 为控制量，求系统的传递函数。

(2) 引入状态反馈，使闭环系统的特征值为 $-2$、$-1\pm j$。

(3) 设计状态观测器，使观测器的特征值为 $-5$、$-2\pm j2$。

(4) 将状态反馈阵与状态观测器连接起来，画出整个闭环系统的结构图。

# 第7章　最 优 控 制

最优控制是按照控制对象的动态特性,选择一个容许控制,既能满足被控对象的技术要求,又能使给定的性能指标达到最优。它克服了基于试探法的经典控制理论的局限性,属于最优化的范畴,如飞行器设计的时间最优控制和最少燃料控制等。对于多输入 - 多输出系统的最优控制,从数学观点看,就是求解带有约束条件的泛函极值问题。本章重点介绍设计最优控制系统常用的变分法、前苏联学者庞德里亚金(Л. С. Понтрягин) 提出的极小值原理和美国学者贝尔曼(R. E. Bellman) 提出的动态规划法。

## 7.1　用变分法求解最优控制问题

### 7.1.1　最优控制的数学描述

1. 被控系统数学模型

对于集中参数的连续时间系统,状态方程描述为

$$\dot{\boldsymbol{x}}=\boldsymbol{f}[\boldsymbol{x}(t),\boldsymbol{u}(t),t] \tag{7.1}$$

对于集中参数的离散时间系统,状态方程描述为

$$\boldsymbol{x}(k+1)=\boldsymbol{f}[\boldsymbol{x}(k),\boldsymbol{u}(k),k] \qquad k=0,1,2,\cdots,(n-1) \tag{7.2}$$

式中,$\boldsymbol{x}(t)$、$\boldsymbol{x}(k)$ 表示 $n$ 维状态向量;$\boldsymbol{u}(t)$、$\boldsymbol{u}(k)$ 表示 $r$ 维控制向量;$t$、$k$ 表示实数自变量;$\boldsymbol{f}(\cdot)$ 表示 $n$ 维向量函数。

2. 确定容许控制域

对于 $r$ 维控制向量 $\boldsymbol{u}(t)$,如果不受约束条件限制,通常认为可以在控制空间中任意取值,即对于每一个 $t\in[t_0,t_f]$,都有 $\boldsymbol{u}(t)\in\mathbf{R}^r$。但在实际问题中,$\boldsymbol{u}(t)$ 的取值受一些物理量的约束,如控制过程的温度、速度、功率和时间等,即控制量 $\boldsymbol{u}(t)$ 要满足客观条件的限制,其取值范围描述为

$$\varphi_j(x,u)\leqslant 0 \qquad j=1,2,\cdots,m \qquad m\leqslant r \tag{7.3}$$

此时,把在控制空间 $\mathbf{R}^r$ 中,所有满足式(7.3) 的约束条件的点 $\boldsymbol{u}(t)$ 的集合记作

$$\boldsymbol{u}=\{\boldsymbol{u}(t)\mid\varphi_j(x,u)\leqslant 0\} \tag{7.4}$$

称为控制域,把满足

$$\boldsymbol{u}(t)\in\boldsymbol{u} \tag{7.5}$$

的 $\boldsymbol{u}(t)$ 称为容许控制。根据 $\boldsymbol{u}(t)$ 是否受约束条件的限制,最优控制分为有约束的最优控制和无约束的最优控制。

3. 确定始端与终端条件

若最优控制系统的初始时刻 $t_0$ 和初始状态 $\boldsymbol{x}(t_0)$ 都是给定的,则称为固定始端;若 $t_0$ 给定,而 $\boldsymbol{x}(t_0)$ 任意,则称为自由始端;若 $t_0$ 给定,而 $\boldsymbol{x}(t_0)$ 必须满足某些限定条件,则称为可变

始端,可变始端指 $\boldsymbol{x}(t_0) \in \Omega_0$,其中始端集为

$$\Omega_0 = \{\boldsymbol{x}(t_0) \mid \rho_j[\boldsymbol{x}(t_0) = 0, j = 1,2,\cdots,m(m \leqslant n)]\} \tag{7.6}$$

同上,若最优控制系统的终端时刻 $t_f$ 和终端状态 $\boldsymbol{x}(t_f)$ 都是给定的,则称为固定终端,这时,$\boldsymbol{x}(t_f)$ 是状态空间的一个固定点;若 $t_f$ 给定,而 $\boldsymbol{x}(t_f)$ 任意,则称为自由终端;若 $t_f$ 给定,而 $\boldsymbol{x}(t_f)$ 必须满足某些限定条件,则称为可变终端,可变终端指 $\boldsymbol{x}(t_f) \in \Omega_f$,其中终端集(目标集)为

$$\Omega_f = \{\boldsymbol{x}(t_f) \mid \phi_j[\boldsymbol{x}(t_f) = 0, j = 1,2,\cdots,m(m \leqslant n)]\} \tag{7.7}$$

4. 确定性能指标

对于连续时间系统,性能指标一般表示为

$$J = \Phi[\boldsymbol{x}(t_f), t_f] + \int_{t_0}^{t_f} L[\boldsymbol{x}(t), \boldsymbol{u}(t), t]\mathrm{d}t \tag{7.8}$$

对于离散时间系统,性能指标一般表示为

$$J = \Phi[\boldsymbol{x}(k_f), k_f] + \sum_{k=k_0}^{k_f-1} L[\boldsymbol{x}(k), \boldsymbol{u}(k), k] \tag{7.9}$$

上述形式的性能指标称为综合型或波尔扎型,由两项组成,第一项反映终端性能要求,又称终端指标函数;第二项反映动态过程要求,又称动态指标函数。

若忽略第一项,即 $\Phi = 0$,则有

$$J = \int_{t_0}^{t_f} L[\boldsymbol{x}(t), \boldsymbol{u}(t), t]\mathrm{d}t \tag{7.10}$$

$$J = \sum_{k=k_0}^{k_f-1} L[\boldsymbol{x}(k), \boldsymbol{u}(k), k] \tag{7.11}$$

上述形式的性能指标称为积分型或拉格朗日型。若令 $L = 1$,则

$$J = \int_{t_0}^{t_f} 1 \cdot \mathrm{d}t = t_f - t_0 \tag{7.12}$$

该性能指标还可反映控制过程的快速性。

若忽略第二项,即 $L = 0$,则有

$$J = \Phi[\boldsymbol{x}(t_f), t_f] \tag{7.13}$$

$$J = \Phi[\boldsymbol{x}(k_f), k_f] \tag{7.14}$$

上述性能指标称为终端型或梅耶型,反映了终端控制精度的度量。

对于线性系统,如果式(7.8)、(7.9)中的 $\Phi$ 和 $L$ 都是二次型函数,通过矩阵运算就可以求出最优控制的解,二次型性能指标的一般形式为

$$J = \frac{1}{2}\boldsymbol{x}^{\mathrm{T}}(t_f)\boldsymbol{P}(t_f)\boldsymbol{x}(t_f) + \frac{1}{2}\int_{t_0}^{t_f}[\boldsymbol{x}^{\mathrm{T}}(t)\boldsymbol{Q}(t)\boldsymbol{x}(t) + \boldsymbol{u}^{\mathrm{T}}(t)\boldsymbol{R}(t)\boldsymbol{u}(t)]\mathrm{d}t \tag{7.15}$$

$$J = \frac{1}{2}\boldsymbol{x}^{\mathrm{T}}(k_f)\boldsymbol{P}(k_f)\boldsymbol{x}(k_f) + \frac{1}{2}\sum_{k=k_0}^{k_f-1}[\boldsymbol{x}^{\mathrm{T}}(k)\boldsymbol{Q}(k)\boldsymbol{x}(k) + \boldsymbol{u}^{\mathrm{T}}(k)\boldsymbol{R}(k)\boldsymbol{u}(k)] \tag{7.16}$$

其中,$\boldsymbol{P}$、$\boldsymbol{Q}$、$\boldsymbol{R}$ 为对称的加权矩阵。在实际系统中,$\boldsymbol{P}$ 和 $\boldsymbol{Q}$ 是半正定矩阵,$\boldsymbol{R}$ 是正定矩阵,$\boldsymbol{P}$、$\boldsymbol{Q}$、$\boldsymbol{R}$ 是元素为正的对角矩阵。

最优控制问题就是从可供选择的容许控制域 $\boldsymbol{u}$ 中,寻找一个控制向量 $\boldsymbol{u}(t)$,使受控系统在时间域 $t \in [t_0, t_f]$ 内,从初态 $\boldsymbol{x}(t_0)$ 转移到终态 $\boldsymbol{x}(t_f)$ 或目标集 $\boldsymbol{x}(t_f) \in \Omega_f$ 时,性能指标 $J$ 取极小(大)值。满足条件的控制作用 $\boldsymbol{u}(t)$ 称为最优控制 $\boldsymbol{u}^*(t)$;在 $\boldsymbol{u}^*(t)$ 作用下求得状

态方程的解,称为最优轨线 $\boldsymbol{x}^*(t)$;沿最优轨线 $\boldsymbol{x}^*(t)$,使性能指标 $J$ 所达到的最优值,称为最优指标 $J^*$。

最优控制系统有开环系统,也有闭环系统。开环系统中的 $\boldsymbol{u}^*(t)$ 是时间 $t$ 的函数,又称最优程序问题;闭环系统中的 $\boldsymbol{u}^*(t)$ 是状态 $\boldsymbol{x}(t)$ 的函数,性能指标 $J$ 是 $\boldsymbol{x}(t)$、$\boldsymbol{u}(t)$ 的函数,而 $\boldsymbol{x}(t)$、$\boldsymbol{u}(t)$ 又是独立变量 $t$ 的函数,故 $J$ 是函数的函数,称为泛函。最优控制问题实质上是求取某个泛函的条件极值问题,常用的方法就是数学上的变分法。

### 7.1.2　用变分法求解最优控制问题

变分法是研究泛函极值问题的数学工具,泛函是函数的函数,变分是泛函或函数的增量。

1. 数学知识

(1) 泛函自变量的变分。泛函 $J[\boldsymbol{x}(t)]$ 的自变量 $\boldsymbol{x}(t)$ 与标称函数 $\boldsymbol{x}^*(t)$ 的增量称为泛函自变量的变分,记为

$$\delta\boldsymbol{x}(t)=\boldsymbol{x}(t)-\boldsymbol{x}^*(t) \tag{7.17}$$

其中,$\boldsymbol{x}(t)$ 假定在某一类函数中任意改变。

(2) 泛函的变分。泛函的连续性:对于任何一个正数 $\varepsilon$,可以找到这样一个正数 $\delta$,当

$$|\boldsymbol{x}(t)-\boldsymbol{x}^*(t)|<\delta$$

时,有

$$|J[\boldsymbol{x}(t)]-J[\boldsymbol{x}^*(t)]|<\varepsilon$$

则称泛函 $J[\boldsymbol{x}(t)]$ 在点 $\boldsymbol{x}^*(t)$ 处是连续的。如果

$$|\dot{\boldsymbol{x}}(t)-\dot{\boldsymbol{x}}^*(t)|<\delta$$

$$|\ddot{\boldsymbol{x}}(t)-\ddot{\boldsymbol{x}}^*(t)|<\delta$$

$$|\boldsymbol{x}^{(k)}(t)-\boldsymbol{x}^{*(k)}(t)|<\delta$$

时,能使

$$|J[\boldsymbol{x}(t)]-J[\boldsymbol{x}^*(t)]|<\varepsilon$$

则称泛函 $J[\boldsymbol{x}(t)]$ 在点 $\boldsymbol{x}^*(t)$ 处是 $k$ 阶连续的。

线性泛函:连续泛函 $J[\boldsymbol{x}(t)]$ 如果满足

$$J[\boldsymbol{x}_1(t)+\boldsymbol{x}_2(t)]=J[\boldsymbol{x}_1(t)]+J[\boldsymbol{x}_2(t)] \tag{7.18}$$

$$J[C\boldsymbol{x}(t)]=CJ[\boldsymbol{x}(t)] \tag{7.19}$$

则称泛函 $J[\boldsymbol{x}(t)]$ 是线性泛函,记为 $L[\boldsymbol{x}(t)]$,其中 $C$ 为任意常数。

泛函的增量:由自变量函数 $\boldsymbol{x}(t)$ 的变分 $\delta\boldsymbol{x}(t)$ 引起泛函 $J[\boldsymbol{x}(t)]$ 的增量

$$\Delta J=J[\boldsymbol{x}^*(t)+\delta\boldsymbol{x}(t)]-J[\boldsymbol{x}^*(t)] \tag{7.20}$$

称为泛函 $J[\boldsymbol{x}(t)]$ 的增量。

泛函的变分:泛函 $J[\boldsymbol{x}(t)]$ 的增量 $\Delta J[\boldsymbol{x}(t)]$ 的线性主部称为泛函的一阶变分,简称泛函的变分,记为 $\delta J$,即

$$\delta J=\frac{\partial}{\partial\alpha}J[\boldsymbol{x}(t)+\alpha\delta\boldsymbol{x}(t)]\mid_{\alpha=0}=L[\boldsymbol{x}(t),\delta\boldsymbol{x}(t)] \tag{7.21}$$

**例 7.1**　试计算泛函 $J=\int_0^1\boldsymbol{x}^2(t)\,\mathrm{d}t$ 的变分。

**解**　应用公式(7.21)有

$$\begin{aligned}\delta J &= \frac{\partial}{\partial\alpha}J[\boldsymbol{x}(t)+\alpha\delta\boldsymbol{x}(t)]\big|_{\alpha=0} = \\ &\frac{\partial}{\partial\alpha}\int_0^1[\boldsymbol{x}(t)+\alpha\delta\boldsymbol{x}(t)]^2\mathrm{d}t\big|_{\alpha=0} = \\ &\int_0^1\frac{\partial}{\partial\alpha}[\boldsymbol{x}(t)+\alpha\delta\boldsymbol{x}(t)]^2\mathrm{d}t\big|_{\alpha=0} = \\ &\int_0^1 2[\boldsymbol{x}(t)+\alpha\delta\boldsymbol{x}(t)]\delta\boldsymbol{x}(t)\mathrm{d}t\big|_{\alpha=0} = \\ &\int_0^1 2\boldsymbol{x}(t)\delta\boldsymbol{x}(t)\mathrm{d}t\end{aligned}$$

(3) 泛函的极值。如果具有变分的泛函$J[\boldsymbol{x}(t)]$在曲线$\boldsymbol{x}(t)=\boldsymbol{x}^*(t)$上达到极值,则泛函$J[\boldsymbol{x}(t)]$在$\boldsymbol{x}(t)=\boldsymbol{x}^*(t)$上的变分为零,即

$$\delta J = \frac{\partial}{\partial\alpha}J[\boldsymbol{x}(t)+\alpha\delta\boldsymbol{x}(t)]\big|_{\alpha=0} = 0 \tag{7.22}$$

若

$$\Delta J = J[\boldsymbol{x}(t)] - J[\boldsymbol{x}^*(t)] \geqslant 0$$

则称泛函$J[\boldsymbol{x}(t)]$在曲线$\boldsymbol{x}^*(t)$上达到极小值;若

$$\Delta J = J[\boldsymbol{x}(t)] - J[\boldsymbol{x}^*(t)] \leqslant 0$$

则称泛函$J[\boldsymbol{x}(t)]$在曲线$\boldsymbol{x}^*(t)$上达到极大值。

2. 无约束条件的泛函极值问题

设函数$\boldsymbol{x}(t)$在时间区域$t\in[t_0,t_f]$上连续可导,而函数

$$L = L[\boldsymbol{x}(t),\dot{\boldsymbol{x}}(t),t]$$

在每个时刻上的值由函数$\boldsymbol{x}(t)$及其导数$\dot{\boldsymbol{x}}(t)$和时间$t$确定,求泛函

$$J = \int_{t_0}^{t_f}L[\boldsymbol{x}(t),\dot{\boldsymbol{x}}(t),t]\mathrm{d}t \tag{7.23}$$

的极值。其几何意义是,确定一条极值曲线$\boldsymbol{x}^*(t)$,使给定函数$L[\boldsymbol{x}(t),\dot{\boldsymbol{x}}(t),t]$沿该曲线的积分达到极值。

(1) 固定始端与终端问题。

**定理 7.1**　设曲线$\boldsymbol{x}(t)$的始端为$\boldsymbol{x}(t_0)=\boldsymbol{x}_0$,终端为$\boldsymbol{x}(t_f)=\boldsymbol{x}_f$,则使性能泛函

$$J = \int_{t_0}^{t_f}L[\boldsymbol{x}(t),\dot{\boldsymbol{x}}(t),t]\mathrm{d}t \tag{7.24}$$

取极值的必要条件是$\boldsymbol{x}(t)$为二阶微分方程

$$\frac{\partial L}{\partial \boldsymbol{x}} - \frac{\mathrm{d}}{\mathrm{d}t}\frac{\partial L}{\partial \dot{\boldsymbol{x}}} = 0 \tag{7.25}$$

或其展开式

$$L_x - L_{\dot{x}t} - L_{\dot{x}x}\dot{x} - L_{\dot{x}\dot{x}}\ddot{x} = 0 \tag{7.26}$$

的解。其中,$\boldsymbol{x}(t)$应有连续的二阶导数,$L[\boldsymbol{x}(t),\dot{\boldsymbol{x}}(t),t]$至少应两次连续可微。为方便书写,以下$L[\boldsymbol{x}(t),\dot{\boldsymbol{x}}(t),t]$记为$L[\boldsymbol{x},\dot{\boldsymbol{x}},t]$。

**证明**　设极值曲线 $\boldsymbol{x}^*(t)$ 的附近有一容许曲线

$$\boldsymbol{x}(t)=\boldsymbol{x}^*(t)+\varepsilon\boldsymbol{\eta}(t)\qquad 0\leqslant\varepsilon\leqslant 1\tag{7.27}$$

其中，$\boldsymbol{\eta}(t)$ 为任意选定的连续可导函数，满足 $\boldsymbol{\eta}(t_0)=\boldsymbol{\eta}(t_f)=0$。

按式(7.27) 取函数 $\boldsymbol{x}(t)$ 的导数，得

$$\dot{\boldsymbol{x}}(t)=\dot{\boldsymbol{x}}^*(t)+\varepsilon\dot{\boldsymbol{\eta}}(t)\tag{7.28}$$

将式(7.27) 和式(7.28) 代入式(7.24)，因为 $\boldsymbol{x}^*(t)$ 是假定的极值函数曲线，$\boldsymbol{\eta}(t)$ 是任选函数，$\varepsilon$ 的变化决定了 $\boldsymbol{x}(t)$ 接近 $\boldsymbol{x}^*(t)$ 的程度，故性能泛函 $J$ 只是变量 $\varepsilon$ 的函数，得

$$J(\varepsilon)=\int_{t_0}^{t_f}(\boldsymbol{x}^*+\varepsilon\boldsymbol{\eta},\dot{\boldsymbol{x}}^*+\varepsilon\dot{\boldsymbol{\eta}},t)\,\mathrm{d}t\tag{7.29}$$

根据泛函取极值的必要条件，可得

$$\delta J=\frac{\mathrm{d}}{\mathrm{d}\varepsilon}J(\varepsilon)\mid_{\varepsilon=0}=0\tag{7.30}$$

$$\begin{aligned}\frac{\mathrm{d}}{\mathrm{d}\varepsilon}J(\varepsilon)\mid_{\varepsilon=0}&=\int_{t_0}^{t_f}\frac{\mathrm{d}}{\mathrm{d}\varepsilon}L(\boldsymbol{x}^*+\varepsilon\boldsymbol{\eta},\dot{\boldsymbol{x}}^*+\varepsilon\dot{\boldsymbol{\eta}},t)\,\mathrm{d}t\mid_{\varepsilon=0}=\\&\int_{t_0}^{t_f}\left(\frac{\partial L}{\partial\boldsymbol{x}}\eta+\frac{\partial L}{\partial\dot{\boldsymbol{x}}}\dot{\eta}\right)\mathrm{d}t=\\&\int_{t_0}^{t_f}\boldsymbol{\eta}\left(\frac{\partial L}{\partial\boldsymbol{x}}-\frac{\mathrm{d}}{\mathrm{d}t}\frac{\partial L}{\partial\dot{\boldsymbol{x}}}\right)\mathrm{d}t+\eta\frac{\partial L}{\partial\dot{\boldsymbol{x}}}\bigg|_{t_0}^{t_f}\end{aligned}\tag{7.31}$$

因为 $\boldsymbol{\eta}(t_0)=\boldsymbol{\eta}(t_f)=0$，故泛函(7.24) 取极值的必要条件为

$$\frac{\partial L}{\partial\boldsymbol{x}}-\frac{\mathrm{d}}{\mathrm{d}t}\frac{\partial L}{\partial\dot{\boldsymbol{x}}}=0\tag{7.32}$$

式(7.32) 称为欧拉方程。

将式(7.32) 左边第二项展开，可得

$$\begin{aligned}\frac{\mathrm{d}}{\mathrm{d}t}\frac{\partial L}{\partial\dot{\boldsymbol{x}}}&=\frac{\partial}{\partial\dot{\boldsymbol{x}}}\frac{\partial L}{\partial\dot{\boldsymbol{x}}}\frac{\mathrm{d}\dot{x}}{\mathrm{d}t}+\frac{\partial}{\partial\boldsymbol{x}}\frac{\partial L}{\partial\dot{\boldsymbol{x}}}\frac{\mathrm{d}x}{\mathrm{d}t}+\frac{\partial}{\partial t}\frac{\partial L}{\partial\dot{\boldsymbol{x}}}\frac{\mathrm{d}t}{\mathrm{d}t}=\\&\frac{\partial^2 L}{\partial\dot{\boldsymbol{x}}^2}\ddot{\boldsymbol{x}}+\frac{\partial^2 L}{\partial\boldsymbol{x}\partial\dot{\boldsymbol{x}}}\dot{\boldsymbol{x}}+\frac{\partial^2 L}{\partial t\partial\dot{\boldsymbol{x}}}\end{aligned}$$

则欧拉方程可写为

$$\frac{\partial L}{\partial\boldsymbol{x}}-\frac{\partial^2 L}{\partial t\partial\dot{\boldsymbol{x}}}-\frac{\partial^2 L}{\partial\boldsymbol{x}\partial\dot{\boldsymbol{x}}}\dot{\boldsymbol{x}}-\frac{\partial^2 L}{\partial\dot{\boldsymbol{x}}^2}\ddot{\boldsymbol{x}}=0$$

简写成

$$L_x-L_{\dot{x}t}-L_{\dot{x}x}\dot{\boldsymbol{x}}-L_{\dot{x}\dot{x}}\ddot{\boldsymbol{x}}=0$$

上式表明，欧拉方程是一个二阶微分方程，极值曲线 $\boldsymbol{x}^*(t)$ 是满足欧拉方程的解。

当 $\boldsymbol{\eta}(t_0)\neq 0$、$\boldsymbol{\eta}(t_f)\neq 0$ 时，泛函(7.24) 取极值的必要条件除满足欧拉方程外，还应满足

$$\frac{\partial L}{\partial\dot{\boldsymbol{x}}}\bigg|_{t=t_0}=0\tag{7.33}$$

$$\left.\frac{\partial L}{\partial \dot{\boldsymbol{x}}}\right|_{t=t_f} = 0 \tag{7.34}$$

式(7.33)和式(7.34)称为横截条件。

(2)横截条件与边界条件问题。初始时刻 $t_0$ 和终端时刻 $t_f$ 均固定时,根据初始状态和终端状态的不同,可以组合成四种情况,见如下分析:

① 固定始端与终端。由于两个端点均固定,等于边界条件给定,满足 $\boldsymbol{\eta}(t_0)=\boldsymbol{\eta}(t_f)=0$,无需由横截条件给出边界条件。

② 自由始端与固定终端。由于始端 $\boldsymbol{x}(t_0)$ 自由,可为任意值,故 $\boldsymbol{\eta}(t_0)$ 亦为任意值。因为终端 $\boldsymbol{x}(t_f)$ 固定,故有 $\boldsymbol{\eta}(t_f)=0$。此时,需由 $\boldsymbol{x}(t_f)$ 及横截条件

$$\left.\frac{\partial L}{\partial \dot{\boldsymbol{x}}}\right|_{t=t_0} = 0$$

给出边界条件。

③ 固定始端与自由终端。由于始端 $\boldsymbol{x}(t_0)$ 为固定,终端 $\boldsymbol{x}(t_f)$ 可为任意值,故 $\boldsymbol{\eta}(t_0)=0$,$\boldsymbol{\eta}(t_f)$ 为任意值。此时,需由 $\boldsymbol{x}(t_0)$ 及横截条件

$$\left.\frac{\partial L}{\partial \dot{\boldsymbol{x}}}\right|_{t=t_f} = 0$$

给出边界条件。

④ 自由始端与自由终端。由于始端 $\boldsymbol{x}(t_0)$ 和终端 $\boldsymbol{x}(t_f)$ 均不固定,故 $\boldsymbol{\eta}(t_0)$ 和 $\boldsymbol{\eta}(t_f)$ 为任意值。此时,需由横截条件

$$\left.\frac{\partial L}{\partial \dot{\boldsymbol{x}}}\right|_{t=t_0} = 0$$

$$\left.\frac{\partial L}{\partial \dot{\boldsymbol{x}}}\right|_{t=t_f} = 0$$

给出边界条件。

可见,求泛函的极值问题归结为求解给定边界条件的微分方程问题,即两点边值问题。

欧拉方程和横截条件只是泛函极值存在的必要条件,对于多数工程而言,由必要条件求得的极值曲线,可根据问题的物理含义判断是极大值还是极小值。在此,只给出求泛函 $J[\boldsymbol{x}(t)]$ 极小(极大)值的充分条件,即二次型矩阵

$$\begin{bmatrix} \dfrac{\partial^2 L}{\partial \boldsymbol{x}^2} & \dfrac{\partial^2 L}{\partial \boldsymbol{x}\partial \dot{\boldsymbol{x}}} \\ \dfrac{\partial^2 L}{\partial \boldsymbol{x}\partial \dot{\boldsymbol{x}}} & \dfrac{\partial^2 L}{\partial \dot{\boldsymbol{x}}^2} \end{bmatrix} \tag{7.35}$$

是正定或正半定(负定或负半定)的。

**例 7.2**　求泛函

$$J[\boldsymbol{x}(t)] = \int_0^1 (\dot{\boldsymbol{x}}^2 + 1)\,\mathrm{d}t$$

满足下列两种端点情况:

(1)$\boldsymbol{x}(0)=1,\boldsymbol{x}(1)=2$;

(2) $\boldsymbol{x}(0)=1$, $\boldsymbol{x}(1)$ 未定，

的极值曲线 $\boldsymbol{x}^*(t)$。

**解**　由欧拉方程(7.32)知

$$\frac{\mathrm{d}}{\mathrm{d}t}2\dot{\boldsymbol{x}}^*=0$$

解得通解

$$\boldsymbol{x}^*=C_1t+C_2$$

对于第(1)种端点情况，将 $\boldsymbol{x}(0)=1$、$\boldsymbol{x}(1)=2$ 代入，求得 $C_1=1$, $C_2=1$，所以极值曲线

$$\boldsymbol{x}^*(t)=t+1\qquad 0\leqslant t\leqslant 1$$

相应的泛函值

$$J[\boldsymbol{x}^*(t)]=2$$

对于第(2)种端点情况，$\boldsymbol{x}(0)=1$、$\boldsymbol{x}(1)$ 未定，利用横截条件(7.34)，有

$$\dot{\boldsymbol{x}}^*(t_f)=0$$

代入通解，求得 $C_1=0$, $C_2=1$，所以极值曲线

$$\boldsymbol{x}^*(t)=1\qquad 0\leqslant t\leqslant 1$$

相应的泛函值

$$J[\boldsymbol{x}^*(t)]=1$$

(3) 可变终端时刻问题。如果始端时刻 $t_0$ 和始端状态 $\boldsymbol{x}(t_0)$ 固定，而终端时刻 $t_f$ 不固定，终端状态 $\boldsymbol{x}(t_f)$ 必须沿着一条规定的曲线 $\boldsymbol{C}(t_f)$ 变动的问题，称为可变终端时刻或自由终端时刻问题。该类问题需要寻找一条连续可微的极值曲线 $\boldsymbol{x}^*(t)$，当它由给定始端 $\boldsymbol{x}(t_0)$ 到达给定终端规定的曲线 $\boldsymbol{C}(t_f)$ 上时，使性能泛函

$$J=\int_{t_0}^{t_f}L[\boldsymbol{x},\dot{\boldsymbol{x}},t]\,\mathrm{d}t$$

取极值，其中 $t_f$ 为待求值。

**定理 7.2**　设曲线 $\boldsymbol{x}(t)$ 从固定始端 $\boldsymbol{x}(t_0)$ 到达给定终端曲线 $\boldsymbol{x}(t_f)=\boldsymbol{C}(t_f^*)$ 上，则使性能泛函

$$J=\int_{t_0}^{t_f}L[\boldsymbol{x},\dot{\boldsymbol{x}},t]\,\mathrm{d}t \tag{7.36}$$

取极值的必要条件是曲线 $\boldsymbol{x}(t)$ 满足下列方程

$$\frac{\partial L}{\partial \boldsymbol{x}}-\frac{\mathrm{d}}{\mathrm{d}t}\frac{\partial L}{\partial \dot{\boldsymbol{x}}}=0 \tag{7.37}$$

$$\left\{L+[\dot{\boldsymbol{C}}(t)-\dot{\boldsymbol{x}}(t)]\frac{\partial L}{\partial \dot{\boldsymbol{x}}}\right\}_{t=t_f}=0 \tag{7.38}$$

其中，$\boldsymbol{x}(t)$ 应有连续的二阶导数；$L[\boldsymbol{x},\dot{\boldsymbol{x}},t]$ 至少应两次连续可微；$\boldsymbol{C}(t)$ 应有连续的一阶导数。

**证明**　设极值曲线为 $\boldsymbol{x}^*(t)$，其对应的终端为 $[t_f^*, \boldsymbol{x}^*(t_f^*)]$，而

$$\boldsymbol{x}(t)=\boldsymbol{x}^*(t)+\varepsilon\eta(t)\qquad 0\leqslant\varepsilon\leqslant 1 \tag{7.39}$$

表示包含极值曲线 $\boldsymbol{x}^*(t)$ 在内的一束邻近曲线，其终端为 $[t_f, x(t_f)]$，其中 $\boldsymbol{\eta}(t)$ 是任意选定的连续可导函数，$\boldsymbol{\eta}(t_0)=0$。由于终端时刻 $t_f$ 是变动的，所以每一条曲线都有各自的终端时刻 $t_f$。定义一个与 $\boldsymbol{x}(t)$ 相应的终端时刻集合

$$t_f = t_f^* + \varepsilon\xi(t_f) \tag{7.40}$$

其中，$\xi(t_f)$ 为 $t_f$ 的任意函数。

按式(7.39) 取函数 $\boldsymbol{x}(t)$ 的导数，得

$$\dot{\boldsymbol{x}}(t) = \dot{\boldsymbol{x}}^*(t) + \varepsilon\dot{\boldsymbol{\eta}}(t) \tag{7.41}$$

将式(7.39) ~ (7.41) 代入式(7.36)，因为 $\boldsymbol{x}^*(t)$ 是假定的极值函数曲线，$\boldsymbol{\eta}(t)$ 和 $\xi(t_f)$ 是任选函数，$\varepsilon$ 的变化决定了 $\boldsymbol{x}(t)$ 接近 $\boldsymbol{x}^*(t)$ 的程度，故性能泛函 $J$ 只是变量 $\varepsilon$ 的函数，得

$$J(\varepsilon) = \int_{t_0}^{t_f^* + \varepsilon\xi(t_f)} L(\boldsymbol{x}^* + \varepsilon\boldsymbol{\eta}, \dot{\boldsymbol{x}}^* + \varepsilon\dot{\boldsymbol{\eta}}, t)\,\mathrm{d}t \tag{7.42}$$

根据泛函取极值的必要条件，可得

$$\delta J = \frac{\partial}{\partial\varepsilon}J(\varepsilon)\bigg|_{\varepsilon=0} = 0 \tag{7.43}$$

$$\frac{\partial}{\partial\varepsilon}J(\varepsilon)\bigg|_{\varepsilon=0} = \int_{t_0}^{t_f^*}\left(\boldsymbol{\eta}\frac{\partial L}{\partial\boldsymbol{x}} + \dot{\boldsymbol{\eta}}\frac{\partial L}{\partial\dot{\boldsymbol{x}}}\right)\mathrm{d}t + L[\boldsymbol{x}^*(t_f^*), \dot{\boldsymbol{x}}^*(t_f^*), t_f^*]\xi(t_f) = 0 \tag{7.44}$$

对式(7.44) 被积函数的第二项进行分部积分，可得

$$\int_{t_0}^{t_f^*}\dot{\boldsymbol{\eta}}\frac{\partial L}{\partial\dot{\boldsymbol{x}}}\mathrm{d}t = \boldsymbol{\eta}\frac{\partial L}{\partial\dot{\boldsymbol{x}}}\bigg|_{t_0}^{t_f^*} - \int_{t_0}^{t_f^*}\boldsymbol{\eta}\frac{\mathrm{d}}{\mathrm{d}t}\frac{\partial L}{\partial\dot{\boldsymbol{x}}}\mathrm{d}t \tag{7.45}$$

代入式(7.44)，得

$$\int_{t_0}^{t_f^*}\boldsymbol{\eta}\left(\frac{\partial L}{\partial\boldsymbol{x}} - \frac{\mathrm{d}}{\mathrm{d}t}\frac{\partial L}{\partial\dot{\boldsymbol{x}}}\right)\mathrm{d}t + \boldsymbol{\eta}\frac{\partial L}{\partial\dot{\boldsymbol{x}}}\bigg|_{t_0}^{t_f^*} + L[\boldsymbol{x}^*(t_f^*), \dot{\boldsymbol{x}}^*(t_f^*), t_f^*]\xi(t_f) = 0 \tag{7.46}$$

在终端时刻 $t_f^*$ 上，终端状态 $\boldsymbol{x}(t_f)$ 所处的曲线 $\boldsymbol{C}(t)$ 应与极值曲线 $\boldsymbol{x}^*(t)$ 相交。根据

$$\boldsymbol{x}[t_f^* + \varepsilon\xi(t_f)] = \boldsymbol{C}[t_f^* + \varepsilon\xi(t_f)]$$

由式(7.39) 可写出

$$\boldsymbol{x}^*[t_f^* + \varepsilon\xi(t_f)] + \varepsilon\boldsymbol{\eta}[t_f^* + \varepsilon\xi(t_f)] = \boldsymbol{C}[t_f^* + \varepsilon\xi(t_f)] \tag{7.47}$$

求式(7.47) 对 $\varepsilon$ 的偏导数，并令 $\varepsilon=0$，整理得

$$\boldsymbol{\eta}(t_f^*) = [\dot{\boldsymbol{C}}(t_f^*) - \dot{\boldsymbol{x}}^*(t_f^*)]\xi(t_f) \tag{7.48}$$

将式(7.48) 代入式(7.46)，得

$$\int_{t_0}^{t_f^*}\boldsymbol{\eta}\left(\frac{\partial L}{\partial\boldsymbol{x}} - \frac{\mathrm{d}}{\mathrm{d}t}\frac{\partial L}{\partial\dot{\boldsymbol{x}}}\right)\mathrm{d}t + [\dot{\boldsymbol{C}}(t_f^*) - \dot{\boldsymbol{x}}^*(t_f^*)]\frac{\partial L}{\partial\dot{\boldsymbol{x}}}\bigg|_{t=t_f^*}\xi(t_f) +$$
$$L[\boldsymbol{x}^*(t_f^*), \dot{\boldsymbol{x}}^*(t_f^*), t_f^*]\xi(t_f) - \boldsymbol{\eta}\frac{\partial L}{\partial\dot{\boldsymbol{x}}}\bigg|_{t=t_0} = 0 \tag{7.49}$$

因为 $\boldsymbol{\eta}(t_0)=0$，故上式成立的必要条件是

$$\frac{\partial L}{\partial\boldsymbol{x}} - \frac{\mathrm{d}}{\mathrm{d}t}\frac{\partial L}{\partial\dot{\boldsymbol{x}}} = 0 \qquad \text{（欧拉方程）}$$

$$\left\{L+[\dot{\boldsymbol{C}}(t)-\dot{\boldsymbol{x}}(t)]\frac{\partial L}{\partial \dot{\boldsymbol{x}}}\right\}_{t=t_f}=0 \qquad (横截条件)$$

**例 7.3**　求取使泛函

$$J[\boldsymbol{x}(t)]=\int_0^{t_f}(\dot{\boldsymbol{x}}^2+1)^{1/2}\mathrm{d}t$$

为最小的最优曲线 $\boldsymbol{x}^*(t)$，已知 $\boldsymbol{x}(0)=1$，$\boldsymbol{x}(t_f)=\boldsymbol{C}(t_f)=2-t_f$。

**解**　由欧拉方程(7.32)知

$$\frac{\mathrm{d}}{\mathrm{d}t}\frac{\dot{\boldsymbol{x}}}{\sqrt{1+\dot{\boldsymbol{x}}^2}}=0$$

解得通解

$$\boldsymbol{x}^*=C_1t+C_2$$

确定常数，由 $\boldsymbol{x}(0)=1$，得 $C_2=1$。

横截条件

$$\left\{L+[\dot{\boldsymbol{C}}(t)-\dot{\boldsymbol{x}}(t)]\frac{\partial L}{\partial \dot{\boldsymbol{x}}}\right\}_{t=t_f}=0$$

$$-(1+\dot{\boldsymbol{x}})\frac{\dot{\boldsymbol{x}}}{\sqrt{1+\dot{\boldsymbol{x}}^2}}+\sqrt{1+\dot{\boldsymbol{x}}^2}=0$$

化简得

$$\dot{\boldsymbol{x}}=1$$

由横截条件知，当 $t=t_f$ 时，$\dot{\boldsymbol{x}}=1$，故 $C_1=1$。

所以极值曲线

$$\boldsymbol{x}^*(t)=t+1$$

终端约束条件

$$\boldsymbol{x}(t_f)=\boldsymbol{C}(t_f)=2-t_f=t_f+1$$

得最优终端时刻为

$$t_f^*=\frac{1}{2}$$

3. 用变分法求解有约束条件下连续系统最优控制问题

前面讨论了拉格朗日型泛函在无约束条件下的变分问题，导出了极值曲线应满足的必要条件——欧拉方程和横截条件。但是，最优控制的实际问题都存在着各种各样的约束条件，包括等式约束、不等式约束等。

在处理等式约束条件下的泛函极值问题时，常用拉格朗日乘子法。通过拉格朗日乘子把约束条件结合到原来的极值函数，构成一个新函数。于是，在给定约束条件下求原函数的条件极值问题转化为求新函数的无约束极值问题。

**定理 7.3**　如果函数 $\boldsymbol{x}(t)=[x_1(t),x_2(t),\cdots,x_n(t)]^{\mathrm{T}}$，能使泛函

$$J=\int_{t_0}^{t_f}L[\boldsymbol{x},\dot{\boldsymbol{x}},t]\mathrm{d}t \tag{7.50}$$

在等式约束

$$\boldsymbol{\Psi}[\boldsymbol{x},\dot{\boldsymbol{x}},t]=0 \tag{7.51}$$

条件下取极值,这里 $\boldsymbol{\Psi}$ 是 $r$ 维向量函数,$r \leqslant n$,那么必存在适当的待定 $n$ 维乘子向量函数 $\boldsymbol{\lambda}(t)$

$$\boldsymbol{\lambda}(t)=[\lambda_1(t),\lambda_2(t),\cdots,\lambda_n(t)]^{\mathrm{T}} \tag{7.52}$$

使泛函

$$J=\int_{t_0}^{t_f}\{L[\boldsymbol{x},\dot{\boldsymbol{x}},t]+\boldsymbol{\lambda}^{\mathrm{T}}\boldsymbol{\Psi}[\boldsymbol{x},\dot{\boldsymbol{x}},t]\}\mathrm{d}t \tag{7.53}$$

达到无约束条件极值。

根据定理7.3分别讨论下面三种情况在等式约束条件下的最优控制问题。

(1) 端点时间固定,等式约束下的拉格朗日型最优控制问题。对于端点时间固定、始端状态固定、终端状态未定情况下拉格朗日型最优控制问题的提法是:寻找一容许控制 $\boldsymbol{u}(t) \in U, t \in [t_0,t_f]$,使受控系统

$$\dot{\boldsymbol{x}}=\boldsymbol{f}(\boldsymbol{x},\boldsymbol{u},t) \tag{7.54}$$

由给定初始状态 $\boldsymbol{x}(t_0)=x_0$ 出发,在规定时间 $t_f$ 转移到某一终端状态($x(t_f)$ 未定),并使性能指标

$$J=\int_{t_0}^{t_f}L(\boldsymbol{x},\boldsymbol{u},t)\mathrm{d}t \tag{7.55}$$

取极小值。

将状态方程(7.54)写成约束方程形式

$$\boldsymbol{f}(\boldsymbol{x},\boldsymbol{u},t)-\dot{\boldsymbol{x}}=0 \tag{7.56}$$

应用定理7.3,引入待定 $n$ 维乘子向量函数 $\boldsymbol{\lambda}(t)=[\lambda_1(t),\lambda_2(t),\cdots,\lambda_n(t)]^{\mathrm{T}}$,构造增广函数

$$J'=\int_{t_0}^{t_f}\{L(\boldsymbol{x},\boldsymbol{u},t)+\boldsymbol{\lambda}^{\mathrm{T}}[\boldsymbol{f}(\boldsymbol{x},\boldsymbol{u},t)-\dot{\boldsymbol{x}}]\}\mathrm{d}t \tag{7.57}$$

定义一标量函数

$$H(\boldsymbol{x},\boldsymbol{u},\boldsymbol{\lambda},t)=L(\boldsymbol{x},\boldsymbol{u},t)+\boldsymbol{\lambda}^{\mathrm{T}}\boldsymbol{f}(\boldsymbol{x},\boldsymbol{u},t) \tag{7.58}$$

式(7.58)称为哈密顿(Hamilton)函数,简写成 $H$,代入式(7.57),则有

$$J'=\int_{t_0}^{t_f}[H(\boldsymbol{x},\boldsymbol{u},\boldsymbol{\lambda},t)-\boldsymbol{\lambda}^{\mathrm{T}}\dot{\boldsymbol{x}}]\mathrm{d}t \tag{7.59}$$

对式(7.59)方程右端第二项求分部积分,得

$$\int_{t_0}^{t_f}-\boldsymbol{\lambda}^{\mathrm{T}}\dot{\boldsymbol{x}}\mathrm{d}t=\int_{t_0}^{t_f}\boldsymbol{\lambda}^{\mathrm{T}}\boldsymbol{x}\mathrm{d}t-\boldsymbol{\lambda}^{\mathrm{T}}\boldsymbol{x}\Big|_{t_0}^{t_f} \tag{7.60}$$

所以

$$J'=\int_{t_0}^{t_f}[H(\boldsymbol{x},\boldsymbol{u},\boldsymbol{\lambda},t)+\dot{\boldsymbol{\lambda}}^{\mathrm{T}}\boldsymbol{x}]\mathrm{d}t-\boldsymbol{\lambda}^{\mathrm{T}}\boldsymbol{x}\Big|_{t_0}^{t_f} \tag{7.61}$$

设 $\boldsymbol{u}(t)$ 和 $\boldsymbol{x}(t)$ 相对于最优控制 $\boldsymbol{u}^*(t)$ 及最优曲线 $\boldsymbol{x}^*(t)$ 的变分为 $\delta\boldsymbol{u}$ 和 $\delta\boldsymbol{x}$,计算由 $\delta\boldsymbol{u}$ 和 $\delta\boldsymbol{x}$ 引起的 $J'$ 的变分为

$$\delta J' = \int_{t_0}^{t_f} [(\delta \boldsymbol{x})^{\mathrm{T}}(\frac{\partial H}{\partial \boldsymbol{x}} + \dot{\boldsymbol{\lambda}}) + (\delta \boldsymbol{u})^{\mathrm{T}} \frac{\partial H}{\partial \boldsymbol{u}}] \mathrm{d}t - (\delta \boldsymbol{x})^{\mathrm{T}} \boldsymbol{\lambda} \Big|_{t_0}^{t_f} \tag{7.62}$$

使 $J'$ 取最小值的必要条件是，对任意的 $\delta \boldsymbol{u}$ 和 $\delta \boldsymbol{x}$ 都有 $\delta J' = 0$ 成立。因此，得

$$\frac{\partial H}{\partial \boldsymbol{x}} + \dot{\boldsymbol{\lambda}} = 0 \tag{7.63}$$

$$\frac{\partial H}{\partial \boldsymbol{\lambda}} = \dot{\boldsymbol{x}} \tag{7.64}$$

$$\frac{\partial H}{\partial \boldsymbol{u}} = 0 \tag{7.65}$$

$$\boldsymbol{\lambda} \Big|_{t_0}^{t_f} = 0 \tag{7.66}$$

式(7.63)～(7.65)分别称为系统的伴随方程或协态方程、状态方程、控制方程，式(7.66)为终端横截条件。因为引入了哈密顿函数，使得状态方程与伴随方程的形式趋于一致，因此把这两个方程统称为规范方程或正则方程。

综合讨论结果如下，对于受控系统 $\dot{\boldsymbol{x}} = \boldsymbol{f}(\boldsymbol{x}, \boldsymbol{u}, t)$，端点边值条件为

$$t = t_0 \qquad \boldsymbol{x}(t_0) = x_0 \qquad t = t_f \qquad \boldsymbol{x}(t_f) \text{ 未定}$$

性能指标为

$$J = \int_{t_0}^{t_f} L(\boldsymbol{x}, \boldsymbol{u}, t) \mathrm{d}t$$

的最优控制问题，归结为求解下列方程：

① 系统状态方程。

$$\dot{\boldsymbol{x}}^* = \boldsymbol{f}(\boldsymbol{x}^*, \boldsymbol{u}^*, t)$$

② 伴随方程。

$$\dot{\boldsymbol{\lambda}}^* = -\frac{\partial H}{\partial \boldsymbol{x}} \Big|_{\boldsymbol{x}^*, \boldsymbol{u}^*, \boldsymbol{\lambda}^*}$$

③ 控制方程。

$$\frac{\partial H}{\partial \boldsymbol{u}} \Big|_{\boldsymbol{x}^*, \boldsymbol{u}^*, \boldsymbol{\lambda}^*} = 0$$

④ 端点边值条件。

始端条件

$$\boldsymbol{x}^*(t_0) = x_0$$

终端横截条件

$$\boldsymbol{\lambda}^*(t_f) = 0$$

(2) 端点情况固定，等式约束下的波尔扎型最优控制问题。将式(7.55)拉格朗日型泛函改为波尔扎型

$$J = \Theta[\boldsymbol{x}(t_f)] + \int_{t_0}^{t_f} L(\boldsymbol{x}, \boldsymbol{u}, t) \mathrm{d}t \tag{7.67}$$

引入待定 $n$ 维乘子向量函数 $\boldsymbol{\lambda}(t) = [\lambda_1(t), \lambda_2(t), \cdots, \lambda_n(t)]^{\mathrm{T}}$，在方程(7.56)约束条件下，构造增广函数

$$J' = \Theta[\boldsymbol{x}(t_f)] + \int_{t_0}^{t_f}\{L(\boldsymbol{x},\boldsymbol{u},t) + \boldsymbol{\lambda}^{\mathrm{T}}[\boldsymbol{f}(\boldsymbol{x},\boldsymbol{u},t) - \dot{\boldsymbol{x}}]\}\mathrm{d}t =$$

$$\Theta[\boldsymbol{x}(t_f)] + \int_{t_0}^{t_f}\{H(\boldsymbol{x},\boldsymbol{u},\boldsymbol{\lambda},t) - \boldsymbol{\lambda}^{\mathrm{T}}\dot{\boldsymbol{x}}\}\mathrm{d}t \tag{7.68}$$

自变量的变分 $\delta\boldsymbol{u}$、$\delta\boldsymbol{x}$、$\delta\boldsymbol{\lambda}$ 和 $\delta\boldsymbol{x}(t_f)$ 引起的泛函 $J'$ 的

$$\delta J' = \left[\frac{\partial\Theta}{\partial\boldsymbol{x}(t_f)}\right]^{\mathrm{T}}\delta\boldsymbol{x}(t_f) + \int_{t_0}^{t_f}\left[\left(\frac{\partial H}{\partial\boldsymbol{x}}\right)^{\mathrm{T}}\delta\boldsymbol{x} + \left(\frac{\partial H}{\partial\boldsymbol{u}}\right)^{\mathrm{T}}\delta\boldsymbol{u} + \left(\frac{\partial H}{\partial\boldsymbol{\lambda}} - \dot{\boldsymbol{x}}\right)^{\mathrm{T}}\delta\boldsymbol{\lambda} - \boldsymbol{\lambda}^{\mathrm{T}}\delta\dot{\boldsymbol{x}}\right]\mathrm{d}t \tag{7.69}$$

对上式方程右端积分号下最后一项用分部积分，考虑 $\delta\boldsymbol{x}(t_0)=0$，可得

$$\delta J' = \left[\frac{\partial\Theta}{\partial\boldsymbol{x}(t_f)} - \boldsymbol{\lambda}^{\mathrm{T}}(t_f)\right]^{\mathrm{T}}\delta\boldsymbol{x}(t_f) + \int_{t_0}^{t_f}\left[\left(\frac{\partial H}{\partial\boldsymbol{x}} + \dot{\boldsymbol{\lambda}}\right)^{\mathrm{T}}\delta\boldsymbol{x} + \left(\frac{\partial H}{\partial\boldsymbol{u}}\right)^{\mathrm{T}}\delta\boldsymbol{u} + \left(\frac{\partial H}{\partial\boldsymbol{\lambda}} - \dot{\boldsymbol{x}}\right)^{\mathrm{T}}\delta\boldsymbol{\lambda}\right]\mathrm{d}t \tag{7.70}$$

由于函数 $\boldsymbol{u}(t)$、$\boldsymbol{x}(t)$、$\boldsymbol{\lambda}(t)$ 和 $\boldsymbol{x}(t_f)$ 不受限制，故上式中的 $\delta\boldsymbol{u}$、$\delta\boldsymbol{x}$、$\delta\boldsymbol{\lambda}$ 和 $\delta\boldsymbol{x}(t_f)$ 可为任意值。又由于泛函 $J'$ 取最小值的必要条件是对任意的 $\delta\boldsymbol{u}$、$\delta\boldsymbol{x}$、$\delta\boldsymbol{\lambda}$ 和 $\delta\boldsymbol{x}(t_f)$，都有 $\delta J'=0$ 成立。因此，得

$$\dot{\boldsymbol{x}}^* = \left.\frac{\partial H}{\partial\boldsymbol{\lambda}}\right|_{\boldsymbol{x}^*,\boldsymbol{u}^*} = \boldsymbol{f}(\boldsymbol{x}^*,\boldsymbol{u}^*,t) \tag{7.71}$$

$$\dot{\boldsymbol{\lambda}}^* = -\left.\frac{\partial H}{\partial\boldsymbol{x}}\right|_{\boldsymbol{x}^*,\boldsymbol{u}^*,\boldsymbol{\lambda}^*} \tag{7.72}$$

$$\left.\frac{\partial H}{\partial\boldsymbol{u}}\right|_{\boldsymbol{x}^*,\boldsymbol{u}^*,\boldsymbol{\lambda}^*} = 0 \tag{7.73}$$

$$\boldsymbol{\lambda}^*(t_f) = \frac{\partial\Theta}{\partial\boldsymbol{x}(t_f)} \tag{7.74}$$

根据上述四式和始端边界条件 $\boldsymbol{x}^*(t_0)=x_0$，可以求解 $\boldsymbol{u}^*(t)$、$\boldsymbol{x}^*(t)$。

(3) 端点时间固定，端点状态具有等式约束下的最优控制问题。对于端点时间固定，始端状态具有等式约束下的最优控制问题的提法是：寻找一容许控制 $\boldsymbol{u}(t)\in U, t\in[t_0,t_f]$，使受控系统

$$\dot{\boldsymbol{x}} = \boldsymbol{f}(\boldsymbol{x},\boldsymbol{u},t) \tag{7.75}$$

由给定初始状态 $\boldsymbol{x}(t_0)=\boldsymbol{x}_0$ 出发，在规定时间 $t_f$ 转移到某一终端目标集

$$\boldsymbol{g}[\boldsymbol{x}(t_f)] = 0 \tag{7.76}$$

$\boldsymbol{g}[\boldsymbol{x}(t_f)]$ 为 $p$ 维向量函数，$p<n$，$n$ 为状态向量 $\boldsymbol{x}$ 的维数，并使性能指标

$$J = \Theta[\boldsymbol{x}(t_f),t_f] + \int_{t_0}^{t_f}L(\boldsymbol{x},\boldsymbol{u},t)\mathrm{d}t \tag{7.77}$$

取极小值。

这类问题除具有状态方程约束外，还有一个终端等式约束条件。因此应引入一个待定 $n$ 维乘子向量函数 $\boldsymbol{\lambda}(t)=[\lambda_1(t),\lambda_2(t),\cdots,\lambda_n(t)]^{\mathrm{T}}$ 和一个待定 $p$ 维乘子向量函数 $\boldsymbol{\mu}=[\mu_1,\mu_2,\cdots,\mu_p]^{\mathrm{T}}$，构造增广函数

$$J' = \Theta[\boldsymbol{x}(t_f), t_f] + \boldsymbol{\mu}^{\mathrm{T}}\boldsymbol{g}[\boldsymbol{x}(t_f)] + \int_{t_0}^{t_f}\{L(\boldsymbol{x},\boldsymbol{u},t) + \boldsymbol{\lambda}^{\mathrm{T}}[\boldsymbol{f}(\boldsymbol{x},\boldsymbol{u},t) - \dot{\boldsymbol{x}}]\}\mathrm{d}t =$$

$$\Phi[\boldsymbol{x}(t_f), t_f] + \int_{t_0}^{t_f}\{H(\boldsymbol{x},\boldsymbol{u},\boldsymbol{\lambda},t) - \boldsymbol{\lambda}^{\mathrm{T}}\dot{\boldsymbol{x}}\}\mathrm{d}t \tag{7.78}$$

其中

$$\begin{aligned} \Phi[\boldsymbol{x}(t_f), t_f] &= \Theta[\boldsymbol{x}(t_f), t_f] + \boldsymbol{\mu}^{\mathrm{T}}\boldsymbol{g}[\boldsymbol{x}(t_f)] \\ H(\boldsymbol{x},\boldsymbol{u},\boldsymbol{\lambda},t) &= L(\boldsymbol{x},\boldsymbol{u},t) + \boldsymbol{\lambda}^{\mathrm{T}}\boldsymbol{f}(\boldsymbol{x},\boldsymbol{u},t) \end{aligned} \tag{7.79}$$

利用前面相同的推导过程，可以导出使 $J'$ 在极值曲线 $\boldsymbol{x}^*(t)$ 上取极值时，$\boldsymbol{u}^*(t)$、$\boldsymbol{x}^*(t)$、$\boldsymbol{\lambda}^*(t)$ 和 $\boldsymbol{\mu}$ 应满足下列条件：

① 状态方程。

$$\dot{\boldsymbol{x}}^* = \left.\frac{\partial H}{\partial \boldsymbol{\lambda}}\right|_{\boldsymbol{x}^*,\boldsymbol{u}^*} = \boldsymbol{f}(\boldsymbol{x}^*, \boldsymbol{u}^*, t)$$

② 伴随方程。

$$\dot{\boldsymbol{\lambda}}^* = -\left.\frac{\partial H}{\partial \boldsymbol{x}}\right|_{\boldsymbol{x}^*,\boldsymbol{u}^*,\boldsymbol{\lambda}^*}$$

③ 控制方程。

$$\left.\frac{\partial H}{\partial \boldsymbol{u}}\right|_{\boldsymbol{x}^*,\boldsymbol{u}^*,\boldsymbol{\lambda}^*} = 0$$

④ 端点边值条件。

始端条件

$$\boldsymbol{x}^*(t_0) = \boldsymbol{x}_0$$

终端斜截条件

$$\boldsymbol{\lambda}^*(t_f) = \left.\frac{\partial \Phi}{\partial \boldsymbol{x}(t_f)}\right|_{\boldsymbol{x}^*(t_f)} + \left.\left[\frac{\partial \boldsymbol{g}}{\partial \boldsymbol{x}(t_f)}\right]^{\mathrm{T}}\boldsymbol{\mu}\right|_{\boldsymbol{x}^*(t_f)}$$

终端约束条件

$$\boldsymbol{g}[\boldsymbol{x}(t_f)] = 0$$

⑤ 终端时刻计算。

$$H[\boldsymbol{x}(t_f), \boldsymbol{u}(t_f), \boldsymbol{\lambda}(t_f), t_f] + \frac{\partial \Phi[\boldsymbol{x}(t_f), t_f]}{\partial t_f} + \frac{\partial \boldsymbol{g}^{\mathrm{T}}[\boldsymbol{x}(t_f), t_f]}{\partial t_f}\boldsymbol{\mu} = 0$$

注意：

① 横截条件。在拉格朗日问题中，最优曲线的终端，协态向量 $\boldsymbol{\lambda}(t_f)$ 与目标集的约束曲线 $\boldsymbol{g}[\boldsymbol{x}(t_f)] = 0$ 正交。

② 斜截条件。在波尔扎问题中，最优曲线的终端，协态向量 $\boldsymbol{\lambda}(t_f)$ 不与目标集的约束曲线 $\boldsymbol{g}[\boldsymbol{x}(t_f)] = 0$ 相切。

③ 哈密顿函数的一个重要性质。上述三种情况构造的哈密顿函数 $H$ 若不显含独立自变量 $t$，则沿最优曲线 $\boldsymbol{x}^*(t)$，$H$ 为常数，即

$$H(\boldsymbol{x}^*, \boldsymbol{u}^*, \boldsymbol{\lambda}^*) = \text{常数}$$

**例 7.4**　设一阶系统状态方程为

$$\dot{\boldsymbol{x}} = \boldsymbol{u}$$

边界条件为 $\boldsymbol{x}(0)=1$ 和 $\boldsymbol{x}(t_f)=0$,终端时刻 $t_f$ 待定,试确定最优控制 $\boldsymbol{u}$,使下列性能泛函

$$J = t_f + \int_0^{t_f} \boldsymbol{u}^2(t)\,\mathrm{d}t$$

为极小。

**解**　这里

$$L = \frac{1}{2}\boldsymbol{u}^2 \qquad \boldsymbol{\Phi} = t_f \qquad \boldsymbol{g} = \boldsymbol{x}(t_f) = 0$$

哈密顿函数为

$$H(\boldsymbol{x},\boldsymbol{u},\boldsymbol{\lambda},t) = L + \boldsymbol{\lambda f} = \frac{1}{2}\boldsymbol{u}^2 + \boldsymbol{\lambda u}$$

控制方程为

$$\frac{\partial H}{\partial \boldsymbol{u}} = \boldsymbol{u} + \boldsymbol{\lambda} = 0$$

可得

$$\boldsymbol{u} = -\boldsymbol{\lambda}$$

正则方程为

$$\frac{\partial H}{\partial \boldsymbol{x}} = -\dot{\boldsymbol{\lambda}} = 0$$

$$\dot{\boldsymbol{\lambda}} = 0$$

$$\dot{\boldsymbol{x}} = \frac{\partial H}{\partial \boldsymbol{\lambda}} = \boldsymbol{u}$$

由边界条件 $\boldsymbol{x}(0)=1$ 和 $\boldsymbol{x}(t_f)=0$ 以及终端时刻计算公式得

$$\left[H + \frac{\partial \boldsymbol{\Phi}}{\partial t_f} + \frac{\partial \boldsymbol{g}^{\mathrm{T}}}{\partial t_f}\boldsymbol{\mu}\right]\bigg|_{t=t_f} = 0$$

即

$$\frac{1}{2}\boldsymbol{u}^2(t_f) + \boldsymbol{\lambda}(t_f)\boldsymbol{u}(t_f) + 1 = 0$$

将 $\boldsymbol{u}(t_f) = -\boldsymbol{\lambda}(t_f)$ 代入上式,得

$$\frac{1}{2}\boldsymbol{\lambda}^2(t_f) - \boldsymbol{\lambda}^2(t_f) + 1 = 0$$

其解为

$$\boldsymbol{\lambda}(t_f) = \sqrt{2}$$

由于 $\dot{\boldsymbol{\lambda}} = 0$,有

$$\boldsymbol{\lambda}(t) = \sqrt{2}$$

最优控制

$$\boldsymbol{u}^*(t) = -\sqrt{2}$$

代入状态方程,得

$$\boldsymbol{x}(t) = -\sqrt{2}t + C$$

由初始条件得 $C=1$，所以最优曲线

$$\boldsymbol{x}^*(t)=-\sqrt{2}t+1$$

最优终端时刻

$$t_f^*=\frac{\sqrt{2}}{2}$$

# 7.2　极小值原理及应用

用变分法求解最优控制问题，要求状态向量和控制向量的变分 $\delta\boldsymbol{x}$ 和 $\delta\boldsymbol{u}$ 是任意的。因此求解变分问题的哈密顿函数法仅局限于对控制向量 $\boldsymbol{u}(t)$ 或状态向量 $\boldsymbol{x}(t)$ 都只存在开集性约束条件的问题。而控制变量受到物理环境限制，实际最优控制问题往往带有闭集性约束条件。迫使其满足

$$\boldsymbol{g}[\boldsymbol{x}(t),\boldsymbol{u}(t),t]\geqslant 0$$

的不等式约束。此时，求解最优控制 $\boldsymbol{u}^*(t)$ 的条件 $\partial H/\partial\boldsymbol{u}=0$ 不再存在。

为了解决这类问题，前苏联学者庞德里亚金提出的极小值原理成为最优控制，特别是容许控制受到有界闭集不等式约束的最优控制问题的有力工具，对于时间最优控制和最少燃料控制起着重要的作用。

时间最优控制问题是指如果把系统由初始状态转移到目标集的时刻作为性能指标，使转移时间为最短的控制；最少燃料控制问题是指如果把受控系统由一个状态转移到另外一个状态，消耗的燃料作为性能指标，使消耗燃料最少的控制（受规定终端时间限制）。因受数学知识的限制，本节只给出连续系统极小值原理的结论，并将其应用于时间最优控制问题。

## 7.2.1　连续系统的极小值原理

**定理 7.4**　设连续系统状态方程为

$$\dot{\boldsymbol{x}}=\boldsymbol{f}(\boldsymbol{x},\boldsymbol{u},t) \tag{7.80}$$

始端条件为

$$\boldsymbol{x}(t_0)=\boldsymbol{x}_0$$

控制约束为

$$\boldsymbol{u}(t)\in U\qquad \boldsymbol{g}[\boldsymbol{x}(t),\boldsymbol{u}(t),t]\geqslant 0 \tag{7.81}$$

终端约束为

$$\boldsymbol{\Psi}[\boldsymbol{x}(t_f),t_f]=0\qquad t_f\text{待定} \tag{7.82}$$

性能泛函为

$$J(\boldsymbol{u})=\boldsymbol{\Phi}[\boldsymbol{x}(t_f),t_f]+\int_{t_0}^{t_f}L(\boldsymbol{x},\boldsymbol{u},t)\mathrm{d}t \tag{7.83}$$

取哈密顿函数为

$$H(\boldsymbol{x},\boldsymbol{u},\boldsymbol{\lambda},t)=L(\boldsymbol{x},\boldsymbol{u},t)+\boldsymbol{\lambda}^{\mathrm{T}}\boldsymbol{f}(\boldsymbol{x},\boldsymbol{u},t) \tag{7.84}$$

则实现最优控制的必要条件是，最优控制 $\boldsymbol{u}^*(t)$、最优曲线 $\boldsymbol{x}^*(t)$ 和最优协态矢量 $\boldsymbol{\lambda}^*(t)$ 满足下列关系式：

(1) 沿最优曲线满足正则方程:

$$\dot{\boldsymbol{x}}^* = \left.\frac{\partial H}{\partial \boldsymbol{\lambda}}\right|_{\boldsymbol{x}^*,\boldsymbol{u}^*} = \boldsymbol{f}(\boldsymbol{x}^*,\boldsymbol{u}^*,t)$$

$$\dot{\boldsymbol{\lambda}}^* = -\left.\frac{\partial H}{\partial \boldsymbol{x}}\right|_{\boldsymbol{x}^*,\boldsymbol{u}^*,\boldsymbol{\lambda}^*} - \left.\frac{\partial \boldsymbol{g}^{\mathrm{T}}}{\partial \boldsymbol{x}}\boldsymbol{\gamma}\right|_{\boldsymbol{x}^*,\boldsymbol{u}^*}$$

其中,$\boldsymbol{\gamma}$ 为拉格朗日乘子向量。若 $\boldsymbol{g}$ 中不包含 $\boldsymbol{x}$,则有

$$\dot{\boldsymbol{\lambda}}^* = -\left.\frac{\partial H}{\partial \boldsymbol{x}}\right|_{\boldsymbol{x}^*,\boldsymbol{u}^*,\boldsymbol{\lambda}^*}$$

(2) 在最优曲线 $\boldsymbol{x}^*(t)$ 上,与最优控制 $\boldsymbol{u}^*(t)$ 相应的哈密顿函数取极小值,即

$$\min_{u\in U} H(\boldsymbol{x}^*,\boldsymbol{u},\boldsymbol{\lambda}^*,t) = H(\boldsymbol{x}^*,\boldsymbol{u}^*,\boldsymbol{\lambda}^*,t)$$

沿最优曲线,有

$$\frac{\partial H}{\partial \boldsymbol{u}} = \frac{\partial \boldsymbol{g}^{\mathrm{T}}}{\partial \boldsymbol{u}}\boldsymbol{\gamma}$$

(3) 哈密顿函数在最优曲线 $\boldsymbol{x}^*(t)$ 终点处的值决定于:

$$H[\boldsymbol{x}(t_f),\boldsymbol{u}(t_f),\boldsymbol{\lambda}(t_f),t_f] + \frac{\partial \boldsymbol{\Phi}[\boldsymbol{x}(t_f),t_f]}{\partial t_f} + \frac{\partial \boldsymbol{\Psi}^{\mathrm{T}}[\boldsymbol{x}(t_f),t_f]}{\partial t_f}\boldsymbol{\mu} = 0$$

(4) 协态终值满足横截条件。

$$\boldsymbol{\lambda}^*(t_f) = \left[\frac{\partial \boldsymbol{\Phi}}{\partial \boldsymbol{x}(t_f)} + \frac{\partial \boldsymbol{\Psi}^{\mathrm{T}}}{\partial \boldsymbol{x}(t_f)}\boldsymbol{\mu}\right]\Bigg|_{t=t_f}$$

(5) 端点边值条件。

始端条件

$$\boldsymbol{x}^*(t_0) = \boldsymbol{x}_0$$

终端约束条件

$$\boldsymbol{\Psi}[\boldsymbol{x}(t_f),t_f] = 0$$

将上述条件与等式约束下最优控制的必要条件进行比较,发现横截条件和端点边界条件没有改变,只是条件 $\partial H/\partial \boldsymbol{u} = 0$ 不再成立,取而代之的是条件 $\min\limits_{u\in U} H(\boldsymbol{x}^*,\boldsymbol{u},\boldsymbol{\lambda}^*,t) = H(\boldsymbol{x}^*,\boldsymbol{u}^*,\boldsymbol{\lambda}^*,t)$ 成立。此外,协态方程亦作相应变动,当 $\boldsymbol{g}$ 中不包含 $\boldsymbol{x}$ 时,方程与前面的一致。

极小值原理只给出了最优控制的必要条件,而非充要条件。它的实际意义在于放宽了控制条件,解决了当控制是有界闭集时,容许控制的求解问题。

**例 7.5** 设给定被控系统

$$\begin{bmatrix}\dot{x}_1\\ \dot{x}_2\end{bmatrix} = \begin{bmatrix}-1 & 0\\ 1 & 0\end{bmatrix}\begin{bmatrix}x_1\\ x_2\end{bmatrix} + \begin{bmatrix}1\\ 0\end{bmatrix}u$$

初始状态

$$\begin{bmatrix}x_1(0)\\ x_2(0)\end{bmatrix} = \begin{bmatrix}1\\ 0\end{bmatrix}$$

控制变量 $u(t)$ 受 $-1 \leqslant u(t) \leqslant 1$ 约束,试求最优控制 $u^*(t)$ 和最优曲线 $x^*(t)$,使性能指标

$$J(u) = x_2(1)$$

取极小值。

**解**　构造哈密顿函数

$$H(x,u,\lambda,t)=\boldsymbol{\lambda}^{\mathrm{T}}f(x,u,t)=[\lambda_1\quad\lambda_2]\begin{bmatrix}\dot{x}_1\\ \dot{x}_2\end{bmatrix}=\lambda_1(-x_1+u)+\lambda_2x_1$$

伴随方程是

$$\dot{\lambda}_1^*=\lambda_1^*-\lambda_2^*$$

$$\dot{\lambda}_2^*=0$$

运用定理7.4

$$H(x^*,u^*,\lambda^*,t)=\min_{|u(t)|\leqslant1}H(x^*,u,\lambda^*,t)=$$

$$\min_{|u(t)|\leqslant1}[\lambda_1(-x_1+u)+\lambda_2x_1]=(\lambda_2^*-\lambda_1^*)x_1^*+\min_{|u(t)|\leqslant1}[\lambda_1^*u]$$

得

$$u^*(t)=\begin{cases}-1 & \lambda_1^*>0\\ +1 & \lambda_1^*<0\end{cases}$$

终端横截条件

$$\lambda_1^*(1)=\left.\frac{\partial\Phi}{\partial x_1}\right|_{t=1}=0$$

$$\lambda_2^*(1)=\left.\frac{\partial\Phi}{\partial x_2}\right|_{t=1}=1$$

联合上式，求得

$$\lambda_1^*(t)=1-\mathrm{e}^{t-1}$$

$$\lambda_2^*(t)=1$$

当 $t\in[0,1]$ 时 $\lambda_1^*(t)>0$，所以 $u^*(t)=-1,t\in[0,1]$。解得最优控制 $u^*(t)$ 和最优曲线 $x^*(t)$ 为

$$u^*(t)=-1$$

$$x_1^*(t)=2\mathrm{e}^{-t}-1$$

$$x_2^*(t)=-2\mathrm{e}^{-t}-t+2$$

### 7.2.2　时间最优控制问题

时间最优控制是指如果把系统由初始状态转移到目标集的时刻作为性能指标，使转移时间为最短的控制，下面以双积分系统的最优调节器为例介绍时间最优控制问题及工程实现。

1. 双积分系统的时间最优控制

**例7.6**　设被控系统的状态方程为

$$\begin{bmatrix}\dot{x}_1\\ \dot{x}_2\end{bmatrix}=\begin{bmatrix}0 & 1\\ 0 & 0\end{bmatrix}\begin{bmatrix}x_1\\ x_2\end{bmatrix}+\begin{bmatrix}0\\ 1\end{bmatrix}u$$

初始状态

$$\begin{bmatrix} x_1(0) \\ x_2(0) \end{bmatrix} = \begin{bmatrix} x_{10} \\ x_{20} \end{bmatrix}$$

终端状态

$$\begin{bmatrix} x_1(t_f) \\ x_2(t_f) \end{bmatrix} = \begin{bmatrix} 0 \\ 0 \end{bmatrix}$$

试求在控制变量 $u(t)$ 受 $-1 \leqslant u(t) \leqslant 1$ 的闭集约束下,使性能指标

$$J = \int_0^{t_f} \mathrm{d}t$$

取极小值时的最优控制。

**解**　根据性能指标

$$J = \int_0^{t_f} \mathrm{d}t = t_f$$

构造哈密顿函数

$$H(x,u,\lambda,t) = L + \boldsymbol{\lambda}^{\mathrm{T}} f(x,u,t) = 1 + \lambda_1 x_2 + \lambda_2 u$$

伴随方程是

$$\dot{\lambda}_1^* = 0$$

$$\dot{\lambda}_2^* = -\lambda_1^*$$

求得

$$\lambda_1^* = C_1$$

$$\lambda_2^* = -C_1 t + C_2$$

运用定理 7.4

$$H(x^*,u^*,\lambda^*,t) = \min_{|u(t)|\leqslant 1} H(x^*,u,\lambda^*,t) =$$

$$\min_{|u(t)|\leqslant 1}[1 + \lambda_1^* x_2^* + \lambda_2^* u] = 1 + \lambda_1^* x_2^* + \min_{|u(t)|\leqslant 1}[\lambda_2^* u]$$

得

$$u^*(t) = \begin{cases} -1 & \lambda_2^* > 0 \\ +1 & \lambda_2^* < 0 \end{cases}$$

即

$$u^*(t) = -\operatorname{sgn}[\lambda_2^*]$$

这样,通过分析 $\lambda_2^*$ 的变化规律,找出控制变量 $u^*$ 的取值。从 $\lambda_2^*$ 的通解看,它是一条直线。当 $C_1 \neq 0$,$u^*$ 由 $+1$ 切换到 $-1$ 时,与之对应的 $\lambda_2^*$ 由负过渡到正;当 $u^*$ 由 $-1$ 切换到 $+1$ 时,与之对应的 $\lambda_2^*$ 由正过渡到负。这两种情况下,$\lambda_2^*$ 过零的时间就是 $u^*$ 的切换时间,故 $u^*$ 是一个分段常值函数,要么是 $+1$,要么是 $-1$,并且在常值过程中最多切换一次,即 $u^*$ 的极性最多只能改变一次。

在 $\lambda_2^* = -C_1 t + C_2 > 0$ 的时间区间上,$u^*(t) = -1$,此时系统的状态方程为

$$\begin{bmatrix} \dot{x}_1 \\ \dot{x}_2 \end{bmatrix} = \begin{bmatrix} 0 & 1 \\ 0 & 0 \end{bmatrix} \begin{bmatrix} x_1 \\ x_2 \end{bmatrix} + \begin{bmatrix} 0 \\ -1 \end{bmatrix}$$

初始状态为

$$\begin{bmatrix} x_1(0) \\ x_2(0) \end{bmatrix} = \begin{bmatrix} x_{10} \\ x_{20} \end{bmatrix}$$

方程的解为

$$x_1^*(t) = -\frac{1}{2}t^2 + x_{20}t + x_{10}$$

$$x_2^*(t) = -t + x_{20}$$

对应的最优曲线方程为

$$x_1^*(t) = -\frac{1}{2}x_2^{*2}(t) + \left(x_{10} + \frac{1}{2}x_{20}^2\right)$$

同理，在 $\lambda_2^* = -C_1 t + C_2 < 0$ 的时间区间上，$u^*(t) = 1$，此时系统的状态方程为

$$\begin{bmatrix} \dot{x}_1 \\ \dot{x}_2 \end{bmatrix} = \begin{bmatrix} 0 & 1 \\ 0 & 0 \end{bmatrix} \begin{bmatrix} x_1 \\ x_2 \end{bmatrix} + \begin{bmatrix} 0 \\ 1 \end{bmatrix}$$

方程的解为

$$x_1^*(t) = \frac{1}{2}t^2 + x_{20}t + x_{10}$$

$$x_2^*(t) = t + x_{20}$$

对应的最优曲线方程为

$$x_1^*(t) = \frac{1}{2}x_2^{*2}(t) + \left(x_{10} - \frac{1}{2}x_{20}^2\right)$$

在两种情况下，最优曲线 $x^*(t)$ 在相平面上是一组抛物线，如图7.1所示。

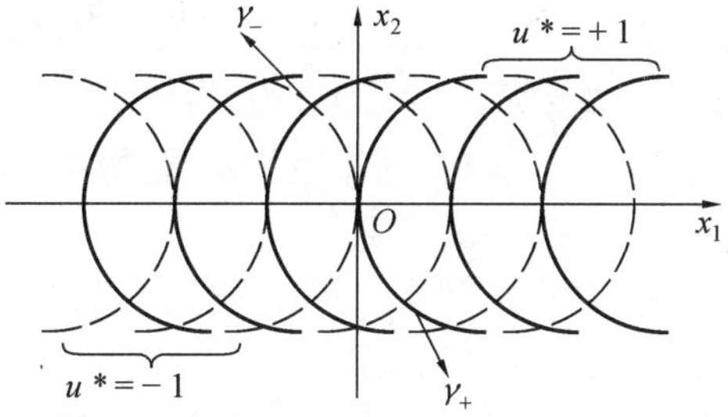


图7.1　双积分系统的状态最优曲线

图7.1的两组曲线中，每组各有一条曲线的半支能引向原点，在 $u^*(t) = -1$ 的曲线组中，通过原点的曲线方程为

$$x_1^*(t) = -\frac{1}{2}x_2^{*2}(t) \qquad x_2(t) \geqslant 0$$

称这支抛物线为 $\gamma_-$；在 $u^*(t) = +1$ 的曲线组中，通过原点的曲线方程为

$$x_1^*(t) = \frac{1}{2}x_2^{*2}(t) \qquad x_2(t) \leqslant 0$$

称这支抛物线为 $\gamma_+$。将抛物线 $\gamma_-$ 和 $\gamma_+$ 合并为一支曲线 $\gamma$，方程为

$$x_1^*(t)=\begin{cases}\dfrac{1}{2}x_2^{*2}(t) & x_2(t)\leqslant 0\\ -\dfrac{1}{2}x_2^{*2}(t) & x_2(t)\geqslant 0\end{cases}$$

这样,曲线 $\gamma$ 把状态平面划分为两个区域,如图 7.2 所示。定义在相平面上曲线 $\gamma$ 以下的区域为 $R_+$,曲线 $\gamma$ 以上的区域为 $R_-$。

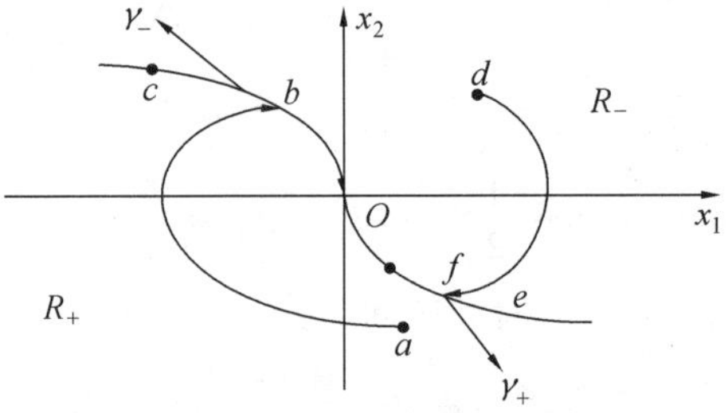


图 7.2　双积分系统时间最优控制的开关曲线

下面分析初始状态$(x_{10},x_{20})$回到原点$(0,0)$的时间最优控制问题。

当初始状态$(x_{10},x_{20})$位于 $\gamma$ 曲线下面的 $R_+$ 区域内,图 7.2 中的点 $a$ 转移至原点,并在转移过程中只允许 $u^*(t)$ 改变一次符号的唯一途径是曲线 $abO$。令 $u^*(t)=+1$,系统在这个控制作用下沿抛物线由下向上运动,交 $\gamma_-$ 于点 $b$。此时,最优控制切换成 $u^*(t)=-1$,并在其作用下沿抛物线 $\gamma_-$ 由上向下运动至状态平面原点 $O$,当初始状态$(x_{10},x_{20})$位于抛物线 $\gamma_-$ 上时,图 7.2 中的点 $c$ 在最优控制 $u^*(t)=-1$ 的作用下,沿抛物线 $\gamma_-$ 直接回到状态平面原点 $O$;当初始状态$(x_{10},x_{20})$位于曲线 $\gamma$ 上面的 $R_-$ 区域内,图 7.2 中的点 $d$ 转移至原点,并在转移过程中只允许 $u^*(t)$ 改变一次符号的唯一途径是曲线 $deO$。令 $u^*(t)=-1$,系统在这个控制作用下沿抛物线由上向下运动,交 $\gamma_+$ 于点 $e$。此时,最优控制切换成 $u^*(t)=+1$,并在其作用下,沿抛物线 $\gamma_+$ 由下向上运动至状态平面原点 $O$,当初始状态$(x_{10},x_{20})$位于抛物线 $\gamma_+$ 上时,图 7.2 中的点 $f$ 在最优控制 $u^*(t)=+1$ 的作用下,沿抛物线 $\gamma_+$ 直接回到状态平面原点 $O$。

可见,凡是不在曲线 $\gamma$ 上的点转移至状态原点,都需要在曲线 $\gamma$ 上改变 $u^*(t)$ 的符号,故曲线 $\gamma$ 称为开关曲线。双积分系统的时间最优控制问题是线性定常系统最短时间控制一类问题的特例,属于著名的 Bang-Bang 控制。其特点是控制函数总是取容许控制的边界,要么最大、要么最小,尽在边界上进行切换,相当于一个继电器的控制。

2. 时间最优控制的工程实现

综上所述,最优控制律可以表示为

$$u^*(x_1,x_2)=\begin{cases}+1 & 对(x_1,x_2)\in\gamma_+\cup R_+\\ -1 & 对(x_1,x_2)\in\gamma_-\cup R_-\\ 0 & 对(x_1,x_2)=(0,0)\end{cases}$$

$u^*(t)$ 是状态 $x$ 的函数,可以用状态反馈加非线性元件的方法来实现。具体方法是把状态曲线按控制序列分成若干段,逐段算出时间后再相加即可。步骤如下:

(1) 根据初始状态$(x_{10},x_{20})$的位置确定 $u^*(t)$ 的值。

(2) 将 $u^*(t)$ 代入状态方程,解出状态曲线。

(3) 计算上述曲线与开关曲线的交点,求出切换之前的时间。

(4) 计算从切换点沿开关曲线运动到原点的时间。

(5) 累计上面的两段时间,求出总的最优控制时间,即

$$t_f^*(x_1,x_2)=\begin{cases} x_{20}+\sqrt{4x_{10}+2x_{20}^2} & \text{对}(x_1,x_2)\in R_- \\ |x_{20}| & \text{对}(x_1,x_2)\in \gamma \\ -x_{20}+\sqrt{-4x_{10}+2x_{20}^2} & \text{对}(x_1,x_2)\in R_+ \end{cases}$$

双积分系统时间最优控制的工程实现如图 7.3 所示。

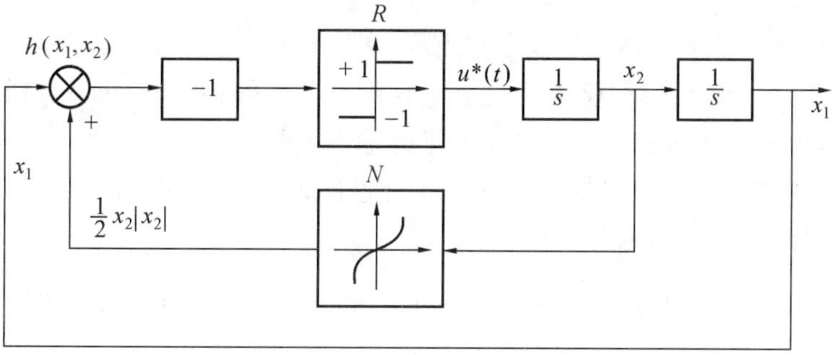


图 7.3　双积分系统时间最优控制的工程实现

## 7.3　二次型性能指标的线性最优控制

如果系统是线性的,性能泛函是状态变量和控制变量的二次型函数的积分,这类最优控制问题称为线性二次型最优控制问题。二次型性能指标的一般形式为

$$J=\frac{1}{2}\boldsymbol{x}^{\mathrm{T}}(t_f)\boldsymbol{P}_f\boldsymbol{x}(t_f)+\frac{1}{2}\int_{t_0}^{t_f}[\boldsymbol{x}^{\mathrm{T}}(t)\boldsymbol{Q}(t)\boldsymbol{x}(t)+\boldsymbol{u}^{\mathrm{T}}(t)\boldsymbol{R}(t)\boldsymbol{u}(t)]\mathrm{d}t \tag{7.85}$$

其中,$\boldsymbol{P}$、$\boldsymbol{Q}$、$\boldsymbol{R}$ 为对称的加权矩阵。在实际系统中,$\boldsymbol{P}$ 和 $\boldsymbol{Q}$ 分别是 $n\times n$ 维的半正定终端加权矩阵和状态加权矩阵,$\boldsymbol{R}$ 是 $r\times r$ 维的正定控制加权矩阵,$\boldsymbol{P}$、$\boldsymbol{Q}$、$\boldsymbol{R}$ 是元素为正的对角矩阵。

性能泛函各项的物理意义是:$\frac{1}{2}\boldsymbol{x}^{\mathrm{T}}(t_f)\boldsymbol{P}_f\boldsymbol{x}(t_f)$ 突出了对终端误差的要求,叫做终端代价函数; 若 $\boldsymbol{x}$ 是$\frac{1}{2}\boldsymbol{x}^{\mathrm{T}}(t)\boldsymbol{Q}(t)\boldsymbol{x}(t)$ 中的误差矢量,则该式是用来衡量误差 $\boldsymbol{x}$ 大小的代价函数; $\frac{1}{2}\boldsymbol{u}^{\mathrm{T}}(t)\boldsymbol{R}(t)\boldsymbol{u}(t)$ 表示动态过程中对控制的约束和要求,是用来衡量控制功率大小的代价函数。

最优控制的目标是使性能指标 $J$ 达到最小,其实质是用不大的控制来保持较小的误差,从而达到能量和误差综合最优的目的。

### 7.3.1　有限时间状态调节器问题

状态调节器的作用是当系统受到外界扰动时,保持系统的状态各分量还接近平衡状态。如果把初始状态视为扰动,零状态视为平衡状态,有限时间状态调节器问题变为从可供选择的容许控制域 $u$ 中,寻找一个控制向量 $\boldsymbol{u}(t)$,使受控系统在有限时间区间 $t\in[t_0,t_f]$

内,将系统从初态 $\boldsymbol{x}(t_0)$ 转移到零点附近,并使性能指标 $J$ 取极小值。

设受控系统的状态空间描述为

$$\left.\begin{aligned}\dot{\boldsymbol{x}}(t)&=\boldsymbol{A}(t)\boldsymbol{x}(t)+\boldsymbol{B}(t)\boldsymbol{u}(t)\\ \boldsymbol{y}(t)&=\boldsymbol{C}(t)\boldsymbol{x}(t)\\ \boldsymbol{x}(t_0)&=\boldsymbol{x}_0\end{aligned}\right\}\tag{7.86}$$

性能指标为

$$J=\frac{1}{2}\boldsymbol{x}^{\mathrm{T}}(t_f)\boldsymbol{P}_f\boldsymbol{x}(t_f)+\frac{1}{2}\int_{t_0}^{t_f}[\boldsymbol{x}^{\mathrm{T}}(t)\boldsymbol{Q}(t)\boldsymbol{x}(t)+\boldsymbol{u}^{\mathrm{T}}(t)\boldsymbol{R}(t)\boldsymbol{u}(t)]\mathrm{d}t\tag{7.87}$$

式中,$\boldsymbol{P}_f$ 为 $n\times n$ 维的半正定终端加权定常矩阵;$\boldsymbol{Q}$ 为 $n\times n$ 维的半正定状态加权矩阵;$\boldsymbol{R}$ 为 $r\times r$ 维的正定控制加权矩阵;$\boldsymbol{P}$、$\boldsymbol{Q}$、$\boldsymbol{R}$ 为元素为正的对角矩阵;$\boldsymbol{A}(t)$ 为 $n\times n$ 维的状态矩阵;$\boldsymbol{B}(t)$ 为 $n\times r$ 维的控制矩阵;$\boldsymbol{C}(t)$ 为 $m\times n$ 维的输出矩阵。

假设 $\boldsymbol{u}(t)$ 不受限制,试求最优控制 $\boldsymbol{u}^*(t)$ 使性能指标 $J$ 取极小值。

应用极小值原理,构造哈密顿函数

$$H(\boldsymbol{x},\boldsymbol{u},\boldsymbol{\lambda})=L+\boldsymbol{\lambda}^{\mathrm{T}}f=\frac{1}{2}[\boldsymbol{x}^{\mathrm{T}}\boldsymbol{Q}(t)\boldsymbol{x}+\boldsymbol{u}^{\mathrm{T}}\boldsymbol{R}(t)\boldsymbol{u}]+\boldsymbol{\lambda}^{\mathrm{T}}[\boldsymbol{A}(t)\boldsymbol{x}+\boldsymbol{B}(t)\boldsymbol{u}]\tag{7.88}$$

伴随方程是

$$\dot{\boldsymbol{\lambda}}^*(t)=-\left.\frac{\partial H}{\partial \boldsymbol{x}}\right|_{\boldsymbol{x}^*,\boldsymbol{u}^*,\boldsymbol{\lambda}^*}=-\boldsymbol{Q}(t)\boldsymbol{x}^*(t)-\boldsymbol{A}^{\mathrm{T}}(t)\boldsymbol{\lambda}^*(t)\tag{7.89}$$

因 $\boldsymbol{u}(t)$ 不受限制,控制方程为

$$\left.\frac{\partial H}{\partial \boldsymbol{u}}\right|_{\boldsymbol{x}^*,\boldsymbol{u}^*,\boldsymbol{\lambda}^*}=\boldsymbol{R}(t)\boldsymbol{u}^*(t)+\boldsymbol{B}^{\mathrm{T}}(t)\boldsymbol{\lambda}^*(t)=0\tag{7.90}$$

已知 $\boldsymbol{R}$ 是正定的,因此 $\boldsymbol{R}^{-1}$ 存在,得最优控制

$$\boldsymbol{u}^*(t)=-\boldsymbol{R}^{-1}(t)\boldsymbol{B}^{\mathrm{T}}(t)\boldsymbol{\lambda}^*(t)\tag{7.91}$$

可见,最优控制 $\boldsymbol{u}^*(t)$ 是 $\boldsymbol{\lambda}^*(t)$ 的线性函数,解下列方程组,即可得到 $\boldsymbol{\lambda}^*(t)$。

$$\dot{\boldsymbol{\lambda}}^*(t)=-\boldsymbol{Q}(t)\boldsymbol{x}^*(t)-\boldsymbol{A}^{\mathrm{T}}(t)\boldsymbol{\lambda}^*(t)\tag{7.92}$$

$$\dot{\boldsymbol{x}}^*(t)=\boldsymbol{A}(t)\boldsymbol{x}^*(t)-\boldsymbol{B}(t)\boldsymbol{R}^{-1}(t)\boldsymbol{B}^{\mathrm{T}}(t)\boldsymbol{\lambda}^*(t)\tag{7.93}$$

其初始条件和横截条件为

$$\boldsymbol{x}^*(t_0)=\boldsymbol{x}_0$$

$$\boldsymbol{\lambda}^*(t_f)=\frac{\partial}{\partial \boldsymbol{x}(t_f)}\left[\frac{1}{2}\boldsymbol{x}(t_f)\boldsymbol{P}_f\boldsymbol{x}(t_f)\right]\Bigg|_{\boldsymbol{x}^*,\boldsymbol{u}^*,\boldsymbol{\lambda}^*}=\boldsymbol{P}_f\boldsymbol{x}^*(t_f)\tag{7.94}$$

用 $\boldsymbol{\Phi}(t,t_0)$ 表示线性时变系统(7.92)、(7.93) 的状态转移矩阵,于是其齐次方程的解表示为

$$\begin{bmatrix}\boldsymbol{x}(t)\\ \boldsymbol{\lambda}(t)\end{bmatrix}=\boldsymbol{\Phi}(t,t_0)\begin{bmatrix}\boldsymbol{x}(t_0)\\ \boldsymbol{\lambda}(t_0)\end{bmatrix}\tag{7.95}$$

其中,$\boldsymbol{\lambda}(t_0)$ 为伴随向量 $\boldsymbol{\lambda}(t)$ 的初始值。

在终端时刻 $t_f$,有

$$\begin{bmatrix}\boldsymbol{x}(t_f)\\ \boldsymbol{\lambda}(t_f)\end{bmatrix}=\boldsymbol{\Phi}(t_f,t_0)\begin{bmatrix}\boldsymbol{x}(t_0)\\ \boldsymbol{\lambda}(t_0)\end{bmatrix}\tag{7.96}$$

利用状态转移矩阵的性质

$$\boldsymbol{\Phi}(t_f,t_0)=\boldsymbol{\Phi}(t_f,t)\boldsymbol{\Phi}(t,t_0) \tag{7.97}$$

有

$$\begin{bmatrix}\boldsymbol{x}^*(t_f)\\ \boldsymbol{\lambda}^*(t_f)\end{bmatrix}=\boldsymbol{\Phi}(t_f,t)\begin{bmatrix}\boldsymbol{x}^*(t)\\ \boldsymbol{\lambda}^*(t)\end{bmatrix} \tag{7.98}$$

分解为

$$\begin{bmatrix}\boldsymbol{x}^*(t_f)\\ \boldsymbol{\lambda}^*(t_f)\end{bmatrix}=\begin{bmatrix}\Phi_{11}(t_f,t) & \Phi_{12}(t_f,t)\\ \Phi_{21}(t_f,t) & \Phi_{22}(t_f,t)\end{bmatrix}\begin{bmatrix}\boldsymbol{x}^*(t)\\ \boldsymbol{\lambda}^*(t)\end{bmatrix} \tag{7.99}$$

将式(7.99)中第一方程两边左乘 $\boldsymbol{P}_f$,再与第二方程相减,得

$$\left.\begin{aligned}\boldsymbol{\lambda}(t)&=[\Phi_{22}(t_f,t)-\boldsymbol{P}_f\Phi_{12}(t_f,t)]^{-1}[\boldsymbol{P}_f\Phi_{11}(t_f,t)-\Phi_{21}(t_f,t)]\boldsymbol{x}(t)\\ \boldsymbol{P}(t)&=[\Phi_{22}(t_f,t)-\boldsymbol{P}_f\Phi_{12}(t_f,t)]^{-1}[\boldsymbol{P}_f\Phi_{11}(t_f,t)-\Phi_{21}(t_f,t)]\end{aligned}\right\} \tag{7.100}$$

$$\boldsymbol{\lambda}^*(t)=\boldsymbol{P}(t)\boldsymbol{x}^*(t) \tag{7.101}$$

与横截条件(7.94)比较,当 $t=t_f$ 时

$$\boldsymbol{P}(t_f)=\boldsymbol{P}_f$$

代入式(7.91),得控制方程

$$\boldsymbol{u}^*(t)=-\boldsymbol{R}^{-1}(t)\boldsymbol{B}^{\mathrm{T}}(t)\boldsymbol{P}(t)\boldsymbol{x}^*(t) \tag{7.102}$$

令

$$\boldsymbol{K}(t)=\boldsymbol{R}^{-1}(t)\boldsymbol{B}^{\mathrm{T}}(t)\boldsymbol{P}(t) \tag{7.103}$$

$$\boldsymbol{u}^*(t)=-\boldsymbol{K}(t)\boldsymbol{x}^*(t) \tag{7.104}$$

可见,所求最优控制是状态向量的线性函数,其中 $\boldsymbol{K}(t)$ 是一个 $r\times n$ 维的时变矩阵,叫做增益矩阵。

将方程(7.101)代入式(7.92)、(7.93),得

$$\dot{\boldsymbol{\lambda}}^*(t)=[-\boldsymbol{Q}(t)-\boldsymbol{A}^{\mathrm{T}}(t)\boldsymbol{P}(t)]\boldsymbol{x}^*(t) \tag{7.105}$$

$$\dot{\boldsymbol{x}}^*(t)=[\boldsymbol{A}(t)-\boldsymbol{B}(t)\boldsymbol{R}^{-1}(t)\boldsymbol{B}^{\mathrm{T}}(t)\boldsymbol{P}(t)]\boldsymbol{x}^*(t) \tag{7.106}$$

对方程(7.101)两边求导,得

$$\dot{\boldsymbol{\lambda}}^*(t)=\dot{\boldsymbol{P}}(t)\boldsymbol{x}^*(t)+\boldsymbol{P}(t)\dot{\boldsymbol{x}}^*(t) \tag{7.107}$$

将方程(7.105)、(7.106)代入方程(7.107),整理得

$$[\dot{\boldsymbol{P}}(t)+\boldsymbol{P}(t)\boldsymbol{A}(t)+\boldsymbol{A}^{\mathrm{T}}(t)\boldsymbol{P}(t)-\boldsymbol{P}(t)\boldsymbol{B}(t)\boldsymbol{R}^{-1}(t)\boldsymbol{B}^{\mathrm{T}}(t)\boldsymbol{P}(t)+\boldsymbol{Q}(t)]\boldsymbol{x}(t)=0 \tag{7.108}$$

式(7.108)对任意的 $\boldsymbol{x}(t)$ 都等于零,因此

$$\dot{\boldsymbol{P}}(t)=-\boldsymbol{P}(t)\boldsymbol{A}(t)-\boldsymbol{A}^{\mathrm{T}}(t)\boldsymbol{P}(t)+\boldsymbol{P}(t)\boldsymbol{B}(t)\boldsymbol{R}^{-1}(t)\boldsymbol{B}^{\mathrm{T}}(t)\boldsymbol{P}(t)-\boldsymbol{Q}(t) \tag{7.109}$$

这就是著名的黎卡提(Riccati)方程,它的边界条件是

$$\boldsymbol{P}(t_f)=\boldsymbol{P}_f \tag{7.110}$$

可见,设计最优调节器问题变成为求解黎卡提方程问题,它包括 $n^2$ 个一阶非线性时变微分方程。但是,如果矩阵 $\boldsymbol{P}(t)$ 是对称矩阵,则只需解 $n(n+1)/2$ 个方程。

一旦最优状态调节器的性能指标达到极小，其极小值为

$$J^* = \frac{1}{2}\boldsymbol{x}^{\mathrm{T}}(t_0)\boldsymbol{P}(t_0)\boldsymbol{x}(t_0) \tag{7.111}$$

$J^*$ 是初始状态 $\boldsymbol{x}(t_0)$ 和初始时间 $t_0$ 的函数。

综上所述，得到如下结论：

线性最优调节器的最优控制规律是状态向量的线性函数，即

$$\boldsymbol{u}^*(t) = -\boldsymbol{R}^{-1}(t)\boldsymbol{B}^{\mathrm{T}}(t)\boldsymbol{P}(t)\boldsymbol{x}^*(t)$$

矩阵 $\boldsymbol{P}(t)$ 是 $n \times n$ 维时变对称矩阵，它是黎卡提方程

$$\dot{\boldsymbol{P}}(t) = -\boldsymbol{P}(t)\boldsymbol{A}(t) - \boldsymbol{A}^{\mathrm{T}}(t)\boldsymbol{P}(t) + \boldsymbol{P}(t)\boldsymbol{B}(t)\boldsymbol{R}^{-1}(t)\boldsymbol{B}^{\mathrm{T}}(t)\boldsymbol{P}(t) - \boldsymbol{Q}(t)$$

和边界条件

$$\boldsymbol{P}(t_f) = \boldsymbol{P}_f$$

的解。最优曲线是方程

$$\dot{\boldsymbol{x}}^*(t) = [\boldsymbol{A}(t) - \boldsymbol{B}(t)\boldsymbol{R}^{-1}(t)\boldsymbol{B}^{\mathrm{T}}(t)\boldsymbol{P}(t)]\boldsymbol{x}^*(t)$$

和初始条件

$$\boldsymbol{x}^*(t_0) = \boldsymbol{x}_0$$

的解。最优性能指标为

$$J^*[\boldsymbol{x}(t_0), t_0] = \frac{1}{2}\boldsymbol{x}^{\mathrm{T}}(t_0)\boldsymbol{P}(t_0)\boldsymbol{x}(t_0)$$

对于线性二次型问题，最优控制可由全部状态变量构成的最优线性反馈来实现，闭环系统的结构如图 7.4 所示。

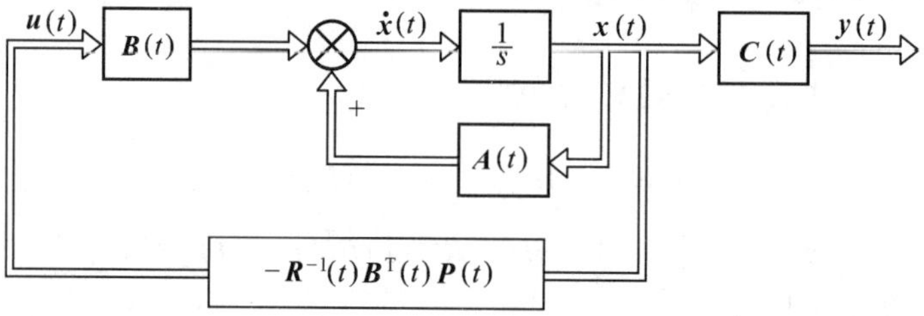


图 7.4　线性二次型最优反馈系统结构

**例 7.7**　给定受控制系统状态方程

$$\begin{bmatrix}\dot{x}_1(t)\\ \dot{x}_2(t)\end{bmatrix} = \begin{bmatrix}0 & 1\\ 0 & 0\end{bmatrix}\begin{bmatrix}x_1(t)\\ x_2(t)\end{bmatrix} + \begin{bmatrix}0\\ 1\end{bmatrix}u(t)$$

$$\begin{bmatrix}x_1(t_0)\\ x_2(t_0)\end{bmatrix} = \begin{bmatrix}x_{10}\\ x_{20}\end{bmatrix}$$

和性能指标

$$J = \frac{1}{2}[x_1(3)\quad x_2(3)]\begin{bmatrix}1 & 0\\ 0 & 2\end{bmatrix}\begin{bmatrix}x_1(3)\\ x_2(3)\end{bmatrix} + \frac{1}{2}\int_0^3\left\{[x_1(3)\quad x_2(3)]\begin{bmatrix}2 & 1\\ 1 & 4\end{bmatrix}\begin{bmatrix}x_1(3)\\ x_2(3)\end{bmatrix} + \frac{1}{2}u^2(t)\right\}\mathrm{d}t$$

试求最优控制 $u^*(t)$。

**解**　本题中

$$\boldsymbol{A}(t)=\begin{bmatrix}0 & 1\\0 & 0\end{bmatrix}\qquad \boldsymbol{B}(t)=\begin{bmatrix}0\\1\end{bmatrix}\qquad t_0=0\qquad t_f=3$$

$$\boldsymbol{P}_f=\begin{bmatrix}1 & 0\\0 & 2\end{bmatrix}\qquad \boldsymbol{Q}(t)=\begin{bmatrix}2 & 1\\1 & 4\end{bmatrix}\qquad R(t)=\frac{1}{2}$$

将它们代入方程(7.109)和(7.110),得到该问题的黎卡提方程,即

$$\begin{bmatrix}\dot{p}_{11}(t) & \dot{p}_{12}(t)\\ \dot{p}_{12}(t) & \dot{p}_{22}(t)\end{bmatrix}=-\begin{bmatrix}p_{11}(t) & p_{12}(t)\\ p_{12}(t) & p_{22}(t)\end{bmatrix}\begin{bmatrix}0 & 1\\0 & 0\end{bmatrix}-\begin{bmatrix}0 & 0\\1 & 0\end{bmatrix}\begin{bmatrix}p_{11}(t) & p_{12}(t)\\ p_{12}(t) & p_{22}(t)\end{bmatrix}+$$

$$\begin{bmatrix}p_{11}(t) & p_{12}(t)\\ p_{12}(t) & p_{22}(t)\end{bmatrix}\begin{bmatrix}0\\1\end{bmatrix}\begin{bmatrix}0 & 1\end{bmatrix}\begin{bmatrix}p_{11}(t) & p_{12}(t)\\ p_{12}(t) & p_{22}(t)\end{bmatrix}-\begin{bmatrix}2 & 1\\0 & 4\end{bmatrix}$$

和边界条件

$$\begin{bmatrix}p_{11}(t_f) & p_{12}(t_f)\\ p_{12}(t_f) & p_{22}(t_f)\end{bmatrix}=\begin{bmatrix}1 & 0\\0 & 2\end{bmatrix}$$

于是得到下面三个非线性一阶微分方程

$$\dot{p}_{11}(t)=2p_{12}^2(t)-2\qquad\qquad p_{11}(3)=1$$

$$\dot{p}_{12}(t)=-p_{11}(t)+2p_{12}(t)p_{22}(t)-1\qquad p_{12}(3)=0$$

$$\dot{p}_{22}(t)=-2p_{12}(t_f)+2p_{22}^2(t)-4\qquad p_{13}(3)=2$$

求解上面三个微分方程,可得出 $p_{11}(t)$、$p_{12}(t)$ 和 $p_{22}(t)$,再将它们代入方程(7.102),便得到最优控制

$$u^*(t)=-\boldsymbol{R}^{-1}(t)\boldsymbol{B}^{\mathrm{T}}(t)\boldsymbol{P}(t)\boldsymbol{x}^*(t)=-2[p_{12}(t)x_1(t)+p_{22}(t)x_2(t)]$$

由于黎卡提微分方程是非线性的,通常不能求得解析解,借助于数字计算机进行离散计算,可得到它的近似解,利用离散化公式

$$\frac{\mathrm{d}\boldsymbol{P}(t)}{\mathrm{d}t}=\lim_{\Delta t\to 0}\frac{\boldsymbol{P}(t)-\boldsymbol{P}(t-\Delta t)}{\Delta t}$$

将黎卡提方程近似表示成

$$\boldsymbol{P}(t)\approx\boldsymbol{P}(t-\Delta t)+\Delta t\{-\boldsymbol{P}(t-\Delta t)\boldsymbol{A}(t-\Delta t)-\boldsymbol{A}^{\mathrm{T}}(t-\Delta t)\boldsymbol{P}(t-\Delta t)+$$
$$\boldsymbol{P}(t-\Delta t)\boldsymbol{B}(t-\Delta t)\boldsymbol{R}^{-1}(t-\Delta t)\boldsymbol{B}^{\mathrm{T}}(t-\Delta t)\boldsymbol{P}(t-\Delta t)-\boldsymbol{Q}(t-\Delta t)\}$$

其中,$\Delta t=(t_f-t_0)/N$ 为采样周期。

依据这个公式,已知 $\boldsymbol{P}(t_f)=\boldsymbol{P}_f$,以此为初始条件,从终端时刻的 $\boldsymbol{P}(t_f)$ 出发,可以按反时间方向逐次求出各离散时刻 $\boldsymbol{P}(t)$ 的值。

可以看出,$\boldsymbol{P}(t)$ 只依赖于矩阵 $\boldsymbol{A}(t)$、$\boldsymbol{B}(t)$、$\boldsymbol{R}(t)$、$\boldsymbol{P}_f$、$\boldsymbol{Q}(t)$ 及端点时间 $t_0$ 和 $t_f$,而与状态 $\boldsymbol{x}(t)$ 无关,可以离线计算。

### 7.3.2　有限时间输出调节器问题

输出调节器的作用是当系统受到外界扰动时,在不消耗过多能量的前提下,维持系统的输出各分量接近平衡状态。

1. 线性时变系统输出调节器问题

设能控线性时变系统的状态空间描述为

$$\left.\begin{aligned}\dot{\boldsymbol{x}}(t) &= \boldsymbol{A}(t)\boldsymbol{x}(t) + \boldsymbol{B}(t)\boldsymbol{u}(t)\\ \boldsymbol{y}(t) &= \boldsymbol{C}(t)\boldsymbol{x}(t)\\ \boldsymbol{x}(t_0) &= \boldsymbol{x}_0\end{aligned}\right\} \tag{7.112}$$

性能指标为

$$J = \frac{1}{2}\boldsymbol{y}^{\mathrm{T}}(t_f)\boldsymbol{P}_f\boldsymbol{y}(t_f) + \frac{1}{2}\int_{t_0}^{t_f}[\boldsymbol{y}^{\mathrm{T}}(t)\boldsymbol{Q}(t)\boldsymbol{y}(t) + \boldsymbol{u}^{\mathrm{T}}(t)\boldsymbol{R}(t)\boldsymbol{u}(t)]\mathrm{d}t \tag{7.113}$$

式中，$\boldsymbol{P}_f$ 为 $n\times n$ 维的半正定终端加权定常矩阵；$\boldsymbol{Q}$ 为 $n\times n$ 维的半正定状态加权矩阵；$\boldsymbol{R}$ 为 $r\times r$ 维的正定控制对称加权矩阵；$\boldsymbol{A}(t)$ 为 $n\times n$ 维的状态矩阵；$\boldsymbol{B}(t)$ 为 $n\times r$ 维的控制矩阵；$\boldsymbol{C}(t)$ 为 $m\times n$ 维的输出矩阵。

假设 $\boldsymbol{u}(t)$ 不受限制，在有限时间区间 $[t_0,t_f]$，求最优控制 $\boldsymbol{u}^*(t)$，使性能指标 $J$ 取极小值。

将式(7.112)代入式(7.113)得

$$J = \frac{1}{2}\boldsymbol{x}^{\mathrm{T}}(t_f)\boldsymbol{C}^{\mathrm{T}}(t_f)\boldsymbol{P}_f\boldsymbol{C}(t_f)\boldsymbol{x}(t_f) + \frac{1}{2}\int_{t_0}^{t_f}[\boldsymbol{x}^{\mathrm{T}}(t)\boldsymbol{C}^{\mathrm{T}}(t)\boldsymbol{Q}(t)\boldsymbol{C}(t)\boldsymbol{x}(t) + \boldsymbol{u}^{\mathrm{T}}(t)\boldsymbol{R}(t)\boldsymbol{u}(t)]\mathrm{d}t \tag{7.114}$$

我们发现，式(7.112)和式(7.113)的结构形式完全相同，不同的只是方程(7.112)中的矩阵 $\boldsymbol{P}_f$ 和 $\boldsymbol{Q}(t)$ 换成了方程(7.113)中的 $\boldsymbol{C}^{\mathrm{T}}(t_f)\boldsymbol{P}_f\boldsymbol{C}(t_f)$ 和 $\boldsymbol{C}^{\mathrm{T}}(t)\boldsymbol{Q}(t)\boldsymbol{C}(t)$。在系统完全能观测的前提下，若矩阵 $\boldsymbol{P}_f$ 和 $\boldsymbol{Q}(t)$ 是半正定的，则转换成状态调节器后的 $\boldsymbol{C}^{\mathrm{T}}(t_f)\boldsymbol{P}_f\boldsymbol{C}(t_f)$ 和 $\boldsymbol{C}^{\mathrm{T}}(t)\boldsymbol{Q}(t)\boldsymbol{C}(t)$ 也是半正定的。证明如下：

因为矩阵 $\boldsymbol{P}_f$ 和 $\boldsymbol{Q}(t)$ 是对称矩阵，故 $\boldsymbol{C}^{\mathrm{T}}(t_f)\boldsymbol{P}_f\boldsymbol{C}(t_f)$ 和 $\boldsymbol{C}^{\mathrm{T}}(t)\boldsymbol{Q}(t)\boldsymbol{C}(t)$ 也是对称矩阵。如果给定的线性时变系统是完全能观测的，矩阵

$$[\boldsymbol{C}^{\mathrm{T}} \quad \boldsymbol{A}^{\mathrm{T}}\boldsymbol{C}^{\mathrm{T}} \quad \cdots \quad (\boldsymbol{A}^{\mathrm{T}})^{n-1}\boldsymbol{C}^{\mathrm{T}}]$$

的秩为 $n$，则在有限时间区间 $[t_0,t_f]$ 上 $\boldsymbol{C}^{\mathrm{T}}(t)\neq 0$。如果 $\boldsymbol{Q}(t)$ 是 $n\times n$ 维的半正定状态加权矩阵，则对所有的 $\boldsymbol{y}(t)$ 必有

$$\boldsymbol{y}^{\mathrm{T}}(t)\boldsymbol{Q}(t)\boldsymbol{y}(t)\geqslant 0 \tag{7.115}$$

把 $\boldsymbol{y}(t)=\boldsymbol{C}(t)\boldsymbol{x}(t)$ 代入，则对所有的 $\boldsymbol{x}(t)$，必有

$$\boldsymbol{x}^{\mathrm{T}}(t)\boldsymbol{C}^{\mathrm{T}}(t)\boldsymbol{Q}(t)\boldsymbol{C}(t)\boldsymbol{x}(t)\geqslant 0 \tag{7.116}$$

故得证当 $\boldsymbol{Q}(t)$ 是半正定时，$\boldsymbol{C}^{\mathrm{T}}(t)\boldsymbol{Q}(t)\boldsymbol{C}(t)$ 也是半正定的。

同理可以证明当 $\boldsymbol{P}_f$ 是半正定时，$\boldsymbol{C}^{\mathrm{T}}(t_f)\boldsymbol{P}_f\boldsymbol{C}(t_f)$ 也是半正定的。

于是，有限时间输出调节器就转化为等效的有限时间状态调节器问题，用状态调节器式(7.102)来确定最优控制，得控制方程

$$\boldsymbol{u}^*(t) = -\boldsymbol{R}^{-1}(t)\boldsymbol{B}^{\mathrm{T}}(t)\boldsymbol{P}(t)\boldsymbol{x}^*(t) \tag{7.117}$$

$$\boldsymbol{K}(t) = \boldsymbol{R}^{-1}(t)\boldsymbol{B}^{\mathrm{T}}(t)\boldsymbol{P}(t) \tag{7.118}$$

$$\boldsymbol{u}^*(t) = -\boldsymbol{K}(t)\boldsymbol{x}^*(t) \tag{7.119}$$

其中，$\boldsymbol{P}(t)$ 是下列黎卡提方程的解

$$\dot{\boldsymbol{P}}(t) = -\boldsymbol{P}(t)\boldsymbol{A}(t) - \boldsymbol{A}^{\mathrm{T}}(t)\boldsymbol{P}(t) + \boldsymbol{P}(t)\boldsymbol{B}(t)\boldsymbol{R}^{-1}(t)\boldsymbol{B}^{\mathrm{T}}(t)\boldsymbol{P}(t) - \boldsymbol{C}^{T}(t)\boldsymbol{Q}(t)\boldsymbol{C}(t) \tag{7.120}$$

边界条件是

$$\boldsymbol{P}(t_f) = \boldsymbol{C}^{\mathrm{T}}(t_f)\boldsymbol{P}_f\boldsymbol{C}(t_f) \tag{7.121}$$

输出调节器闭环系统的结构如图 7.5 所示。

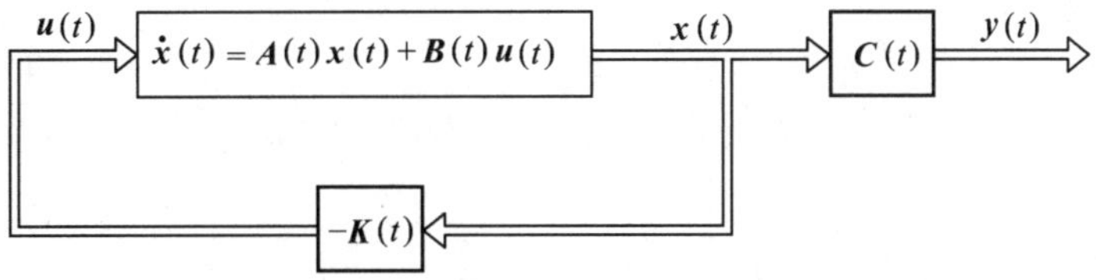


图 7.5　输出调节器闭环系统的结构

2. 线性定常系统输出调节器问题

给定一个完全能控和能观的线性定常系统

$$\begin{aligned}\dot{\boldsymbol{x}}(t) &= \boldsymbol{A}\boldsymbol{x}(t) + \boldsymbol{B}\boldsymbol{u}(t)\\ \boldsymbol{y}(t) &= \boldsymbol{C}\boldsymbol{x}(t)\\ \boldsymbol{x}(0) &= \boldsymbol{x}_0\end{aligned} \tag{7.122}$$

性能指标为

$$J = \frac{1}{2}\int_0^\infty [\boldsymbol{y}^{\mathrm{T}}(t)\boldsymbol{Q}(t)\boldsymbol{y}(t) + \boldsymbol{u}^{\mathrm{T}}(t)\boldsymbol{R}(t)\boldsymbol{u}(t)]\mathrm{d}t \tag{7.123}$$

式中,$\boldsymbol{Q}$ 为 $n \times n$ 维的半正定状态加权矩阵;$\boldsymbol{R}$ 为 $r \times r$ 维的正定控制对称加权矩阵。

假设 $\boldsymbol{u}(t)$ 不受限制,求最优控制 $\boldsymbol{u}^*(t)$ 使性能指标 $J$ 取极小值。

求解方式同上,最优控制为

$$\boldsymbol{u}^*(t) = -\boldsymbol{R}^{-1}(t)\boldsymbol{B}^{\mathrm{T}}\boldsymbol{P}(t)\boldsymbol{x}^*(t) \tag{7.124}$$

其中,$\boldsymbol{P}(t)$ 为下列黎卡提矩阵代数方程的解

$$-\boldsymbol{P}(t)\boldsymbol{A} - \boldsymbol{A}^{\mathrm{T}}\boldsymbol{P}(t) + \boldsymbol{P}(t)\boldsymbol{B}\boldsymbol{R}^{-1}(t)\boldsymbol{B}^{\mathrm{T}}\boldsymbol{P}(t) - \boldsymbol{C}^{\mathrm{T}}\boldsymbol{Q}(t)\boldsymbol{C} = 0 \tag{7.125}$$

**例 7.8**　设受控系统和性能泛函为

$$\dot{\boldsymbol{x}} = \begin{bmatrix}0 & 1\\ 0 & 0\end{bmatrix}\boldsymbol{x} + \begin{bmatrix}0\\ 1\end{bmatrix}u$$

$$y = [1\quad 0]\boldsymbol{x}$$

$$J = \frac{1}{2}\int_0^\infty [y^2 + q_2u^2]\mathrm{d}t$$

求 $u^*(t)$,使 $J$ 取极小值。

**解**　因系统能控能观,$\boldsymbol{R} = q_2$

$$\boldsymbol{C}^{\mathrm{T}}\boldsymbol{Q}\boldsymbol{C} = \begin{bmatrix}1 & 0\\ 0 & 0\end{bmatrix}$$

最优控制为

$$u^*(t) = -\frac{1}{q_2}[0\quad 1]\begin{bmatrix}p_{11} & p_{12}\\ p_{12} & p_{22}\end{bmatrix}\begin{bmatrix}x_1(t)\\ x_2(t)\end{bmatrix} = -\frac{1}{q_2}[p_{12}x_1(t) + p_{22}x_2(t)]$$

从黎卡提方程中求得三个代数方程

$$\frac{1}{q_2}p_{12}^2 = 1$$

$$-p_{11}+\frac{1}{q_2}p_{12}p_{22}=0$$

$$-2p_{12}+\frac{1}{q_2}p_{22}^2=0$$

为保证 $p$ 正定,必须

$$p_{11}>0 \qquad p_{22}>0 \qquad p_{11}p_{22}-p_{12}^2>0$$

解得

$$p_{12}=\sqrt{q_2} \qquad p_{22}=\sqrt{2}\,q_2^{\frac{3}{4}} \qquad p_{11}=\sqrt{2}\,q_2^{\frac{1}{4}}$$

代入得最优控制为

$$u^*(t)=-q_2^{-\frac{1}{2}}\boldsymbol{x}_1(t)-\sqrt{2}\,q_2^{-\frac{1}{4}}\boldsymbol{x}_2(t)=-q_2^{-\frac{1}{2}}y(t)-\sqrt{2}\,q_2^{-\frac{1}{4}}y(t)$$

### 7.3.3　无限时间状态调节器问题

无限时间状态调节器问题与有限时间调节器问题的主要差别在于,终端时间由有限值 $t_f$ 改为无限。由于有限时间最优调节器问题只考察控制系统由任意初态恢复到平衡状态的行为,而工程上除保证有限时间内系统的非零初态响应最优外,还要求系统具有保持平衡状态的能力,因此既有最优性又有稳定性要求的问题无法用有限时间调节器理论来解决。如果将调节器时间由有限推广到无限,我们就可以在无限时间内既考察实际上有限时间内的响应,又考察系统的稳定性。无限时间调节器问题的叙述如下:

给定受控系统状态方程

$$\dot{\boldsymbol{x}}(t)=\boldsymbol{A}(t)\boldsymbol{x}(t)+\boldsymbol{B}(t)\boldsymbol{u}(t) \tag{7.126}$$

和性能指标

$$J=\frac{1}{2}\int_0^{\infty}[\boldsymbol{x}^{\mathrm{T}}(t)\boldsymbol{Q}(t)\boldsymbol{x}(t)+\boldsymbol{u}^{\mathrm{T}}(t)\boldsymbol{R}(t)\boldsymbol{u}(t)]\mathrm{d}t \tag{7.127}$$

设 $\boldsymbol{u}(t)$ 不受限制,要求寻找最优控制 $\boldsymbol{u}^*(t)$,使 $J$ 为最小。

在无限时间调节器中,如果状态方程和性能指标都是定常的,即 $\boldsymbol{A}(t)$、$\boldsymbol{B}(t)$、$\boldsymbol{Q}(t)$ 和 $\boldsymbol{R}(t)$ 均为常数矩阵。该定常线性调节器问题成为无限时间调节器的一个特例,称为无限时间定常调节器问题。

无限时间定常调节器问题的叙述如下:

给定完全可控线性定常系统

$$\dot{\boldsymbol{x}}(t)=\boldsymbol{A}\boldsymbol{x}(t)+\boldsymbol{B}\boldsymbol{u}(t) \tag{7.128}$$

和性能指标

$$J=\frac{1}{2}\int_0^{\infty}[\boldsymbol{x}^{\mathrm{T}}(t)\boldsymbol{Q}\boldsymbol{x}(t)+\boldsymbol{u}^{\mathrm{T}}(t)\boldsymbol{R}\boldsymbol{u}(t)]\mathrm{d}t \tag{7.129}$$

式中,$\boldsymbol{x}(t)$、$\boldsymbol{u}(t)$ 分别是 $n$ 维状态向量和 $r$ 维控制向量;$\boldsymbol{A}$、$\boldsymbol{B}$ 分别为 $n\times n$ 和 $n\times r$ 维常数矩阵;$\boldsymbol{Q}$、$\boldsymbol{R}$ 分别是 $n\times n$ 和 $n\times r$ 维半正定和正定对称常数矩阵。

设 $\boldsymbol{A}(t)$、$\boldsymbol{B}(t)$、$\boldsymbol{Q}(t)$、$\boldsymbol{R}(t)$ 不受限制,寻求最优控制 $\boldsymbol{u}^*(t)$,使系统从给定初态 $\boldsymbol{x}(0)=\boldsymbol{x}_0$ 在 $t\to\infty$ 时转移到状态原点。

最优调节器的设计问题归结为求解黎卡提矩阵微分方程中的 $\boldsymbol{P}(t)$,$\boldsymbol{P}(t)$ 是一个时变矩阵。如果矩阵 $\boldsymbol{A}(t)$、$\boldsymbol{B}(t)$、$\boldsymbol{Q}(t)$、$\boldsymbol{R}(t)$ 都是常数矩阵,$\boldsymbol{P}_f=0$,可以证明系统

$$\dot{\boldsymbol{x}} = \boldsymbol{A}\boldsymbol{x}(t) + \boldsymbol{B}\boldsymbol{u}(t) \tag{7.130}$$

完全可控,则$\lim\limits_{t_f \to \infty}\boldsymbol{P}(t)$ 存在且唯一,并等于某常数矩阵,即

$$\lim_{t_f \to \infty}\boldsymbol{P}(t) = \boldsymbol{P} \tag{7.131}$$

该常数矩阵 $\boldsymbol{P}$ 是 $n \times n$ 维正定对称矩阵,满足代数黎卡提方程

$$-\boldsymbol{PA} - \boldsymbol{A}^{\mathrm{T}}\boldsymbol{P} + \boldsymbol{PBR}^{-1}\boldsymbol{B}^{\mathrm{T}}\boldsymbol{P} - \boldsymbol{Q} = 0 \tag{7.132}$$

将上述问题结论推广到无限时间调节器问题,容易推出最优控制存在且唯一,即

$$\boldsymbol{u}^*(t) = -\boldsymbol{K}\boldsymbol{x}^*(t) \tag{7.133}$$

其中

$$\boldsymbol{K} = \boldsymbol{R}^{-1}\boldsymbol{B}^{\mathrm{T}}\boldsymbol{P}$$

$\boldsymbol{P}$ 是 $n \times n$ 维正定对称常数矩阵,满足代数黎卡提方程

$$-\boldsymbol{PA} - \boldsymbol{A}^{\mathrm{T}}\boldsymbol{P} + \boldsymbol{PBR}^{-1}\boldsymbol{B}^{\mathrm{T}}\boldsymbol{P} - \boldsymbol{Q} = 0 \tag{7.134}$$

相应的最优性能指标是

$$J^* = \frac{1}{2}\boldsymbol{x}^{\mathrm{T}}(t_0)\boldsymbol{P}\boldsymbol{x}(t_0) \tag{7.135}$$

最优曲线 $\boldsymbol{x}^*(t)$ 就是线性定常齐次方程

$$\dot{\boldsymbol{x}}(t) = [\boldsymbol{A} - \boldsymbol{BK}]\boldsymbol{x} \tag{7.136}$$

和初始条件

$$\boldsymbol{x}(t_0) = \boldsymbol{x}_0$$

的解。

注意:

(1) 对有限时间调节器问题来说,由于控制时间$[t_0,t_f]$为有限时间,不可控制的状态对性能指标的影响总是有限的。在$[t_0,t_f]$中性能指标不至于变为无穷,最优控制的解是存在的,因而有限时间调节器问题不受控制系统完全可控限制。对无限时间调节器问题来说,若系统的某个振型是不可控的,同时又是不稳定的,在考虑时间为无穷大的情况下,其性能指标对任何控制都将趋于无穷大。这种情况下,系统的最优无从谈起,因而无限时间定常调节器问题为保证最小性能指标为有限值,则要求受控系统完全可控。

(2) 无限时间定常调节器问题所研究的系统是一个状态反馈的闭环系统

$$\dot{\boldsymbol{x}}(t) = (\boldsymbol{A} - \boldsymbol{BR}^{-1}\boldsymbol{B}^{\mathrm{T}}\boldsymbol{P})\boldsymbol{x}(t) \tag{7.137}$$

对于终端时间为无穷大的定常调节器,要保证性能指标为有限值,则要求式(7.137)的闭环系统是稳定的。闭环系统具有渐近稳定性的判断依据是如果矩阵对$[\boldsymbol{A},\boldsymbol{D}]$完全可观测,$D$为任一,使

$$\boldsymbol{D}^{\mathrm{T}}\boldsymbol{D} = \boldsymbol{Q} \tag{7.138}$$

成立的矩阵,那么,闭环系统是渐近稳定的。

**例 7.9**　已知被控系统的状态方程

$$\dot{\boldsymbol{x}}_1 = -\boldsymbol{x}_1 + u$$

$$\dot{\boldsymbol{x}}_2 = \boldsymbol{x}_1$$

试设计一最优调节器,使下列性能指标

$$J=\int_0^{\infty}\frac{1}{2}[\boldsymbol{x}_2^2+0.1u^2]\mathrm{d}t$$

为极小。

**解**　由被控系统状态方程知

$$\boldsymbol{A}=\begin{bmatrix}-1&0\\1&0\end{bmatrix}\quad \boldsymbol{b}=\begin{bmatrix}1\\0\end{bmatrix}\quad \boldsymbol{Q}=\begin{bmatrix}0&0\\0&1\end{bmatrix}\quad R=0.1$$

给定矩阵

$$\mathrm{rank}[\boldsymbol{b}\quad \boldsymbol{Ab}]=2$$

因此，受控系统完全可控，最优控制存在且唯一。

由式(7.138)确定 $\boldsymbol{D}$

$$\boldsymbol{D}=[0\quad 1]$$

经验算

$$\mathrm{rank}[\boldsymbol{D}^{\mathrm{T}}\quad \boldsymbol{A}^{\mathrm{T}}\boldsymbol{D}^{\mathrm{T}}]=2$$

因此，矩阵对 $\boldsymbol{D}=[0\quad 1]$ 完全可观测，保证了闭环最优调节系统是渐近稳定的。

这个问题的代数黎卡提方程为

$$-\begin{bmatrix}p_{11}&p_{12}\\p_{12}&p_{22}\end{bmatrix}\begin{bmatrix}-1&0\\1&0\end{bmatrix}-\begin{bmatrix}-1&1\\0&0\end{bmatrix}\begin{bmatrix}p_{11}&p_{12}\\p_{12}&p_{22}\end{bmatrix}-\begin{bmatrix}0&0\\0&1\end{bmatrix}+$$

$$10\begin{bmatrix}p_{11}&p_{12}\\p_{12}&p_{22}\end{bmatrix}\begin{bmatrix}1\\0\end{bmatrix}[1\quad 0]\begin{bmatrix}p_{11}&p_{12}\\p_{12}&p_{22}\end{bmatrix}=\begin{bmatrix}0&0\\0&0\end{bmatrix}$$

展开后得到下面三个方程

$$5p_{11}^2+p_{11}-p_{12}=0$$
$$10p_{11}p_{12}-p_{22}+p_{12}=0$$
$$10p_{12}^2=1$$

其数值解为

$$p_{11}=0.170\,6\qquad p_{12}=0.316\,2\qquad p_{22}=0.855\,6$$

最后由式(7.133)得到最优控制

$$u^*(t)=-1.706\boldsymbol{x}_1(t)-3.162\boldsymbol{x}_2(t)$$

其闭环系统的结构如图7.6所示。

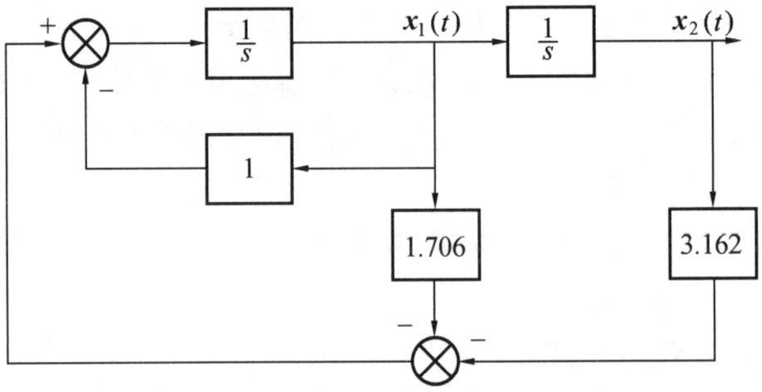


图7.6　闭环系统的结构图

# 7.4　动态规划法

动态规划法是为了解决多级决策过程而发展起来的，其核心内容是美国学者贝尔曼(Bellman)提出的最优性原理，以及在最优性原理的基础上得出的动态规划的基本公式和哈密顿 - 雅可比方程。该方法在处理控制函数受不等式约束情况下，求解最优控制问题特别有效。本节从分析一个求解最优路线选择问题入手，引出动态规划法的基本思想，即最优性原理。

## 7.4.1　最优性原理

用最优路线选择问题作为求解多级决策过程问题实例，如图 7.7 所示。这里的多级决策过程是指将一个完整的过程分解为若干阶段，而每一阶段都需要作出使整个过程实现最优化的决策。

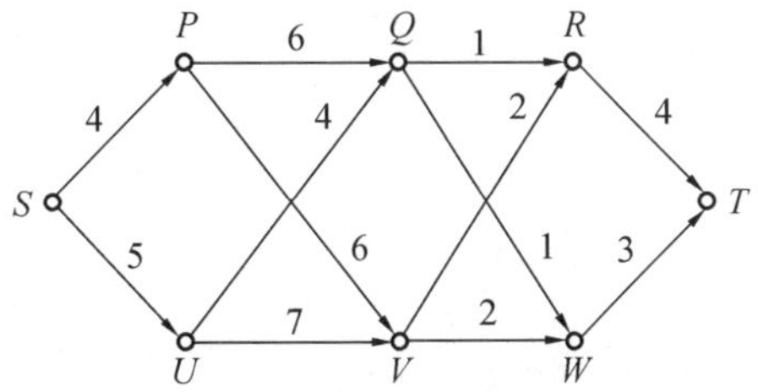


图 7.7　最优路线选择问题

汽车从点 $S$ 出发到达终点 $T$，要经过三组中间点，即[$P,U$]、[$Q,V$]、[$R,W$]。每两点间的数字是汽车行驶所需的时间，单位是小时(h)，请确定一条行驶路线，使汽车从点 $S$ 到达点 $T$ 所用时间最短。从优化运动过程看，这是一个四阶段决策过程的规划问题。对于段数 $N=4$，每段含两个元素的问题，可找到 $2^{(N-1)}=8$ 种不同的走法。如果将每一种走法所需要的时间都算出来，再从中选取需要时间最少的一种。那么，每算一条路线需要 3 次加法，共需 $(N-1)2^{(N-1)}=24$ 次加法运算，再比较大小又要作 $2^{(N-1)}=8$ 次减法。当段数 $N$ 增大时，计算量变得相当复杂。

由图 7.7 可以看出，如果已知某一条路线(如 $SUQWT$)行驶时间最短，那么从这条路线上任何一点(如点 $Q$)开始，沿着这条路线到达终点 $T$ 也一定是行驶最短的路线。如果 $QWT$ 不是行驶时间最短的路线，而是 $QRT$ 最短，那么沿 $SUQRT$ 的行驶时间就一定比沿 $SUQWT$ 的短。这一事实说明，最优决策的一部分也是最优决策，称之为动态规划中的最优性原理。

依据这一算法的思路，我们从后面向前考虑。首先从最后一段开始，先分别算出该段各点[$R,W$]到终点 $T$ 的最短行驶时间。从图 7.7 看出，最后一段各点到终点 $T$ 只能选择一条路线，无其他路线可选。由 $W$ 到 $T$ 的时间为 3 h，由 $R$ 到 $T$ 的时间为 4 h。然后由后向前，继续考察[$Q,V$]段，分别算出 $V$ 到 $T$ 和 $Q$ 到 $T$ 的最小行驶时间。从 $V$ 到 $T$ 有两种可能走法，走 $VRT$ 需 6 h，走 $VWT$ 需 5 h。显然，后一种走法时间短，从而确定 $VWT$ 为 $V$ 到 $T$ 最短时间路线。同样的方法可以确定 $Q$ 到 $T$ 的最短时间路线为 $QWT$，行驶时间为 4 h。再由后向前接着考察[$P,U$]段上 $U$、$P$ 各点到终点 $T$ 的最短时间路线，依此递推，最后确定出 $SUQWT$ 路线的行驶时间最短，仅用 13 h。这样，只需做 10 次加法运算就求出了最优路线。

图 7.7 上的每一个点称为一个状态,将汽车出发的那个点 $S$ 叫做初始状态,到达的终点 $T$ 叫做终端状态。把从点 $x$ 出发到达点 $T$ 所需时间记为 $J[x]$,这就是使系统从状态 $x$ 转移到状态 $T$ 所付出的代价,称为性能指标。选择的路线不同,所需时间不同,付出的代价也就不同。如果每选择一条路线称为一个决策,那么所需时间最短的那条路线就是最优决策,相应的代价记为 $J^*[x]$,即为最优性能指标。

根据上述的决策,我们可以得出每一阶段的点到达终点所用的最短时间,从最后一段开始。从 $W$ 出发到达 $T$ 的路线只有一条,即 $WT$。以 $W$ 为初始状态的最优决策是 $WT$,最优性能指标

$$J^*[W] = J[W] = 3$$

从 $R$ 出发的路线也只有一条,即 $RT$,所需时间为 4 h,以 $R$ 为初始状态的最优决策是 $RT$,最优性能指标

$$J^*[R] = J[R] = 4$$

同理,从 $V$ 到 $T$ 有两种走法。若走 $VRT$,则

$$J[V] = 2 + J^*[R]$$

若走 $VWT$,则

$$J[V] = 2 + J^*[W]$$

因此,以 $V$ 为初始状态的最优性能指标为

$$J^*[V] = \min\begin{Bmatrix} 2 + J^*[R] \\ 2 + J^*[W] \end{Bmatrix} = 2 + J^*[W] = 5$$

最优决策是 $VWT$。

从 $Q$ 到 $T$ 有两种走法,如果走 $QRT$,则

$$J[Q] = 1 + J^*[R]$$

如果走 $QWT$,则

$$J[Q] = 1 + J^*[W]$$

因此,以 $Q$ 为初始状态的最优性能指标为

$$J^*[Q] = \min\begin{Bmatrix} 1 + J^*[R] \\ 1 + J^*[W] \end{Bmatrix} = 1 + 3 = 4$$

最优决策是 $QWT$。

若以 $U$ 为初始状态有两种决策,取路线 $UQWT$,则

$$J[U] = 4 + J^*[Q]$$

取 $UVWT$,则

$$J[U] = 7 + J^*[V]$$

因此,得

$$J^*[U] = \min\begin{Bmatrix} 4 + J^*[Q] \\ 7 + J^*[V] \end{Bmatrix} = 8$$

最优决策是 $UQWT$。

以 $P$ 为初始状态有两种决策,取路线 $PQWT$,则

$$J[P] = 6 + J^*[Q]$$

取路线 $PVWT$,则

$$J[P] = 6 + J^*[V]$$

因此,得

$$J^*[P] = \min\begin{Bmatrix} 6 + J^*[Q] \\ 6 + J^*[V] \end{Bmatrix} = 10$$

最优决策是 $PQWT$。

最后,以 $S$ 作为初始状态有两种决策,选取路线 $SPQWT$,则

$$J[S] = 4 + J^*[P]$$

取路线 $SUQWT$,则

$$J[S] = 5 + J^*[U]$$

因此,得

$$J^*[S] = \min\begin{Bmatrix} 4 + J^*[P] \\ 5 + J^*[U] \end{Bmatrix} = 13$$

最优决策是 $SUQWT$,这就是从点 $S$ 出发到达点 $T$ 所需时间最短的路线。

这个例子把加法运算次数由 28 次减少到了 10 次,和穷举法相比,该方法使计算量大大减少,如果段数增加,优点就更为突出。

最优化原理有两个特点:

(1) 它是从 $T$ 开始倒着向 $S$ 计算,每个点到终点 $T$ 的最短路线和最短时间都要算出来,并且用了这样一个事实,如果已知某一个路线是行驶时间最短的路线,那么,从这条路线中任何一点出发沿此线到达终点也必定是行驶时间最短的路线。

(2) 它把一个复杂的问题,即决定一整条路线的问题划分为许多简单的问题。也就是每次只确定是走斜线还是走横线的问题,因而使问题的求解变得简单容易。

上述两个特点正好就是动态规划方法所依据的两个基本原理,即最优性原理和不变嵌入原理。

所谓最优性原理,是指在一个多级决策问题中最优决策具有这样的性质:不管初始级、初始状态和初始决策如何,当把其任何一级和状态作为初始级和初始状态时,余下的决策对此必定构成一个最优决策。也就是说,如果有一个初始状态为 $x(0)$ 的 $N$ 级过程,其最优决策序列为 $u^*(0),u^*(1),u^*(2)\cdots u^*(N-1)$,那么,对于以 $x(1)$ 为初始状态的 $N-1$ 级过程来说,$u^*(1),u^*(2)\cdots u^*(N-1)$ 也是一个最优决策序列。

所谓不变嵌入原理,是为解决一个特定的最优决策问题而把原问题嵌入到一系列相似的且易于求解的问题中去。对于多级决策过程来说,就是把原来的多级决策过程问题转换成一系列单级决策过程问题。显然,单级问题要比多级问题容易处理。

根据这两个原理,把多级决策过程问题写成递推公式

$$J_k(x) = \min_{u_k(x)}\{d[x,u_k(x)] + J_{k-1}[u_k(x)]\} \quad k = 2,3,\cdots,N \tag{7.139}$$

$$J_1(x) = d(x,F) \tag{7.140}$$

其中,$k$ 为阶段变量,由某一状态至终点之间的阶段数;$x$ 为状态变量,某阶段上运动所处的位置;$T$ 为终点状态;$N$ 为总阶段数;$u_k(x)$ 为决策变量,距终点 $k$ 个阶段上的状态 $x$ 所要选取的决策,即下一阶段要取的位置;$J_k(x)$ 为最优性能指标,距终点 $k$ 个阶段上的状态 $x$ 到终点 $T$ 的最短距离(或其他物理量所取的最优值);$d[x,u_k(x)]$ 为损失函数,由状态 $x$ 出发至下一

级所选位置的距离，即本级选择的决策所付出的代价。

图 7.7 中的问题对动态规划作数值解时，先算出最后一个阶段的 $J_1(x)$，然后从递推公式(7.139)和(7.140)中求出 $J_2(x)$，再由 $J_2(x)$ 推算出 $J_3(x)$，…，直到求出全部 $N$ 个阶段的 $J_N(x)$，以及相应的最优策略。这种递推计算过程一般必须由电子计算机来进行。最优路线选择问题的递推过程如下：

令

$$k=1$$
$$J_1(R)=d[R,T]=4$$
$$J_1(W)=d[W,T]=3$$

再令

$$k=2$$
$$J_2[Q]=\min\begin{Bmatrix}d[Q,R]+J_1[R]\\ d[Q,W]+J_1[W]\end{Bmatrix}=\min\begin{Bmatrix}1+4\\ 1+3\end{Bmatrix}=4$$
$$J_2[V]=\min\begin{Bmatrix}d[V,R]+J_1[R]\\ d[V,W]+J_1[W]\end{Bmatrix}=\min\begin{Bmatrix}2+4\\ 2+3\end{Bmatrix}=5$$
$$u_2[R]=W$$
$$u_2[W]=W$$

再向前递推一步，令

$$u_2[W]=W$$
$$k=3$$
$$J_3[P]=\min\begin{Bmatrix}d[P,Q]+J_2[Q]\\ d[P,V]+J_2[V]\end{Bmatrix}=\min\begin{Bmatrix}6+4\\ 6+5\end{Bmatrix}=10$$
$$u_3(P)=Q$$
$$J_3[V]=\min\begin{Bmatrix}d[U,Q]+J_2[Q]\\ d[U,V]+J_2[V]\end{Bmatrix}=\min\begin{Bmatrix}4+4\\ 7+5\end{Bmatrix}=8$$
$$u_3(U)=Q$$

最后当 $k=4$ 时

$$J_4[S]=\min\begin{Bmatrix}d[S,P]+J_3[P]\\ d[S,V]+J_3[U]\end{Bmatrix}=\min\begin{Bmatrix}4+10\\ 5+8\end{Bmatrix}=13$$

综合以上结果，整个过程的最优策略是由

$$u_4(S)=U\qquad u_3(U)=Q\qquad u_2(Q)=W\qquad u_1(W)=T$$

四个最优决策所组成的，而状态按顺序 $S\to U\to Q\to W\to T$ 转移，其代价最少

$$J_4(S)=13$$

**例 7.10**　给定离散系统

$$x(k+1)=x(k)+\frac{1}{10}[x^2(k)+u(k)]\qquad x(0)=3$$

和性能指标

$$J=\sum_{k=0}^{1}|x(k)-3u(k)|$$

试求使 $J$ 取极小值时最优控制序列 $u^*(0)$、$u^*(1)$。

**解**　利用动态规划递推公式作数值计算，令 $k=1$，有

$$J_1[x(1)]=\min_{u(1)}|x(1)-3u(1)|$$

由此可得

$$u^*(1)=\frac{x(1)}{3}\qquad J_1[x(1)]=0$$

令 $k=2$ 有

$$J_2[x(0)]=\min_{u(0)}\{|x(0)-3u(0)|+J_1[x(1)]\}=\min_{u(0)}|x(0)-3u(0)|$$

由此可得

$$u^*(0)=\frac{x(0)}{3}=1$$

把 $x(0)$、$u^*(0)$ 代入系统方程，可得

$$x(1)=4$$

于是得到

$$u^*(1)=\frac{4}{3}$$

使给定性能指标极小的最优控制序列是 $u^*(0)=1$，$u^*(1)=\frac{4}{3}$。

**例7.11**　给定离散系统

$$\left.\begin{aligned}&\begin{bmatrix}x_1(k+1)\\x_2(k+1)\end{bmatrix}=\begin{bmatrix}2&0\\1&1\end{bmatrix}\begin{bmatrix}x_1(k)\\x_2(k)\end{bmatrix}+\begin{bmatrix}1\\0\end{bmatrix}u(k)\\&\begin{bmatrix}x_1(0)\\x_2(0)\end{bmatrix}=\begin{bmatrix}1\\0\end{bmatrix}\end{aligned}\right\}$$

和性能指标

$$J=\sum_{k=0}^{1}[x_2^2(k+1)+u^2(k)]$$

试求最优控制和最优曲线。

**解**　利用动态规划递推公式，令 $k=1$，先选择 $u(1)$，使

$$J_1[x(1)]=\min_{u(1)}\{x_2^2(2)+u^2(1)\}=\min_{u(1)}\{[x_1(1)+x_2(1)]^2+u^2(1)\}$$

取极小值

$$u^*(1)=0$$

$$J_1[x(1)]=[x_1(1)+x_2(1)]^2$$

再令 $k=0$，有

$$J_2[x(0)]=\min_{u(0)}\{x_2^2(1)+u^2(0)+J_1[x(1)]\}$$

将 $x_2(1)=x_2(0)+x_1(0)$、$x_1(1)=2x_1(0)+u(0)$ 代入上式，可得

$$J_2[x(0)]=\min_{u(0)}\{2[x_2(0)+x_1(0)]^2+[2x_1(0)+u(0)]^2+2[2x_1(0)+u(0)][x_2(0)+x_1(0)]+u^2(0)\}$$

选择 $u(0)$ 使上式右边大括号里的函数取极小，由 $\frac{\partial J_2}{\partial u(0)}=0$，得

$$u^*(0)=-\frac{1}{2}[3x_1(0)+x_2(0)]=-\frac{3}{2}$$

把 $x_1(0)$、$x_2(0)$、$u^*(0)$、$u^*(1)$ 代入系统方程，经迭代计算得

$$x_1^*(1)=\frac{1}{2}\qquad x_1^*(2)=1\qquad x_2^*(1)=1\qquad x_2^*(2)=\frac{3}{2}$$

归纳起来，最优控制和最优曲线分别为

$$u^*(0)=-\frac{3}{2}\qquad u^*(1)=0$$

$$x_1^*(0)=1\qquad x_1^*(1)=\frac{1}{2}\qquad x_1^*(2)=1$$

$$x_1^*(0)=0\qquad x_1^*(1)=1\qquad x_1^*(2)=\frac{3}{2}$$

### 7.4.2　连续系统的动态规划

连续系统的最优规划问题是基于最优性原理导出的一个哈密顿 - 雅可比方程，然后求解该方程便可得到最优控制策略，可以看成是离散系统多级最优决策问题的极限情形。

1. 哈密顿 - 雅可比方程

设有一阶状态方程

$$\dot{\boldsymbol{x}}=\boldsymbol{f}(\boldsymbol{x},\boldsymbol{u},t)\qquad \boldsymbol{x}(t_0)=\boldsymbol{x}_0 \tag{7.141}$$

控制 $\boldsymbol{u}(t)$ 受到约束，$\boldsymbol{u}(t)\in U$，要求确定最优控制 $\boldsymbol{u}^*(t)$，使性能指标

$$J=\Theta[\boldsymbol{x}(t_f),t_f]+\int_{t_u}^{t_f}L(\boldsymbol{x}(t),\boldsymbol{u}(t),t)\,\mathrm{d}t \tag{7.142}$$

为极小。

如果最优控制 $\boldsymbol{u}^*(t)$ 一经确定，在 $\boldsymbol{u}^*(t)$ 的作用下最优曲线 $\boldsymbol{x}^*(t)$ 也就确定了，那么，指标函数 $J$ 的极小值只是 $\boldsymbol{x}_0$ 和 $t_0$ 的函数。用符号 $V[\boldsymbol{x}_0,t_0]$ 表示这个函数，即

$$V[\boldsymbol{x}_0,t_0]=\min_{\boldsymbol{u}(t)\in U}\{\Theta[\boldsymbol{x}(t_f),t_f]+\int_{t_u}^{t_f}L(\boldsymbol{x}(\boldsymbol{t}),\boldsymbol{u}(t),t)\,\mathrm{d}t\} \tag{7.143}$$

显然

$$V[\boldsymbol{x}(t_f),t_f]=\min_{\boldsymbol{u}(t)\in U}\left\{\Theta[\boldsymbol{x}(t_f),t_f]+\int_{t_u}^{t_f}L(\boldsymbol{x}(t),\boldsymbol{u}(t),t)\,\mathrm{d}t\right\}=\Theta[\boldsymbol{x}(t_f),t_f] \tag{7.144}$$

对于区间 $[t_0,t_f]$ 上的任何 $t$，有

$$V[\boldsymbol{x}(t),t]=\min_{\boldsymbol{u}(t)\in U}\left\{\Theta[\boldsymbol{x}(t_f),t_f]+\int_{t}^{t_f}L[\boldsymbol{x}(t),\boldsymbol{u}(t),t]\,\mathrm{d}t\right\} \tag{7.145}$$

把 $t$ 到 $t_f$ 这一段最优过程分成两步实现，第一步从 $t$ 到 $t+\Delta t$，第二步从 $t+\Delta t$ 再到 $t_f$。对于第一步，初始条件为 $\boldsymbol{x}(t)$，选定的初始最优控制为 $\boldsymbol{u}(t)$；对于延缓二步，初始条件为 $\boldsymbol{x}(t+\Delta t)$，选定的初始最优控制为 $\boldsymbol{u}(t+\Delta t)$。于是式(7.145) 可表示为

$$V[\boldsymbol{x}(t),t]=\min_{\boldsymbol{u}(t)\in U}\left\{\int_{t}^{t+\Delta t}L[\boldsymbol{x}(\tau),\boldsymbol{u}(\tau),\tau]\mathrm{d}\tau+\int_{t+\Delta t}^{t_f}F[\boldsymbol{x}(\tau),\boldsymbol{u}(\tau),\tau]\mathrm{d}\tau+\Theta[\boldsymbol{x}(t_f),t_f]\right\} \tag{7.146}$$

根据最优性原理，从 $t+\Delta t$ 到 $t_f$ 这一段过程也应当构成最优过程，考虑到 $\Delta t$ 很小，初始条件为 $x(t+\Delta t)$，可写成

$$\boldsymbol{x}(t+\Delta t)=\boldsymbol{x}(t)+\dot{\boldsymbol{x}}(t)\Delta t \tag{7.147}$$

于是

$$V[\boldsymbol{x}(t+\Delta t),t+\Delta t]=V[\boldsymbol{x}(t)+\dot{\boldsymbol{x}}(t)\Delta t,t+\Delta t]=\min_{\boldsymbol{u}(t)\in U}\left\{\int_{t+\Delta t}^{t_f}L[\boldsymbol{x}(\tau),\boldsymbol{u}(\tau),\tau]\mathrm{d}\tau+\Theta[\boldsymbol{x}(t_f),t_f]\right\} \tag{7.148}$$

这样式(7.146)变成

$$V[\boldsymbol{x}(t),t]=\min_{\boldsymbol{u}(t)\in U}\left\{\int_{t}^{t+\Delta t}L[\boldsymbol{x}(\tau),\boldsymbol{u}(\tau),\tau]\mathrm{d}\tau+V[\boldsymbol{x}(t)+\dot{\boldsymbol{x}}(t)\Delta t,t+\Delta t]\right\} \tag{7.149}$$

其中，右边第一项是间隔 $\Delta t$ 内的 $L[\boldsymbol{x}(t),\boldsymbol{u}(t),t]$ 积分；第二项是剩下的区间 $(t+\Delta t,t_f)$ 的性能指标的极小值。

因为取得 $\Delta t$ 很小，式(7.149)可写成

$$V[\boldsymbol{x}(t),t]=\min_{\boldsymbol{u}(t)\in U}\{L[\boldsymbol{x}(t),\boldsymbol{u}(t),t]\Delta t+V[\boldsymbol{x}(t)+\dot{\boldsymbol{x}}(t)\Delta t,t+\Delta t]\} \tag{7.150}$$

假设函数 $V[\boldsymbol{x}(t),t]$ 存在，并具有连续偏导数。将 $V[\boldsymbol{x}(t+\Delta t),t+\Delta t]$ 展开成泰勒级数，即

$$V[\boldsymbol{x}(t)+\dot{\boldsymbol{x}}(t)\Delta t,t+\Delta t]=V[\boldsymbol{x}(t),t]+\left[\frac{\partial V[\boldsymbol{x}(t),t]}{\partial \boldsymbol{x}(t)}\frac{\mathrm{d}\boldsymbol{x}(t)}{\mathrm{d}t}\Delta t+\frac{\partial V[\boldsymbol{x}(t),t]}{\partial t}\Delta t+\varepsilon(\Delta t^2)\right] \tag{7.151}$$

其中，$\varepsilon(\Delta t^2)$ 为关于 $\Delta t$ 的高阶无穷小。

把式(7.151)代入式(7.150)，得

$$V[\boldsymbol{x}(t),t]=\min_{\boldsymbol{u}(t)\in U}\{L[\boldsymbol{x}(t),\boldsymbol{u}(t),t]\Delta t+V[\boldsymbol{x}(t),t]+\frac{\mathrm{d}\boldsymbol{x}(t)}{\mathrm{d}t}\frac{\partial V[\boldsymbol{x}(t),t]}{\partial \boldsymbol{x}(t)}\Delta t+\frac{\partial V[\boldsymbol{x}(t),t]}{\partial t}\Delta t\}+\varepsilon(\Delta t^2) \tag{7.152}$$

把不显含 $\boldsymbol{u}$ 的项提到 min 之外，整理后有

$$V[\boldsymbol{x}(t),t]=\min_{\boldsymbol{u}(t)\in U}\{L[\boldsymbol{x}(t),\boldsymbol{u}(t),t]\Delta t+\frac{\mathrm{d}\boldsymbol{x}(t)}{\mathrm{d}t}\frac{\partial V[\boldsymbol{x}(t),t]}{\partial \boldsymbol{x}(t)}\Delta t\}+V[\boldsymbol{x}(t),t]+\frac{\partial V[\boldsymbol{x}(t),t]}{\partial t}\Delta t+\varepsilon(\Delta t^2) \tag{7.153}$$

简化式(7.153)，并以 $\Delta t$ 除之，得

$$-\frac{\partial V[\boldsymbol{x}(t),t]}{\partial t}=\min_{\boldsymbol{u}(t)\in U}\left\{L[\boldsymbol{x}(t),\boldsymbol{u}(t),t]+\frac{\mathrm{d}\boldsymbol{x}(t)}{\mathrm{d}t}\frac{\partial V[\boldsymbol{x}(t),t]}{\partial \boldsymbol{x}(t)}\right\}+\varepsilon_1(\Delta t) \tag{7.154}$$

将式(7.141)代入式(7.154)，得

$$-\frac{\partial V[\boldsymbol{x}(t),t]}{\partial t}=\min_{\boldsymbol{u}(t)\in U}\left\{L[\boldsymbol{x}(t),\boldsymbol{u}(t),t]+\boldsymbol{f}[\boldsymbol{x}(t),\boldsymbol{u}(t),t]\frac{\partial V[\boldsymbol{x}(t),t]}{\partial \boldsymbol{x}(t)}\right\}+\varepsilon_1(\Delta t) \tag{7.155}$$

当 $\Delta t \to 0$ 时,$\varepsilon_1(\Delta t) \to 0$,式(7.155)变成

$$-\frac{\partial V[\boldsymbol{x}(t),t]}{\partial t}=\min_{\boldsymbol{u}(t)\in U}\left\{L[\boldsymbol{x}(t),\boldsymbol{u}(t),t]+\boldsymbol{f}[\boldsymbol{x}(t),\boldsymbol{u}(t),t]\frac{\partial V[\boldsymbol{x}(t),t]}{\partial \boldsymbol{x}(t)}\right\} \tag{7.156}$$

或写成

$$\frac{\partial V[\boldsymbol{x}(t),t]}{\partial t}+\min_{\boldsymbol{u}(t)\in U}\left\{L[\boldsymbol{x}(t),\boldsymbol{u}(t),t]+\boldsymbol{f}[\boldsymbol{x}(t),\boldsymbol{u}(t),t]\frac{\partial V[\boldsymbol{x}(t),t]}{\partial \boldsymbol{x}(t)}\right\}=0 \tag{7.157}$$

这就是哈密顿 - 雅可比方程。这种形式的方程只有在不受约束的情况下,才是一个偏微分方程

$$\frac{\partial V[\boldsymbol{x}(t),t]}{\partial t}+L[\boldsymbol{x}(t),\boldsymbol{u}(t),t]+f[\boldsymbol{x}(t),\boldsymbol{u}(t),t]\frac{\partial V[\boldsymbol{x}(t),t]}{\partial \boldsymbol{x}(t)}=0 \tag{7.158}$$

把上面的分析结论推广到 $n$ 阶状态方程

$$\dot{\boldsymbol{x}}(t)=\boldsymbol{f}(\boldsymbol{x}(t),\boldsymbol{u}(t),t) \tag{7.159}$$

方程(7.157)、(7.158)将分别写成

$$\frac{\partial V[\boldsymbol{x}(t),t]}{\partial t}+\min_{\boldsymbol{u}(t)\in U}\left\{L[\boldsymbol{x}(t),\boldsymbol{u}(t),t]+\boldsymbol{f}^{\mathrm{T}}[\boldsymbol{x}(t),\boldsymbol{u}(t),t]\frac{\partial V[\boldsymbol{x}(t),t]}{\partial \boldsymbol{x}(t)}\right\}=0 \tag{7.160}$$

$$\frac{\partial V[\boldsymbol{x}(t),t]}{\partial t}+L[\boldsymbol{x}(t),\boldsymbol{u}(t),t]+\boldsymbol{f}^{\mathrm{T}}[\boldsymbol{x}(t),\boldsymbol{u}(t),t]\frac{\partial V[\boldsymbol{x}(t),t]}{\partial \boldsymbol{x}(t)}=0 \tag{7.161}$$

考虑到 $V$ 不是 $\boldsymbol{u}$ 的函数,求式(7.161)对 $\boldsymbol{u}$ 的偏导数,即

$$\frac{\partial L[\boldsymbol{x}(t),\boldsymbol{u}(t),t]}{\partial \boldsymbol{u}}+\frac{\partial \boldsymbol{f}^{\mathrm{T}}[\boldsymbol{x}(t),\boldsymbol{u}(t),t]}{\partial \boldsymbol{u}}-\frac{\partial V[\boldsymbol{x}(t),t]}{\partial \boldsymbol{x}(t)}=0 \tag{7.162}$$

根据式(7.161)和式(7.162),可求得使 $J$ 为极小的最优控制向量 $\boldsymbol{u}^*(t)$。为了保证 $J$ 为极小,式(7.160)大括号内的函数对 $\boldsymbol{u}$ 的二次偏导数所组成的矩阵必须为正定矩阵,即

$$\frac{\partial^2 L}{\partial \boldsymbol{u}^2}+\frac{\partial}{\partial \boldsymbol{u}}\left[\frac{\partial \boldsymbol{f}^{\mathrm{T}}}{\partial \boldsymbol{u}}\frac{\partial V}{\partial \boldsymbol{x}}\right] \tag{7.163}$$

为正定矩阵。

求解哈密顿 - 雅可比方程是很困难的,很难得到解析解,只能用计算机算出数值解,对于线性二次型问题,能求得解析解,最优控制 $\boldsymbol{u}^*(t)$ 是状态变量 $\boldsymbol{x}^*(t)$ 的线性函数,而状态反馈增益矩阵也是通过黎卡提矩阵方程求得。因此,用动态规划法与变分法求解线性二次型的结果是完全相同的。

综合以上分析,得到如下结果:

(1) 在容许控制的集合中,求出使函数

$$L[\boldsymbol{x}(t),\boldsymbol{u}(t),t]+\boldsymbol{f}^{\mathrm{T}}[\boldsymbol{x}(t),\boldsymbol{u}(t),t]\frac{\partial V}{\partial \boldsymbol{x}} \tag{7.164}$$

取极小的 $\boldsymbol{u}(t)$、$\boldsymbol{u}(t)$ 是 $\boldsymbol{x}(t)$、$\frac{\partial V}{\partial \boldsymbol{x}}$ 和 $t$ 的函数,把它记为

$$\boldsymbol{u}^*=\boldsymbol{u}^*\left[\boldsymbol{x}(t),\frac{\partial V[\boldsymbol{x}(t),t]}{\partial \boldsymbol{x}(t)},t\right] \tag{7.165}$$

(2) 将上式表示的 $\boldsymbol{u}^*(t)$ 代入哈密顿 - 雅可比方程,并利用边界条件

$$t=t_f \qquad V(\boldsymbol{x}(t_f),t_f)=\Theta(x(t_f),t_f) \tag{7.166}$$

求出函数 $V[\boldsymbol{x}(t),t]$。

(3) 将第(2)步求出的 $V(\boldsymbol{x}(t),t)$ 代入式(7.165),求出

$$\boldsymbol{u}^* = \boldsymbol{u}^*[\boldsymbol{x}(t),t] \tag{7.167}$$

这里 $\boldsymbol{u}^*[\boldsymbol{x}(t),t]$ 是状态向量 $\boldsymbol{x}(t)$ 的函数,由此可以构成闭环控制系统。如果需要求最优曲线 $\boldsymbol{x}^*(t)$,则应进行下面运算。

(4) 把式(7.167)表示的 $\boldsymbol{u}^*(t)$ 代入系统方程

$$\begin{gathered}\dot{\boldsymbol{x}}(t) = \boldsymbol{f}[\boldsymbol{x}(t),\boldsymbol{u}^*[\boldsymbol{x}(t),t],t] \\ \boldsymbol{x}(t_0) = \boldsymbol{x}_0\end{gathered} \tag{7.168}$$

求解上述方程,便可求出最优曲线 $\boldsymbol{x}^*(t)$。

(5) 将 $\boldsymbol{x}(t)$ 代入式(7.167),便得到作为独立变量的函数的最优控制 $\boldsymbol{u}^*(t)$。

**例 7.12**　给出非线性系统

$$\dot{x} = -x^3 + u \qquad \boldsymbol{x}(0) = \boldsymbol{x}_0$$

和性能指标

$$J = \frac{1}{2}\int_0^\infty (x^2 + u^2)\mathrm{d}t$$

试求最优反馈控制。

**解**　使函数

$$L[x,u,t] + \left[\frac{\partial V}{\partial x}\right]^{\mathrm{T}} f[x,u,t] = \frac{1}{2}x^2 + \frac{1}{2}u^2 + \frac{\partial V}{\partial \boldsymbol{x}}u - \frac{\partial V}{\partial \boldsymbol{x}}x^3$$

为极小的 $u^*\left[x(t),\dfrac{\partial V}{\partial x},t\right]$,只需将其右边对 $u$ 求偏导,再令结果等于 0,得

$$u^*\left[\boldsymbol{x}(t),\frac{\partial V}{\partial x},t\right] = -\frac{\partial V}{\partial x}$$

于是列出哈密顿 - 雅可比方程及其边界条件

$$\begin{gathered}\frac{\partial V(x)}{\partial t} - \frac{1}{2}\left[\frac{\partial V(x)}{\partial t}\right]^2 - \left[\frac{\partial V(x)}{\partial x}\right]x^3 + \frac{1}{2}x^2 = 0 \\ V[x(t_f),t_f] = 0\end{gathered}$$

已知系统是定常的,函数 $L$ 不显含 $t$,且 $J$ 的积分上限为无限大。因此,$\dfrac{\partial V}{\partial t} = 0$。于是哈密顿 - 雅可比方程变成微分方程

$$\left[\frac{\partial V(x)}{\partial x}\right]^2 + 2\left[\frac{\partial V(x)}{\partial x}\right]x^3 - x^2 = 0$$

这是一个以 $x$ 做独立变量、$V(x)$ 做因变量的非线性微分方程式,要解这个方程,还要确定它的初始条件。当初始值 $x(0) = 0$ 时,如果 $u(t) = 0$,则由系统方程 $x(t) = 0$,性能指标变成 $J = 0$,这正是 $J$ 的极小值,因此 $V(0) = 0$ 就是微分方程的初始条件。

哈密顿 - 雅可比方程是非线性的,一般得不到精确的解析解,用级数展开式,设

$$V(x) = h_0 + h_1 x + \frac{1}{2!}h_2 x^2 + \frac{1}{3!}h_3 x^3 + \frac{1}{4!}h_4 x^4 + \cdots$$

为求上述微分方程的近似解,并设只求到级数的第四项。由哈密顿 - 雅可比方程式得

$$\frac{\partial V(x)}{\partial x}=h_1+h_2x+\frac{1}{2!}h_3x^2+\frac{1}{3!}h_4x^3+\cdots$$

$$\left[\frac{\partial V(x)}{\partial x}\right]^2=h_1+2h_1h_2x+[h_1h_3+h_2^2]x^2+\left[\frac{1}{3}h_1h_4+h_2h_3\right]x^3+\left[\frac{1}{3}h_2h_4+\frac{1}{4}h_3^2\right]x^4+\cdots$$

把它们代入级数展开式，有

$$h_1^2+2h_1h_2x-[h_1h_3+h_2^2-1]x^2+\left[\frac{1}{3}h_1h_4+h_2h_3+2h_1\right]x^3+$$

$$\left[\frac{1}{3}h_2h_4+\frac{1}{4}h_3^2+2h_2\right]x^4+\cdots=0$$

得到

$$h_1^2=0$$
$$2h_1h_2=0$$
$$h_1h_3+h_2^2-1=0$$
$$\frac{1}{3}h_2h_4+\frac{1}{4}h_3^2+2h_2=0$$

联立求解代数方程组，得

$$h_1=0\qquad h_2=1\qquad h_3=0\qquad h_4=-6$$

再用初始条件 $V(0)=0$，得 $h_0=0$。代入级数展开式，得到函数 $V(x)$ 的近似表达式

$$V(x)=\frac{1}{2}x^2-\frac{1}{4}x^4$$

于是得到最优反馈控制律为

$$u^*(x)=-\frac{\partial V}{\partial t}=-x+x^3$$

2. 动态规划法与极小值原理的关系

动态规划法和极小值原理都是求解最优控制问题的重要方法，同一个最优控制问题分别用这两种不同的方法求解，其结果是一致的。那么这两种方法之间一定存在着某种内在联系，陈述如下。

对于系统状态方程为

$$\dot{\boldsymbol{x}}(t)=\boldsymbol{f}(\boldsymbol{x},\boldsymbol{u},t) \tag{7.169}$$

性能指标为

$$J=\int_{t_v}^{t_f}L(\boldsymbol{x},\boldsymbol{u},t)\,\mathrm{d}t \tag{7.170}$$

的最优控制问题。

若应用极小值原理，其哈密顿函数为

$$H=L(\boldsymbol{x},\boldsymbol{u},t)+\boldsymbol{\lambda}^{\mathrm{T}}(t)\boldsymbol{f}(\boldsymbol{x},\boldsymbol{u},t) \tag{7.171}$$

其中，$\boldsymbol{\lambda}(t)$ 为动态向量。

为了使性能指标 $J$ 为极小，要求哈密顿函数在任何时刻 $t$ 都是极小值，即要求

$$L(\boldsymbol{x},\boldsymbol{u},t)+\boldsymbol{\lambda}^{\mathrm{T}}(t)\boldsymbol{f}(\boldsymbol{x},\boldsymbol{u},t) \tag{7.172}$$

为极小。

若用动态规划法，由哈密顿 - 雅可比方程

$$\frac{\partial V[\boldsymbol{x}(t),t]}{\partial t}+\min_{\boldsymbol{u}(t)\in U}\left\{L[\boldsymbol{x}(t),\boldsymbol{u}(t),t]+\boldsymbol{f}^{\mathrm{T}}[\boldsymbol{x}(t),\boldsymbol{u}(t),t]\frac{\partial V[\boldsymbol{x}(t),t]}{\partial \boldsymbol{x}(t)}\right\}=0 \tag{7.173}$$

要求

$$L(\boldsymbol{x},\boldsymbol{u},t)+\boldsymbol{f}^{\mathrm{T}}(\boldsymbol{x},\boldsymbol{u},t)\frac{\partial V[\boldsymbol{x}(t),t]}{\partial \boldsymbol{x}(t)} \tag{7.174}$$

为极小。

如果把哈密顿函数写成

$$H=L(\boldsymbol{x},\boldsymbol{u},t)+\boldsymbol{f}^{\mathrm{T}}(\boldsymbol{x},\boldsymbol{u},t)\boldsymbol{\lambda}(t) \tag{7.175}$$

若令

$$\frac{\partial V[\boldsymbol{x}(t),t]}{\partial \boldsymbol{x}(t)}=\boldsymbol{\lambda}(t) \tag{7.176}$$

哈密顿－雅可比方程中大括号内需要对控制向量$\boldsymbol{u}(t)$求极小的函数，就是极小值原理中的哈密顿方程。哈密顿－雅可比方程要求$\frac{\partial V}{\partial \boldsymbol{x}}$、$\frac{\partial V}{\partial t}$存在，但极小值原理没有这个限制，说明极小值原理比动态规划法的适用范围更宽。

## 小　　结

最优控制就是已知系统的数学模型，寻找使指定的某个性能指标达到极值的控制作用，是综合问题中的最优综合。

最优控制的目标函数是泛函，变分法是求解泛函极值问题的一种经典方法。无约速条件的泛函极值问题应满足的必要条件是欧拉方程和横截条件。当有等式约束时，通过拉格朗日乘子把约束条件结合到原来的极值函数中，从而将在给定约束下原函数的极值问题转化为求新函数的无约束极值问题。

当容许控制受到有界闭集约束$g[\boldsymbol{x}(t),\boldsymbol{u}(t),t]\geqslant 0$时，变分法求解最优控制的条件$\partial H/\partial u=0$不存在，这时采用庞德亚金的极小值原理来求解。时间最优控制是一种常见的有约束的最优控制问题，本章以双积分系统为例说明了这类问题的求解与实现。

线性二次型最优控制问题是最优控制理论中研究得最为成熟的一种最优控制问题。对于这种特殊形式的有等式约束的动态优化问题，其解为基于 Riccati 方程表达的解析解，而且还是线性状态反馈的形式，便于工程实现。线性二次型最优控制问题分为有限时间和无限时间两种情形。对有限时间情形归结为求解 Riccati 微分方程，对于无限时间情形归结为求解 Riccati 代数方程。

动态规划法也可以求解控制受约束情况下的最优控制问题，依据的两个基本原理是最优性原理和不变嵌入原理。最优性原理可以直接用于离散系统的最优控制问题，对于连续系统，可转化为哈密顿－雅可比方程的解。对于线性二次型问题，动态规划法和变分法求解的结果相同。动态规划法与极小值原理相比，适用范围要小。

# 习　　题

7.1　给定线性系统状态方程

$$\dot{x}_1 = x_2 \qquad \dot{x}_2 = u$$

初始条件及边界条件下的极值曲线为

$$x_1(0) = 1 \qquad x_2(0) = 1 \qquad x_1(1) = 1 \qquad x_2(1) = 1$$

试求最优控制 $u^*(t)$ 和最优曲线 $x_1^*(t)$,$x_2^*(t)$,使性能指标

$$J = \frac{1}{2}\int_0^1 u^2(t)\mathrm{d}t$$

取极小值。

7.2　设系统状态方程及边界条件为

$$\dot{x}_1 = u \qquad x(0) = 16 \qquad x(t_f) = 0$$

试求最优控制 $u^*(t)$,使性能指标

$$J = t_f^2 + \frac{1}{2}\int_0^{t_f} u^2(t)\mathrm{d}t$$

取极小值。

7.3　设有一阶系统

$$\dot{x} = -x + u \qquad x(0) = 5 \qquad x(1)\ \text{未规定}$$

其中 $|u(t)| \leqslant 1$,求最优控制 $u^*(t)$,使性能指标

$$J = \int_0^1 (3x - u)\mathrm{d}t$$

取最小值。

7.4　设系统状态方程为

$$\begin{bmatrix} \dot{x}_1 \\ \dot{x}_2 \end{bmatrix} = \begin{bmatrix} -2 & 2 \\ 0 & -1 \end{bmatrix}\begin{bmatrix} x_1 \\ x_2 \end{bmatrix} + \begin{bmatrix} 0 \\ 1 \end{bmatrix} u$$

其中 $|u(t)| \leqslant 1$,试确定从 $x(0) = x_0$ 转移至 $x(t_f) = 0$ 的最优时间控制规律,并写出开关线方程。

7.5　给出系统状态方程

$$\dot{x}_1 = -x_1 + x_2 \qquad \dot{x}_2 = u$$

端点条件为

$$x_1(0) = 0 \qquad x_2(0) = 0$$
$$x_1^2(t_f) + x_2^2(t_f) = t_f^2 + 1$$

性能指标为

$$J = \frac{1}{2}\int_0^{t_f} u^2(t)\mathrm{d}\tau$$

试导出满足微分方程及边界条件使 $J$ 取最小值的 $x_1^*(t)$、$x_2^*(t)$ 及 $u^*(t)$。

7.6　给定系统方程

$$\dot{x}=u \qquad x(2)=1$$

和性能指标

$$J=x^2(4)+\frac{1}{2}\int_2^4 u^2(t)\mathrm{d}t$$

试用线性调节器理论求最优控制 $u^*(t)$ 和 $t=4$ 时的状态 $x(4)$。

7.7　给定系统方程

$$\dot{x}=-2x+u \qquad x(0)=x_0$$

和性能指标

$$J=x^2(t_f)+\frac{1}{2}\int_0^{t_f} u^2(t)\mathrm{d}\tau$$

试求使 $J$ 取极小值时的闭环最优控制 $u^*[x(t)]$。

7.8　系统状态空间表达式为

$$\begin{bmatrix}\dot{x}_1\\ \dot{x}_2\end{bmatrix}=\begin{bmatrix}0 & 1\\ 0 & 0\end{bmatrix}\begin{bmatrix}x_1\\ x_2\end{bmatrix}+\begin{bmatrix}0\\ 1\end{bmatrix}u$$

$$y=\begin{bmatrix}1 & 0\end{bmatrix}\begin{bmatrix}x_1\\ x_2\end{bmatrix}$$

试求最优控制律 $u^*(t)$，使性能指标

$$J=\frac{1}{2}\int_0^{\infty}(y^2+ru^2)\mathrm{d}\tau$$

取极小值。

7.9　设二阶系统的状态方程

$$\dot{x}_1=x_2 \qquad \dot{x}_2=u$$

$$x_1(0)=1 \qquad x_2(0)=0$$

性能指标为

$$J=\frac{1}{2}\int_0^{\infty}(x_1^2+u^2)\mathrm{d}\tau$$

试用连续最优控制动态规划基本方程求解 $u^*(t)$。

7.10　试写出下列最优控制问题的哈密顿 - 雅可比方程。

(1) $\left.\begin{aligned}&\dot{x}_1=x_2\\ &\dot{x}_2=-x_1-4x_2+u\\ &|u|\leqslant 1\\ &J=\int_0^{t_f}\mathrm{d}t\end{aligned}\right\}$

(2) $\left.\begin{aligned}&\dot{x}=ax+bu\\ &x(0)=x_0\\ &|u|\leqslant 1\\ &J=\int_0^{\infty}x^2\mathrm{d}t\end{aligned}\right\}$

# 第 8 章　MATLAB 在现代控制理论中的应用

MATLAB 是美国 Math Works 公司于 20 世纪 80 年代推出的一种面向科学与工程计算的数学软件。由于它具有强大的数值计算功能及图形图像处理功能而迅速、广泛地流行起来,已经推出 8. x 版本。由于 MATLAB 的基本运算采用了面向矩阵的运算,非常适合基于状态空间描述的现代控制理论的应用。不仅如此,Math Works 还与控制领域的世界知名学者合作,使 MATLAB 中及时地包含了现代控制理论的最新成果。

关于 MATLAB 的基础知识,已在本系列教材的《自动控制原理》一书中做了介绍,这里不再赘述。本章介绍 MATLAB 在现代控制理论中的应用。

## 8.1　几种数学模型及其转换

在现代控制理论中,状态方程模型是描述系统动态模型的一种常用方法。它不但适合线性模型,也适合非线性模型。状态方程模型描述经常被称为系统的内部模型描述,因为它主要是对系统的内部状态行为进行描述。

我们可以用状态方程对象 ss( )来表示系统的状态方程模型,其构造格式为

ss(A,B,C,D)

**例 8.1**　双输入–双输出系统的状态方程表示为

$$\dot{\boldsymbol{x}}=\begin{bmatrix}2.25 & -5 & -1.25 & -0.5\\ 2.25 & -4.25 & -1.25 & -0.25\\ 0.25 & -0.5 & -1.25 & -1\\ 1.25 & -1.75 & -0.25 & -0.75\end{bmatrix}\boldsymbol{x}+\begin{bmatrix}4 & 6\\ 2 & 4\\ 2 & 2\\ 0 & 2\end{bmatrix}\boldsymbol{u}$$

$$\boldsymbol{y}=\begin{bmatrix}0 & 0 & 0 & 1\\ 0 & 2 & 0 & 2\end{bmatrix}\boldsymbol{x}$$

该状态方程可以由下面语句输入到 MATLAB 的工作空间

```
A=[2.25,-5,-1.25,-0.5;2.25,-4.25,-1.25,-0.25;
  0.25,-0.5,-1.25,-1;1.25,-1.75,-0.25,-0.75];
B=[4,6;2,4;2,2;0,2];
C=[0,0,0,1;0,2,0,2];
D=zeros(2,2);G=ss(A,B,C,D)
```

其结果为

```
a =
          x1        x2        x3        x4
   x1   2.25        -5     -1.25      -0.5
   x2   2.25     -4.25     -1.25     -0.25
   x3   0.25      -0.5     -1.25        -1
```

```
        x4    1.25       -1.75      -0.25      -0.75
  b =
              u1         u2
        x1    4          6
        x2    2          4
        x3    2          2
        x4    0          2
  c =
              x1         x2         x3         x4
        y1    0          0          0          1
        y2    0          2          0          2
  d =
              u1         u2
        y1    0          0
        y2    0          0
  Continuous-time model.
```

关于控制系统的传递函数模型和零极点模型,我们已经知道可以分别用 tf( ) 和 zpk( ) 函数来描述。下面考虑各模型间的转换。

在 MATLAB 中,如果系统的对象由 G 表示,我们可以由下面的直观命令得出等效的系统传递函数对象 G1,即

$$G1 = tf(G)$$

**例 8.2**　若系统的状态模型为

$$\dot{\boldsymbol{x}} = \begin{bmatrix} 0 & 1 & 0 & 0 \\ 0 & 0 & -1 & 0 \\ 0 & 0 & 0 & 1 \\ 0 & 0 & 5 & 0 \end{bmatrix} \boldsymbol{x} + \begin{bmatrix} 0 \\ 1 \\ 0 \\ -2 \end{bmatrix} \boldsymbol{u}$$

$$\boldsymbol{y} = [1,0,0,0]\boldsymbol{x}$$

则我们可以由下面的 MATLAB 语句得出系统的传递函数模型。

```
A=[0,1,0,0;0,0,-1,0;0,0,0,1;0,0,5,0];
B=[0;1;0;-2];C=[1,0,0,0];D=0;G=ss(A,B,C,D);
G1=tf(G)
```

运行结果为

```
Transfer function
s^2 + 1.11e-015 s - 3
-----------------
s^4 - 5 s^2
```

由给定的状态方程模型到传递函数(矩阵)模型的转换是唯一的。有了传递函数模型,转换成零极点模型就不是一件困难的事了。我们可以用 zpk( ) 函数由给定对象 G 转换出其等效的零极点对象 G1 来。该函数的调用格式为

G1 = zpk(G)

**例 8.3**　上例中模型对应的零极点格式可以由下面的命令得出。

```
A=[0,1,0,0;0,0,-1,0;0,0,0,1;0,0,5,0];
B=[0;1;0;-2];C=[1,0,0,0];D=0;G=ss(A,B,C,D);
G1=zpk(G)
```

可以得到

```
Zero/pole/gain
(s+1.732) (s-1.732)
-------------------
s^2 (s-2.236) (s+2.236)
```

对多变量的状态方程模型来说,系统的零点并不是轻而易举地求出来的,控制系统提供了一个 tzero( )函数来求系统的传输零点,该函数调用格式为

Z = tzero(G)

**例 8.4**　考虑例 8.1 的双输入-双输出系统的状态方程模型,由下面的 MATLAB 语句可以容易地求出系统的传输零点。

```
A=[2.25,-5,-1.25,-0.5;2.25,-4.25,-1.25,-0.25;
   0.25,-0.5,-1.25,-1;1.25,-1.75,-0.25,-0.75];
B=[4,6;2,4;2,2;0,2];
C=[0,0,0,1;0,2,0,2];
D=zeros(2,2);G=ss(A,B,C,D);
Z=tzero(G)
```

得传输零点

```
Z =
  -0.6250 + 0.7806i
  -0.6250 - 0.7806i
```

从给出的状态方程模型可以唯一地变换出传递函数(矩阵),但其逆变换,亦即从给定的传递函数到状态方程的变换,却不唯一的。使用控制系统工具箱中提供的 ss( )函数可以立即从给定的对象 G 得出其能控标准型实现的状态方程对象 G1,该函数的调用格式为

G1 = ss(G)

**例 8.5**　考虑下面给定的单变量系统传递函数

$$\boldsymbol{G}(s)=\frac{s^3+7s^2+24s+24}{s^4+10s^3+35s^2+50s+24}$$

由下面的 MATLAB 语句将直接获得系统的状态方程模型。

```
num=[1,7,24,24];den=[1,10,35,50,24];G=tf(num,den);
G1=ss(G)
```

可以得到

```
a =

          x1          x2          x3          x4
```

```
        x1          -10      -2.188     -0.3906    -0.09375
        x2           16           0           0           0
        x3            0           8           0           0
        x4            0           0           2           0

b =
               u1
          x1   1
          x2   0
          x3   0
          x4   0
c =
                  x1         x2          x3          x4
        y1         1     0.4375      0.1875     0.09375

d =
               u1
          y1   0
Continuous-time model.
```

上述模型间的转换是通过对象 G 进行的，还可以通过下列函数实现直接转换。

[num,den] = ss2tf(A,B,C,D,iu) % 状态空间模型到传递函数模型，其中 iu 为输入信号的序号

[A,B,C,D] = ss2tf(num,den) % 传递函数模型到状态空间模型

[z,p,k] = ss2zp(A,B,C,D,iu) % 状态空间模型到零极点增益模型

[A,B,C,D] = zp2ss (z,p,k) % 零极点增益模型到状态空间模型

[z,p,k] = tf2zp(num,den) % 传递函数模型到零极点增益模型

[num,den] = zp2ss (z,p,k) % 零极点增益模型到传递函数模型

## 8.2　状态方程的解

对系统运动的分析是通过求系统方程的解来进行的。系统状态方程是矩阵微分方程，输出方程是矩阵代数方程，所以求解的实质是一阶微分方程的数值解问题。利用 MATLAB 软件可以有两种方式求解：一种是利用已有的函数，自己编写程序完成；另一种可以借助于 SIMULINK 来完成。

## 8.2.1　编写 M 文件求状态方程的解

1. 解析解

LTI 系统 $\Sigma=(\boldsymbol{A},\boldsymbol{B},\boldsymbol{C})$ 的解析解为

$$\begin{aligned}\boldsymbol{x}(t)=&\mathrm{e}^{\boldsymbol{A}t}\boldsymbol{x}_0+\mathrm{e}^{\boldsymbol{A}t}\left[\int_0^t \mathrm{e}^{-\boldsymbol{A}\tau}\mathrm{d}\tau\right]\boldsymbol{Bu}=\\&\mathrm{e}^{\boldsymbol{A}t}\boldsymbol{x}_0+\mathrm{e}^{\boldsymbol{A}t}[-\boldsymbol{A}^{-1}\mathrm{e}^{-\boldsymbol{A}\tau}]_0^t\boldsymbol{Bu}=\\&\mathrm{e}^{\boldsymbol{A}t}\boldsymbol{x}_0+\mathrm{e}^{\boldsymbol{A}t}[\boldsymbol{A}^{-1}(\boldsymbol{I}-\mathrm{e}^{-\boldsymbol{A}t})]\boldsymbol{Bu}=\\&\mathrm{e}^{\boldsymbol{A}t}\boldsymbol{x}_0+\boldsymbol{A}^{-1}(\mathrm{e}^{\boldsymbol{A}t}-\boldsymbol{I})\boldsymbol{Bu}=\\&\mathrm{e}^{\boldsymbol{A}t}\boldsymbol{x}_0+\boldsymbol{A}^{-1}\mathrm{e}^{\boldsymbol{A}t}\boldsymbol{Bu}-\boldsymbol{A}^{-1}\boldsymbol{Bu}=\\&\mathrm{e}^{\boldsymbol{A}t}(\boldsymbol{x}_0+\boldsymbol{A}^{-1}\boldsymbol{Bu})-\boldsymbol{A}^{-1}\boldsymbol{Bu}\end{aligned}$$

这样就可以运用 MATLAB 中的矩阵运算以及矩阵运算函数进行求解了。但这种方式不便记忆,一般不推荐使用。

2. 利用响应函数

MATLAB 的控制工具箱(Control Toolbox)中包含了分析系统响应的函数,如 step(),impulse(),lsim()等。利用这些函数可以直接得到系统的状态变量和输出变量在零初始条件下的解。

**例 8.6**　图 8.1 所示 RLC 串联电路的输入变量为电源电压 $e$,输出变量为串联电流 $i$,可以写出其状态空间表达式为

$$\begin{bmatrix}\dot{x}_1\\ \dot{x}_2\end{bmatrix}=\begin{bmatrix}0 & 1\\ \dfrac{-1}{LC} & \dfrac{-R}{L}\end{bmatrix}\begin{bmatrix}x_1\\ x_2\end{bmatrix}+\begin{bmatrix}\dfrac{1}{L}\\ \dfrac{-R}{L^2}\end{bmatrix}u$$

$$y=\begin{bmatrix}1 & 0\end{bmatrix}\begin{bmatrix}x_1\\ x_2\end{bmatrix}$$

求系统在零初始条件下 $e$ 为 10 V 的阶跃信号时的状态响应。其中电路的参数为 $R=10\ \Omega$,$L=0.1$ H,$C=0.001$ F。

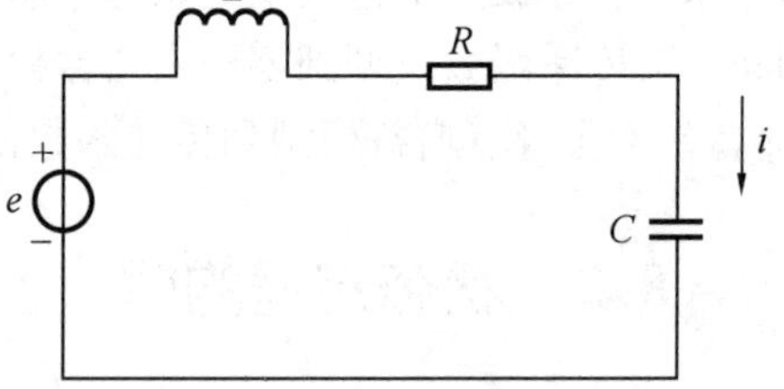


图 8.1　RLC 串联电路

编写 M 程序如下:

```
t0=0;tf=0.25;nt=251;t=linspace(t0,tf,nt);
Ra=10;La=0.1;Ca=0.001;
A=[0 1;-1/(La*Ca) -Ra/La];B=[1/La;-Ra/La^2];C=[1 0];D=0;
Us=10;
```

```
sys=ss(A,B*Us,C,D);
[yb,t,xb]=step(sys,t);
figure(1)
plot(t,xb(:,1))
figure(2)
plot(t,xb(:,2))
```

得到的状态响应曲线如图 8.2 (a)(b)所示。

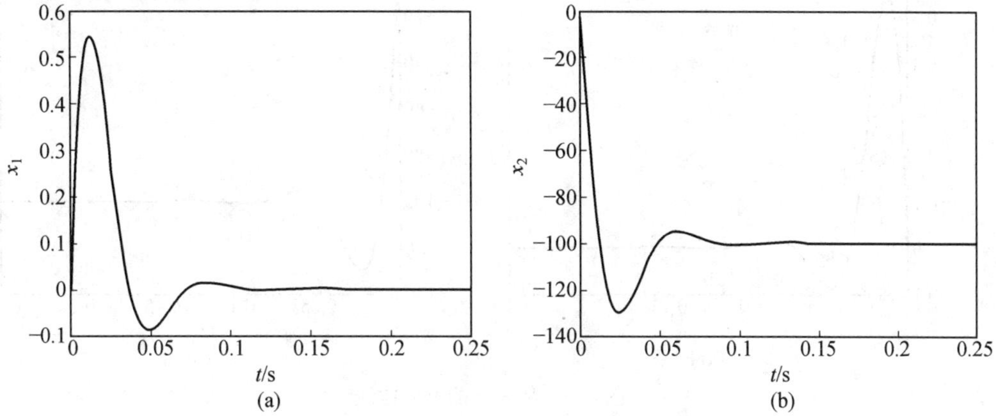


图 8.2　例 8.6 的响应曲线

注意,上面的响应是在零初始条件下的,欲求非零初始条件下的响应,可以先推导带初始条件的数学模型,再利用响应函数求得。非零初始条件下的响应,也可以用以下的方法得到。

3. 利用数值积分函数

线性定常系统的状态方程就是一阶常微分方程组,所以可以利用数值积分法来求解。常用的数值积分法在 MATLAB 软件中都有相应的函数,如欧拉法 euler( )、2/3 阶的龙格-库塔法 ode23( )、4/5 阶的龙格-库塔法 ode45( )、阿达姆斯法 adams( )和吉尔法 gear( )。求解常微分方程 $x'=f(t,x)$ 的数值积分法的调用格式为

```
[t,x]=method(model,tspan,x0,options)
```

其中, method 代表上述几种数值积分方法;model 为要求解的常微分方程的函数名;tspan 为仿真的起始和终止时间;x0 为初始条件;options 为可选参数向量。

这里我们用 2/3 阶的龙格-库塔法 ode23( )重新求解上例,电路参数设置相同。编写的程序为

```
global A B Us
x0=[0;0];
[tc,xc]=ode23(@ltiequ,[t0,tf],x0);
figure(3)
plot(tc,xc(:,1))
figure(4)
plot(tc,xc(:,2))
```

其中,常微分方程的函数为 ltiequ. m。

```
function xp=ltiequ(t,x)
global A B Us
xp=A * x+B * Us
```

程序运行结果如图 8.3 所示。可见,与上面的结果相一致,但这种方法更便于求解非零初始条件下的情况。

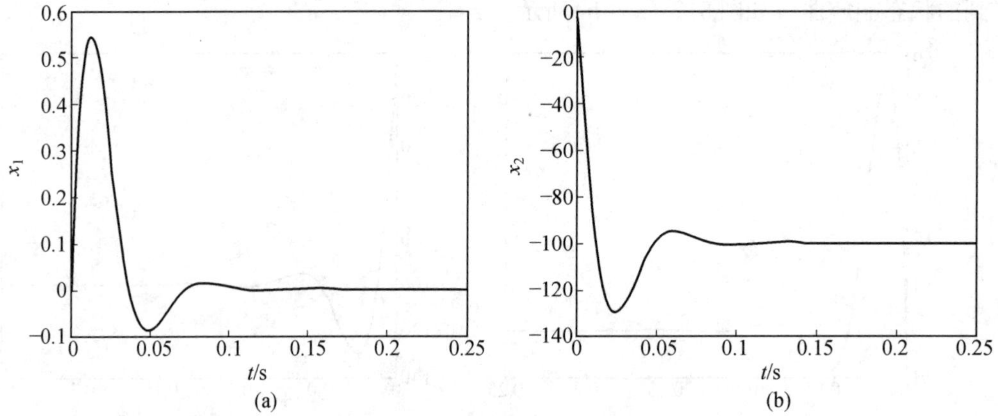


图 8.3　例 8.6 的响应曲线

## 8.2.2　用 SIMULINK 求状态方程的解

在 SIMULINK 中画出系统的模拟结构图,也容易得到状态方程的解。这时,在积分器上设置初始条件,把时间向量和状态变量送到工作空间中,就可以画出响应曲线。例 8.6 系统对应的 SIMULINK 实现如图 8.4 所示,在工作空间中画出的响应曲线如图 8.5 所示。

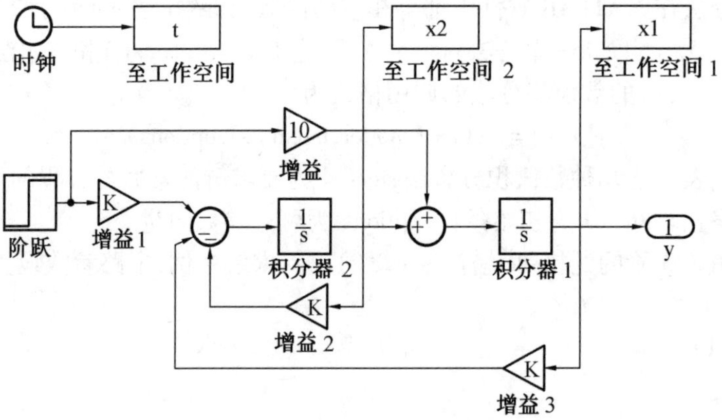


图 8.4　例 8.6 的 SIMULINK 实现

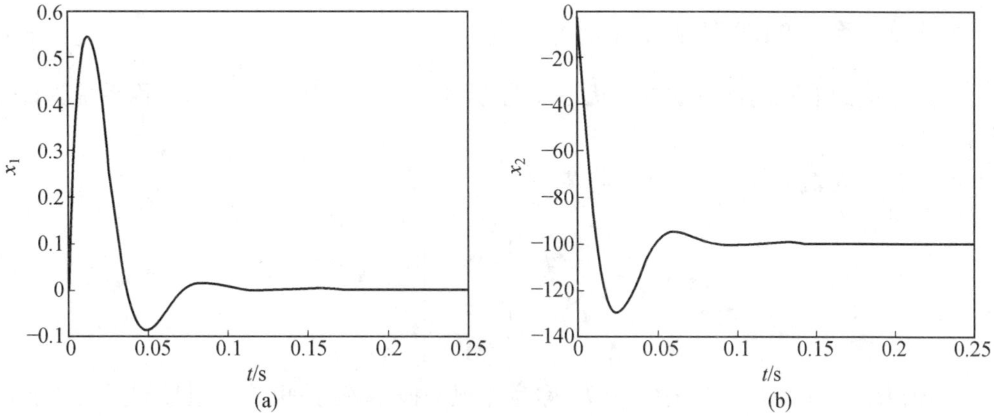


图 8.5　例 8.6 的响应曲线

# 8.3　控制系统的能控性和能观测性分析

## 8.3.1　系统的能控性分析

系统 $\Sigma=(\boldsymbol{A},\boldsymbol{B},\boldsymbol{C})$ 的状态完全能控性只取决于状态方程中的 $(\boldsymbol{A},\boldsymbol{B})$ 矩阵，所以我们经常称之为 $(\boldsymbol{A},\boldsymbol{B})$ 能控。

我们可以构造一个相似变换矩阵 $\boldsymbol{T}_c$

$$\boldsymbol{T}_c=[\boldsymbol{B},\boldsymbol{AB},\cdots,\boldsymbol{A}^{n-1}\boldsymbol{B}]$$

其中，$n$ 为系统的阶次。矩阵 $\boldsymbol{T}_c$ 称为系统的能控性变换矩阵，该矩阵可以由控制系统工具箱提供的 ctrb( ) 函数自动产生，其格式为 $\boldsymbol{T}_c$ = ctrb($\boldsymbol{A}$,$\boldsymbol{B}$)。$\boldsymbol{T}_c$ 矩阵的秩，即 rank($\boldsymbol{T}_c$)，称做系统的能控性指数，它的值其实是系统中能控状态的数目。如果 rank($\boldsymbol{T}_c$) = $n$，则系统状态完全能控。

**例 8.7**　考虑系统的状态方程模型

$$\dot{\boldsymbol{x}}=\begin{bmatrix}0&1&0&0\\0&0&-1&0\\0&0&0&1\\0&0&5&0\end{bmatrix}\boldsymbol{x}+\begin{bmatrix}0\\1\\0\\-2\end{bmatrix}u$$

$$y=[1,0,0,0]\boldsymbol{x}$$

我们可以用下面的语句来分析系统的可控性。

```
A=[0,1,0,0;0,0,-1,0;0,0,0,1;0,0,5,0];
B=[0;1;0;-2];C=[1,0,0,0];D=0;
Tc=[B,A*B,A^2*B,A^3,B];rank(Tc)
ans =
4
```

可见，因为 $\boldsymbol{T}_c$ 矩阵的秩为 4，等于系统的阶次，所以此系统是完全能控的。

### 8.3.2 系统的能观测性分析

由于系统的能观测性只取决于状态方程的($\boldsymbol{A},\boldsymbol{C}$)矩阵,所以我们又常称系统为($\boldsymbol{A},\boldsymbol{C}$)能观测的。

我们按照规则构造一个变换矩阵 $\boldsymbol{T}_o$。

$$\boldsymbol{T}_o=\begin{bmatrix}\boldsymbol{C}\\ \boldsymbol{CA}\\ \vdots\\ \boldsymbol{CA}^{n-1}\end{bmatrix}$$

其中,$n$ 仍为系统的阶次。这时矩阵 $\boldsymbol{T}_o$ 称为能观变换矩阵,该矩阵可由控制系统工具箱中提供的 obsv( ) 函数直接得出,该函数的调用格式为 $\boldsymbol{T}_o$ = obsv($\boldsymbol{A},\boldsymbol{C}$)。矩阵 $\boldsymbol{T}_o$ 的秩,即 rank($\boldsymbol{T}_o$),称为系统的可观测性指数,它实际上是系统中可观测状态的数目。如果 rank($\boldsymbol{T}_o$)$=n$,则系统状态完全能观测。

**例 8.8** 考虑系统的状态方程模型

$$\dot{\boldsymbol{x}}=\begin{bmatrix}0&1&0&0\\3&0&0&2\\0&0&0&1\\0&-2&0&0\end{bmatrix}\boldsymbol{x}+\begin{bmatrix}0\\1\\0\\0\end{bmatrix}u$$

$$y=[1,0,0,0]\boldsymbol{x}$$

我们可以用下面的 MATLAB 语句来分析系统的能观测性。

```
A=[0,1,0,0;3,0,0,2;0,0,0,1;0,-2,0,0];
B=[0;1;0;0];C=[1,0,0,0];
rank(obsv(A,C))
ans =
3
```

因为 $T_o$ 矩阵的秩为 3,可以看出系统不完全能观测。

### 8.3.3 线性系统的结构分解

1. 能控性分解

如果系统 $\Sigma=(\boldsymbol{A},\boldsymbol{B},\boldsymbol{C})$ 是状态不完全能控的,则存在相似变换 $\boldsymbol{T}$,使 $\boldsymbol{A}_{\text{bar}}=\boldsymbol{TAT}^{-1}$,$\boldsymbol{B}_{\text{bar}}=\boldsymbol{TB}$,$\boldsymbol{C}_{\text{bar}}=\boldsymbol{CT}^{-1}$。变换后的系统为

$$\boldsymbol{A}_{\text{bar}}=\begin{bmatrix}\boldsymbol{A}_{\text{nc}}&0\\ \boldsymbol{A}_{21}&\boldsymbol{A}_{\text{c}}\end{bmatrix}\qquad \boldsymbol{B}_{\text{bar}}=\begin{bmatrix}0\\ \boldsymbol{B}_{\text{c}}\end{bmatrix}\qquad \boldsymbol{C}_{\text{bar}}=[\boldsymbol{C}_{\text{nc}}\quad \boldsymbol{C}_{\text{c}}]$$

其中,($\boldsymbol{A}_c,\boldsymbol{B}_c$)为能控部分,且 $\boldsymbol{C}_c(s\boldsymbol{I}-\boldsymbol{A}_c)^{-1}\boldsymbol{B}_c=\boldsymbol{C}(s\boldsymbol{I}-\boldsymbol{A})^{-1}\boldsymbol{B}$。

在 MATLAB 中进行能控性分解的函数是 ctrbf( ),其调用格式为

$$[\mathrm{A_{bar}},\mathrm{B_{bar}},\mathrm{C_{bar}},\mathrm{T},\mathrm{K}]=\mathrm{ctrbf}(\mathrm{A},\mathrm{B},\mathrm{C})$$

其中,K(即矩阵 $\boldsymbol{K}$)返回一个 $n$ 维向量,对应于每个状态所处模态。若 K 的值为 0,对应于能控子空间;K 的值为 1,对应于不能控的模态。

**例 8.9** 考虑给定系统模型

$$\dot{\boldsymbol{x}}=\begin{bmatrix}-1&1&0&0&0&0\\0&-1&0&0&0&0\\0&0&-2&1&0&0\\0&0&0&-2&0&0\\0&0&0&0&-3&1\\0&0&0&0&0&-3\end{bmatrix}\boldsymbol{x}+\begin{bmatrix}1\\2\\0\\0\\3\\0\end{bmatrix}u$$

$$y=[4\quad 5\quad 0\quad 0\quad 0\quad 6]\boldsymbol{x}$$

系统的能控性分解可以由下面的 MATLAB 语句得出。

```
A=[-1,1,0,0,0,0;0,-1,0,0,0,0;0,0,-2,1,0,0;
   0,0,0,-2,0,0;0,0,0,0,-3,1;0,0,0,0,0,-3];
B=[1;2;3;0;4;0];C=[4,5,0,6,0,0];
[Ab,Bb,Cb,T,K]=ctrbf(A,B,C)
```

分解的结果为

```
Ab =

   -3.0000   -0.0000   -0.0000    0.0000   -0.0000    0.0000
         0   -2.0000         0         0         0         0
   -0.0956    0.5098   -1.5706    0.3422   -0.0000   -0.0000
    0.3993   -0.6398   -0.0850   -1.8287    0.8715   -0.0000
   -0.5460    0.1755   -0.6859    0.4468   -1.3008    0.9363
    0.7303    0.5477   -0.2792   -0.2616    0.7939   -2.3000


Bb =

   -0.0000
         0
    0.0000
         0
   -0.0000
    5.4772


Cb =

    0.0000    6.0000   -2.2941    1.7616    5.1089    2.5560


T =
```

| | | | | | |
|---|---|---|---|---|---|
| 0.0000 | 0.0000 | -0.0000 | 0 | 0.0000 | 1.0000 |
| 0 | 0 | 0 | 1.0000 | 0 | 0 |
| 0.3824 | -0.7647 | 0.5098 | 0 | -0.0956 | 0.0000 |
| 0.6375 | -0.1577 | -0.6398 | 0 | 0.3993 | -0.0000 |
| 0.6435 | 0.5070 | 0.1755 | 0 | -0.5460 | 0 |
| 0.1826 | 0.3651 | 0.5477 | 0 | 0.7303 | 0 |

K =

| | | | | | |
|---|---|---|---|---|---|
| 1 | 1 | 1 | 1 | 0 | 0 |

2. 能观性分解

如果系统 $\boldsymbol{\Sigma}=(\boldsymbol{A},\boldsymbol{B},\boldsymbol{C})$ 是状态不完全能观的，则存在相似变换 $\boldsymbol{T}$，使 $\boldsymbol{A}_{\text{bar}}=\boldsymbol{TAT}^{-1}$，$\boldsymbol{B}_{\text{bar}}=\boldsymbol{TB}$，$\boldsymbol{C}_{\text{bar}}=\boldsymbol{CT}^{-1}$。变换后的系统为

$$\boldsymbol{A}_{\text{bar}}=\begin{bmatrix}\boldsymbol{A}_{\text{no}} & \boldsymbol{A}_{12}\\ 0 & \boldsymbol{A}_{\text{o}}\end{bmatrix}\qquad \boldsymbol{B}_{\text{bar}}=\begin{bmatrix}\boldsymbol{B}_{\text{na}}\\ \boldsymbol{B}_{\text{o}}\end{bmatrix}\qquad \boldsymbol{C}_{\text{bar}}=[0\quad \boldsymbol{C}_{\text{o}}]$$

其中，$(\boldsymbol{A}_{\text{o}},\boldsymbol{C}_{\text{o}})$ 为能观部分，且 $\boldsymbol{C}_{\text{o}}(s\boldsymbol{I}-\boldsymbol{A}_{\text{o}})^{-1}\boldsymbol{B}_{\text{o}}=\boldsymbol{C}(s\boldsymbol{I}-\boldsymbol{A})^{-1}\boldsymbol{B}$。

在 MATLAB 中进行能观性分解的函数是 obsvf ( )，其调用格式为

$$[A_{\text{bar}},B_{\text{bar}},C_{\text{bar}},T,K]=\text{obsvf}(A,B,C)$$

对上例进行能观性分解

```
[Ab2,Bb2,Cb2,T2,K2] = obsvf(A,B,C)
```

结果为

Ab2 =

| | | | | | |
|---|---|---|---|---|---|
| -3.0000 | 1.0000 | 0 | 0.0000 | 0 | 0 |
| 0 | -3.0000 | 0 | -0.0000 | 0.0000 | 0.0000 |
| 0 | -0.0000 | -2.0000 | 0.2613 | -0.6813 | 0.6838 |
| 0 | -0.0000 | 0 | -1.4141 | -0.4590 | -0.6813 |
| 0 | 0.0000 | 0 | 0.2248 | -1.3781 | 0.5337 |
| 0 | -0.0000 | 0 | -0.0000 | 0.7951 | -1.2078 |

Bb2 =

4.0000

-0.0000

3.0000

```
   -0.0980
    1.5636
    1.5954


Cb2 =

         0   -0.0000         0    0.0000   -0.0000    8.7750


T2 =

         0         0         0         0    1.0000         0
    0.0000   -0.0000         0   -0.0000         0    1.0000
         0         0    1.0000         0         0         0
   -0.8821    0.3920         0    0.2613         0    0.0000
    0.1191    0.7222         0   -0.6813         0         0
    0.4558    0.5698         0    0.6838         0         0


K2 =
     1     1     1     0     0     0
```

## 8.4 李雅普诺夫稳定性分析

李雅普诺夫方程 $\boldsymbol{A}^{\mathrm{T}}\boldsymbol{V}+\boldsymbol{V}\boldsymbol{A}=-\boldsymbol{W}$，$\boldsymbol{V}$ 为正定矩阵，可以很容易地由控制系统工具箱中提供的 lyap( ) 函数求解出来，该函数的调用格式为 $\boldsymbol{V}$=lyap($\boldsymbol{A}$,$\boldsymbol{W}$)。更一般地，系统的李雅普诺夫方程可以表示为 $\boldsymbol{AX}+\boldsymbol{XB}=-\boldsymbol{C}$，这样该方程的解可以由 $\boldsymbol{X}$=lyap($\boldsymbol{A}$,$\boldsymbol{B}$,$\boldsymbol{C}$) 的格式求解出来。

**例 8.10**　考虑一个状态方程模型

$$\dot{\boldsymbol{x}}=\begin{bmatrix}-4.1053 & 6.6842 & -2.3158 & 20\\ -0.5789 & -0.7368 & 0.4632 & 4.2\\ -0.0526 & -1.1579 & 0.6421 & 1.8\\ -1.2632 & -1.1228 & 1.0772 & 7.2\end{bmatrix}\boldsymbol{x}+\begin{bmatrix}1\\ 0.2\\ 0.1\\ 0.4\end{bmatrix}u$$

$$y=[0,0,8,-2]\boldsymbol{x}$$

由于 $\boldsymbol{W}$ 是任意给定的正定实对称矩阵，我们可以选择 $\boldsymbol{W}=\boldsymbol{I}$，然后就可以通过下面的 MATLAB 语句，利用李雅普诺夫判据判定出系统的稳定性。

```
A=[-4.1053,6.6842,-2.3158,20;-0.5789,-0.7368,0.4632,4.2;
   -0.0526,-1.1579,0.6421,1.8;-1.2632,-1.1228,1.0772,7.2];
```

```
B=[1;0.2;0.1;0.4];C=[0,0,8,-2];D=0;
W=eye(4);
V=lyap(A,W)
det1=det(V(1,1))
det2=det(V(1:2,1:2))
det3=det(V(1:3,1:3))
det4=det(V)
```

运行结果为

```
V =
1.0e+003 *

    1.1324    0.0410   -0.0380    0.2143
    0.0410   -0.0405   -0.0606    0.0051
   -0.0380   -0.0606   -0.0849   -0.0101
    0.2143    0.0051   -0.0101    0.0398


det1 =
    1.1324e+003
det2 =
    -4.7569e+004
det3 =
    1.2646e+005
det4 =
    -3.6154e+004
```

由于 ***V*** 阵的各阶主子行列式不全为正,所以 ***V*** 阵不是正定阵,系统不稳定。事实上,可以由 eig(***A***)求得 ***A*** 的特征根为

```
1.6615 + 0.9299i
1.6615 - 0.9299i
-0.9215
0. 5985
```

可见 ***A*** 有正实部的特征根,系统不稳定。

## 8.5 极点配置控制器的设计

### 8.5.1 鲁棒极点配置算法

控制系统工具箱中提供了用于极点配置的函数 place( ),该函数是基于鲁棒极点配置的算法编写的,用来求取状态反馈矩阵 ***K***。该函数的调用格式为

K=place(A,B,P)

其中,(A,B)为系统的状态方程模型;P 为包含期望极点位置的向量;K 为状态反馈向量。

place()函数适用于求解多变量系统的极点配置问题,但并不适用于求解含有多重期望极点的问题。

**例 8.11**　考虑给定的状态方程模型

$$\dot{\boldsymbol{x}}=\begin{bmatrix}0&1&0&0\\0&0&-1&0\\0&0&0&1\\0&0&11&0\end{bmatrix}\boldsymbol{x}+\begin{bmatrix}0\\1\\0\\-1\end{bmatrix}u$$

$$y=[1,2,3,4]\boldsymbol{x}$$

如果我们想将闭环系统配置在-1,-2,-1+j1,-1-j1,则可以使用下面的 MATLAB 语句实现

```
A=[0,1,0,0;0,0,-1,0;0,0,0,1;0,0,11,0];B=[0;1;0;-1];
eig(A)'
P=[-1;-2;-1+sqrt(-1);-1-sqrt(-1)];
K=place(A,B,P)
eig(A-B*K)'
```

结果为

```
ans =
     0        0        3.3166        -3.3166
K =
     -0.4000      -1.0000      -21.4000      -6.0000
ans =
     -2.0000      -1.0000      -1.0000i      -1.0000      +1.0000i      -1.0000
```

可以看出,原系统的极点位置为 0,0,3.3166,-3.3166,即原系统是不稳定的,应用极点配置,我们可以将系统的闭环极点配置到某些期望的位置上,从而使闭环系统得到稳定,并同时得到较好的动态特性。

### 8.5.2　部分极点配置问题

如果系统并不是完全可控的,我们不能用控制系统工具箱提供的标准函数来解决极点配置问题,而只能将一些极点配置到指定位置。这种配置其中一部分极点的方法又称为部分极点配置问题。

**例 8.12**　考虑下面的系统模型

$$\left.\begin{aligned}\dot{\boldsymbol{x}}&=\begin{bmatrix}0&1&0&0\\0&5&0&0\\0&0&-7&0\\0&0&0&-8\end{bmatrix}\boldsymbol{x}+\begin{bmatrix}0\\1\\0\\1\end{bmatrix}u\\y&=[1,2,3,4]\boldsymbol{x}\end{aligned}\right\}$$

我们可以用下面的 MATLAB 语句来获得原系统的极点位置。

```
A=[0,1,0,0;0,5,0,0;0,0,-7,0;0,0,0,-8];
```

```
B=[0;1;0;1];C=[1,2,3,4];D=0;
P=eig(A)'
P =
   0     5     -7     -8
```

如果我们想将其中两个不稳定极点 0,5 配置到稳定的位置-1,-2,则可以给出下面的 MATLAB 命令

```
p1=p;p1(1:2)=[-1,-2];
K1=place(A,B,p1)
eig(A-B*K1)'
```

运行结果为

```
K1 =
     2.0000       8.0000         0         0
ans =
   -8.0000      -2.0000      -1.0000      -7.0000
```

通过上面对闭环系统极点位置的分析可以看出,在得出的状态反馈阵 **K** 下,原系统的两个不稳定极点确实被配置到了指定的新位置,而其他的位置却未发生任何变化。

另外,根据对偶原理,状态观测器的极点配置问题可以转化为其对偶系统的状态反馈极点配置问题,从而也可以利用上面的函数求解。

## 8.6 线性二次型的最优调节器设计

线性定常系统 $\dot{\boldsymbol{x}}=\boldsymbol{Ax}+\boldsymbol{Bu}$,当性能指标要求为 $J=\int_0^\infty(\boldsymbol{x}^{\mathrm{T}}\boldsymbol{Qx}+\boldsymbol{u}^{\mathrm{T}}\boldsymbol{Ru})\mathrm{d}t$ 时的状态反馈 LQ 最优控制器,可以由控制系统工具箱中提供的函数 lqr()来求解,其调用格式为

$$[\mathrm{K},\mathrm{P}]=\mathrm{lqr}(\mathrm{A},\mathrm{B},\mathrm{Q},\mathrm{R})$$

其中,(A,B)为给定的对象状态方程模型;(Q,R)分别为加权矩阵 **Q** 和 **R**;返回的向量 **K** 为状态反馈向量,P 为 Riccati 代数方程的解。

**例 8.13** 假定系统的状态方程模型为

$$\left.\begin{aligned}\dot{\boldsymbol{x}}(t)&=\begin{bmatrix}-0.3&0.1&-0.05\\1&0.1&0\\-1.5&-8.9&-0.05\end{bmatrix}\boldsymbol{x}(t)+\begin{bmatrix}2\\0\\4\end{bmatrix}u(t)\\y&=[1,2,3]\boldsymbol{x}(t)\end{aligned}\right\}$$

如果加权矩阵 $\boldsymbol{Q}=\boldsymbol{I}_3$,$\boldsymbol{R}=1$,我们可以由下面的 MATLAB 语句设计出 LQ 最优调节器。

```
A=[-0.3,0.1,-0.05;1,0.1,0;-1.5,-8.9,-0.05];
B=[2;0;4]; C=[1,2,3];D=0;
Q=eye(3,3);R=1;
x0=zeros(3,1);
Kc=lqr(A,B,Q,R)
```

结果为

```
Kc =
5.9789      10.2705      -1.0786
```

# 附录　部分习题参考答案

## 第 2 章

2.1　(1)$\boldsymbol{AB}=[35\quad 6\quad 49]^{\mathrm{T}}$,$\boldsymbol{BA}$ 维数不匹配

(2)$\boldsymbol{AB}=\begin{bmatrix}11 & -1 & 9\\0 & -3 & 2\\1 & -2 & 2\end{bmatrix}$,$\boldsymbol{BA}=\begin{bmatrix}2 & 14 & 11\\-1 & -6 & -5\\3 & 13 & 14\end{bmatrix}$

2.2　(1)线性相关　(2)2

2.3　(1)设 $x_1=u_{C_1},x_2=u_{C_2}$

$$\left.\begin{aligned}&\begin{bmatrix}\dot{x}_1\\\dot{x}_2\end{bmatrix}=\begin{bmatrix}-\dfrac{R_1+R_2}{R_1R_2C_1} & \dfrac{1}{R_2C_1}\\\dfrac{1}{R_2C_2} & -\dfrac{1}{R_2C_2}\end{bmatrix}\begin{bmatrix}x_1\\x_2\end{bmatrix}\begin{bmatrix}\dfrac{1}{R_1C_1}\\0\end{bmatrix}u_i\\&y=u_0=[0\quad 1]\begin{bmatrix}x_1\\x_2\end{bmatrix}\end{aligned}\right\}$$

(2)设 $x_1=i_L,x_2=u_C$

$$\left.\begin{aligned}&\begin{bmatrix}\dot{x}_1\\\dot{x}_L\end{bmatrix}=\begin{bmatrix}-\dfrac{R}{L} & -\dfrac{1}{L}\\\dfrac{1}{C} & 0\end{bmatrix}\begin{bmatrix}x_1\\x_2\end{bmatrix}+\begin{bmatrix}\dfrac{1}{L}\\0\end{bmatrix}u_i\\&y=u_0=[0\quad 1]\begin{bmatrix}x_1\\x_2\end{bmatrix}\end{aligned}\right\}$$

2.4　(1)设 $x_1=y,x_2=\dot{y},x_3=\ddot{y}$

$$\left.\begin{aligned}&\begin{bmatrix}\dot{x}_1\\\dot{x}_2\\\dot{x}_3\end{bmatrix}=\begin{bmatrix}0 & 1 & 0\\0 & 0 & 1\\-6 & -4 & -2\end{bmatrix}\begin{bmatrix}x_1\\x_2\\x_3\end{bmatrix}+\begin{bmatrix}0\\0\\2\end{bmatrix}u\\&y=[1\quad 0\quad 0]\begin{bmatrix}x_1\\x_2\\x_3\end{bmatrix}\end{aligned}\right\}$$

(2)

$$\left.\begin{aligned}&\begin{bmatrix}\dot{x}_1\\\dot{x}_2\\\dot{x}_3\end{bmatrix}=\begin{bmatrix}0 & 1 & 0\\0 & 0 & 1\\-3 & 0 & -2\end{bmatrix}\begin{bmatrix}x_1\\x_2\\x_3\end{bmatrix}+\begin{bmatrix}0\\0\\1\end{bmatrix}u\\&y=[2\quad 1\quad 0]\begin{bmatrix}x_1\\x_2\\x_3\end{bmatrix}\end{aligned}\right\}$$

(3)
$$\left.\begin{aligned}\begin{bmatrix}\dot{x}_1\\\dot{x}_2\\\dot{x}_3\end{bmatrix}&=\begin{bmatrix}0&1&0\\0&0&1\\-7&-4&-5\end{bmatrix}\begin{bmatrix}x_1\\x_2\\x_3\end{bmatrix}+\begin{bmatrix}0\\0\\1\end{bmatrix}u\\ y&=\begin{bmatrix}2&3&1\end{bmatrix}\begin{bmatrix}x_1\\x_2\\x_3\end{bmatrix}\end{aligned}\right\}$$

(4)
$$\begin{bmatrix}\dot{x}_1\\\dot{x}_2\\\dot{x}_3\\\dot{x}_4\end{bmatrix}=\begin{bmatrix}0&1&0&0\\0&0&1&0\\0&0&0&1\\-2&0&-3&0\end{bmatrix}\begin{bmatrix}x_1\\x_2\\x_3\\x_4\end{bmatrix}+\begin{bmatrix}0\\0\\0\\1\end{bmatrix}u$$

$$y=\begin{bmatrix}1&-3&0&0\end{bmatrix}\begin{bmatrix}x_1\\x_2\\x_3\\x_4\end{bmatrix}$$

2.5　(1) $\dot{\tilde{\boldsymbol{x}}}=\begin{bmatrix}-1&0\\0&-5\end{bmatrix}\tilde{\boldsymbol{x}}+\begin{bmatrix}\frac{1}{4}\\-\frac{1}{4}\end{bmatrix}u$

(2) $\dot{\tilde{\boldsymbol{x}}}=\begin{bmatrix}-1&0&0\\0&-2&0\\0&0&-3\end{bmatrix}\tilde{\boldsymbol{x}}+\begin{bmatrix}\frac{37}{2}&27\\-15&-20\\\frac{27}{2}&16\end{bmatrix}\boldsymbol{u}$

2.6　(1) $\dot{\tilde{\boldsymbol{x}}}=\begin{bmatrix}1&1&0\\0&1&0\\0&0&2\end{bmatrix}\tilde{\boldsymbol{x}}$

(2) $\dot{\tilde{\boldsymbol{x}}}=\begin{bmatrix}3&1&0\\0&3&0\\0&0&1\end{bmatrix}\tilde{\boldsymbol{x}}+\begin{bmatrix}8&1\\-5&2\\-3&4\end{bmatrix}\boldsymbol{u}$

2.7
$$\left.\begin{aligned}\dot{\tilde{\boldsymbol{x}}}&=\begin{bmatrix}3&0&0\\2&5&\frac{4}{3}\\0&3&1\end{bmatrix}\tilde{\boldsymbol{x}}+\begin{bmatrix}1&0\\4&0\\0&15\end{bmatrix}\boldsymbol{u}\\ \boldsymbol{y}&=\begin{bmatrix}2&0&\frac{1}{3}\\6&1&0\end{bmatrix}\tilde{\boldsymbol{x}}\end{aligned}\right\}$$

2.8
$$\left.\begin{aligned}\tilde{\boldsymbol{x}}(k+1)&=\begin{bmatrix}0&1&0\\0&0&-1\\-1&-5&-3\end{bmatrix}\tilde{\boldsymbol{x}}(k)+\begin{bmatrix}0\\0\\1\end{bmatrix}u(k)\\ y(k)&=\begin{bmatrix}2&1&0\end{bmatrix}x(k)\end{aligned}\right\}$$

2.9　$$\frac{z+1}{z^2-3z-1}$$

## 第3章

3.1　(1) $$\begin{bmatrix} \frac{2\sqrt{3}}{3}e^{-\frac{1}{2}t}\sin\left(\frac{\sqrt{3}}{2}t+\frac{\pi}{3}\right) & \frac{2\sqrt{3}}{3}e^{-\frac{1}{2}t}\sin\frac{\sqrt{3}}{2}t \\ -\frac{2\sqrt{3}}{3}e^{-\frac{1}{2}t}\sin\frac{\sqrt{3}}{2}t & \frac{2\sqrt{3}}{3}e^{-\frac{1}{2}t}\sin\left(\frac{\pi}{3}-\frac{\sqrt{3}}{2}t\right) \end{bmatrix}$$

(2) $$\begin{bmatrix} \frac{3}{4}e^{t}+\frac{1}{4}e^{5t} & -\frac{1}{2}e^{t}+\frac{1}{2}e^{5t} & -\frac{1}{4}e^{t}+\frac{1}{4}e^{5t} \\ -\frac{1}{4}e^{t}+\frac{1}{4}e^{5t} & \frac{1}{2}e^{t}+\frac{1}{2}e^{5t} & -\frac{1}{4}e^{t}+\frac{1}{4}e^{5t} \\ -\frac{1}{4}e^{t}+\frac{1}{4}e^{5t} & -\frac{1}{2}e^{t}+\frac{1}{2}e^{5t} & \frac{3}{4}e^{t}+\frac{1}{4}e^{5t} \end{bmatrix}$$

3.2　(1) $$\begin{bmatrix} \frac{5}{4}e^{-t}-\frac{1}{4}e^{-5t} & \frac{1}{4}e^{-t}-\frac{1}{4}e^{-5t} \\ -\frac{5}{4}e^{-t}+\frac{5}{4}e^{-5t} & -\frac{1}{4}e^{-t}+\frac{5}{4}e^{-5t} \end{bmatrix}$$

(2) $$e^{t}\begin{bmatrix} \cos 3t+\frac{1}{3}\sin 3t & \frac{1}{3}\sin 3t \\ -\frac{10}{3}\sin 3t & \cos 3t-\frac{1}{3}\sin 3t \end{bmatrix}$$

(3) $$\begin{bmatrix} \frac{1}{2}+\frac{1}{2}e^{2t} & \frac{1}{2}-\frac{1}{2}e^{2t} & 0 \\ \frac{1}{2}-\frac{1}{2}e^{2t} & \frac{1}{2}+\frac{1}{2}e^{2t} & 0 \\ 0 & 0 & e^{t} \end{bmatrix}$$

3.3

$$\begin{bmatrix} -\frac{9}{16}e^{-5t}-\frac{5}{4}te^{-5t}+\frac{25}{16}e^{-t} & -\frac{5}{8}e^{-5t}-\frac{3}{2}te^{-5t}+\frac{5}{8}e^{-t} & -\frac{1}{16}e^{-5t}-\frac{1}{4}te^{-5t}+\frac{1}{16}e^{-t} \\ \frac{25}{16}e^{-5t}+\frac{25}{4}te^{-5t}-\frac{25}{16}e^{-t} & \frac{13}{8}e^{-5t}+\frac{15}{2}te^{-5t}-\frac{5}{8}e^{-t} & -\frac{1}{16}e^{-5t}+\frac{5}{4}te^{-5t}-\frac{1}{16}e^{-t} \\ -\frac{25}{16}e^{-5t}-\frac{125}{4}te^{-5t}+\frac{25}{16}e^{-t} & -\frac{5}{8}e^{-5t}-\frac{75}{2}te^{-5t}+\frac{5}{8}e^{-t} & \frac{15}{16}e^{-5t}-\frac{25}{4}te^{-5t}+\frac{1}{16}e^{-t} \end{bmatrix}$$

3.4　(1) $$\begin{bmatrix} e^{t} & \frac{1}{4}e^{t}-\frac{1}{4}e^{-3t} \\ 0 & e^{-3t} \end{bmatrix}$$

(2) $$\begin{bmatrix} -2te^{t}+e^{2t} & 2e^{t}+3te^{t}-2e^{2t} & -e^{t}-te^{t}+e^{2t} \\ -2e^{t}-2te^{t}+2e^{2t} & 5e^{t}+3te^{t}-4e^{2t} & -2e^{t}-te^{t}+2e^{2t} \\ -4e^{t}-2te^{t}+4e^{2t} & 8e^{t}+3te^{t}-8e^{2t} & -3e^{t}-te^{t}+4e^{2t} \end{bmatrix}$$

3.5　$$\boldsymbol{x}(0)=\begin{bmatrix} 3e^{-t_1}-e^{-2t_1} \\ 3e^{-t_1}+2e^{2t_1} \end{bmatrix}$$

3.6　(1) $\boldsymbol{\phi}(0) \neq \boldsymbol{I}$,不满足状态转移矩阵的条件　(2) $\boldsymbol{A}=\dot{\boldsymbol{\phi}}(0)=\begin{bmatrix}0 & -2\\1 & -3\end{bmatrix}$

3.7

$$\boldsymbol{\phi}(t,t_0)=\begin{bmatrix}1+(t_0^2-t^2)+\frac{2}{3}(t^3-t_0^3)+\frac{1}{2}(t-t_0)+\cdots & t-t_0+t_0^2-t^2+\cdots\\ t-t_0+t_0^2-t^2+\cdots & 1+(t_0^2-t^2)+\frac{2}{3}(t^3-t_0^3)+\frac{1}{2}(t-t_0)+\cdots\end{bmatrix}$$

3.8

$$\boldsymbol{\phi}(t)=\begin{bmatrix}2e^{-t}-e^{-2t} & e^{-t}-e^{-2t}\\ -2e^{-t}+2e^{-2t} & -e^{-t}+2e^{-2t}\end{bmatrix}$$

$$\boldsymbol{A}=\begin{bmatrix}0 & 1\\ -2 & -3\end{bmatrix}$$

3.10　(1) $\begin{bmatrix}-\frac{1}{4}e^{-t}-\frac{3}{20}e^{-5t}+\frac{7}{5}\\ \frac{1}{4}e^{-t}+\frac{3}{4}e^{-5t}-1\end{bmatrix}$

(2) $\begin{bmatrix}\frac{11}{4}e^{-t}-\frac{27}{100}e^{-5t}+\frac{7}{5}t-\frac{37}{25}\\ -\frac{11}{4}e^{-t}+\frac{27}{20}e^{-5t}-t+\frac{7}{5}\end{bmatrix}$

3.11　(1) $2e^{t}-e^{3t}-2$　(2) $2e^{t}$

3.13

$$\begin{bmatrix}1 & \frac{1}{2}t^2+\frac{1}{8}(2t+1)+\cdots\\ 0 & 1-\frac{1}{2}e^{-2t}+\frac{1}{8}e^{-4t}+\cdots\end{bmatrix}$$

3.14

$$\boldsymbol{\phi}(t,1)=\begin{bmatrix}1 & (t-1)+\frac{1}{6}(t-1)^2(t+2)+\cdots\\ 0 & 1+\frac{1}{2}(t^2-1)+\frac{1}{8}(t^2-1)+\cdots\end{bmatrix}$$

3.15

$$x(t)=\boldsymbol{\phi}(t,t_0)x(t_0)=\begin{bmatrix}1+t-t_0+\frac{1}{2}(t^2-t_0^2)-t_0(t-t_0)+\cdots\\ t-t_0+t^2-t_0^2-t_0(t-t_0)+\frac{1}{3}(t^3-t_0^3)-\frac{1}{2}t_0(t^2-t_0^2)+\cdots\end{bmatrix}$$

3.16　(1) $\begin{bmatrix}x_1(0.1)\\x_2(0.1)\end{bmatrix}=\begin{bmatrix}-0.9+e^{-0.1}\\1-e^{-0.1}\end{bmatrix}$, $y(0.1)=-0.9+e^{-0.1}$

$\begin{bmatrix}x_1(0.2)\\x_2(0.2)\end{bmatrix}=\begin{bmatrix}-1.61+1.8e^{-0.1}\\1.9-1.9e^{-0.1}\end{bmatrix}$, $y(0.2)=-1.61+1.8e^{-0.1}$

$\begin{bmatrix}x_1(0.3)\\x_2(0.3)\end{bmatrix}=\begin{bmatrix}-2.059+2.23e^{-0.1}+0.1e^{-0.2}\\2.61-2.51e^{-0.1}-0.1e^{-0.2}\end{bmatrix}$, $y(0.3)=-2.059+2.23e^{-0.1}+0.1e^{-0.2}$

(2) $\begin{bmatrix}x_1(1)\\x_2(1)\end{bmatrix}=\begin{bmatrix}e^{-1}\\1-e^{-1}\end{bmatrix}$, $y(1)=e^{-1}$

$$\begin{bmatrix} x_1(2) \\ x_2(2) \end{bmatrix} = \begin{bmatrix} 1 \\ 1-e^{-1} \end{bmatrix}, y(2)=1$$

$$\begin{bmatrix} x_1(3) \\ x_2(3) \end{bmatrix} = \begin{bmatrix} 2-2e^{-1}+e^{-2} \\ e^{-1}-e^{-2} \end{bmatrix}, y(3)=2-2e^{-1}+e^{-2}$$

3.18 $$\begin{bmatrix} x_1[(k+1)T] \\ x_2[(k+1)T] \end{bmatrix} = \begin{bmatrix} 1 & 2 \\ 0 & 1 \end{bmatrix} \begin{bmatrix} x_1(kT) \\ x_2(kT) \end{bmatrix} = \begin{bmatrix} 2 \\ 2 \end{bmatrix} u(kT)$$

3.19 $$\begin{bmatrix} x_1(k+1)T \\ x_2(k+1)T \end{bmatrix} = \begin{bmatrix} \cos 2 & \frac{1}{2}\sin 2 \\ -2\sin 2 & \cos 2 \end{bmatrix} \begin{bmatrix} x_1(kT) \\ x_2(kT) \end{bmatrix} + \begin{bmatrix} -\frac{1}{2}\cos 2+\frac{1}{2} \\ \sin 2 \end{bmatrix} u(kT)$$

3.20　近似离散化

$$\begin{bmatrix} x_1(k+1)T \\ x_2(k+1)T \end{bmatrix} = \begin{bmatrix} 1 & 1-e^{-k} \\ 0 & e^{-k} \end{bmatrix} \begin{bmatrix} x_1(kT) \\ x_2(kT) \end{bmatrix} + \begin{bmatrix} 1 \\ 0 \end{bmatrix} u(kT)$$

## 第4章

4.1　(1)状态完全能控

(2)状态完全能控

(3)状态完全能控

(4)状态完全能控

4.2　(1)状态完全能观

(2)状态完全能观

(3)状态完全能观

(4)状态完全能观

4.3　(1)$ab-b^2 \neq 1$　(2)$b \neq 0, c \neq 0$

4.4 $$\boldsymbol{Q}_0 = \begin{bmatrix} 0 & 0 & 1 \\ 0 & 1 & -a_1 \\ 1 & -a_1 & a_1^2 \end{bmatrix},\text{满秩}$$

4.5　状态完全能控且状态完全能观

$$\boldsymbol{G}(s) = \begin{bmatrix} \frac{2}{(s-1)(s-4)} & \frac{1}{s-1} \\ \frac{1}{s-1} & 0 \end{bmatrix}$$

4.6 $$\boldsymbol{A}_C = \begin{bmatrix} 0 & 1 \\ -2 & -3 \end{bmatrix}, \boldsymbol{B}_C = \begin{bmatrix} 0 \\ 1 \end{bmatrix}$$

4.7 $$\boldsymbol{A}_0 = \begin{bmatrix} 0 & -4 \\ 1 & 5 \end{bmatrix}, \boldsymbol{C}_0 = \begin{bmatrix} 0 & 1 \end{bmatrix}$$

4.8　(1)状态完全能观测,对偶系统状态完全能控

(2)状态不完全能观测,对偶系统状态不完全能控

4.9　当 $a=1,2,4$ 时,系统将不能控或不能观测

4.10　状态完全能控

4.11

$$\dot{\bar{x}}=\begin{bmatrix}0 & -2 & -2\\ 1 & -3 & -3\\ 0 & 0 & -3\end{bmatrix}\bar{x}+\begin{bmatrix}1\\0\\0\end{bmatrix}u$$

$$y=[0\quad 1\quad 1]\bar{x}$$

状态 $\bar{x}_1,\bar{x}_2$ 能控,$\bar{x}_3$ 不能控。

4.12

$$\dot{\bar{x}}=\begin{bmatrix}0 & 1 & 0\\ -1 & -2 & 0\\ -1 & -2 & -2\end{bmatrix}\bar{x}+\begin{bmatrix}0\\1\\1\end{bmatrix}u$$

$$y=[1\quad 0\quad 0]\bar{x}$$

状态 $\bar{x}_1,\bar{x}_2$ 能观,$\bar{x}_3$ 不能观。

4.13

$$\dot{\bar{x}}=\begin{bmatrix}-1 & -2 & 0\\ 2 & 3 & -0\\ 0 & -2 & 2\end{bmatrix}\bar{x}+\begin{bmatrix}-2\\2\\0\end{bmatrix}u$$

$$y=[1\quad 0\quad 1]\bar{x}$$

(1) $-4x_1+x_2+3x_3$

(2) $\begin{bmatrix}-x_3\\ 2x_1\end{bmatrix}$

(3) $G(s)=\dfrac{-2s}{(s-1)(s-2)}$

## 第5章

5.1　(1)正定　(2)负定

5.2　(1)大范围渐近稳定

(2)大范围渐近稳定

(3)大范围渐近稳定

(4) $x_1^2+x_2^2<0$ 时渐近稳定

5.3　(1) $\begin{cases}x_{1e}=k\pi\\ x_{2e}=0\end{cases}$,　$k=0,\pm1,\pm2,\cdots$

(2) $k$ 为偶数时,$\begin{cases}\dot{x}_1=x_2\\ \dot{x}_2=-x_1-x_2\end{cases}$,渐近稳定

(3) $k$ 为奇数时,$\begin{cases}\dot{x}_1=x_2\\ \dot{x}_2=x_1-x_2\end{cases}$,不稳定

5.4　$\boldsymbol{P}=\begin{bmatrix}\dfrac{29}{160} & \dfrac{27}{240}\\[2mm] \dfrac{27}{240} & \dfrac{19}{120}\end{bmatrix}$,$\boldsymbol{P}$ 正定,系统大范围渐近稳定

5.5　可取 $V(x)=\dfrac{1}{2}a_1x_1^2+\dfrac{1}{2}x_2^2$

5.6　(1) $A$ 特征值不全为负,$x_e$ 不是渐近稳定

(2) $G(s)=\dfrac{1}{s+3}$,系统是 BIBO 稳定

5.8　不稳定

5.9　$0<k<2$

5.10　渐近稳定

5.11　$a<-1$

5.12　(1) $\nabla \boldsymbol{V}(x)=\begin{bmatrix} a_{11}x_1+a_{12}x_2 \\ a_{21}x_1+a_{22}x_2 \end{bmatrix}$，取 $a_{22}=2, a_{12}=a_{21}, a_{11}=a_{21}+2x_1^2$

$$\boldsymbol{V}(x)=\frac{1}{2}x_1^4+\frac{a_{12}}{2}x_1^2+a_{12}x_1x_2+x_2^2$$

当 $0<a_{12}<2$ 时，$V(x)$ 正定，$\dot{V}(x)$ 负定

(2) $\nabla \boldsymbol{V}(x)=\begin{bmatrix} a_{11}x_1+a_{12}x_2 \\ a_{21}x_1+a_{22}x_2 \end{bmatrix}$，取 $a_{11}=-\alpha(t), a_{12}=a_{21}=0, a_{22}=1$

$$\boldsymbol{V}(x)=-\frac{1}{2}\alpha(t)x_1^2+\frac{1}{2}x_2^2$$

当 $\alpha(t)<0, \beta(t)<0$ 时，$\boldsymbol{V}(x)$ 正定，$\dot{\boldsymbol{V}}(x)$ 负半定

## 第 6 章

6.1　$\boldsymbol{K}=[4\quad 1]$

6.2　$\boldsymbol{K}=[0.8\quad -0.2\quad 0.4]$

6.3　$\boldsymbol{K}=[2\,450\quad 64]$

6.5　(1) 状态完全能控，完全能观

(2) $\boldsymbol{K}=[-0.4\quad -1\quad -21.4\quad -6]$

(3) $\boldsymbol{G}=[13\quad 78\quad -306\quad -1\,014]^{\mathrm{T}}$

6.6　(1) $\dot{\boldsymbol{x}}=\begin{bmatrix} 0 & 1 & 0 \\ 0 & -2 & 1 \\ 0 & 0 & -10 \end{bmatrix}\boldsymbol{x}+\begin{bmatrix} 0 \\ 0 \\ 1 \end{bmatrix}u$　(2) $\boldsymbol{K}=[24\quad 10\quad -5]$

6.7　$\boldsymbol{G}=[2\quad 1]^{\mathrm{T}}$

6.8　$\boldsymbol{G}=[35\quad 41\quad 14]^{\mathrm{T}}$

6.9　$\boldsymbol{K}=[50\quad 8]$

6.10　(1) $G(s)=\dfrac{9.8s^2-4.9s+61.74}{s^3+0.42s^2-0.06s+0.098}$

(2) $\boldsymbol{K}=[0.062\,7\quad 1\quad 0.470\,6]$

(3) $\boldsymbol{G}=[8.35\quad 2.293\,5\quad 2.918\,4]^{\mathrm{T}}$

# 参考文献


[1]郑大钟. 线性系统理论[M]. 2 版. 北京:清华大学出版社,2002.

[2]王孝武. 现代控制理论基础[M]. 北京:机械工业出版社,2003.

[3]DORF R C, BISHOP R H. Modern control systems[M]. 9 版. 北京:科学出版社,2004.

[4]王积伟. 现代控制理论与工程[M]. 北京:高等教育出版社,2003.

[5]仝茂达. 线性系统理论和设计[M]. 合肥:中国科学技术大学出版社,2004.

[6]谢克明. 现代控制理论基础[M]. 北京:北京工业大学出版社,2001.

[7]于长官. 现代控制理论[M]. 哈尔滨:哈尔滨工业大学出版社,2001.

[8]刘豹. 现代控制理论[M]. 2 版. 北京:机械工业出版社,1996.

[9]王声远. 现代控制理论简明教程[M]. 北京:北京航空航天大学出版社,1990.

[10]胡家耀. 现代控制理论基础[M]. 北京:轻工业出版社,1990.

[11]薛定宇. 控制系统计算机辅助设计——MATLAB 语言及应用[M]. 北京:清华大学出版社,1996.

[12]薛定宇. 反馈控制系统设计与分析——MATLAB 语言应用[M]. 北京:清华大学出版社,2000.

[13]赵文峰. 控制系统设计与仿真[M]. 西安:西安电子科技大学出版社,2002.

[14]OGATA K. 现代控制工程[M]. 3 版. 北京:电子工业出版社,2000.

[15]DAZZO J J, HOUPIS C H. Linear control system analysis and design[M]. 北京:清华大学出版社,2000.

[16]谢锡祺. 自动控制理论基础[M]. 北京:北京理工大学出版社,1992.

[17]常春馨. 现代控制理论基础[M]. 北京:机械工业出版社,1988.

[18]尤昌德. 现代控制理论基础[M]. 北京:电子工业出版社,1996.

[19]裴润,宋申民. 自动控制原理(下册)[M]. 哈尔滨:哈尔滨工业大学出版社,2006.

[20]王诗宓,杜继宏,窦日轩. 自动控制理论例题习题集[M]. 北京:清华大学出版社,2002.